Arbeitsbuch quantitative anorganische und organische Analyse

Franz Bracher, Frank Dombeck,
Christian Ettmayr, Jürgen Krauß, Johann Grünefeld

Arbeitsbuch quantitative anorganische und organische Analyse

für Pharmazie- und Chemiestudierende

3., vollständig überarbeitete Auflage

Franz Bracher, Frank Dombeck,
Christian Ettmayr, Jürgen Krauß,
Johann Grünefeld

3., vollständig überarbeitete Auflage 2024
ISBN 978-3-7741-1739-6 (eBook: 978-3-7741-1740-2)

Apothekerhaus Eschborn, Carl-Mannich-Straße 26, 65760 Eschborn
avoxa.de, govi.de

Titelbild: © bigy9950 – stock.adobe.com
Satz: Fotosatz Buck, Kumhausen
Druck und Verarbeitung: Druckerei Hachenburg, Hachenburg
Printed in Germany

Bibliografische Information der Deutschen Nationalbibliothek:
Die Deutsche Nationalbibliothek verzeichnet diese Publikation in der Deutschen Nationalbibliografie; detaillierte bibliografische Daten sind im Internet über http://dnb.d-nb.de abrufbar.

Wichtiger Hinweis
Aus Gründen der besseren Lesbarkeit wird auf die gleichzeitige Verwendung der Sprachformen männlich, weiblich und divers (m/w/d) verzichtet. Sämtliche Personenbezeichnungen gelten gleichermaßen für alle Geschlechter.

Inhalt

Vorwort

Das vorliegende Arbeitsbuch gibt eine Einführung in die quantitative Analytik für Studierende der Pharmazie, Pharmazie-naher Bachelor-Studiengänge, aber auch der Chemie, Lebensmittelchemie und anderer Naturwissenschaften. Der Schwerpunkt liegt initial auf anorganischer Analytik, allerdings sind die Grenzen zur Analytik organischer Verbindungen (und hier insbesondere organischer Arzneistoffe) fließend, was auch in den konkreten Beispielen in diesem Buch deutlich wird.

Ziel dieses Buches ist es, die wesentlichen allgemein-chemischen Grundlagen zu den quantitativen Analysenmethoden zu vermitteln, vor allem aber auch konkret die einzelnen Bestimmungsmethoden, wie sie in den Laborpraktika durchgeführt werden können, zu beschreiben. Dies spiegelt sich auch in zahlreichen neu aufgenommenen konkreten Arbeitsvorschriften wieder.

Besonderes Augenmerk wurde dabei auch auf einschlägige Arzneibuchmethoden gelegt. Relevante Verfahren aus dem Europäischen Arzneibuch (Ph. Eur.) und dem Deutschen Arzneibuch (DAB) und dem Deutschen Arzneimittel Codex (DAC), aber auch aus ausländischen Pharmakopöen (USP, JAP) sind berücksichtigt. Hierbei werden nicht nur die für die ersten Semester besonders relevanten Anorganika analysiert. Mit den Methoden der klassischen quantitativen anorganischen Analyse lassen sich vielmehr auch organische Arzneistoffe häufig durch Säure-Base- oder Redoxtitrationen, Quantifizierung ihrer anorganischen Gegenionen bei Salzen oder nach »Mineralisierung« zu anorganischen Produkten quantitativ bestimmen. Somit ist der hier vermittelte Stoff auch relevant für Praktika der Arzneistoff- und Arzneimittelanalytik in höheren Fachsemestern. Dem trägt auch ein eigenes Kapitel zur Bestimmung von Anorganika in pharmazeutischen Zubereitungen und ein neu aufgenommenes Kapitel zu elektrochemischen Detektionsverfahren Rechnung.

Trotz des anhaltenden Trends der Arzneibücher, klassische titrimetrische Gehaltsbestimmungen durch chromatographische Methoden (allen voran HPLC) zu ersetzen, sind gut ausgearbeitete Titrationsmethoden wegen ihrer Einfachheit der Durchführung, ihrer überschaubaren Kosten und ihrer schwer zu übertreffenden Präzision nach wie vor ein unverzichtbares Werkzeug in der Wirkstoffanalytik.

Bei der Auswahl der Arbeitsvorschriften wurde besonderes Augenmerk darauf gelegt, auch die Aspekte des Gesundheitsschutzes bestmöglich zu berücksichtigen und möglichst auf Analyten und Reagenzien zu verzichten, die unter die REACH-Verordnung fallen (wie z.B. Schwermetallsalze). Ausnahmen wurden nur gemacht, wenn Methoden unter Verwendung von REACH-Substanzen besonderen didaktischen Wert besitzen.

Somit ist dieses Buch auch eine gute Hilfe bei der Vorbereitung auf den ersten Abschnitt der Pharmazeutischen Prüfung (»1. Staatsexamen«) im Fach Pharmazeutische Analytik.

Die Autoren danken für zahlreiche Korrekturvorschläge zu den ersten beiden Auflagen, ganz besonderer Dank geht hierbei an Herrn Prof. Dr. M. Müller, Universität Freiburg, für zahlreiche wertvolle Hinweise.

München, Winter 2024 *Die Autoren*

Zu den Autoren

Prof. Dr. Franz Bracher (Jg. 1958)
Studium der Pharmazie und Promotion im Fach Pharmazeutische Chemie an der LMU München. Habilitation für das Fach Pharmazeutische Chemie 1991 an der Philipps-Universität Marburg. 1992 bis 1997 Professor für Pharmazeutische Chemie an der TU Braunschweig; seit 1997 Inhaber eines Lehrstuhls für Pharmazie an der LMU München.

Dr. Frank Dombeck (Jg. 1967)
Studium der Pharmazie in Braunschweig, 2003 Promotion im Fach Pharmazeutische Chemie bei Prof. Dr. F. Bracher, Assistent im 2. und 8. Fachsemester, Fachapotheker für Pharmazeutische Analytik, Fachapotheker für klinische Pharmazie, aktuell Leiter einer Krankenhausapotheke.

Dr. Christian Ettmayr (Jg. 1970)
Studium der Pharmazie und Promotion im Fach Pharmazeutische Chemie an der LMU München bei Prof. Dr. E. Reimann, Assistent in der instrumentellen Analytik, seit 2001 Mitarbeiter bei MSD, Deutschland.

Dr. Jürgen Krauß (Jg. 1968)
Studium der Pharmazie und Promotion im Fach Pharmazeutische Chemie an der TU Braunschweig, seit 1998 Fachapotheker für Pharmazeutische Analytik, seit 1998 wissenschaftlicher Mitarbeiter am Department Pharmazie der LMU München im Arbeitskreis von Prof. Dr. F. Bracher, seit 2013 Akad. Oberrat.

Dr. Johann Grünefeld (Jg. 1955)
Studium der Pharmazie und Promotion im Fach Pharmazeutische Chemie an der TU Braunschweig, seit 1989 Fachapotheker für Pharmazeutische Analytik, von 1985 bis 2021 Akad. Rat/Oberrat am Institut für Medizinische und Pharmazeutische Chemie der TU Braunschweig.

Abkürzungsverzeichnis

a	Aktivität
AB-DDR	Arzneibuch der DDR
ÄP	Äquivalenzpunkt
β	Massenkonzentration nach DIN 1310
BA	Biamperometrie
BV	Bivoltametrie
c	Stoffmengenkonzentration
DAB	Deutsches Arzneibuch
e^-	Elektron
E^0	Standardpotential
EDTA	Ethylendiamintetraessigsäure
F	Faktor
INN	International Nonproprietary Name (»internationaler Freiname«)
ISE	Ionen-selektive Elektrode
IZ	Iodzahl
JAP	Japanisches Arzneibuch
K	Gleichgewichtskonstante
m	Masse
M	Molare Masse
MÄ	Maßanalytisches Äquivalent
Me	Metall
ML	Maßlösung
MWG	Massenwirkungsgesetz
n	Stoffmenge
N	Normal
n^{eq}	Äquivalentstoffmenge
OHZ	Hydroxylzahl
Ph. Eur.	Europäisches Arzneibuch
Ph. Helv.	Arzneibuch der Schweiz
POZ	Peroxidzahl
R	Reagenz der Ph. Eur.
REACH	Registration, Evaluation, Authorisation and Restriction of Chemicals
RN	Reagenz des DAB
RV	Urtitersubstanz der Ph. Eur.
SSE	Silber/Silberchlorid-Elektrode
SZ	Säurezahl
TBAH	Tetrabutylammoniumhydroxid
τ	Titrationsgrad
U	Spannung
UB	Umschlagsbereich (von Indikatoren)
USP	Arzneibuch der USA
VZ	Verseifungszahl

1 Grundlagen und Begriffe

1.1 Grundlagen

Bei der quantitativen Analyse von chemischen Verbindungen geht es um die Frage, wie viel von einer Substanz in einer Probe enthalten ist bzw. wie rein eine Verbindung vorliegt. In den Arzneibüchern (Ph. Eur., USP, JAP etc.) wird eine Substanz insbesondere auf Identität, Reinheit und Gehalt untersucht. Während die Identität dabei eine qualitative Aussage trifft, sind Reinheit und Gehalt Bestandteile einer halbquantitativen bzw. quantitativen Aussage. Die Prinzipien und Grundlagen der halbquantitativen Untersuchung (Reinheits- und Grenzprüfungen) basieren auf denen der quantitativen Analytik. In diesem Buch soll es nicht explizit um die halbquantitativen Fragestellungen gehen, sondern um die quantitativen Bestimmungsmöglichkeiten durch Titrationen oder Gravimetrie.

Um eine quantitative Aussage über eine Probe treffen zu können, müssen einige Voraussetzungen gegeben sein:

Zunächst einmal muss die Identität der zu quantifizierenden Substanz geklärt sein. Idealerweise lässt sie sich in Form einer chemisch exakten Summenformel (z. B. »Na_2CO_3«) ausdrücken, aus der auch Feinheiten wie möglicher Kristallwassergehalt (z. B. »Calciumlactat Pentahydrat«) oder dergleichen hervorgehen. Kann dies nicht exakt definiert werden, bestimmt man eine Verbindung auch nach einer ihrer Komponenten (z. B. »Basisches Bismutgallat« enthält 48 bis 52 % Bismut, vgl. Ph. Eur.).

Die klassische quantitative Analyse basiert im Wesentlichen auf zwei Analysenprinzipien. Zum einen ist es das der Maßanalyse (Titrimetrie) und zum anderen das der Gewichtsanalyse (Gravimetrie).

Je nach zu Grunde liegendem chemischem Prinzip unterscheidet man bei der Maßanalyse vier Titrationsmethoden (Neutralisationstitrationen, Redoxtitrationen, Komplexbildungstitrationen und Fällungstitrationen). Dieser Einteilung folgend ist das vorliegende Buch gegliedert.

Quantitative Analyse	
Maßanalyse (Titrimetrie)	Gewichtsanalyse (Gravimetrie)
• Neutralisationstitrationen (Säure/Base-Titrationen) • Redoxtitrationen • Komplexbildungstitrationen (Komplexometrie) • Fällungstitrationen	

Zur maßanalytischen Quantifizierung einer Probe (Analyt) bekannter Identität setzt man diese mit einer anderen Verbindung bekannter Zusammensetzung und Reinheit um. Außer der Kenntnis der genauen Identität und des exakten Gehaltes des Reaktionspartners (Maßlösung) bedarf es einer definierten und stets einheitlichen Umsetzung zwischen den beiden Verbindungen (klare Stöchiometrie). Typischerweise liegt eine 100 %ige Umsetzung zu einem definierten Produkt vor. Die Schwierigkeit hierfür besteht in der Wahl der entsprechend erforderlichen Reaktionsbedingungen. Schließlich muss auch die Beendigung der stöchiometrischen Umsetzung der Probe durch die Maßlösung (Äquivalenzpunkt) erkennbar sein. Damit eine chemische Reaktion zur maßanalytischen Bestimmung geeignet ist, muss sich ein Messsignal beim Überschreiten des Äquivalenzpunktes sprunghaft ändern (Farbe des Indikators, Potential der Lösung oder Farbe der Lösung etc.). Diese Änderung muss dann durch eine geeignete Indikationsmethode (visuell oder elektrochemische Indikation) zu erkennen sein.

Stark vereinfacht gilt für die Maßanalyse das ***Prinzip***, dass eine bekannte Substanz (Analyt) durch allmählichen Zusatz einer bekannten Verbindung (Maßlösung) unter reproduzierbaren stöchiometrischen Bedingungen quantifiziert werden kann. Sämtliche Berechnungen in der quantitativen Analyse basieren deshalb auf der Betrachtung von Stoffmengen bzw. noch genauer auf der von Äquivalenten (Äquivalentstoffmenge).

Ob eine quantitative Bestimmung einer Verbindung grundsätzlich möglich ist, hängt zunächst einmal von folgenden Bedingungen ab:

1. Geklärte Identität der Probe (Analyt)
2. Bekannte Identität und Reinheit des Reaktionspartners (Maßlösung)
3. Wahl der geeigneten Umsetzungsbedingungen
4. Erkennbarkeit des Äquivalenzpunktes (Indikation)

Prinzipiell liegen bei der *Maßanalyse* (Quantifizierung durch Titration) Analyt und Reaktionspartner gelöst vor, und es wird ein bestimmtes Volumen ***V*** des Reaktionspartners verbraucht. Um nun auf die umgesetzte Stoffmenge ***n*** exakt rückschließen zu können, muss die Stoffmengenkonzentration ***c*** bzw. Massenkonzentration ***ß*** der Lösung des Reaktionspartners (Maßlösung) genau bekannt sein. Im weiteren Verlauf ist bei der Angabe von Konzentration immer die Stoffmengenkonzentration gemeint. Da die Massenkonzentration als Verhältnis von Masse ***m*** des Reaktionspartners zum Volumen ***V*** seines Lösungsmittels ausgedrückt werden kann, ist auch die Stoffmenge ***n*** indirekt zugänglich. Lösungen definierter Stoffmengenkonzentration nennt man Maßlösungen.

$$\beta\ [g/l] = \frac{m\ [g]}{V\ [l]} \quad \text{und} \quad n\ [mol] = \frac{m\ [g]}{M\ [g/mol]}$$

$$\text{bzw. } c\ [mol/l] = \frac{n\ [mol]}{V\ [l]}$$

Beispiel: Analyse enthält Na_2CO_3, Titration mit HCl-Maßlösung nach Ph. Eur.
$CO_3^{2-} + 2\,H^+ \rightarrow H_2O + CO_2\uparrow$
Einwaage: 0,800 g — M = 106,0 g/mol
Verbrauch: 12,0 ml — Salzsäure (1 mol · 1^{-1}) F = 1,000
$c_{HCl} \cdot V_{HCl} \cdot F_{HCl} = 2\,n\,(Na_2CO_3)$
$n\,(Na_2CO_3) = 6{,}00$ mmol
$m\,(Na_2CO_3) = n \cdot M = 636$ mg

$$\text{Gehalt: } w = \frac{636\text{ mg}}{800\text{ mg}} \cdot 100 = 79{,}5\,\%$$

Bei der ***Gravimetrie*** überführt man die gelöste Probe durch Zusatz eines Überschusses an Reagenz (Fällungsreagenz) in eine schwerlösliche Verbindung (Fällungsform), die unter den gewählten Bedingungen einen chemisch einheitlichen Niederschlag bildet (Wägeform). Dieser wird dann durch Wägen erfasst und über die molare Masse ***M*** als Zusammenhang zwischen Masse ***m*** und Stoffmenge ***n*** ausgewertet.

$$M\,[g/mol] = \frac{m\,[g]}{n\,[mol]} \quad \text{bzw.} \quad m\,[g] = n\,[mol] \cdot M\,[g/mol]$$

Beispiel: Analyse enthält $BaCl_2$
Fällung mit Na_2SO_4:
$Ba^{2+} + SO_4^{2-} \rightarrow BaSO_4\downarrow$

Analyse: 100,00 ml
Fällung: $BaSO_4$ nach Trocknung 200 mg
M ($BaSO_4$): 233,39 g/mol

$$n\,(Ba^{2+}) = n\,(BaSO_4) = \frac{m}{M} = \frac{0{,}200\text{ g}}{233{,}39\text{ g/mol}} = 0{,}857 \cdot 10^{-3}\text{ mol} = 0{,}857\text{ mmol}$$
$$c\,(Ba^{2+}) = \frac{0{,}857\text{ mmol}}{100{,}0\text{ ml}} = 0{,}00857\,\frac{\text{mol}}{\text{l}}$$

Darüber hinaus gibt es eine Vielzahl ***weiterer Anforderungen***, damit eine quantitative Bestimmungsmethode für einen Eingang in die Laborpraxis geeignet ist.

- **selektiv**
- **schnell**
- **quantitativ**
- **stöchiometrisch einheitlich**

Die Methode sollte vor allem selektiv für den Analyten sein. Hierbei kann man sich schon bekannter Hilfen aus der qualitativen Analytik, wie beispielsweise des Maskierens möglicher Fremdionen oder -verbindungen (Matrix), bedienen. Ferner sollte die Umsetzung nicht nur stöchiometrisch einheitlich, sondern auch ausreichend zügig ablaufen. Ist die quantitative Umsetzung nicht von selbst durch einen gegebenen Farbwechsel (sich selbst indizierende Titration, z. B. durch das Verbrauchen einer Probe mit charakteristischer Eigenfarbe) erkennbar, bedarf es des Zusatzes eines geeigneten Indikators. Dieser soll jedoch erst dann mit dem Reaktionspartner (Maßlösung) unter einer auswertbaren Farbänderung reagieren, wenn die Probe vollständig umgesetzt ist. Hieraus lässt sich schon ein zentraler Aspekt der Maßanalyse erkennen: Der Analyt und der Indikator konkurrieren um die Maßlösung.

Je nach ***Art der Endpunktanzeige*** unterscheidet man die visuellen und die instrumentellen Methoden. Während bei den visuellen Methoden geeignete Farbstoffe (Indikatoren oder Indikationshilfsmittel) oder andere Stoffe zugesetzt werden, die den Endpunkt durch einen entsprechenden Farbwechsel anzeigen, beobachtet man bei den instrumentellen Methoden am Äquivalenzpunkt eine deutliche Messwertänderung in einer dafür geeigneten Messgröße (Spannung, Stromstärke, Leitfähigkeit). Bei der ausgewählten Messgröße handelt es sich um eine konzentrationsabhängige physikalische Eigenschaft des zu bestimmenden Stoffes, die somit einen quantitativen Rückschluss zulässt. Da für derartige Bestimmungen zumeist ein gewisser instrumenteller Aufwand notwendig ist, bezeichnet man sie auch als instrumentelle Methoden (instrumentelle Indikationsverfahren).

Endpunktanzeige (Indikation)	
visuell (klassisch)	instrumentell (physikalisch)
• Indikatoren • Indikationshilfsmittel • sich selbst indizierende Titrationen	• Potentiometrie • Bivoltametrie (BV) • Biamperometrie (BA) • Konduktometrie • Spektralphotometrie • Thermometrie

1.2 Wichtige Begriffe in der Maßanalyse

Die in der Maßanalyse verwendeten Begriffe sollen in folgenden Gruppen erläutert werden:

- Wer ist beteiligt?
- Wodurch wird der Verlauf einer quantitativen Bestimmung beschrieben?
- Was sind die stöchiometrischen Grundlagen?
- Welche Geräte finden Verwendung?

1.2.1 Wer ist beteiligt?

Titrand

Dieser Begriff kann als Synonym für die zu analysierende Probe (Analyt) bzw. Probenlösung verwendet werden, ist jedoch leicht mit den Begriffen »Titrator/Titrans/Titrant« zu verwechseln.

Titrator/Titrans/Titrant

Diese Bezeichnungen stehen für die Maßlösung. Sie sind ebenfalls aus Gründen der Verwechslungsgefahr nicht zu empfehlen.

Im vorliegenden Buch werden bevorzugt für die zu bestimmende Substanz die Begriffe »Analyt« bzw. »Probe« und für den Reaktionspartner der Begriff »Maßlösung« verwendet. Der Begriff Titrator wird heute meist für automatische Büretten verwendet.

Indikator

Ein Indikator ist eine Verbindung, die in der Maßanalyse dem Ansatz in geringer Menge zugesetzt wird, um eine visuelle Endpunktanzeige zu ermöglichen. Dabei können diese Substanzen mit der Maßlösung in gleicher Weise reagieren, wie dies die Probe tut (z.B. protoniert oder deprotoniert werden [Neutralisationsindikator], oxidiert oder reduziert werden [Redoxindikator], usw.), wobei sich jedoch ein Farbwechsel einstellt. Diese Reaktion darf erst nach vollständiger Umsetzung des Analyten erfolgen. Ist eine der beiden Formen farblos, so handelt es sich um einen einfarbigen Indikator (z.B. Phenolphthalein). Besitzen beide Formen eine eigenständige Farbe, so handelt es sich um einen zweifarbigen Indikator (z.B. Methylrot). Ist der Farbwechsel des Indikators nur schwer zu erkennen, verwendet man so genannte Mischindikatoren. Sie stellen ***nach dem Prinzip von Komplementärfarben*** Kombinationen aus zwei einzelnen Indikatoren (Methylorange-Mischindikator = Methylorange und Bromkresolgrün) oder einem Indikator und einem Farbstoff (beispielsweise der Tashiro-Mischindikator) dar. Ferner gibt es die Möglichkeit, zur leichteren Handhabung Indikatoren als Verreibungen mit inertem Trägermaterial (z.B. Eriochromschwarz T-Verreibung: 1 Teil Eriochromschwarz T + 99 Teile Natriumchlorid) einzusetzen.

Da der Indikator, wenn er mit der Maßlösung reagiert, diese auch mit verbraucht (Indikatorfehler), sollte seine eingesetzte Menge wohl überlegt werden. Grundsätzlich sollte sie so gering wie möglich, aber im Interesse eines gut erkennbaren Farbumschlags auch so ausreichend wie nötig sein. Je farbintensiver der Indikator selbst ist und je kleiner das Gesamtvolumen an Lösungsmittel der Bestimmung ist, desto geringer kann die Indikatormenge gewählt werden. Bei sich selbst indizierenden Titrationen kann auf einen Indikator verzichtet werden.

Das menschliche Auge erkennt einen beginnenden Farbwechsel, wenn ca. 10% der neuen Farbe vorhanden sind.

Maßlösung

Eine Maßlösung enthält eine genau bekannte Menge einer Verbindung in einem definierten Volumen eines Lösungsmittels. Da sie in der Maßanalyse die bekannte Größe darstellt, sollte sie über eine entsprechende Stabilität verfügen. Bei Vorliegen bestimmter Eigenschaften kann grundsätzlich jede Verbindung für die Herstellung einer Maßlösung Verwendung finden (siehe »Urtitersubstanz«).

Die Konzentrationsangaben von Maßlösungen basieren auf Stoffmengen (Molarität) oder Äquivalenten (Äquivalentkonzentration, früher Normalität). Das Bezugsvolumen beläuft sich für gewöhnlich auf einen Liter. Enthält ein Liter einer Lösung ein Mol einer Verbindung, liegt eine einmolare Lösung vor (z. B. eine 1-molare-Salzsäure). Sind in einem Liter Maßlösung zwei Mol einer Verbindung enthalten, so ist sie zweimolar (z. B. eine 2-molare-Salzsäure) (siehe Stoffmengen- und Äquivalentkonzentration).

Zur Herstellung von Maßlösungen verwendet man idealerweise besonders stabile Reinsubstanzen, so genannte Urtitersubstanzen (s. u.), durch deren exakte Einwaage sich die gewünschte Konzentration einer Maßlösung festlegen lässt. Da solche Urtitersubstanzen aber nicht für jede Maßlösung zur Verfügung stehen oder wenn die Einwaage nicht hinreichend genau erzielt wird, bedarf es zur genauen Bestimmung der Konzentration (Einstellung) einer Maßlösung einer anderen Maßlösung bekannter Konzentration oder einer anderen Urtitersubstanz. Zwischen ihnen müssen ebenfalls klare stöchiometrische Verhältnisse gelten.

Titer/Faktor

Da die Einwaage bei der Herstellung einer Maßlösung nicht immer ausreichend exakt sein kann, weicht die daraus resultierende Konzentration c_{ist} von der beabsichtigten Konzentration c_{soll} ab. Um diese Abweichung wieder auszugleichen, ermittelt man den Korrekturfaktor F, meist nur als Faktor bezeichnet. Der Faktor wird auch als Titer (t) bezeichnet.

$$F = \frac{c_{ist}}{c_{soll}}$$

Bei einer Titration mit dieser Maßlösung muss das verbrauchte Volumen nur noch mit dem Faktor ***F*** multipliziert werden, um den Verbrauch einer Lösung korrekter Konzentration zu errechnen.

Ist die eingewogene Stoffmenge höher als die deklarierte, ist die Maßlösung de facto konzentrierter, so hat ihr Faktor einen Zahlenwert größer 1. Entsprechend hat eine geringer konzentrierte Maßlösung einen Faktor, der unter 1 liegt.

Der Faktor einer Maßlösung lässt sich wie bereits ausgeführt entweder mit Hilfe einer Urtitersubstanz oder einer anderen, eingestellten Maßlösung bestimmen. Entscheidend ist, dass am Äquivalenzpunkt (ÄP) äquivalente Stoffmengen der einzustellenden Maßlösung und der Urtitersubstanz bzw. der bereits eingestellten Maßlösung vorliegen.

Einstellung von Maßlösungen:

a) Einstellung einer Maßlösung mit einer Urtitersubstanz

am ÄP: n^{eq} (Urtitersubstanz) = n^{eq} (Maßlösung)

Da $n^{eq} \text{(Urtitersubstanz)} = \frac{m_{Urtiter}}{M_{Urtiter}} \cdot z_{Urtiter}$

und $n^{eq}_{Maßlösung} = c_{Soll\ Maßlösung} \cdot z_{Maßlösung} \cdot V_{Maßlösung} \cdot F_{Maßlösung}$

folgt daraus

$$\frac{m_{Urtiter}}{M_{Urtiter}} \cdot z_{Urtiter} = c_{Soll\ Maßlösung} \cdot z_{Maßlösung} \cdot V_{Maßlösung} \cdot F_{Maßlösung}$$

aufgelöst nach

$$F_{Maßlösung} = \frac{z_{Urtiter} \cdot m_{Urtiter}}{c_{Soll\ Maßlösung} \cdot z_{Maßlösung} \cdot M_{Urtiter} \cdot V_{Maßlösung}}$$

geordnet nach bekannten Größen und Umrechnung des Verbrauchs an Maßlösung von Liter in Milliliter (Faktor 1000), wie es in der Praxis üblich ist:

$$F_{Maßlösung} = \frac{z_{Urtiter} \cdot 1000}{c_{Soll\ Maßlösung} \cdot z_{Maßlösung} \cdot M_{Urtiter}} \cdot \frac{m_{Urtiter}}{V_{Maßlösung}}$$

$n^{eq}_{Urtiter}$	= Äquivalentstoffmenge der Urtitersubstanz [mol]
$m_{Urtiter}$	= Einwaage der Urtitersubstanz [g]
$M_{Urtiter}$	= molare Masse der Urtitersubstanz [g/mol]
$z_{Urtiter}$	= Äquivalentzahl der Urtitersubstanz in dieser Umsetzung (dimensionslos, Zahl der übertragenen e^- oder H^+)
$n^{eq}_{Maßlösung}$	= Äquivalentstoffmenge der einzustellenden Maßlösung [mol]
$c_{Soll\ Maßlösung}$	= Soll-Konzentration der einzustellenden Maßlösung [$mol \cdot 1^{-1}$]
$z_{Maßlösung}$	= Äquivalentzahl der einzustellenden Maßlösung in dieser Umsetzung (dimensionslos)
$V_{Maßlösung}$	= Volumen der Maßlösung [ml]
$F_{Maßlösung}$	= Faktor der einzustellenden Maßlösung, der bestimmt werden soll

Zur Veranschaulichung soll der Faktor einer Schwefelsäure-Maßlösung ($0{,}5\ mol \cdot l^{-1}$) mit Trometamol als Urtitersubstanz berechnet werden (siehe auch S. 105).

$$2\ \text{HOCH}_2\text{–C(NH}_2\text{)(CH}_2\text{OH)–CH}_2\text{OH} + H_2SO_4 \longrightarrow 2\ \text{HOCH}_2\text{–C(NH}_3^+\text{)(CH}_2\text{OH)–CH}_2\text{OH} + SO_4^{2-}$$

$m_{Trometamol}$ = Einwaage der Urtitersubstanz in g
$M_{Trometamol}$ = 121,1 g · mol^{-1}
$z_{Trometamol}$ = 1

$c_{soll\ Schwefelsäure\ Maßlösung}$ = 0,5 mol · l^{-1}
$z_{Schwefelsäure\ Maßlösung}$ = 2
$V_{Schwefelsäure\ Maßlösung}$ = Verbrauch an Schwefelsäure Maßlösung (0,5 mol · l^{-1}) in [ml]

$$F_{Schwefelsäure\ Maßlösung} = \frac{z_{Trometamol}}{c_{soll\ Schwefelsäure\ Maßlösung} \cdot z_{Schwefelsäure\ Maßlösung} \cdot M_{Trometamol}} \cdot \frac{m_{Trometamol}}{V_{Schwefelsäure\ Maßlösung}}$$

$$F_{Schwefelsäure\ Maßlösung} = \frac{1}{0{,}5\ \frac{mol}{1000\ ml} \cdot 2 \cdot 121{,}1\ g \cdot mol^{-1}} \cdot \frac{m_{Trometamol}\ [ml]}{V_{Schwefelsäure\ Maßlösung}\ [ml]}$$

$$F_{Schwefelsäure\ Maßlösung} = 8{,}258\ \frac{ml}{g} \cdot \frac{m_{Trometamol}\ [g]}{V_{Schwefelsäure\ Maßlösung}\ [ml]}$$

Abschließend noch ein anderes Beispiel:

Für die Einstellung einer Iod-Maßlösung (0,05 mol · l^{-1}) mit Arsen(III)-oxid als Urtitersubstanz (vgl. Kap. 4.2.2.2) gilt entsprechend:

$As_2O_3 + 6\ OH^- \rightarrow 2\ AsO_3^{3-} + 3\ H_2O$ (Auflösung des Urtiters)
$I_2 + AsO_3^{3-} + H_2O \rightarrow 2\ I^- + AsO_4^{3-} + 2\ H^+$ (Titration)

$m_{As_2O_3}$ = Einwaage der Urtitersubstanz in [g]
$M_{As_2O_3}$ = 197,8 g · mol^{-1}
$z_{As_2O_3}$ = 2 · 2 = 4 (Elektronen)

$c_{Soll\ Iod\text{-}ML}$ = 0,05 mol · l^{-1}
$z_{Iod\text{-}ML}$ = 1 · 2 = 2 (Elektronen)
$V_{Iod\text{-}ML}$ = Verbrauch an Iod-Lösung (0,05 mol · l^{-1}) in [ml]

$$F_{Iod\text{-}ML} = \frac{4 \cdot 1000}{0{,}05\,\frac{mol}{l} \cdot 2 \cdot 197{,}8\,\frac{g}{mol}} \cdot \frac{m_{As_2O_3\,[g]}}{V_{Iod\text{-}ML\,[ml]}}$$

$$F_{Iod\text{-}ML} = 202{,}2 \cdot \frac{m_{As_2O_3\,[g]}}{V_{Iod\text{-}ML\,[ml]}}$$

b) Einstellung einer Maßlösung mit einer zweiten Maßlösung

z. B. Maßlösung 1: Salzsäure, Maßlösung 2: Natronlauge

$NaOH + HCl \rightarrow H_2O + Na^+ + Cl^-$

am ÄP: n^{eq} (Maßlösung 1) = n^{eq} (Maßlösung 2)

Da $n^{eq}_{Maßlösung\ 1} = c_{Soll\ Maßlösung\ 1} \cdot z_{Maßlösung\ 1} \cdot V_{Maßlösung\ 1} \cdot F_{Maßlösung\ 1}$

und $n^{eq}_{Maßlösung\ 2} = c_{Soll\ Maßlösung\ 2} \cdot z_{Maßlösung\ 2} \cdot V_{Maßlösung\ 2} \cdot F_{Maßlösung\ 2}$

gilt $c_{Soll\ Maßlösung\ 1} \cdot z_{Maßlösung\ 1} \cdot V_{Maßlösung\ 1} \cdot F_{Maßlösung\ 1}$
$= c_{Soll\ Maßlösung\ 2} \cdot z_{Maßlösung\ 2} \cdot V_{Maßlösung\ 2} \cdot F_{Maßlösung\ 2}$

$$F_{Maßlösung\ 2} = \frac{c_{Soll\ Maßlösung\ 1} \cdot z_{Maßlösung\ 1} \cdot V_{Maßlösung\ 1} \cdot F_{Maßlösung\ 1}}{c_{Soll\ Maßlösung\ 2} \cdot z_{Maßlösung\ 2} \cdot V_{Maßlösung\ 2}}$$

$$F_{Maßlösung\ 2} = K \cdot \frac{V_{Maßlösung\ 1} \cdot F_{Maßlösung\ 1}}{V_{Maßlösung\ 2}}$$

K = konstante Faktoren

Für Maßlösungen mit Äquivalentkonzentration (vgl. Kap. 1.2.3) gilt:

$c(eq)_{ML} = c_{ML} \cdot z_{ML}$

Für zwei Maßlösungen gleicher Äquivalentkonzentration »c *(eq)*« gilt entsprechend

$c(eq)_{ML1} = c(eq)_{ML2}$

bzw. $c_{ML1} \cdot z_{ML1} = c_{ML2} \cdot z_{ML2}$

und $F_2 = \frac{F_1 \cdot V_1}{V_2}$

Da in der Ph. Eur. die Konzentration von Maßlösungen in der Stoffmengenkonzentration angegeben ist, ist die jeweilige Äquivalentzahl z_{ML} stets zu berücksichtigen.

Zur Veranschaulichung auch hierzu zwei Beispiele.

Beispiel 1:
Die Ph. Eur. 11.0 lässt die Eisen(II)-sulfat Maßlösung (0,1 mol · l^{-1}) mit einer Kaliumpermanganat-Maßlösung (0,02 mol · l^{-1}) einstellen.

$$5\ Fe^{2+} + MnO_4^- + 8\ H^+ \rightarrow 5\ Fe^{3+} + Mn^{2+} + 4\ H_2O$$

$c_{Soll\ FeSO_4\text{-}ML}$ = 0,1 mol · l^{-1}
$z_{FeSO_4\text{-}ML}$ = 1
$V_{FeSO_4\text{-}ML}$ = vorgelegtes Volumen an Eisen(II)-sulfat-Lösung (0,1 mol · l^{-1}) in [ml]

$c_{Soll\ KMnO_4\text{-}ML}$ = 0,02 mol · l^{-1}
$z_{KMnO_4\text{-}ML}$ = 5
$V_{KMnO_4\text{-}ML}$ = Verbrauch an Kaliumpermanganat-Lösung (0,02 mol · l^{-1}) in [ml]

$$F_{FeSO_4} = \frac{c_{Soll\ KMnO_4} \cdot z_{KMnO_4}}{c_{Soll\ FeSO_4} \cdot z_{FeSO_4}} \cdot \frac{V_{KMnO_4} \cdot F_{KMnO_4}}{V_{FeSO_4}}$$

$$F_{FeSO_4} = \frac{0{,}02\ \frac{mol}{l} \cdot 5}{0{,}1\ \frac{mol}{l} \cdot 1} \cdot \frac{V_{KMnO_4} \cdot F_{KMnO_4}}{V_{FeSO_4}}$$

$$F_{FeSO_4} = \frac{V_{KMnO_4} \cdot F_{KMnO_4}}{V_{FeSO_4}}$$

Beispiel 2:
Die unter »Beispiel 1« aufgeführte Einstellung der Eisen(II)-sulfat-Maßlösung (0,1 mol · l^{-1}) wird mit einer Kaliumpermanganat-Lösung (0,1 mol · l^{-1}) vorgenommen.

$c_{SollFeSO_4\text{-}ML}$ = 0,1 mol · l^{-1}
$z_{FeSO_4\text{-}ML}$ = 1
$V_{FeSO_4\text{-}ML}$ = vorgelegtes Volumen an Eisen(II)-sulfat-Lösung (0,1 mol · l^{-1}) in [ml]

$c_{SollKMnO_4\text{-}ML}$ = 0,1 mol · l^{-1}
$z_{KMnO_4\text{-}ML}$ = 5
$V_{KMnO_4\text{-}ML}$ = Verbrauch an Kaliumpermanganat-Lösung (0,1 mol · l^{-1}) in [ml]

$$F_{FeSO_4} = \frac{0{,}1\ \frac{mol}{l} \cdot 5}{0{,}1\ \frac{mol}{l} \cdot 1} \cdot \frac{V_{KMnO_4} \cdot F_{KMnO_4}}{V_{FeSO_4}}$$

$$F_{FeSO_4} = 5 \cdot \frac{V_{KMnO_4} \cdot F_{KMnO_4}}{V_{FeSO_4}} \quad \text{bzw.}\ V_{FeSO_4} \cdot F_{KMnO_4} = 5 \cdot V_{KMnO_4} \cdot F_{KMnO_4}$$

Daraus folgt, dass für die Einstellung der Eisen(II)-sulfat-Lösung (0,1 mol · l^{-1}) mit einer Kaliumpermanganat-Lösung gleicher Konzentration nur ein Fünftel des Volumens an Kaliumpermanganat-Lösung (0,1 mol · l^{-1}) bezüglich des vorgelegten Volumens an Eisen(II)-sulfat-Lösung (0,1 mol · l^{-1}) notwendig ist; vorausgesetzt, dass beide Faktoren 1,000 betragen.

Urtitersubstanz

Unter einer Urtitersubstanz versteht man eine Substanz zur direkten Herstellung bzw. Einstellung einer Maßlösung (synonym: »primärer Standard«). Eine Urtitersubstanz muss besondere Eigenschaften aufweisen, da an sie höchste Ansprüche gestellt werden.

So muss sie beispielsweise gut abzuwiegen sein, weshalb es sich nur um Feststoffe handeln darf. Sie sollte chemisch hochrein zu gewinnen, von hoher chemischer Stabilität sein und sich lange ohne chemische Veränderung lagern lassen. Die Substanz sollte auch keine hygroskopischen (wasserziehenden) Eigenschaften haben und nicht mit Kohlendioxid bzw. Luftsauerstoff reagieren.

In den Arzneibüchern (DAB, Ph. Eur., USP, JAP) haben weitaus weniger Urtitersubstanzen Eingang gefunden, als es urtitersubstanztaugliche Verbindungen gibt. Dies liegt daran, dass man sich auf diejenigen Substanzen beschränkt, die für die Her- und Einstellung der im Arzneibuch vorkommenden Maßlösungen benötigt werden. Aus toxikologischen Gründen wurden in den letzten Jahren zahlreiche Reagenzien in den Arzneibüchern gestrichen oder nur noch selten eingesetzt, darunter auch verschiedene Urtitersubstanzen. Die Ph. Eur. kennzeichnet alle Urtitersubstanzen mit dem Zusatz *RV*.

Eigenschaften einer Urtitersubstanz
- Feststoff → gute Wägbarkeit
- hohe chemische Reinheit
- hohe Stabilität
- eindeutige Stöchiometrie

Urtitersubstanzen (RV)	damit einzustellende Maßlösungen (ML)
Arsenoxid (Ph. Eur. 11.0)	Iod-ML (DAB 9), Cer(IV)-ML (DAB 9)
Benzoesäure (Ph. Eur. 11.0)	Alkalihydroxid-ML, TBAH-ML, Alkoholat-ML
Eisen(II)-ethylendiammonium-sulfat (Ph. Eur. 11.0)	Cer(IV)-ML (Ph. Eur. 11.0), $KMnO_4$-ML (Ph. Eur.11.0)
Kaliumbromat (Ph. Eur. 11.0)	Natriumthiosulfat-ML
Kaliumhydrogenphthalat (Ph. Eur. 11.0)	Perchlorsäure (Ph. Eur. 11.0) NaOH-ML (Ph. Eur. 11.0) KOH-ML (Ph. Eur. 11.0)
Natriumchlorid Ph. (Eur. 11.0)	Silbernitrat-ML (Ph. Eur. 11.0)
Sulfanilsäure (Ph. Eur. 11.0)	Natriumnitrit-ML (Ph. Eur. 11.0)
Trometamol (Ph. Eur. 11.0)	Salpetersäure-ML (Ph. Eur. 11.0), Salzsäure-ML (Ph. Eur. 11.0), Schwefelsäure-ML (Ph. Eur. 11.0)
Zink (Ph. Eur. 11.0)	EDTA-ML (Ph. Eur. 11.0)

1.2.2 Wodurch wird der Verlauf einer Titration beschrieben?

Titrationsgrad τ

Der Titrationsgrad τ spiegelt einen konkreten Punkt während des Verlaufs einer Titration wider. Er drückt das Verhältnis von zugegebener Äquivalentstoffmenge an Maßlösung zur ursprünglich vorhandenen Äquivalentstoffmenge der Probe aus. Er lässt sich auch durch das Verhältnis des aktuell zugegebenen Volumens an Maßlösung zum insgesamt bis zum ersten Äquivalenzpunkt verbrauchten Volumen an Maßlösung ausdrücken.

$$\tau = \frac{n^{eq}{}_{ML}}{n^{eq}{}_{Probe}} \quad \text{bzw.} \quad \tau = \frac{V_{ML}}{V_{ÄP}}$$

$n^{eq}{}_{ML}$ = Äquivalentstoffmenge Maßlösung
$n^{eq}{}_{Probe}$ = Äquivalentstoffmenge Probe

V_{ML} = zugegebenes Volumen Maßlösung
$V_{ÄP}$ = zugegebenes Volumen Maßlösung bis zum ersten Äquivalenzpunkt

Äquivalenzpunkt (ÄP)

Als Äquivalenzpunkt bezeichnet man den Punkt bei einer Titration, an dem die der Probenmenge äquivalente Menge an Maßlösung zugegeben ist. Er entspricht dem Titrationsgrad τ = 1. Der Punkt, an dem die Titration (z. B. nach dem Farbumschlag des Indikators) beendet wird, wird als Endpunkt bezeichnet.

Titrationskurve

Die Titrationskurve ist die grafische Darstellung einer probenspezifischen Größe (z. B. pH-Wert, Spannung) in Abhängigkeit vom Titrationsgrad τ (Abb. 1) bzw. vom Volumen zugegebener Maßlösung. Idealerweise findet am Äquivalenzpunkt eine sprungartige Veränderung der Messgröße statt.

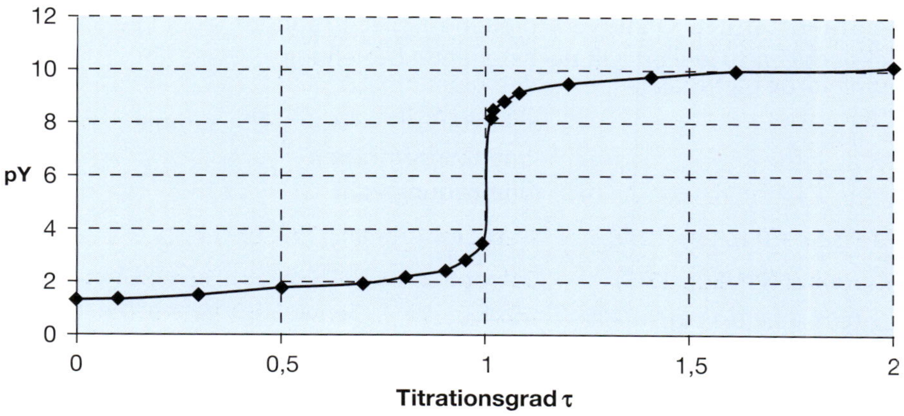

Abb. 1: Titration von Analyt Y mit einer Maßlösung X

1.2.3 Was sind die stöchiometrischen Grundlagen?

Aktivität

Die Aktivität ist die effektive Konzentration starker Elektrolyte in Lösungen. Lösungen starker Elektrolyte verhalten sich ähnlich wie konzentrierte Lösungen schwacher Elektrolyte. Aufgrund von Wechselwirkungen zwischen den einzelnen Ionen kommt es zu Anziehungskräften, einer Behinderung der freien Beweglichkeit und einer vorgetäuschten unvollständigen Dissoziation. Die tatsächlich vorliegende, d. h. analytisch feststellbare Ionenkonzentration ist kleiner als die stöchiometrische Stoffmengenkonzentration ***c*** und wird als Aktivität ***a*** (»effektive« Konzentration) bezeichnet. Der Korrekturfaktor ***f*** ($f < 1$) wird als Aktivitätskoeffizient bezeichnet und ist konzentrationsabhängig. Es gilt:

$$a = f \cdot c$$

Damit das Massenwirkungsgesetz nicht nur für ideale Gemische mit statistischer Ionenverteilung und fehlender Wechselwirkung wie in sehr verdünnten Lösungen ($c < 0{,}01\ \text{mol} \cdot \text{l}^{-1}$) gilt, ist es für $AB \rightleftarrows A^+ + B^-$ exakter zu formulieren als

$$K = \frac{a(A^+) \cdot a(B^-)}{a(AB)} = \frac{f_{A^+} \cdot c(A^+) \cdot f_{B^-} \cdot c(B^-)}{f_{AB} \cdot c(AB)}$$

»K« ist die thermodynamische Gleichgewichtskonstante.

Von Bedeutung ist die Aktivität aber deshalb, weil viele physikalisch-chemische Messverfahren (z. B. die Potentiometrie) nicht auf die Konzentration, sondern auf die Aktivität einer Komponente ansprechen. Ferner sind auch alle thermodynamischen Konstanten, wie z. B. die Aciditätskonstante K_S, über die Aktivitäten definiert.

Um den Aktivitätskoeffizienten ***f*** berechnen zu können, haben Debye und Hückel ein Näherungsverfahren entwickelt, das sich auf die Ionenladung und die Ionenkonzentration stützt. Ohne verschiedene Konzentrationen oder die Temperatur berücksichtigen zu wollen, gilt nachstehende Beziehung:

$$\boldsymbol{I} = \frac{1}{2} \sum_i c_i \cdot z_i^2$$

$\boldsymbol{I}$ = Ionenstärke
c_i = Ionenkonzentration
z_i = Ionenladungszahl

Σ = Summe

bei $\boldsymbol{I} \leq 0{,}01$: $\lg f_i = -A \cdot z_i^2 \cdot \sqrt{\boldsymbol{I}}$;

bei $0{,}01 < \boldsymbol{I} < 0{,}1$: $\lg f_i = \dfrac{-A \cdot z_i^2 \cdot \sqrt{\boldsymbol{I}}}{1+\sqrt{\boldsymbol{I}}}$;

$A = 0{,}500$ bei 15 °C für Konzentrationsangaben in $[\mathrm{mol \cdot kg^{-1}}]$ bzw. $\mathrm{mol \cdot l^{-1}}$ (für H_2O)

A ist eine Konstante der Funktion der Temperatur und der Dielektrizitätskonstanten. Aus Gründen der Vereinfachung soll im vorliegenden Buch an Stelle der Aktivität die Konzentration verwendet werden.

Anteil und Konzentration

Die Größen Anteil und Konzentration können als Unterbezeichnungen des Begriffs Gehalt betrachtet werden.

Während Anteile Verhältnisgrößen der Dimension 1 sind (Massenanteil: m/m; Stoffmengenanteil: n/n; Volumenanteil: V/V), bezieht man bei Konzentrationen die Quantitätsgröße eines Bestandteils (z. B. die Masse m, die Stoffmenge n, das Volumen V) auf das Volumen der Mischung.

Einstellung von Maßlösungen

(siehe »Titer/Faktor«)

Mol

Mol ist die SI-Basiseinheit für die Stoffmenge. Sie ist eine reine Zählgröße und definiert sich als $6{,}023 \cdot 10^{23}$ Teilchen (Avogadro-Konstante) eines Elements, Ions oder Moleküls.

Stoffmengenkonzentration (veraltet: Molarität)

Die Stoffmengenkonzentration ***c*** ist eine Konzentrationsangabe, bei der die vorliegende Menge an Substanz nach ihrer Stoffmenge ***n*** bemessen ist. Die Stoffmengenkonzentration ***c*** drückt aus, wie viel Mol einer Verbindung in einem Liter ihrer resultierenden Lösung enthalten ist. Sie hat die Einheit [mol · l^{-1}].

$$c = \frac{n}{V} \qquad [\text{mol} \cdot l^{-1}]$$

In den aktuellen Arzneibüchern [Ph. Eur., JAP, USP] werden die Konzentrationen der Maßlösungen durch ihre Stoffmengenkonzentration ausgedrückt.

Äquivalente/Äquivalentzahl z

Die Äquivalentzahl ***z*** drückt aus, welche Wertigkeit eine Verbindung in einer bestimmten Umsetzung hat. Damit stellt sie das Bindeglied zwischen Stoffmenge und Äquivalentkonzentration dar.

Nachfolgendes Beispiel soll der Erläuterung dieses wichtigen Begriffs dienen:

> Ein Liter einer wässrigen Schwefelsäure soll ein Mol Schwefelsäure (H_2SO_4) enthalten, d. h. sie ist 1-molar (1 mol · l^{-1}). Da jedoch die Schwefelsäure als eingesetzte Maßlösung bei Säure-Base-Reaktionen als zweiwertiger Protolyt zwei Protonen (»aktive Teilchen«) abgeben kann, verfügt sie über zwei Äquivalente H^+ pro Mol Schwefelsäure (z = 2). Demnach weist sie für Säure-Base-Reaktionen eine Äquivalentkonzentration von 2 mol · l^{-1} auf.
>
> $H_2SO_4 + 2\ OH^- \rightarrow SO_4^{2-} + 2\ H_2O$
>
> Würde man, rein theoretisch, eine 1-molare Schwefelsäure für eine Fällungstitration von Bariumionen einsetzen (Bildung von $BaSO_4\downarrow$), besäße sie aber nur eine Äquivalentkonzentration von 1 mol · l^{-1}, da jedes Schwefelsäuremolekül exakt 1 Barium-Ion ausfällt.
>
> $H_2SO_4 + Ba^{2+} \rightarrow BaSO_4\downarrow + 2\ H^+$

Ein Äquivalent ist also immer für eine bestimmte Reaktion zu definieren. Es ist stets dem Äquivalent eines beliebigen anderen Stoffes gleichwertig. Die Äquivalentzahl ***z*** ist immer ganzzahlig. Eine obsolete Bezeichnung für die Äquivalentstoffmenge ist »***val***«.

Äquivalentkonzentration (veraltet: Normalität)

Bei der Äquivalentkonzentration handelt es sich ebenfalls um eine Konzentrationsangabe. Jedoch bezieht sie sich auf die Menge aktiver Teilchen (Äquivalente), die von einem Reagenz (Maßlösung) in einem Liter seiner Lösung enthalten ist.

$$c^{eq} = \frac{n}{V} \cdot z \qquad [\text{mol/l}]$$

Da ein Mol einer Verbindung aus mehreren Äquivalenten bestehen kann, jedoch nicht umgekehrt ein Äquivalent mehreren Mol entsprechen kann, ist die Äquivalentkonzentration einer beliebigen Lösung immer gleich oder ein ganzzahliges Vielfaches ihrer Stoffmengenkonzentration.

Stoffmengenkonzentration	Äquivalentzahl z	Äquivalentkonzentration
HCl (0,1 mol · l^{-1})	1	HCl (0,1 mol · l^{-1}) Protonen
H_2SO_4 (0,1 mol · l^{-1})	2*1)	H_2SO_4 (0,2 mol · l^{-1}) Protonen
$KMnO_4$ (0,1 mol · l^{-1})	5**2)	$KMnO_4$ (0,5 mol · l^{-1}) Redox-Äquivalente
$KMnO_4$ (0,02 mol · l^{-1})	5**2)	$KMnO_4$ (0,1 mol · l^{-1}) Redox-Äquivalente

*1) bei Säure-Base-Titrationen
**2) bei sauren pH-Bedingungen

Molalität

Hierbei handelt es sich um einen nicht mehr gebräuchlichen Begriff der Maßanalyse, der leicht zu Verwechslungen führen kann. Er lehnt sich an die »Molarität« an, ist im Unterschied jedoch nicht temperaturabhängig, da er eine Stoffmenge ***n*** auf ein Kilogramm Lösungsmittel bezieht. Die Einheit der Molalität ist demnach [mol/kg]. Sie ist von Bedeutung bei physikochemischen Effekten wie des osmotischen Drucks, Dampfdrucks- oder Gefrierpunktserniedrigung sowie Siedepunktserhöhung.

Äquivalentmolmasse

Unter der Äquivalentmolmasse versteht man den Quotienten aus molarer Masse und der umsetzungsspezifischen Äquivalentzahl ***z***. Sie hat die gleiche Einheit wie die molare Masse [mol · l^{-1}].

$$M\,(eq)_{Probe} = \frac{M_{Probe}}{z_{Probe}} \quad [g/mol]$$

Maßanalytisches Äquivalent (MÄ)

Das Maßanalytische Äquivalent ***MÄ*** stellt die Masse einer Verbindung dar, die in einer Reaktion einem bestimmten Volumen einer definierten Maßlösung entspricht. Seine Einheit lautet [mg/ml].

Bei den Gehaltsbestimmungen in den Arzneibuchmonographien findet das ***MÄ*** Ausdruck in dem abschließenden Satz »1 ml Maßlösung x mol · l^{-1} entspricht ***w*** mg Arzneistoffsummenformel«.

Es lässt sich nach folgender Formel berechnen:

$$MÄ = M\,(eq)_{Probe} \cdot c\,(eq)_{ML}$$

$M\,(eq)_{Probe}$ = Äquivalentmolmasse der Probe [g/mol]
$c\,(eq)_{ML}$ = Äquivalentkonzentration der Maßlösung [mol · l^{-1}]

Dabei entspricht die Äquivalentmolmasse der Probe dem Quotienten der molaren Masse der Probe und seiner Äquivalentzahl z_{Probe} in der jeweiligen Reaktion.

$$M\,(eq)_{Probe} = \frac{M_{Probe}}{z_{Probe}}$$

Die Äquivalentkonzentration entspricht dabei der (bisherigen) »Normalität«. Da zurzeit aber die Konzentration von Maßlösungen in der Ph. Eur. in der Stoffmengenkonzentration angegeben ist, ist es wichtig, zwischen Stoffmengen- und Äquivalentkonzentration umrechnen zu können.

$$c\,(eq)_{ML} = c_{ML}\,[mol \cdot l^{-1}] \cdot z_{ML}$$

Beispiel:

In der Ph. Eur. Monographie »Natriumcarbonat« heißt es am Ende der Gehaltsbestimmung
»... 1 ml Salzsäure (1 mol · l^{-1}) entspricht 52,99 mg Na_2CO_3.«

Basierend auf folgender Umsetzung zwischen Probe und Maßlösung
$Na_2CO_3 + 2\,HCl \rightarrow H_2O + CO_2 + 2\,NaCl$ (Umsetzung 1:2)
(Bei der formulierten Reaktionsgleichung ist in diesem Zusammenhang nur die Stöchiometrie von Bedeutung)
und der molaren Masse für Natriumcarbonat von 105,989 g/mol ergibt sich beim Einsetzen in die Formel zur Berechnung des Maßanalytischen Äquivalents (MÄ) folgender Ausdruck:

$$MÄ = \frac{\mathbf{105{,}989}}{\mathbf{2}}\ g/mol \cdot 1\ mol \cdot l^{-1}$$

$$= 52{,}99\ g/l \text{ bzw. } 52{,}99\ mg/ml$$

Würde mit einer Salzsäure (0,1 mol · l^{-1}) titriert werden, wäre das MÄ = 5,299 mg/ml.
Bei einer Schwefelsäure (1 mol · l^{-1}) (z_{Probe} und z_{ML} = 2 !!),
wäre $MÄ_{Na_2CO_3}$ = 105,989 mg/ml,
da $Na_2CO_3 + H_2SO_4 \rightarrow H_2O + CO_2 + Na_2SO_4$ (Umsetzung 1:1)

Im Umkehrschluss lässt sich von dem Maßanalytischen Äquivalent und der Molmasse der Probe bei ebenfalls bekannter Äquivalentkonzentration der verwendeten Maßlösung schnell auf die Stöchiometrie der Reaktionsgleichung zurückschließen in Form von z_{Probe}. Dabei ist auch der Gehalt an Kristallwasser zu berücksichtigen, wie das Beispiel der Titration von Natriumcitrat (nach Ph. Eur. das Dihydrat des Trinatriumsalzes der Citronensäure) mit Perchlorsäure zeigen soll:

$M_{Natriumcitrat} \cdot 2\ H_2O = 294{,}1$ g/mol
$MÄ_{Natriumcitrat\ wasserfrei}$ = 8,602 mg/ml Perchlorsäure (0,1 mol · l^{-1})

$M_{Natriumcitrat\ wasserfrei}$ = 294,1 g/mol – 36,0 g/mol * (* für 2 H_2O)
= 258,1 g/mol

Eingesetzt in die Formel für MÄ ergibt sich:

$$MÄ = \frac{\mathbf{M}}{z_{Probe}} \cdot c_{ML} \cdot z_{ML} \qquad (z_{ML} = 1 \text{ bei Perchlorsäure})$$

$$8{,}602 \text{ mg/ml} = \frac{\mathbf{258{,}1\ g/mol}}{z_{Probe}} \cdot 0{,}1 \text{ mol} \cdot l^{-1}$$

$$8{,}602 = \frac{\mathbf{25{,}81}}{z_{Probe}}$$, nach z_{Probe} aufgelöst ergibt sich

$25{,}81/\ 8{,}602 = z_{Probe}$, da z_{Probe} nur ganzzahlig sein kann,

darf es auch nur geringfügig von einem ganzzahligen Wert abweichen.

$z_{Probe} \approx 3$ (3,000465)

Das bedeutet, dass bei der Titration von Natriumcitrat drei Äquivalente Perchlorsäure verbraucht werden.

Wiederfindungsrate (WFR)

Die Wiederfindungsrate für einen Analyten bei einer bestimmten Methode ist das Verhältnis von ermitteltem Wert zum wahren Wert. Bei der Bestimmung von Arzneistoffen, die entweder in einem Arzneistoffgemisch oder als Teil einer Arzneistoffformulierung mit weiteren Hilfs- bzw. Trägerstoffen (Matrix) vorliegen, können Bestimmungen vom deklarierten Gehalt abweichende Werte ergeben. Diese Abweichungen können durch das Vorliegen der anderen Komponenten, die sich in der gegebenen Kombination mit dem Analyten unter den gegebenen Methodenbedingungen (gewählte Zeiten, Temperaturen, Reihenfolge) als nicht völlig inert zeigen, begründet sein (Matrixeffekt).

Zur Ermittlung einer Wiederfindungsrate mischt man eine Probe mit bekanntem Gehalt in der Art wie die zu bearbeitende (möglichst identische Hilfsstoffe, in etwa gleichem Mengenverhältnis von Analyt zu Matrix und gleiche Herstellungsmethode) und bestimmt dann den Analyten mit der gleichen Bestimmungsmethode und den gleichen Reagenzien, Maßlösungen usw. Der so ermittelte Wert wird ins Verhältnis zur bekannten Einwaage der zu bestimmenden Komponente (gleich 100 %) gesetzt. Dabei kann eine sich bestätigende Wiederfindungsrate fernab der 100 %-Marke als durchaus verlässlich angesehen werden.

Man erhält mit diesem empirischen Vorgehen eine Kompensation der verschiedensten Matrixeffekte und Fehler (z. B. falscher Gehalt von Maßlösungen). Das Prinzip entspricht dem einer Konventionsmethode und die resultierende Wiederfindungsrate ist auch nur für das jeweilige Vorgehen (Kombination von Analyt und Trägerstoffen nach Art und Menge, jeweilige Bestimmungsmethode) gültig. Wird hingegen für eine Reinsubstanz eine etablierte Gehaltsbestimmungsmethode durchgeführt, handelt es sich um eine Referenzanalyse. Mit ihr können keine Matrixeffekte erfasst werden.

1.2.4 Welche Geräte finden Verwendung?

Entsprechend ihres Einsatzbereiches unterscheidet man Geräte der Maßanalyse und solche, die in der Gravimetrie Verwendung finden. An dieser Stelle soll aber vor allem auf die ***Geräte zur Volumenmessung*** eingegangen werden. Diese bestehen heutzutage fast ausnahmslos aus Glas hoher chemischer Beständigkeit und entsprechend minimaler Wärmeausdehnung (z. B. Duran® 50). Dies ist insofern von Bedeutung, als dass eine Volumenmessung stets mit einer größeren Messunsicherheit behaftet ist als eine Wägung.

Obwohl deutliche Unterschiede hinsichtlich der abzumessenden Flüssigkeitsvolumina bestehen, finden hauptsächlich fünf Arten von Volumenmessgeräten in der Titrimetrie Verwendung: Messzylinder, Messpipetten, Büretten, Vollpipetten und Messkolben.

Ungeachtet von Gestalt und Größe bestimmt vor allem der Verwendungszweck und die dabei erforderliche Genauigkeit, welches Volumenmessgerät zu verwenden ist. Während Messzylinder, Messpipetten und Büretten mit einer Volumenskala versehen sind, verfügen Vollpipetten und Messkolben ausschließlich über eine Ringmarke für das deklarierte Nennvolumen. Das deklarierte Volumen ist jedoch mit einer deutlich höheren Genauigkeit abzumessen, als es Flüssigkeitsvolumina mit vorgenannten Glasgeräten sind.

Büretten

Die meisten Titrationen werden im Studium mit manuellen Büretten durchgeführt. Daneben gibt es auch automatische Büretten (Titrierautomaten). Die meisten Büretten haben ein Volumen zwischen 10,0 und 50,0 ml. Den Auslauf bildet ein Glas- oder Teflonhahn (Küken). Mittels der Bürette wird die Maßlösung langsam, kurz vor dem Äquivalenzpunkt tropfenweise, der Probenlösung zugesetzt.

Die Bürette dient der genauen Ermittlung des Verbrauchs an Maßlösung. Dazu ist eine korrekte

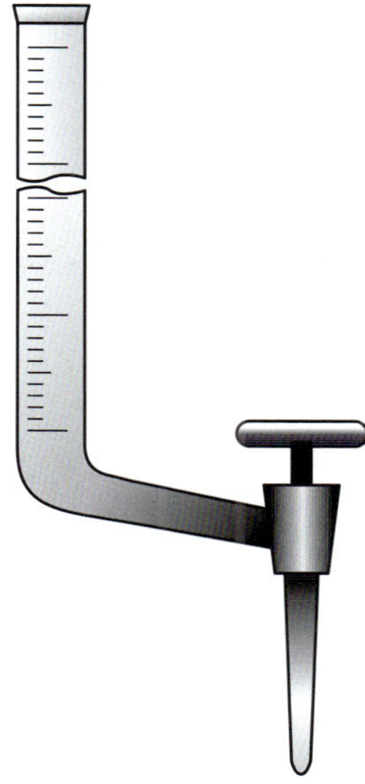

Abb. 2: Bürette

Befüllung mit der Maßlösung (z. B. auf 0,0 ml-Marke) erforderlich, ferner ist ein gleichmäßiger Ablauf der Maßlösung und eine leichte Gängigkeit des Bürettenhahnes erforderlich (Glashähne müssen mit Schlifffett leicht gefettet werden).

Das Ablesen einer Bürette wird durch den so genannten ***Schellbachstreifen*** (Abb. 3) maßgeblich erleichtert. Dieser lässt durch Brechung des Lichts an der Phasengrenze von Maßlösung und Luft die dahinterliegende Skala schlanker erscheinen.

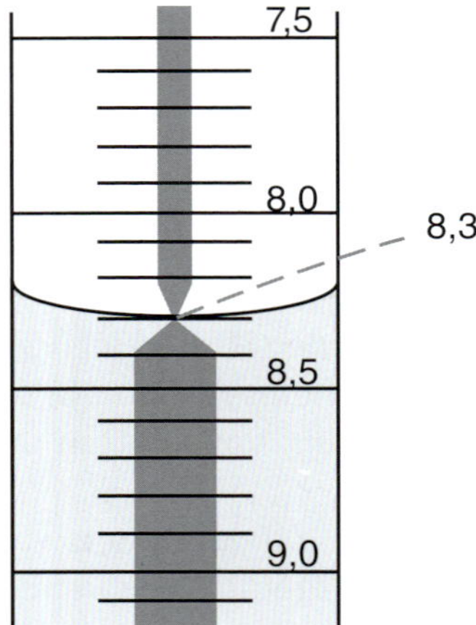

Abb. 3: Ableseprinzip des Schellbachstreifens zur Ermittlung des Verbrauchs an Maßlösung an einer Bürette

Messkolben

Messkolben dienen der Herstellung von Reagenzien, Maßlösungen bzw. Analysenlösungen, bei denen eine Genauigkeit von zwei signifikanten Ziffern erforderlich ist. Sie sind in den meisten Fällen aus Glas und in Größen zwischen 1,0 ml und 5,0 Litern erhältlich und im Regelfall mit einem Schliff versehen. Sie können mit Glas- oder Kunststoffstopfen verschlossen werden.

Vollpipetten

Vollpipetten erlauben eine genaue Volumendosierung mit einer Genauigkeit von 0,1 ml. Sie sind in Größen zwischen 1,0 ml und 100,0 ml erhältlich. Sie sind auf Auslauf geeicht, so dass immer ein kleiner Tropfen in der Pipette verbleibt. Die Aufnahme der Flüssigkeit muss mit einer Saughilfe (Pipettierhilfe), häufig einem Peleus-Ball, erfolgen.

Füllen der Vollpipette

Der Peleusball wird auf die Vollpipette aufgesetzt. Die Vollpipette muss beim Ansaugen mit ihrer Spitze in die Lösung eintauchen. Anschließend wird durch Druck auf S am Peleusball mehr Volumen, als bis zum Eichstrich erforderlich ist, aufgezogen. Die Pipettenspitze wird aus der Lösung herausgezogen und durch Druck auf E am Peleusball wird die Lösung bis zum Eichstrich abgelassen.

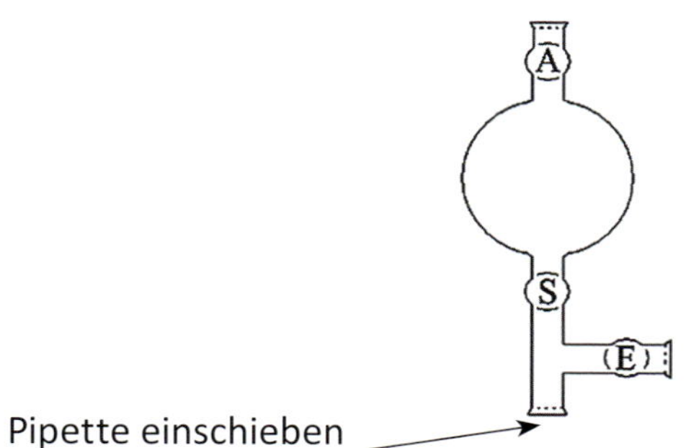

Abb. 4: Peleus-Ball

Entleeren der Vollpipette

Die Pipette wird auf die Glaswand eines Erlenmeyerkolbens oder Becherglases aufgesetzt und der Peleusball abgezogen oder durch Druck auf E das Volumen abgelassen. Nach der vollständigen Entleerung muss einen Moment gewartet werden, bis die Pipette ganz abgetropft ist. Ein kleiner Rest bleibt in der Pipette!

Messpipetten

Messpipetten werden genauso wie Vollpipetten verwendet, weisen aber eine geringere Genauigkeit auf. Mit ihnen lassen sich innerhalb des Nennvolumens beliebige Volumina abmessen.

Volumenmessgeräte

Volumenmessgeräte sind entweder auf Einguss oder auf Ablauf justiert. Ein auf Ablauf justiertes Gefäß bietet den Vorteil, bei gleichen Ablaufbedingungen ein definiertes Volumen abgeben zu können.

Welche Eigenschaften ein Glasgerät zur Volumenmessung hat und bei welchen Bedingungen welche Messgenauigkeit erfüllt werden kann, ist auf seiner Glasoberfläche notiert.

Außer der richtigen Geräteauswahl steht die korrekte Handhabung des Volumenmessgerätes sowohl während seiner Verwendung als auch beim anschließenden Reinigen und Lagern im Mittelpunkt. Da Glas beim deutlichen Erwärmen zu fließen beginnt und beim anschließenden Abkühlen wieder erstarrt, sind Volumenveränderungen beim Trocknen im Trockenschrank nie auszuschließen. Die dadurch hervorgerufene Abweichung führt zu einer irreversiblen Ungenauigkeit, die das Glasgerät für seinen ursprünglichen Einsatzbereich unbrauchbar macht! Die Glasgeräte sind meist aus Borosilikatglas gefertigt (Güteklasse A).

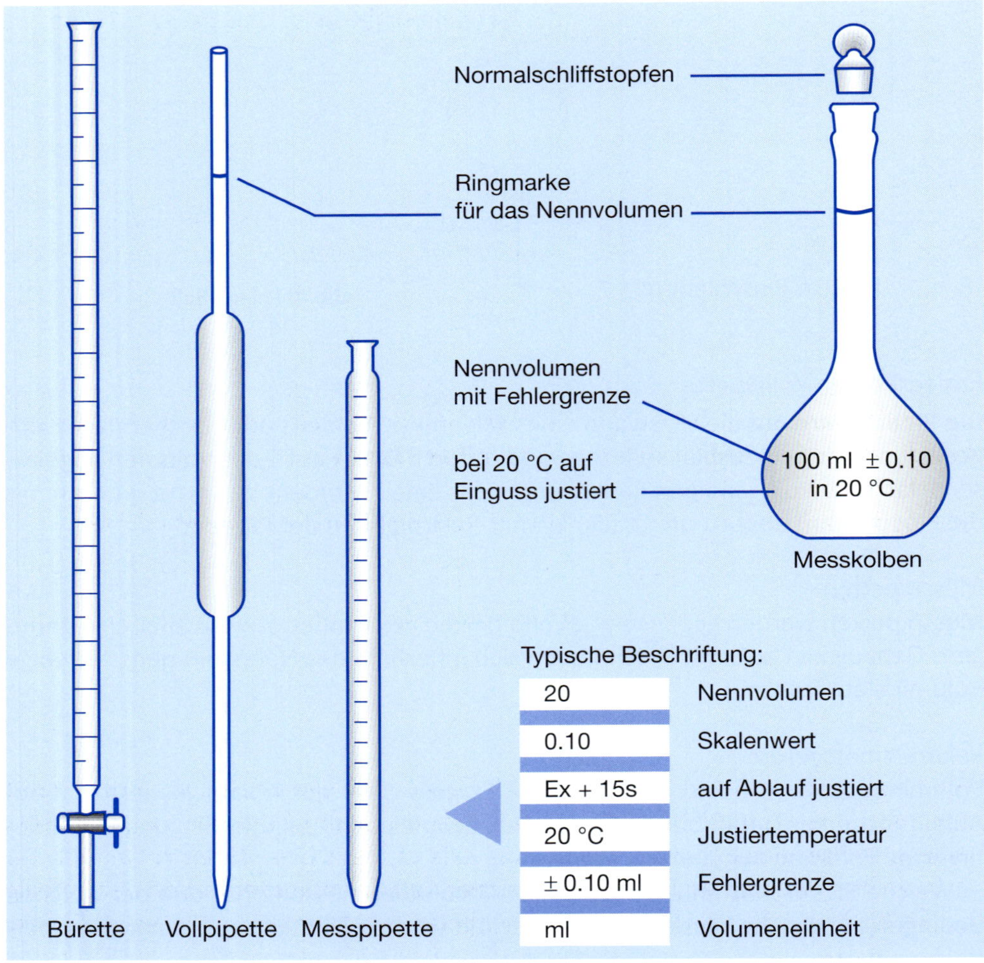

Abb. 5: Die wichtigsten Volumenmessgeräte und ihre typische Beschriftung

1.3 Titrationsarten in der Maßanalyse

Bezüglich der Vorgehensweise in der Maßanalyse sind verschiedene Titrationsarten zu unterscheiden.

Direkte Titration

Die einfachste und ursprünglichste Methode stellt die direkte Titration (auch Direkttitration) dar. Dabei werden die Probe und die Maßlösung direkt miteinander umgesetzt. Der Volumenverbrauch an Maßlösung ist direkt an der Bürette ablesbar und kann zur Berechnung des Ergebnisses herangezogen werden.

Direkttitration im engeren Sinne: z. B. Bestimmung von Na_2CO_3 mit HCl-Maßlösung

Probe
Maßlösung ⇒

Bei der ***direkten Titration im engeren Sinne*** wird die Probe vorgelegt und sukzessive mit der Maßlösung versetzt. Voraussetzung ist eine schnelle und quantitative Umsetzung zwischen Analyt und ML.

Inverse Titration

Deutlich seltener, aber dem gleichen Prinzip folgend, kann auch ein definiertes Volumen an Maßlösung vorgelegt werden und mit der gelösten Probe titriert werden. In diesem Falle handelt es sich um eine ***inverse Titration***.

Inverse Direkttitration: z. B. Bestimmung von $NaNO_2$ mit $KMnO_4$-Maßlösung

Maßlösung
Probe ⇒

Rücktitration

Wird hingegen der zu bestimmende Stoff unter Zusatz eines definierten Überschusses einer Maßlösung zuerst ***quantitativ*** umgesetzt, der Überschuss an Maßlösung seinerseits mit einer zweiten Maßlösung erfasst, liegt eine ***Rücktitration*** vor. Das verbrauchte Volumen ergibt sich bei gleicher Äquivalentkonzentration der beteiligten Maßlösungen aus der Differenz von vorgelegtem Volumen der ersten Maßlösung und dem Verbrauch der zweiten Maßlösung für die Titration des Überschusses.

Rücktitration: z. B. Bestimmung von Natriumchlorid (Ph. Eur. 4.0) nach Volhard mit Silbernitrat-Maßlösung (0,1 mol · l^{-1}) [definierter Überschuss]. Der Silbernitrat-Überschuss wird mit Ammoniumthiocyanat-Maßlösung (0,1 mol · l^{-1}) zurücktitiriert.

Bei Rücktitrationen sind immer zwei Maßlösungen erforderlich.

Probe	
Maßlösung 1 (def. Üb.) ⇒	
	⇐ ML 2

Indirekte Titration

Wird die zu bestimmende Verbindung nicht unmittelbar mit der (einzigen) Maßlösung titriert, sondern zuvor chemisch umgesetzt, spricht man von einer ***indirekten*** Titration.

Indirekte Titration:

Probe $\xrightarrow{\text{Umsetzung}}$ modifizierte Probe: z. B. $Na_2SO_4 \xrightarrow{\text{Ionenaustauscher}} H_2SO_4$
H_2SO_4 mit NaOH-Maßlösung ($0{,}1\ mol \cdot l^{-1}$) titriert.

modifizierte Probe
Maßlösung ⇒

Substitutionstitration

Die zu bestimmende Verbindung wird mit einem »Zweikomponentenreagenz« versetzt, dabei reagiert die zu bestimmende Verbindung in einer eindeutigen stöchiometrischen Reaktion mit dem Reagenz unter Freisetzung einer Komponente, die anschließend titriert wird.

Beispiel: Substitutionstitration

Komplexometrische Bestimmung von Calcium

Calciumionen können komplexometrisch nach Umsetzung mit einem Magnesiumedetat-Komplex (aus äquimolaren Mengen Magnesium-Ionen und Natriumedetat zusammengesetzt) bestimmt werden. Dabei wird eine dem Calcium äquivalente Menge Magnesium-Ionen aus dem schwachen Edetat-Komplex verdrängt und kann anschließend mit Edetat-Maßlösung bestimmt werden.

$$[MgY]^{2-} + Ca^{2+} \rightarrow [CaY]^{2-} + Mg^{2+}$$

$$Mg^{2+} + H_3Y^{-} \rightarrow [MgY]^{2-} + 3\ H^{+}$$

Allen Titrationsarten ist gemein, dass die Reaktionen stets vollständig, stöchiometrisch einheitlich und ausreichend zügig ablaufen müssen.

2 Statistik und Fehler analytischer Ergebnisse

Volumetrische Titrationen stellen ein quasi-absolutes Analysenverfahren dar und zeichnen sich durch eine hervorragende Reproduzierbarkeit und Richtigkeit aus, wenn bestimmte Voraussetzungen erfüllt sind. Daher sind trotz aller Entwicklungen in der instrumentellen Analytik nach wie vor Titrationen in allen gängigen Arzneibüchern (USP, Ph. Eur., JAP) Mittel der Wahl zur Gehaltsbestimmung von anorganischen und niedermolekularen organischen Arzneistoffen. Bei jeder Analyse ist es aber entscheidend, die Ergebnisse kritisch zu hinterfragen und nach möglichen Fehlern Ausschau zu halten.

2.1 Fehler

Jedes analytische Ergebnis kann grundsätzlich von Fehlern behaftet sein. Die Fehler lassen sich in zwei Gruppen unterteilen:

- zufällige Fehler
- systematische Fehler

Jedes analytische Ergebnis zeigt ***zufällige (statistische)*** Fehler. Diese sind nicht vermeidbar, können aber mathematisch betrachtet werden.

Systematische Fehler liegen in den Methoden, den Geräten oder den Gerätebedienern begründet. Sie sind ***grundsätzlich vermeidbar***. Hierzu zählen falsche Kalibrierkurven, Fehler durch falsches Ablesen von Geräten, falsche Faktoren von Maßlösungen etc. Systematische Fehler werden manchmal in Kauf genommen, können aber durch Vergleichsbestimmungen ausgeglichen werden (z. B. durch Bestimmung einer Wiederfindungsrate).

Abweichungen vom wahren Wert (also z. B. dem Gehalt, der wirklich in einem Analyten enthalten ist), die durch zufällige Fehler verursacht werden, verringern die ***Präzision*** eines Verfahrens. Das heißt, die Präzision ist ein Maß für die Größe zufälliger Fehler. Hingegen verringern Abweichungen durch systematische Fehler die ***Richtigkeit*** eines Verfahrens (Titration). Dies wird am deutlichsten, wenn man verschiedene Ergebnisse beim Scheibenschießen vergleicht (Abb. 6).

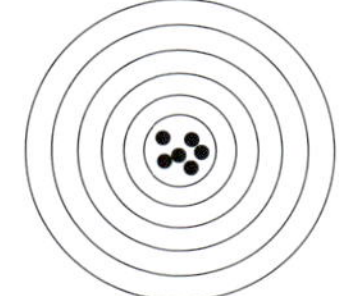

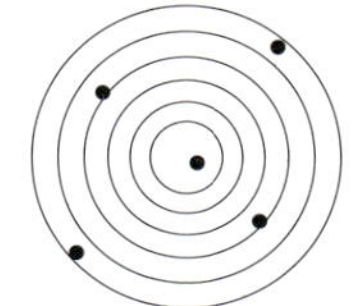

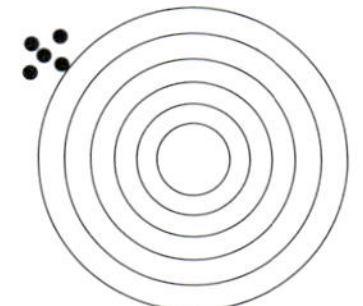

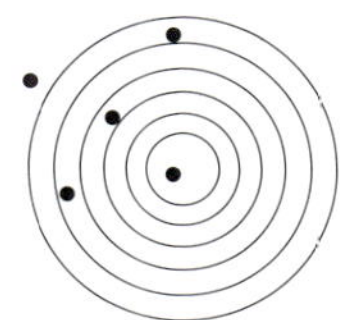

Abb. 6: Richtigkeit und Präzision am Beispiel der Schießscheibe

Bei einer großen Anzahl von Messwerten zeigen diese auch bei Ausschluss aller möglichen systematischen Fehler eine Schwankung. Häufig verteilen sich die Werte gemäß einer Standardnormalverteilung (Gauß'sche Glockenkurve). Die Werte schwanken um einen Mittelwert (Lageparameter). Der arithmetische Mittelwert $\bar{\mathbf{x}}$ aus n Messwerten x_1 bis x_n lässt sich berechnen nach:

$$\bar{x} = \frac{\sum (x_1 + x_2 + \ldots x_n)}{n}$$

Die Schwankungsbreite des Messwertes (Streuparameter) wird durch die Standardabweichung **s** beschrieben. Das Quadrat der Standardabweichung wird als Varianz bezeichnet. Diese gibt an, ob die Verteilungskurve schmal oder breit verläuft und berechnet sich nach:

$$s = \sqrt{\frac{\sum (\bar{x} - x_n)^2}{n-1}}$$

68 % der Messwerte liegen innerhalb des Bereiches »$\bar{x} \pm s$« bzw. 95 % im Bereich »$\bar{x} \pm 2s$«. Mathematisch wird die Standardnormalverteilung durch die Formel in Abb. 7 beschrieben.

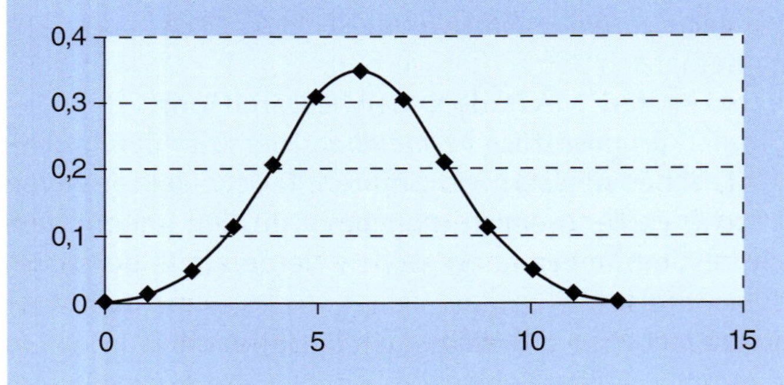

$$f(y) = \frac{1}{\sqrt{2\pi\sigma^2}} \exp\left\{-1\frac{(y-\mu)^2}{2\sigma^2}\right\}$$

(Erklärung im Text)

(Beispiel: $\mu = 6$, $\sigma = 2$)

Abb. 7: Standardnormalverteilung

Die Standardnormalverteilung wird durch einen Lageparameter (Mittelwert $\bar{x}$) und einen Streuparameter (Standardabweichung s) beschrieben. Da beide Werte nur rechnerische Näherungen darstellen, unterscheiden sie sich mehr oder weniger von den wahren Werten. In der Formel für die Standardabweichung treten daher der wahre »Mittelwert« μ und die wahre »Standardabweichung« σ auf. Im Idealfall gilt natürlich $\bar{x} = \mu$ und $s = \sigma$.

Die Standardabweichung ist ein Maß für die ***Präzision*** eines Verfahrens. Zwei Verfahren lassen sich also im Hinblick auf ihre Präzision anhand der Standardabweichungen der jeweiligen Messreihen vergleichen. Eine kleine Standardabweichung,

also eng beieinander liegende Messwerte, ist Ausdruck für eine hohe Präzision des Verfahrens (schmale Glockenkurve).
Beispiel: Bei der Gehaltsbestimmung einer Tablette aus Natriumhydrogencarbonat (M = 84 g/mol) wurden fünf Tabletten mit Salzsäure (1 mol · l^{-1}, F = 1,000) gegen Methylorange titriert. Folgende Messwerte wurden ermittelt:

Tablette	1	2	3	4	5
Verbrauch HCl [ml]	10,0	10,5	10,8	9,9	10,4
Masse: $NaHCO_3$ [mg]	840	882	907	832	874

Nach obigen Formeln ergeben sich für Mittelwert und Standardabweichung: $\bar{x}$ = 867 mg, s = 30,94 mg

Anstelle der absoluten Standardabweichung kann auch die relative Standardabweichung s_{rel} angegeben werden:

$$s_{rel} = \frac{s}{\bar{x}} \cdot 100 \quad [\%]$$

$$s_{rel} = 3{,}56\ \%$$

2.2 Angabe von Mess- oder Analysenergebnissen

Bei der Angabe von Analysenergebnissen wird im Regelfall der Mittelwert aus einer hinreichend großen Anzahl von Einzelbestimmungen angegeben. Die Unsicherheit des Messwertes, also die Fehlergröße, kann als absoluter Fehler angegeben werden (gleiche Einheit wie das Messergebnis, Abweichung um Δx nach »oben« oder nach »unten«, berechnet aus dem am stärksten abweichenden Einzelwert):

$\bar{x} \pm \Delta x$ (für obiges Tablettenbeispiel: 867 mg ± 40 mg (berechnet aus: 907 – 867))

oder als relativer Fehler in Prozent des Mess- bzw. Analysenergebnisses

$\bar{x} \pm (\Delta x/\bar{x}) \cdot 100$ (für unser Beispiel: 867 mg ± 4,6 %).

Hierbei finden sowohl systematische als auch zufällige Fehler Berücksichtigung.

Sollen in erster Linie die zufälligen Fehler beschrieben werden, kann auch die Angabe durch Mittelwert und Standardabweichung erfolgen:

$\bar{x} \pm s$ (für unser Beispiel: 867 mg ± 30,94 mg).

Die Angabe des arithmetischen Mittelwertes $\bar{x}$ ist nur möglich, wenn die Werte einigermaßen symmetrisch um den Mittelwert verteilt liegen (Glockenkurve). Liegt keine symmetrische Verteilung vor, so wird der Medianwert (Median) angegeben. Zur Ermittlung werden die Werte in aufsteigender Reihenfolge sortiert und der mittlere Wert angegeben.

Für unser Beispiel gilt:

832 840 874 882 907

Median: 874

Diese Angabe hat den Vorteil, dass starke Ausreißer keine Berücksichtigung im Ergebnis finden. Bei einer geraden Anzahl an Messwerten wird der arithmetische Mittelwert der beiden mittleren Werte gebildet.

Bei der Angabe von Analyseergebnissen ist auf eine sinnvolle Ziffernzahl zu achten. Ein Ergebnis kann nie genauer sein als die zu seiner Berechnung verwendeten Größen. Haben Sie die drei Werte 310, 201 und 301 und möchten nun den Mittelwert angeben, so kann dieser nicht mehr als eine Nachkommastelle aufweisen, auch wenn der Taschenrechner ein Ergebnis von 270,6666667 angibt. Entscheidend ist die Zahl der signifikanten Ziffern. Jede Zahl lässt sich als Zehnerpotenz darstellen. In unserem Fall $3{,}10 \times 10^2$, $2{,}01 \times 10^2$ und $3{,}01 \times 10^2$. Die verbleibenden Ziffern werden als signifikante Stellen bezeichnet. In unserem Fall sind es also jeweils drei signifikante Ziffern. Unser Ergebnis muss also gerundet 271 betragen. Ein Analysenergebnis kann also nicht mehr signifikante Ziffern aufweisen als die zu seiner Berechnung verwendeten Größen oder Werte. Je mehr signifikante Ziffern ein Ergebnis aufweist, umso genauer ist es ermittelt worden.

Eine Null ist nur dann eine signifikante Ziffer, wenn vor ihr eine Ziffer steht, die ungleich Null ist – egal wo das Komma steht. Ein Wert von 0,1 hat also eine signifikante Ziffer, ein Wert von 0,01 ebenfalls nur eine, während ein Wert von 1,0 oder auch von 0,10 zwei signifikante Ziffern aufweist.

Die von modernen Taschenrechnern angegebenen Ergebnisse täuschen häufig eine zu hohe Genauigkeit vor. Wird also ein Analysenergebnis mit einer 0,1 molaren Maßlösung und einer 20,0 ml-Vollpipette ermittelt, kann ein Ergebnis mit zehn signifikanten Ziffern nicht sinnvoll sein.

Als Faustregel mag hier genügen, dass das Ergebnis so viele signifikante Ziffern aufweisen sollte wie die Größen zu seiner Ermittlung (Größe mit kleinster Zahl an Dezimalstellen).

Vergleich der Präzision zweier Verfahren

Vitamin C (Ascorbinsäure) kann alkalimetrisch durch Titration mit Natriumhydroxid-Maßlösung (0,1 mol · l^{-1}) oder iodometrisch durch Titration mit Iod-Maßlösung (0,05 mol · l^{-1}) bestimmt werden. Jeweils zehnmal werden 0,150 g Vitamin C eingewogen und titriert:

Probe	1	2	3	4	5	6	7	8	9	10
Verbrauch Iod-Lsg. (0,05 mol · l^{-1})	17,1	17,0	16,9	16,7	17,2	17,0	16,8	17,3	17,0	17,3
Masse	150,6	149,8	148,9	147,1	151,5	149,8	148,0	152,4	149,8	152,4

Für die iodometrische Bestimmung ergibt sich eine mittlere Masse $\bar{x}$ = 150,0 mg und eine Standardabweichung s = 1,8 mg.

Probe	1	2	3	4	5	6	7	8	9	10
Verbrauch oder NaOH-Lsg. (0,1 mol · l^{-1})	8,5	8,3	8,1	8,9	7,9	8,5	9,0	8,5	9,1	8,6
Masse	149,7	146,2	142,6	156,7	139,1	149,7	158,5	149,7	160,3	151,4

Für die alkalimetrische Bestimmung ergibt sich eine mittlere Masse $\bar{x}$ = 150,4 mg und eine Standardabweichung s = 6,8 mg.
Die iodometrische Bestimmung zeigt in diesem Fall die höhere Präzision, d.h. die Wahrscheinlichkeit, mit wenigen Titrationen den richtigen Wert zu treffen. Sie ist höher, obwohl beide Verfahren fast den gleichen Mittelwert liefern.

2.3 Vergleichende Statistik

Ein Ergebnis zeigt durch zufällige Schwankungen Fehler. Die Schwankungen eines Messwertes werden durch die Standardabweichung beschrieben. Hat man nun zwei Messwertreihen vorliegen, so stellt sich die Frage, ob diese zur gleichen Verteilung gehören oder ob sie zwei verschiedenen Verteilungen angehören. Zur Prüfung dieser Frage stehen statistische Prüfverfahren zur Verfügung: der Student-t-Test bzw. die F-Verteilung.

Die vergleichende Statistik kann im Rahmen dieses Buches nur auszugsweise und mit vielen Näherungen vorgestellt werden. Ausführlichere Informationen sind den einschlägigen Fachbüchern zu entnehmen.

2.3.1 Vergleich von Mittelwerten

Sind Werte einer analytischen Bestimmung annähernd normal verteilt, kann mit dem **Student-t-Test** bestimmt werden, ob zwei Mittelwerte der gleichen Verteilung angehören. Dies kann z.B. der Fall sein, wenn für eine Tablette ein Sollwert gefordert ist, bei einer Bestimmung aber ein Mittelwert $\bar{x}$ erhalten wurde, der von diesem Sollwert abweicht. Dies kann daran liegen, dass nicht genügend Bestimmungen durchgeführt wurden, die Abweichungen also nur zufällig sind. Vor der Durchführung des t-Tests ist sicherzustellen, dass die Standardabweichungen der beiden Verteilungen keinen signifikanten Unterschied aufweisen (**F-Test, Varianzanalyse**), d. h. die gleiche Präzision bei ihrer Bestimmung gegeben war. Dazu wird der t-Wert wie folgt berechnet:

Zunächst wird die totale Standardabweichung berechnet:

$$s_t = \sqrt{\frac{s_1^2(n_1-1) + s_2^2\,(n_2-1)}{n_1+n_2-2}}$$

$$t_{ber} = \frac{(\bar{x}_1 - \bar{x}_2)^2}{s_t} \cdot \sqrt{\frac{n_1 \cdot n_2}{n_1 + n_2}}$$

s_1 : Standardabw. Messreihe 1
s_2 : Standardabw. Messreihe 2
n_1 : Zahl Messwerte Messreihe 1
n_2 : Zahl Messwerte Messreihe 2
$\bar{x}_1$: Mittelwert Messreihe 1
$\bar{x}_2$: Mittelwert Messreihe 2

Der berechnete Wert t_{ber} muss dann mit dem sich aus der t-Verteilung ergebenden Wert verglichen werden (Tabelle). Dazu ist die Zahl der Freiheitsgrade FG zu bestimmen. Diese ergeben sich aus der Zahl der Bestimmungen n vermindert um die geschätzten Parameter p (FG = n – p, meist n – 1). Daneben ist eine akzeptierte Irrtumswahrscheinlichkeit (z. B. 1 % oder 5 %) festzulegen.

Ist der Wert aus dem Tabellenwerk größer als der berechnete Wert, so sind die Werte nur zufällig unterschiedlich und können mit der angenommenen Irrtumswahrscheinlichkeit als gleich angesehen werden. Ist der Wert kleiner, so sind beide Werte verschiedenen Verteilungen zuzuordnen.

Nach dem gleichen Prinzip lässt sich entscheiden, ob zwei Messreihen der gleichen Verteilung zuzuordnen sind.

FG	**Irrtumswahrscheinlichkeit**	
	5 %	1 %
1	12,706	63,657
2	4,303	9,925
3	3,182	5,841
4	2,776	4,604
5	2,571	4,032
6	2,447	3,707
7	2,365	3,499
8	2,306	3,355
9	2,262	3,250
10	2,228	3,169
15	2,131	2,947
20	2,086	2,845
30	2,042	2,750
40	2,021	2,704
60	2,000	2,660
∞	1,960	2,576

Student-t-Test-Tabelle

2.3.2 Vergleich von Varianzen bzw. Standardabweichungen

Varianzen bzw. Standardabweichungen verschiedener Analyseverfahren können auch bei geringer Abweichung die gleiche Präzision beinhalten und die Schwankungen rein zufällig sein. Um festzustellen, ob es sich um die gleiche Präzision handelt, wird der so genannte F-Test durchgeführt.

Dazu wird zunächst aus den beiden Standardabweichungen die Testgröße F_{ber} berechnet. s_1 ist die größere, s_2 die kleinere Standardabweichung.

$$F_{ber} = \frac{{s_1}^2}{{s_2}^2}$$

Der so erhaltene Wert F_{ber} wird mit dem Tabellenwert in der folgenden Tabelle verglichen. In der Tabelle wird eine Irrtumswahrscheinlichkeit von 5 % (Genauigkeit von 95 %) angenommen. Die Werte FG_1 und FG_2 stellen die Freiheitsgrade für beide Bestimmungen dar. Im Regelfall werden diese mit der Zahl der Bestimmungen minus 1 angenommen.

Ein signifikanter Unterschied zwischen beiden Verfahren liegt vor, wenn der ermittelte Wert F größer als der tabellierte Wert ist.

FG_1	1	2	3	4	5	6	7	8	9	10	12	15	20	24	30	40
FG_2																
1	161,4	199,5	215,7	224,6	230,2	234,0	236,8	238,9	240,5	241,9	243,9	245,9	248,0	249,1	250,1	251,1
2	18,51	19,00	19,16	19,30	19,33	19,35	19,37	19,38	19,40	19,41	19,43	19,45	19,45	19,46	19,46	19,47
3	10,13	9,55	9,28	9,12	9,01	8,94	8,89	8,85	8,81	8,79	8,74	8,70	8,66	8,62	8,62	8,59
4	7,71	6,94	6,59	6,39	6,26	6,16	6,09	6,04	6,00	5,96	5,91	5,86	5,80	5,75	5,75	5,72
5	6,61	5,79	5,41	5,19	5,05	4,95	4,88	4,82	4,77	4,74	4,68	4,62	4,56	4,53	4,50	4,46
6	5,99	5,14	4,76	4,53	4,39	4,28	4,21	4,15	4,10	4,06	4,00	3,94	3,87	3,81	3,81	3,77
7	5,59	4,74	4,35	4,12	3,97	3,87	3,79	3,73	3,68	3,64	3,57	3,51	3,44	3,41	3,38	3,34
8	5,32	4,46	4,07	3,84	3,69	3,58	3,50	3,44	3,39	3,35	3,28	3,22	3,15	3,12	3,08	3,04
9	5,12	4,26	3,86	3,63	3,48	3,37	3,29	3,23	3,18	3,14	3,07	3,01	2,94	2,90	2,86	2,83
10	4,96	4,10	3,71	3,48	3,33	3,22	3,14	3,07	3,02	2,98	2,91	2,85	2,77	2,74	2,70	2,66
11	4,84	3,98	3,59	3,36	3,20	3,09	3,01	2,95	2,90	2,85	2,79	2,72	2,65	2,61	2,57	2,53
12	4,75	3,89	3,49	3,26	3,11	3,00	2,91	2,85	2,80	2,75	2,69	2,62	2,54	2,51	2,47	2,43
13	4,67	3,81	3,41	3,18	3,03	2,92	2,83	2,77	2,71	2,67	2,60	2,53	2,46	2,42	2,38	2,34
14	4,60	3,74	3,34	3,11	2,96	2,85	2,76	2,70	2,65	2,60	2,53	2,46	2,39	2,35	2,31	2,27
15	4,54	3,68	3,29	3,06	2,90	2,79	2,71	2,64	2,59	2,54	2,48	2,40	2,33	2,29	2,25	2,20
16	4,49	3,63	3,24	3,01	2,85	2,74	2,66	2,59	2,54	2,49	2,42	2,35	2,28	2,24	2,19	2,15
17	4,45	3,59	3,20	2,96	2,81	2,70	2,61	2,55	2,49	2,45	2,38	2,31	2,23	2,19	2,15	2,10
18	4,41	3,55	3,16	2,93	2,77	2,66	2,58	2,51	2,46	2,41	2,34	2,27	2,19	2,15	2,11	2,06
19	4,38	3,52	3,13	2,90	2,74	2,63	2,54	2,48	2,42	2,38	2,31	2,23	2,16	2,11	2,07	2,03
20	4,35	3,49	3,10	2,87	2,71	2,60	2,51	2,45	2,39	2,35	2,28	2,20	2,12	2,08	2,04	1,99
21	4,32	3,47	3,07	2,84	2,68	2,57	2,49	2,42	2,37	2,32	2,25	2,18	2,10	2,05	2,01	1,96
22	4,30	3,44	3,05	2,82	2,66	2,55	2,46	2,40	2,34	2,30	2,23	2,15	2,07	2,03	1,98	1,94
23	4,28	3,42	3,03	2,80	2,64	2,53	2,44	2,37	2,32	2,27	2,20	2,13	2,05	2,01	1,96	1,91
24	4,26	3,40	3,01	2,78	2,62	2,51	2,42	2,36	2,30	2,25	2,18	2,11	2,03	1,98	1,94	1,89

2.3.3 Vergleich zweier Messreihen

Die obige iodometrische Bestimmung von Ascorbinsäure (siehe Kap. 2.2) wird mit einer zweiten Charge wiederholt.

Charge 1

Probe	1	2	3	4	5	6	7	8	9	10
Verbrauch Iod-Lsg. (0,05 mol · l^{-1})	17,1	17,0	16,9	16,7	17,2	17,0	16,8	17,3	17,0	17,3
Masse	150,6	149,8	148,9	147,1	151,5	149,8	148,0	152,4	149,8	152,4

Für die iodometrische Bestimmung ergibt sich, wie schon gezeigt, eine mittlere Masse $\bar{x}$ =150,0 mg und eine Standardabweichung s = 1,8 mg.

Charge 2

Probe	1	2	3	4	5	6	7	8	9	10
Verbrauch Iod-Lsg. (0,05 mol · l^{-1})	17,1	17,2	17,2	17,0	16,4	17,1	17,2	17,4	17,1	17,0
Masse	150,7	151,5	151,5	149,8	144,5	150,7	151,5	153,3	150,7	149,8

Für diese iodometrische Bestimmung ergibt sich eine mittlere Masse von $\bar{x}$ = 150,4 mg und eine Standardabweichung s = 2,3 mg.

Vergleich beider Standardabweichungen mittels F-Test:

$$F_{\text{ber}} = \frac{s_1{}^2}{s_2{}^2} = \frac{2{,}3^2}{1{,}8^2} = 1{,}63$$

Tabellenwert bei je 10 Bestimmungen: 3,18 (FG = 9)

Da der berechnete Wert kleiner als der Tabellenwert ist, weisen beide Verfahren die gleiche Präzision auf und der Unterschied ist rein zufällig.

Vergleich beider Mittelwerte mittels Student-t-Test

Berechnung der totalen Standardabweichung

$$s_t = \sqrt{\frac{s_1{}^2(n_1-1) + s_2{}^2\,(n_2-1)}{n_1+n_2-2}} = \sqrt{\frac{2{,}3^2(10-1)+1{,}8^2(10-1)}{10+10-2}} = 8{,}78$$

Berechnung des t-Wertes

$$t_{\text{ber}} = \frac{\bar{x}_1 - \bar{x}_2}{s_t} \cdot \sqrt{\frac{n^1 \cdot n^2}{n_1 + n_2}} = \frac{150{,}4 - 150{,}0}{8{,}78} \cdot \sqrt{\frac{10 \cdot 10}{20}} = 1{,}019$$

t-Tabellenwert: 2,262 (siehe Tab. S. 44) FG = 9, Irrtumswahrscheinlichkeit 5 %

Da der Tabellenwert größer als der berechnete Wert ist, sind beide Messwertreihen nur rein zufällig unterschiedlich. Die Bestimmungen gehören zur gleichen Verteilung und die beiden Mittelwerte sind nur rein zufällig verschieden.

2.4 Fehlerfortpflanzung

Liegen in einer Bestimmung ein oder mehrere Fehler vor, so stellt sich die Frage, wie stark sich diese auf ein zu berechnendes Endergebnis auswirken. Diese Frage kann mit dem Fehlerfortpflanzungsgesetz beantwortet werden.

Eine Bestimmung stellt häufig eine von zwei Messgrößen x und y abhängige Funktion dar. So wird der Gehalt einer Maßlösung (Herstellung aus einer Urtitersubstanz) von der Einwaage der Urtitersubstanz und dem Volumen des Messkolbens bestimmt. Beide weisen durch ihre Bestimmung einen Fehler auf, nämlich den Fehler der Waage und den Fehler des Messkolbens. Die Frage ist nun, wie stark sich die beiden Einzelfehler auf den Gehalt der Maßlösung auswirken.

Die Messgröße u, also der Gehalt unserer Maßlösung, stellt eine Funktion der zwei Größen x (Einwaage) und y (Volumen) dar.

$$u = f\,(x,y)$$

Die jeweiligen Fehler der Messgrößen x und y werden mit Δx und Δy bezeichnet. Beide Größen bedingen den Fehler Δu in der Messgröße u. Der Fehler wird über das totale Differential der Funktion $u = f\,(x,y)$ beschrieben:

$$du = fx\,dx + fy\,dy$$

Die Gleichung stellt dar, wie sich der Wert u ändert, wenn es zu kleinen Änderungen der Größen x und y kommt. Bei kleinen Fehlern $dx = \Delta x$ und $dy = \Delta y$ kann die Näherung für den Fehler Δu formuliert werden.

$$\Delta u \cong du = fx\,\Delta x + fy\,\Delta y$$

fx und fy sind die partiellen Ableitungen der Funktion nach x bzw. y.

Der ungünstigste Fall, d.h. der größtmögliche Fehler, tritt dann ein, wenn beide Ausdrücke das gleiche Vorzeichen tragen. Man erhält so den maximalen absoluten Fehler.

Daraus folgt für unser Beispiel: ß = m/V

$$\Delta ß = \frac{1}{V}\,\Delta m - \frac{m}{V^2}\cdot \Delta V \quad \Delta ß\text{: Fehler der Massenkonzentration}$$

Die Formel ergibt sich aus den Differentialen (1. Ableitungen) für y = ax mit y′ = a und y = 1/x mit

$$y' = -\frac{1}{x^2}$$

Da die Messfehler doppeltes Vorzeichen tragen, ergibt sich für den maximalen

$$\text{Fehler: } \Delta ß = \frac{1}{V}\,\Delta m + \frac{m}{V^2}\cdot \Delta V$$

Als Fehler von Waage (Gerätefehler der Waage) und Volumen des Messkolbens (folgt aus Glasgüte) werden angenommen (entsprechend hohe Fehler wie in dem angegebenen Beispiel können bei Verwendung falscher Messgeräte erfolgen):

Beispiel:	Einwaage	m: 20 ± 2 g
	Volumen	V: 500 ± 2 ml

Δm: 2 g

ΔV: 2 ml $\Delta u = 1/500 \times 2 + 20 \times 500^{-2} \times 2 = 0{,}00416\ \text{g/ml} = 0{,}4\,\%$

Die Konzentration der Lösung von 4 % weist bei Verwendung der angegebenen Geräte mit ihren Fehlergrenzen einen möglichen Fehler von 0,4 % auf.

Neben dem absoluten maximalen Fehler wird in der Praxis auch der mittlere absolute Fehler m_u angegeben (siehe Lehrbücher).

$$m_u = \pm\sqrt{(f_x m_x)^2 + (f_y m_y)^2}$$

2.5 Fehler titrimetrischer Gehaltsbestimmungen

Grundsätzlich sind Titrationen als quasi-absolute Analysenverfahren von hervorragender Reproduzierbarkeit, Präzision und Richtigkeit und daher auch zu Recht das am häufigsten verwendete Verfahren für Gehaltsbestimmungen in den Arzneibüchern.

Die Fehler einer klassischen Titration mit visueller Endpunktanzeige sind gegeben durch:

- Fehler bei der Einwaage der Probe
- Fehler beim Lösen der Probe
- Fehler bei der Herstellung und Einstellung der Maßlösung
- Indikatorfehler
- Fehler bei der Titration (Ablesefehler etc.).

Einwaage der Probe und Herstellung der Maßlösung sind analytische Grundoperationen. Die Genauigkeit hängt von den verwendeten Geräten etc. ab und unterliegt systematischen und zufälligen Fehlern. Bei korrekter Durchführung sind lediglich statistische Fehler zu berücksichtigen. Im Regelfall stellt das Lösen der Analysensubstanz keine Fehlerquelle dar. Ein Hauptfehler liegt jedoch im Indikator. Denn nach der Umsetzung der Probe muss anschließend noch der Indikator umgesetzt werden, bis der Endpunkt der Titration zu erkennen ist. Dieser Indikatorfehler führt dazu, dass der Verbrauch sich bis zum visuellen Erkennen des Äquivalenzpunkts $V_{ÄP}$ um das Volumen V_{ind} erhöht. Der Fehler ist daher besonders groß, wenn hohe Indikatorkonzentrationen verwendet werden.

Dieser Fehler lässt sich teilweise ausgleichen, indem man für die Titration der Probe und die Einstellung der Maßlösung den gleichen Indikator verwendet. Ferner kann ein Fehler auf Grund unterschiedlicher Beurteilung des Indikatorumschlages vermieden werden, wenn immer von derselben Person titriert wird (oder ein instrumentelles Indikationsverfahren verwendet wird).

Die Präzision einer Bestimmungsmethode hat auch Einfluss auf die in den Arzneibüchern geforderten Gehaltsgrenzen. Die geforderten Gehaltsobergrenzen liegen typischerweise über dem Wert von 100,0 %, obwohl man intuitiv meinen sollte, dass eine Substanz nicht mehr als 100 % ihrer selbst enthalten kann. Titrationen weisen in der Regel eine hervorragende Präzision von ±1 % auf, daher kann bei der Bestimmung einer absolut sauberen Analysensubstanz auch ein Ergebnis von 101,0 % ermittelt werden. Würde das Arzneibuch aber die Gehaltsobergrenze auf 100,0 % festlegen, würde diese analysierte – perfekt reine – Charge nicht den Anforderungen des Arzneibuchs entsprechen und müsste verworfen werden.

Das Europäische Arzneibuch setzt für tritrimetrische Gehaltsbestimmungen die Präzision mit ±1 % an, so dass bei derart analysierten Substanzen die Gehaltsobergrenze (meist) auf 101,0 % festgelegt wird. Die Gehaltsuntergrenze beträgt nach der gleichen Logik 99,0 %, oder sie liegt noch niedriger, falls bestimmte Verunreinigungen in bestimmten Grenzen akzeptiert werden.

Für chromatographische Gehaltsbestimmungen (HPLC, GC) geht das Arzneibuch von einer Präzision von ±2 % aus, was zu typischen Gehaltsobergrenzen von 102,0 % führt. Diese im Vergleich zu Titrationen geringere Präzision mag erstaunen, sie liegt auch nicht in der eigentlichen chromatographischen Gehaltsbestimmung begründet, sondern in den vielen Arbeitsgängen der Probenvorbereitung (Wägen, Verdünnen, ...), deren Fehler sich im schlechtesten Fall auf bis zu 2 % summieren können (siehe Fehlerfortpflanzung, S. 47).

Bei spektralphotometrischen Bestimmungen (UV/Vis-Absorptionsmessungen) liegt die Präzision wegen der vielen Fehlerquellen gar bei ±3 %.

2.6 Lineare Regression

Die lineare Regression ist ein mathematisches Verfahren zur Abschätzung des Fehlers linearer Zusammenhänge bzw. Proportionalitäten. Soll der Gehalt einer Substanz bestimmt werden, so kann dies mit einem Titrationsverfahren erfolgen.

Soll die Eignung des Titrationsverfahrens über einen bestimmten Einwaagebereich überprüft werden, so werden verschiedene Einwaagen der Substanz gewählt und diese mit der zugehörigen Maßlösung titriert. Der dann ermittelte Gehalt kann gegen die Einwaage an Substanz grafisch aufgetragen werden. Im Idealfall würde sich eine Gerade ergeben, der lineare Regressionskoeffizient r würde den Wert 1 annehmen. Der lineare Regressionskoeffizient entspricht der Steigung der Ausgleichsgeraden.

Die lineare Regression berechnet die mittlere Abweichung der Fehlerquadrate von dieser Ausgleichsgraden durch alle Punkte.

$$r = \frac{\sum (x_i - \bar{x}) \cdot (y_i - \bar{y})}{\sqrt{\sum (x_i - \bar{x})^2 \cdot \sum (y_i - \bar{y})^2}}$$

x_i: Messwert x-Koordinate
y_i: Messwert y-Koordinate
$\bar{x}$: arithmetischer Mittelwert aller x-Koordinaten
$\bar{y}$: arithmetischer Mittelwert aller y-Koordinaten

Beispiel: Titration von $NaHCO_3$ mit Salzsäure (0,1 mol · l^{-1}) gegen Methylorange.

Einwaage [g]	0,050	0,100	0,201	0,300	0,405	0,650	0,700	0,900
Verbrauch [ml]	6,01	11,9	23,8	34,7	47,6	71,4	83,3	107,9
Masse [g]	0,050	0,099	0,199	0,291	0,399	0,599	0,699	0,906

Berechnung des Regressionskoeffizienten:

Verbrauch [ml] $\bar{x}$ = 48,32 Masse [g]: $\bar{y}$ = 0,405

Messwert	$x_i - \bar{x}$	$y_i - \bar{y}$	$(x_i - \bar{x}) \cdot (y_i - \bar{y})$	$(x_i - \bar{x})2$	$(y_i - \bar{y})^2$
1	– 36,42	– 0,306	11,14	1326,4	0,093
2	– 24,52	– 0,206	5,05	25,50	0,042
3	– 13,62	– 0,114	1,55	185,50	0,012
4	– 0,72	– 0,006	0,004	0,518	0,000036
5	23,08	0,194	4,47	532,68	0,037
6	– 42,31	– 0,355	15,02	1790,13	0,126
7	34,98	0,294	10,28	1223,60	0,086
8	59,58	0,501	29,85	3549,77	0,251
Σ			77,364	8634,098	0,647

$$r = \frac{\sum (x_i - \bar{x}) \cdot (y_i - \bar{y})}{\sqrt{\sum (x_i - \bar{x})^2 \cdot \sum (y_i - \bar{y})^2}} = \frac{77{,}364}{\sqrt{8634{,}098 \cdot 0{,}647}} = \frac{77{,}364}{74{,}74} = 1{,}04$$

Da der Korrelationskoeffizient einen Wert von annähernd 1 aufweist, kann man bei den Größen »Verbrauch an Maßlösung« und »ermittelte Masse« von einem linearen Zusammenhang ausgehen (Abb. 8).

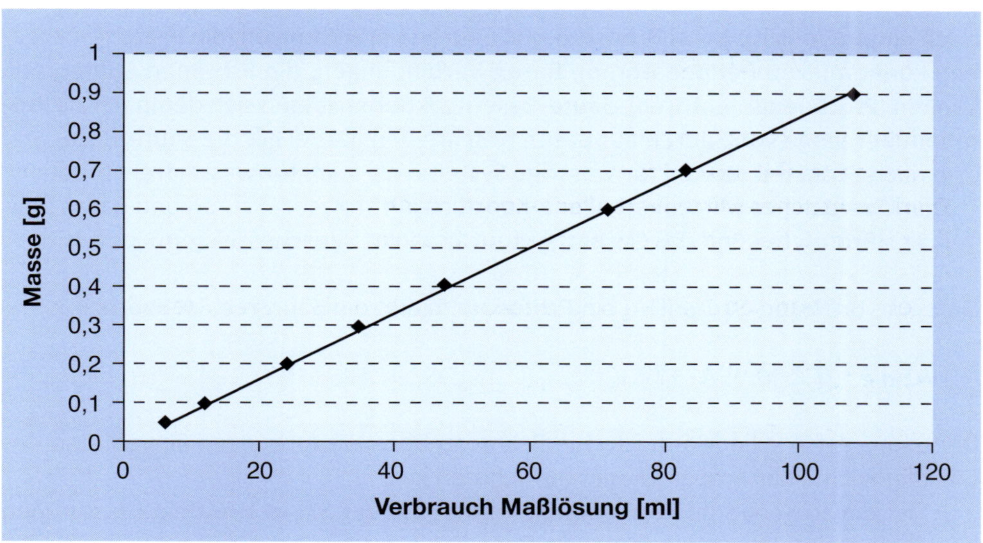

Abb. 8: Linearer Zusammenhang zwischen Masse und Verbrauch an Maßlösung (Korrelationskoeffizient nahe 1).

3 Säure-Base-Titrationen

Säure-Base-Titrationen dienen zur quantitativen Bestimmung von Verbindungen mit sauren oder basischen Eigenschaften.

Man unterscheidet: Acidimetrie: Bestimmung von Basen
Alkalimetrie: Bestimmung von Säuren

Die Begriffe werden in der Literatur uneinheitlich verwendet. Der Begriff Acidimetrie wird auch für die Bestimmung von Säuren mit einer Base verwendet, der Begriff Alkalimetrie für die Bestimmung von Basen mit einer Säure.

Im Folgenden wird zunächst auf die für Säure-Base-Titrationen notwendigen Grundlagen eingegangen, anschließend werden einzelne und spezielle Anwendungsmöglichkeiten in der pharmazeutischen Praxis vorgestellt.

3.1 Der Säure-Base-Begriff

3.1.1 Definition von Säuren und Basen nach Brönsted[1] und Lowry[2]

Nach einem Vorschlag von Brönsted sind Säuren Verbindungen, die Protonen abgeben können (Protonendonatoren), Basen Verbindungen, die Protonen aufnehmen können (Protonenakzeptoren). Säure-Base-Reaktionen lassen sich demnach als Protonenübergänge von Säuren auf Basen beschreiben. Dabei gilt die Säure-Base-Theorie nach Brönsted sowohl für wässrige Systeme als auch für wasserfreie Medien.

Den Übergang von Protonen nennt man auch »Protolyse«, Säuren und Basen werden als »Protolyte« und das Gesamtsystem als »Protolytisches System« bezeichnet.

Gibt eine Brönsted-Säure (HA) ein Proton ab, bleibt ein Säurerest (A^-) zurück:

$$HA \rightleftarrows A^- + H^+$$

Der Säurerest A^- wiederum ist eine Brönsted-Base, da A^- in der Rückreaktion des Gleichgewichts das Proton wieder aufnehmen kann.

A^- ist die so genannte korrespondierende Base zur Säure HA. Beide zusammen bilden ein korrespondierendes Säure-Base-Paar.

Ein analoger Zusammenhang ergibt sich, wenn eine Base (B) ein Proton aufnimmt. Hierbei entsteht die korrespondierende Säure BH^+.

---

1 Johannes Nicolaus Brönsted (1879–1947)
2 Thomas Martin Lowry (1874–1936)

$$B + H^+ \rightleftarrows BH^+$$

Protonen können in Lösungen nicht isoliert als H^+ auftreten. Eine Säure kann ihr Proton nur dann abgeben, wenn es von einer Base aufgenommen wird. (Dabei kann auch das Lösungsmittel die Base darstellen.)

Die Säure-Base-Reaktion besteht folglich immer aus dem Zusammenspiel einer Säure und einer Base, zwischen denen der Protonenübergang stattfindet. Es treten zwei korrespondierende Säure-Base-Paare auf:

$$\underset{\text{Säure 1}}{\boxed{HA}} + \underset{\text{Base 2}}{B} \rightleftarrows \underset{\text{Base 1}}{\boxed{A^-}} + \underset{\text{Säure 2}}{BH^+}$$

Säure-Base-Reaktionen sind reversibel. Es stellt sich ein Protolysegleichgewicht ein. Auf welcher Seite das Gleichgewicht der Reaktion liegt, wird durch die Stärke der teilnehmenden Reaktionspartner bestimmt.

So kann man die Reaktion als eine Konkurrenzreaktion um das Proton zwischen der Base B und der Base A^- ansehen. Auf welcher Seite das Gleichgewicht liegt, wird durch die stärkere Base entschieden. Die stärkere Base ist diejenige, die das Proton fester an sich bindet.

Oder aus Sicht der Säure formuliert: Die stärkere Säure gibt das Proton leichter ab und schiebt somit das Gleichgewicht auf die andere Seite des Reaktionspfeils in Richtung der schwächeren Säure.

Wichtig in diesem Zusammenhang ist, dass eine starke Säure stets mit einer schwachen Base und eine schwache Säure stets mit einer starken Base korrespondiert (s. Kapitel 3.3.4).

Neutralisation: Die Umsetzung stöchiometrischer Mengen an Säuren und Basen zu einem Salz $[BH^+A^-]$ nach obiger Gleichung wird als Neutralisation bezeichnet. (Dies bedeutet allerdings nicht, dass das Salz $[BH^+A^-]$ nach außen neutral reagieren muss.)

Ampholyte und amphiprotische Lösungsmittel

Ampholyte sind Verbindungen, die sowohl Protonen abgeben als auch aufnehmen können. Sie besitzen also gleichzeitig sauren und basischen Charakter wie z. B. H_2O, Essigsäure, Ethanol, HSO_4^-, $H_2PO_4^-$, HPO_4^{2-}.

Beispiel H_2O: als Säure: $H_2O \rightarrow OH^- + H^+$
als Base: $H_2O + H^+ \rightarrow H_3O^+$

Beispiel HSO_4^-: als Säure: $HSO_4^- \rightarrow SO_4^{2-} + H^+$
als Base: $HSO_4^- + H^+ \rightarrow H_2SO_4$

Ob ein Ampholyt als Säure oder Base reagiert, wird durch die Säure- bzw. Basenstärke des jeweiligen Reaktionspartners bestimmt.

Amphiprotische Lösungsmittel sind Lösungsmittel, die sowohl sauer als auch basisch reagieren können. Kennzeichnend ist, dass sie eine Autoprotolyse eingehen. Dabei reagieren zwei Moleküle des Lösungsmittels LH in einer Säure-Base-Reaktion miteinander, wobei sich das so genannte Lyonium-Ion und das Lyat-Ion bilden.

2 LH	$\rightleftarrows$	LH_2^+ Lyonium-Ion	+	L^- Lyat-Ion
Beispiel H_2O				
2 H_2O	$\rightleftarrows$	H_3O^+ Oxonium-Ion (= Hydronium-Ion = Hydroxonium-Ion)	+	OH^- Hydroxid-Ion
Beispiel Essigsäure				
2 H_3CCOOH	$\rightleftarrows$	$H_3CCOOH_2^+$ Acetacidium-Ion	+	H_3CCOO^- Acetat-Ion

Strukturelle Eigenschaften von Brönsted-Säuren

Nach Brönsted sind Säuren Verbindungen, die Protonen abgeben können.

Anorganische Säuren:

Beispiele:

Halogenwasserstoffsäuren	Oxosäuren
HF, HCl, HBr, HI	H_2SO_4, HNO_3, H_3PO_4, $HClO_4$

Hierbei nimmt die Acidität der Halogenwasserstoffsäuren mit steigender Ordnungszahl des Halogens zu. Folglich ist aus dieser Reihe HI die stärkste Säure.

Oxosäuren sind umso stärker, je weniger Protonen und je mehr Sauerstoffatome sie enthalten. Damit ist von den angegebenen Säuren $HClO_4$ der stärkste Protonendonator.

Organische Säuren:

Bei organischen Säuren unterscheidet man vor allem OH-, NH- und CH-acide Verbindungen, je nachdem, an welchem Nachbaratom sich das acide Proton befindet:

OH-acid: z. B.: Sulfonsäuren, Carbonsäuren, vinyloge Carbonsäuren, Phosphonsäuren, Phenole

NH-acid: z. B.: Ammoniumverbindungen, Sulfonamide, Imide

CH-acid: z. B.: 1,3-Dicarbonyl-Verbindungen, terminale Alkine

Strukturelle Eigenschaften von Brönsted-Basen

Basen benötigen mindestens ein freies Elektronenpaar, das sie zur Ausbildung einer kovalenten Bindung mit dem Proton zur Verfügung stellen können.

Anorganische Basen

Pharmazeutisch interessante anorganische Basen sind neben Ammoniak (NH_3) und dem Hydroxid-Ion (OH^-) insbesondere Carbonat (CO_3^{2-}) und Phosphat (PO_4^{3-}). Ferner sind hier auch Metalloxide einzuordnen (z. B. MgO).

Organische Basen

Die meisten organischen Basen tragen ein basisches Stickstoffatom in ihrer Molekülstruktur.

Als eine Substanzklasse, die überwiegend im Pflanzenreich zu finden ist, sind Alkaloide zu nennen.

Einteilung von Brönsted-Säuren und -Basen

Brönsted-Säuren und -Basen lassen sich auch nach ihren Ladungseigenschaften einteilen:

Neutralsäuren:	sind ungeladene Protonendonatoren z. B. HCl, H_2SO_4, H_3CCOOH, HNO_3, H_2O
Kationensäuren:	sind positiv geladene Protonendonatoren z. B. H_3O^+, NH_4^+, $[Fe(H_2O)_6]^{3+}$
Anionensäuren:	sind negativ geladene Protonendonatoren z. B. HS^-, HSO_4^-, $H_2PO_4^-$, HPO_4^{2-}, HCO_3^-
Neutralbasen:	sind ungeladene Protonenakzeptoren z. B. NH_3, NH_2OH, Amine
Kationenbasen:	sind positiv geladene Protonenakzeptoren z. B. $N_2H_5^+$ ($H_2N\text{-}NH_3^+$), $[FeOH(H_2O)_5]^{2+}$
Anionenbasen:	sind negativ geladene Protonenakzeptoren z. B. H_3CCOO^-, OH^-, PO_4^{3-}, HPO_4^{2-}, $H_2PO_4^-$, HCO_3^-

3.1.2 Definition von Säuren und Basen nach Lewis

Eine allgemeinere Definition von Säuren und Basen lieferte Lewis[3]. Er löste die Begriffe Säuren und Basen vom Vorgang der Protonenübertragung:

Säuren sind Elektronen*paar*-Akzeptoren
Basen sind Elektronen*paar*-Donatoren

[3] Gilbert Newton Lewis (1875–1946)

Demnach weisen Lewis-Basen freie Elektronenpaare auf, die sie zur Bindung einer Säure zur Verfügung stellen. Dazu benötigen sie die gleichen strukturellen Voraussetzungen wie Brönsted-Basen.

Lewis-Säuren sind Verbindungen mit unvollständiger Edelgaskonfiguration. Sie haben die Tendenz, ein Elektronenpaar in die Valenzelektronenschale eines ihrer Atome unter Ausbildung einer Bindung aufzunehmen. Lewis-Säuren haben also eine Elektronenlücke. Beispiele hierfür sind $AlCl_3$, Bortrihalogenide ($BHal_3$) oder PCl_3.

Im Gegensatz zur Definition von Brönsted stellt nach Lewis nicht der Protonendonator, sondern das Proton selbst die Säure dar. Das Proton besitzt eine Elektronenlücke und wird von einer Base gebunden, indem es deren Elektronenpaar aufnimmt.

Zur besseren Unterscheidbarkeit werden Verbindungen, die nicht nach der Brönsted'schen Theorie, sondern nur nach dem Lewis'schen Konzept Säuren darstellen, als Lewis-Säuren bezeichnet. Das Proton ist die einfachste Lewis-Säure.

Bei der Reaktion einer Lewis-Säure mit einer Lewis-Base entsteht ein so genanntes Lewis-Addukt:

Lewis-Säure		Lewis-Base		Lewis-Addukt
H^+	+	OH^-	→	H_2O
BF_3	+	NH_3	→	$BF_3 \cdot NH_3$
$Al(OH)_3$	+	OH^-	→	$Al(OH)_4^-$
SO_3	+	H_2O	→	H_2SO_4

3.1.3 HSAB-Konzept nach Pearson[4]

Eine weitere Verallgemeinerung der Definition von Säuren und Basen ist das von Pearson 1963 entwickelte HSAB-Konzept der harten und weichen Säuren und Basen (Hard and Soft Acids and Bases). Hierbei werden neben den Protonendonatoren von Brönsted und den Lewis-Säuren zusätzlich Metallsalze in den Kreis der Säuren miteinbezogen, da diese mit Basen unter Aufhebung ihrer typischen Eigenschaften reagieren.

Harte Säuren sind nach Pearson wenig polarisierbare Kationen oder Moleküle, weiche Säuren sind hingegen gut polarisierbar. Analoges gilt für Basen.

Harte Säure		Harte Base		Salz
Li^+	+	F^-	→	LiF
Weiche Säure		**Weiche Base**		
Cs^+	+	I^-	→	CsI

[4] Ralph G. Pearson (*12.01.1919 Chicago; † 12.10.2022)

Bei der Reaktion zwischen einer Säure und einer Base bilden sich besonders starke Bindungen, wenn eine harte Säure mit einer harten Base oder eine weiche Säure mit einer weichen Base reagiert.

3.2 Reaktion von Säuren und Basen in wässriger Lösung

3.2.1 Eigendissoziation des Wassers

Als Ampholyt unterliegt Wasser einer Autoprotolyse:

$$H_2O + H_2O \rightleftharpoons OH^- + H_3O^+$$

Wasser dissoziiert in Oxonium-Ionen (H_3O^+; veraltet: Hydroxonium und Hydronium-Ionen) und Hydroxid-Ionen (OH^-). Das Gleichgewicht liegt allerdings stark auf der linken Seite.

Nach dem Massenwirkungsgesetz ergibt sich für die Gleichgewichtskonstante K:

$$K = \frac{c(H_3O^+) \cdot c(OH^-)}{c(H_2O)^2}$$

Massenwirkungsgesetz $K = \frac{c\,(\text{Produkte})}{c\,(\text{Edukte})}$

Anmerkung: Eigentlich müssten an Stelle der Konzentrationen die Aktivitäten der einzelnen Teilchen in der Gleichung berücksichtigt werden. Die Aktivität a ist aufgrund verschiedener interionischer und intermolekularer Wechselwirkungen im Allgemeinen kleiner als die real vorliegende Konzentration (vgl. Kap. 1.2.3).

$$a_{H_3O^+} = f \cdot c(H_3O^+) \qquad (f = \text{Aktivitätskoeffizent})$$

In verdünnten Lösungen sind allerdings die Wechselwirkungen zwischen den Ionen vernachlässigbar, so dass die Aktivität der Konzentration gleichgesetzt werden kann. Da bei den hier angestellten Überlegungen stets von verdünnten Lösungen die Rede ist, wird der Einfachheit halber die Konzentration und nicht die Aktivität der einzelnen Teilchen verwendet.

Die Konzentration der H_2O-Moleküle kann für alle verdünnten (!) wässrigen Lösungen als konstant angenommen werden. Sie beträgt hier stets etwa 55,56 mol · l^{-1}.[5] Es lässt sich also vereinfachen:

$$K = \frac{c(H_3O^+) \cdot c(OH^-)}{(55{,}56\ \text{mol/l})^2} \qquad \rightarrow (55{,}56\ \text{mol/l})^2 \cdot K = c(H_3O^+) \cdot c(OH^-) = K_W$$

[5] Ergibt sich aus 1000 g : 18 g/mol = 55,56 mol · l^{-1}

Die Konstante K_W ist das so genannte Ionenprodukt des Wassers. Es hängt von der Temperatur des Wassers ab und beträgt bei 22 °C:

$$K_W = 10^{-14}\ mol^2 \cdot l^{-2}$$

Dieses Gleichgewicht der Eigendissoziation liegt nicht nur in reinem Wasser vor, sondern es gilt in allen verdünnten wässrigen Lösungen.

Durch den Zusatz von Säuren oder Basen wird die Konzentration der H_3O^+- und der OH^--Ionen zwar verändert, das Ionenprodukt bleibt jedoch konstant $10^{-14}\ mol^2 \cdot l^{-2}$.

So steigt beispielweise bei Zugabe einer Säure zu Wasser die H_3O^+-Konzentration an, im Gegenzug sinkt aber die OH^--Konzentration nach:

$$c(H_3O^+) = \frac{K_W}{c(OH^-)}$$

Folglich kann definiert werden:

In neutralen Lösungen:	$c\ (H_3O^+)$	=	$c\ (OH^-)$	also: $c(H_3O^+) = 10^{-7}\ mol \cdot l^{-1}$
In sauren Lösungen:	$c\ (H_3O^+)$	>	$c\ (OH^-)$	also: $c(H_3O^+) > 10^{-7}\ mol \cdot l^{-1}$
In basischen Lösungen:	$c\ (H_3O^+)$	<	$c\ (OH^-)$	also: $c(H_3O^+) < 10^{-7}\ mol \cdot l^{-1}$

3.2.2 Der pH-Wert

Durch die Angabe der Konzentration (eigentlich ja Aktivität!) der H_3O^+-Ionen kann also der Charakter einer ***verdünnten*** wässrigen Lösung angegeben werden. Statt der Stoffmengenkonzentration $mol \cdot l^{-1}$ gibt man üblicherweise den mit (–1) multiplizierten dekadischen Logarithmus des Betrages der H_3O^+ Ionen-Konzentration, den so genannten pH-Wert an (dimensionslose Größe):

$$pH = -lg\ c(H_3O^+)$$

Analog ergibt sich der pOH-Wert:

$$pOH = -lg\ c(OH^-)$$

Aus dem Ionenprodukt des Wasser ergibt sich die Beziehung:

$$pH + pOH = pK_W = 14$$

Allerdings wird zur Charakterisierung einer wässrigen Lösung üblicherweise der pH-Wert und nicht der pOH-Wert herangezogen.

Der pH-Bereich wässriger Lösungen erstreckt sich also über einen Bereich von 0–14:

In neutralen Lösungen:	pH = 7
In sauren Lösungen:	pH < 7
In basischen Lösungen:	pH > 7

3.3 Die Stärke von Säuren und Basen

Die Stärke einer (Brönsted-)Säure ist ein Maß für ihre Fähigkeit, Protonen abzugeben, die Stärke einer Base ist ein Maß für ihre Fähigkeit, Protonen zu binden.

Um die Stärke von Säuren und Basen zu beurteilen, betrachtet man ihre Reaktion mit Wasser.

3.3.1 Säure-Base-Reaktion mit Wasser

Säuren geben bei der Reaktion mit Wasser Protonen an dieses ab. Wendet man das Massenwirkungsgesetz an, so ergibt sich:

$$HA + H_2O \rightleftarrows A^- + H_3O^+ \qquad K'_s = \frac{c(H_3O^+) \cdot c(A^-)}{c(HA) \cdot c(H_2O)}$$

Da in verdünnten wässrigen Lösungen die Konzentration des Wassers wiederum als konstant angenommen werden kann, ergibt sich vereinfacht:

$$K_s = \frac{c(H_3O^+) \cdot c(A^-)}{c(HA)} = K'_s \cdot c(H_2O)$$

Die Gleichgewichtskonstante Ks wird als Dissoziations- oder als Säurekonstante bezeichnet. Der negative dekadische Logarithmus von K_s ergibt den so genannten Säureexponenten pK_s (im Englischen pK_a):

$$pK_s = -\lg K_s$$

Betrachtet man obige Reaktionsgleichung und das zugehörige Massenwirkungsgesetz, so wird deutlich: Eine Säure ist umso stärker, je stärker sie bei der Reaktion mit Wasser dissoziiert vorliegt (großer Wert für $c(H_3O^+)$ bzw. $c(A^-)$). Daraus folgt:

> Eine Säure ist umso stärker, je größer ihre Säurekonstante K_s bzw. je kleiner ihr Säureexponent pK_s ist.

Für die Reaktion von Basen mit Wasser ergeben sich analoge Beziehungen:

$$B + H_2O \rightleftarrows BH^+ + OH^- \qquad K'_b = \frac{c(OH^-) \cdot c(BH^+)}{c(B) \cdot c(H_2O)} \qquad K_b = K'_b \cdot c(H_2O)$$

$$\Rightarrow \text{Basenkonstante } K_b = \frac{c(OH^-) \cdot c(BH^+)}{c(B)} \qquad \Rightarrow pK_b = -\lg K_b$$

> Eine Base ist also umso stärker, je größer ihre Basenkonstante K_b bzw. je kleiner ihr Basenexponent pK_b ist.

Einteilung der Säuren bzw. Basen nach ihren pK_s- bzw. pK_b-Werten:

Stärke der Säure bzw. Base	pK_s einer Säure bzw. pK_b einer Base	
sehr stark	< −1,74	= pK_s von H_3O^+ bzw. pK_b von OH^-
stark	−1,74 – 4,5	
schwach	4,5 – 9,0	
sehr schwach	9,0 – 15,74	
überaus schwach	>15,74	= pK_s von H_2O bzw. pK_b von H_2O

Anhand der Tabelle wird ersichtlich:

Sehr starke Säuren sind stärker sauer als das Oxoniumion (H_3O^+) und überaus schwache Säuren sind weniger sauer als H_2O.

Sehr starke Basen sind stärker basisch als das Hydroxidion (OH^-) und überaus schwache Basen sind weniger basisch als H_2O.

In obiger Tabelle kann eine Protonenübergabe nur von »oben« nach »unten« erfolgen, d. h. eine Säure kann Protonen nur an Basen abgeben, deren korrespondierende Säure schwächer als die abgebende Säure ist.

Zu pK_s- und pK_b-Werten ausgewählter Säuren und Basen siehe Anhang.

3.3.2 »Säurestärke« von Wasser

Die Säurestärke von Wasser lässt sich über das Massenwirkungsgesetz berechnen:

$$H_2O + H_2O \rightleftarrows H_3O^+ + OH^-$$

$$K_{s(H_2O)} = \frac{c(H_3O^+) \cdot c(OH^-)}{c(H_2O)} = \frac{K_w}{c(H_2O)} = \frac{10^{-14}}{55{,}56} = 1{,}81 \cdot 10^{-16}$$

$\Rightarrow pK_s(H_2O) = 15{,}74$
$\Rightarrow pK_b(OH^-) = -1{,}74$ (»Basenstärke von OH^-«)

Die Säurestärke des H_3O^+-Ions lässt sich analog ableiten:

$$H_3O^+ + H_2O \rightleftarrows H_2O + H_3O^+$$

$$K_{s(H_3O^+)} = \frac{c(H_2O) \cdot c(H_3O^+)}{c(H_3O^+)} = c(H_2O) = 55{,}56 \text{ mol/l}$$

$\Rightarrow pK_s(H_3O^+) = -\lg 55{,}56 = -1{,}74$
$\Rightarrow pK_b(H_2O) = 15{,}74$ (»Basenstärke von Wasser«)

3.3.3 Stärke mehrwertiger Säuren und Basen

Unter der Wertigkeit einer Säure oder Base versteht man die Anzahl der Protonen, die von einer Säure abgegeben bzw. von einer Base aufgenommen werden können.

Bei mehrwertigen Säuren erfolgt die Abgabe der Protonen sukzessive. Für jeden Schritt existiert ein eigenes Dissoziationsgleichgewicht und damit eine eigene Säurekonstante K_s bzw. ein eigener pK_s-Wert.

$$H_2A + H_2O \rightleftarrows H_3O^+ + HA^- \qquad K_{s1}$$

$$HA^- + H_2O \rightleftarrows H_3O^+ + A^{2-} \qquad K_{s2}$$

3.3.4 Die Beziehung zwischen Säure und korrespondierender Base

Bei einem korrespondierenden Säure-Base-Paar existiert zwischen dem K_s der Säure (HA) und dem K_b der korrespondierenden Base (A^-) ein direkter Zusammenhang. Sie sind über das Ionenprodukt des Wassers miteinander verknüpft:

Säure	korrespondierende Base
$HA + H_2O \rightleftarrows H_3O^+ + A^-$	$A^- + H_2O \rightleftarrows OH^- + HA$
$K_s = \frac{c(H_3O^+) \cdot c(A^-)}{c(HA)}$	$K_b = \frac{c(HA) \cdot c(OH^-)}{c(A^-)}$

$$K_s \cdot K_b = \frac{c(H_3O^+) \cdot c(A^-) \cdot c(HA) \cdot c(OH^-)}{c(HA) \cdot c(A^-)} = c\,(H_3O^+) \cdot c(OH^-) = K_W = 10^{-14} mol^2 \cdot l^{-2}$$

bzw. mit negativ dekadischen Logarithmen ausgedrückt:

$$pK_s + pK_b = 14 = pK_w$$

Aus diesem Zusammenhang folgt:

Eine sehr starke Säure (Base) korrespondiert stets mit einer schwachen Base (Säure). Eine schwache Säure (Base) korrespondiert stets mit einer sehr starken Base (Säure).

Beispiele:

Säure				korr. Base	pK_s	pK_b
HCl	$\rightleftarrows$	H^+	+	Cl^-	−6	20
H_3PO_4	$\rightleftarrows$	H^+	+	$H_2PO_4^-$	1,96	12,04
$H_2PO_4^-$	$\rightleftarrows$	H^+	+	HPO_4^{2-}	7,21	6,79

Der Zusammenhang zwischen pK_s und pK_b eines korrespondierenden Säure-Basen-Paars bedeutet, dass die Stärke einer Base nicht nur durch ihren pK_b, sondern auch durch den pK_s der korrespondierenden Säure angegeben werden kann.

3.3.5 Der Protolysegrad (Dissoziationsgrad)

Der Protolysegrad α einer Säure oder einer Base gibt das Verhältnis der Konzentration der protolysierten Säure- bzw. Basenmoleküle zur Ausgangskonzentration c_0 an:

$$\alpha = \frac{[\text{protolysierte Moleküle}]}{c_0}$$

Für schwache Säuren bzw. Basen lässt sich der Protolysegrad abschätzen nach

$$\alpha = \sqrt{\frac{K_{s(b)}}{c_0}}$$ Vergleich Ostwaldsches Verdünnungsgesetz: $K = \frac{\alpha^2}{1-\alpha} \cdot c_o$

3.4 pH-Werte von Säuren, Basen und Salzlösungen

3.4.1 pH-Wert sehr starker Säuren

Sehr starke einwertige Säuren dissoziieren in Wasser praktisch quantitativ in H_3O^+ und ihre korrespondierende Base. Man kann deshalb davon ausgehen, dass die Stoffmengenkonzentration an H_3O^+-Ionen genauso groß ist wie die Gesamtkonzentration c_0 der Säure HA.

$$HA + H_2O \rightarrow A^- + H_3O^+$$

$$\Rightarrow c(H_3O^+) = c_0(S)$$

Der pH-Wert einer sehr starken einprotonigen Säure entspricht somit dem negativen dekadischen Logarithmus der Stoffmengenkonzentration $c_0(S)$ der Säure HA:

$$pH = -\lg c_0(S)$$

Dieser Zusammenhang gilt allerdings nur für Konzentrationen der Säure > 10^{-6} $mol \cdot l^{-1}$. Unterhalb dieser Konzentration muss die H_3O^+-Konzentration, die sich aus dem Ionenprodukt des Wassers (vgl. Kap. 3.2.1) ergibt, bei pH-Wert-Berechnungen mitberücksichtigt werden (s. a. Kap. 3.4.9).

3.4.2 pH-Wert sehr starker Basen

Analog gilt für eine sehr starke Base, dass sie in Wasser nahezu quantitativ protolysiert und in die korrespondierende Säure übergeht. Die Konzentration der entstehenden Hydroxidionen entspricht folglich bei einprotonigen Basen der Gesamtkonzentration $c_0(B)$ an Base.

$$B + H_2O \rightarrow BH^+ + OH^- \qquad \Rightarrow \qquad c(OH^-) = c_0(B)$$

Der pOH-Wert sehr starker Basen entspricht dem negativ dekadischen Logarithmus der Basenkonzentration $c_0(B)$:

$$pOH = -\lg c_0(B)$$

Aus dem Zusammenhang pH + pOH = 14 ergibt sich:

$$pH = 14 - (-\lg c_0(B)) \qquad \Rightarrow \qquad pH = 14 + \lg c_0(B)$$

3.4.3 pH-Wert starker Säuren

Starke Säuren ($-1{,}74 < pk_s < 4{,}5$) sind schwächer sauer als das Oxonium-Ion H_3O^+ und dissoziieren in Wasser unvollständig. Neben den Protolyseprodukten liegt in der Lösung auch die undissoziierte Säure vor.

$$HA + H_2O \rightleftarrows A^- + H_3O^+$$

Für die Säurekonstante gilt: $K_s = \frac{c(H_3O^+) \cdot c(A^-)}{c(HA)}$

Da bei der Protolyse gleich viele H_3O^+ wie A^--Ionen entstehen gilt:

$$c(H_3O^+) = c(A^-)$$

Man erhält also: $c(H_3O^+)^2 = K_s \cdot c(HA)$

Da $c(HA) = c_0(HA) - c(A^-)$ gilt:

$$\Rightarrow c(H_3O^+)^2 = K_s \cdot (c_0(HA) - c(A^-))$$
$$\Rightarrow c(H_3O^+)^2 = K_s \cdot (c_0(HA) - c(H_3O^+))$$

$c(HA)$: Konzentration von HA im Gleichgewicht

$c_0(HA)$: Ausgangs-Konzentration von HA

Nach Auflösen der quadratischen Gleichung ergibt sich schließlich:

$$c(H_3O^+) = -\frac{K_s}{2} + \sqrt{\frac{K_s^2}{4} + K_s \cdot c_0(HA)}$$

Nur die eine Lösung der quadratischen Gleichung (positiver Wert) führt zu sinnvollen pH-Werten.

3.4.4 pH-Wert starker Basen

Für starke Basen ($-1{,}74 < pK_b < 4{,}5$) ergibt sich analog den starken Säuren:

$$B + H_2O \rightleftarrows BH^+ + OH^-$$

$$c(OH^-) = -\frac{K_b}{2} + \sqrt{\frac{K_b^2}{4} + K_b \cdot c_0(B)}$$

Mit $c(H_3O^+) = \frac{K_w}{c(OH^-)}$ ergibt sich: $c(H_3O^+) = \frac{K_w}{-\frac{K_b}{2} + \sqrt{\frac{K_b^2}{4} + K_b \cdot c_0(B)}}$

3.4.5 pH-Wert schwacher Säuren

Schwache Säuren ($4{,}5 < pK_s < 9{,}0$) dissoziieren in Wasser nur zu einem geringen Anteil. Das Gleichgewicht liegt stark auf der linken Seite der Protolysereaktion:

$$HA + H_2O \rightleftarrows A^- + H_3O^+$$

Für die Säurekonstante gilt auch hier: $K_s = \frac{c(H_3O^+) \cdot c(A^-)}{c(HA)}$

Aus der Reaktionsgleichung ergibt sich, dass genauso viele H_3O^+-Ionen entstehen wie A^-. Da die Dissoziation der schwachen Säure nur gering ist, kann zudem angenommen werden, dass die Konzentration an undissoziiertem HA annähernd genauso groß ist wie die Gesamtkonzentration der eingesetzten Säure ($c_{0\,HA}$).

Folglich kann vereinfacht werden:

$$K_S = \frac{c(H_3O^+)^2}{c_0(HA)} \quad \text{bzw.} \quad c(H_3O^+) = \sqrt{K_s \cdot c_0(HA)}$$

Durch Logarithmieren der Gleichung erhält man:

$$pH = \tfrac{1}{2}\, pK_S - \tfrac{1}{2} \lg c_{0\,HA}$$

3.4.6 pH-Wert schwacher Basen

Analoge Betrachtungen und Berechungen ergeben für den pOH-Wert schwacher Basen ($4{,}5 < pK_b < 9{,}0$) folgenden Zusammenhang:

$$B + H_2O \rightleftarrows BH^+ + OH^-$$

$$pOH = \tfrac{1}{2}\, pK_b - \tfrac{1}{2} \lg c_0(B)$$

Damit ergibt sich der pH-Wert als:

$$pH = pK_W - \tfrac{1}{2}\, pK_b + \tfrac{1}{2} \lg c_0(B)$$

3.4.7 Gemische sehr starker Säuren und Basen

Da sehr starke Säuren und Basen einer quantitativen Protolyse unterliegen, verhalten sich die Konzentrationen der H_3O^+- bzw. OH^--Ionen additiv (ein konstantes

Volumen der Lösung vorausgesetzt). Mischt man sehr starke Säuren mit sehr starken Basen, so reagieren diese bis zum Verbrauch einer der beiden Komponenten (H_3O^+ bzw. OH^-) unter Neutralisation.

Nur Säuren: $c(H_3O^+) = c_0(s1) \cdot z + c_0(s2) \cdot z + ... + c_0(sn) \cdot z$

Nur Basen: $c(OH^-) = c_0(b1) \cdot z + c_0(b2) \cdot z + ... + c_0(bn) \cdot z$

Säure im Überschuss und Base: $c(H_3O^+) - c(OH^-) = c(H_3O^+)_{Rest}$

Base im Überschuss und Säure: $c(OH^-) - c(H_3O^+) = c(OH^-)_{Rest}$

3.4.8 Gemische schwacher Säuren bzw. schwacher Basen

Bei einem Gemisch der beiden schwachen Säuren HA_1 und HA_2 verhalten sich die H_3O^+-Konzentrationen nicht additiv:

$$HA_1 + H_2O \rightleftarrows A_1^- + H_3O^+ \quad K_{s1}$$
$$HA_2 + H_2O \rightleftarrows A_2^- + H_3O^+ \quad K_{s2}$$

Die Protonenkonzentration errechnet sich nach:

$$c(H_3O^+) = \sqrt{K_{s1} \cdot c_0(s1) + K_{s2} \cdot c_0(s2)}$$

In analoger Weise können Gemische schwacher Basen berechnet werden.

$$c(OH^-) = \sqrt{K_{b1} \cdot c_0(b_1) + K_{b2} \cdot c_0(b_2)}$$

3.4.9 Gemische sehr starker und schwacher Protolyte

Die Konzentration an H_3O^+-Ionen in Gemischen aus sehr starken und schwachen Protolyten soll am Beispiel der sehr starken Säure HA_1 und der schwachen Säure HA_2 betrachtet werden.

Starke Säure: $HA_1 + H_2O \rightarrow A_1^- + H_3O^+ \quad Ks_1$

Schwache Säure: $HA_2 + H_2O \rightleftarrows A_2^- + H_3O^+ \quad Ks_2$

Die Gesamt-H_3O^+-Konzentration errechnet sich nach

$$c(H_3O^+) = \tfrac{1}{2}\,[c_{0\,HA_1} + \sqrt{(c_{0\,HA_1})^2 + 4K_{s2} \cdot c_{0\,HA_2}}]$$

Es wird deutlich, dass der pH-Wert der Lösung im Wesentlichen durch die sehr starke Säure HA_1 bestimmt wird.

Nur wenn die schwache Säure HA_2 in deutlich höherer Konzentration als die sehr starke Säure vorliegt, nimmt HA_2 merklichen Einfluss auf den pH-Wert der Lösung.

Dies wird beispielsweise bei der pH-Wert-Berechnung einer 10^{-8} molaren Salzsäure deutlich. Denn berechnet man den pH-Wert nach der Gleichung für eine sehr starke Säure, so ergäbe sich

$$pH = -\lg c(HA) = -\lg 10^{-8} = 8$$

Man würde also für eine sehr verdünnte Säure einen alkalischen pH-Wert erhalten.

Zur pH-Berechnung muss man hier zusätzlich die Autoprotolyse von Wasser berücksichtigen. Denn die 10^{-8} molare Salzsäure-Lösung ist als ein Gemisch der sehr starken Säure HCl und der überaus schwachen Säure H_2O anzusehen.

Mit $c_0(HCl) = 10^{-8}\ mol\cdot l^{-1}$, $c_0(H_2O) = 55{,}56\ mol\cdot l^{-1}$ und $K_s(H_2O) = 1{,}81 \cdot 10^{-16}\ mol\cdot l^{-1}$ ergibt sich der pH-Wert zu:

$$c(H_3O^+) = \tfrac{1}{2}\left[10^{-8} + \sqrt{(10^{-8})^2 + 4 \cdot 1{,}81 \cdot 10^{-16} \cdot 55{,}56}\,\right] mol\cdot l^{-1}$$
$$c(H_3O^+) = 1{,}05 \cdot 10^{-7}\ mol\cdot l^{-1}$$
$$\Rightarrow pH = 6{,}98$$

3.4.10 pH-Werte von Salzlösungen

Salze sind ursprünglich durch eine Protolysereaktion (Neutralisation) äquimolarer Mengen an Säure und Base entstanden.

$$HA + B \underset{}{\overset{\text{Neutralisation}}{\rightleftarrows}} \underset{\text{Salz}}{BH^+ \cdot A^-}$$

Löst man diese Salze in Wasser, so können die Kationen und Anionen des Salzes in einer Rückreaktion der Neutralisation Protolysereaktionen eingehen. Aus dem Protolysegrad der beteiligten Ionen ergibt sich letztendlich der pH-Wert der Lösung.

3.4.11 Salze aus sehr starken bzw. starken Säuren und sehr starken bzw. starken Basen

Ionen von Salzen aus sehr starken bzw. starken Säuren und sehr starken bzw. starken Basen dissoziieren in wässriger Lösung und liegen solvatisiert vor, ohne eine nennenswerte Protolysereaktion einzugehen.

Der pH-Wert der Lösung wird ausschließlich durch die Autoprotolyse von Wasser und seinem Ionenprodukt bestimmt.
Die Lösung reagiert neutral: pH = 7

z. B. $NaCl \rightarrow Na^{+}_{aq} + Cl^{-}_{aq}$

$Na_2SO_4 \rightarrow 2\ Na^{+}_{aq} + SO_4^{2-}{}_{aq}$

3.4.12 Salze aus sehr starken bzw. starken Säuren und schwachen Basen

In Lösungen von Salzen aus sehr starken bzw. starken Säuren und schwachen Basen wird der pH-Wert durch das Kation bestimmt. Es geht eine Protolysereaktion mit Wasser ein, so dass die Lösung sauer reagiert: pH < 7

NH_4Cl → $NH_4^+ + H_2O \rightleftarrows NH_3 + H_3O^+$
→ Cl^-_{aq}

Der pH-Wert ergibt sich analog der pH-Berechnung schwacher Säuren:

$pH = \frac{1}{2}\ pK_{s\ (Kation)} - \frac{1}{2}\ lg\ c(Salz)$

3.4.13 Salze aus schwachen Säuren und sehr starken Basen

In Lösungen von Salzen aus schwachen Säuren und sehr starken Basen wird der pH-Wert durch das Anion bestimmt. Es protolysiert teilweise in Wasser, so dass die Lösung alkalisch reagiert: pH > 7

KCN → K^+_{aq}
→ $CN^- + H_2O \rightleftarrows HCN + OH^-$

analog: Na_2CO_3, Natriumacetat

Der pH-Wert ergibt sich analog der pH-Berechnung schwacher Basen:

$pH = 14 - \frac{1}{2}\ pK_{b\ (Anion)} + \frac{1}{2}\ lg\ c(Salz)$

3.4.14 Salze aus schwachen Säuren und schwachen Basen

Sowohl das Kation als auch das Anion gehen mit Wasser eine Protolysereaktion ein.

$$NH_4^+\ H_3CCOO^- \longrightarrow \begin{cases} NH_4^+ + H_2O \rightleftarrows NH_3 + H_3O^+ \\ H_3CCOO^- + H_2O \rightleftarrows H_3CCOOH + OH^- \end{cases}$$

Zudem tritt zwischen Kation und Anion in einer Gleichgewichtsreaktion Autoprotolyse auf:

$$NH_4OOCCH_3 \rightleftarrows NH_3 + H_3CCOOH$$

Der pH-Wert wird durch das Verhältnis der Säure- und Basekonstanten bestimmt:

$K_{s(Kation)} > K_{b(Anion)}$: $\Rightarrow$ sauer
$K_{s(Kation)} < K_{b(Anion)}$: $\Rightarrow$ basisch

Der pH-Wert ist unabhängig von der Konzentration des Salzes und ergibt sich aus:

$$pH = \frac{1}{2}\, pK_{s(Kation)} + \frac{1}{2}\, pK_{s(Korr.\ Säure\ zu\ Anion)}$$

3.4.15 pH-Wert von Pufferlösungen

Als Puffer bezeichnet man Mischungen aus einer schwachen Säure (z. B. Essigsäure) und ihrer korrespondierenden Base bzw. aus einer schwachen Base (z. B. Ammoniak) und ihrer korrespondierenden Säure.

Solche Lösungen sind in der Lage, den pH-Wert von Lösungen trotz Zugabe nennenswerter Mengen sehr starker Basen bzw. sehr starker Säuren weitgehend konstant zu halten.

Beispielsweise werden im Puffersystem aus der schwachen Säure HA und ihrer korrespondierenden Base A^- zugegebene H_3O^+-Ionen durch die Base A^- abgefangen unter Erhöhung der Konzentration von HA.

$$A^- + H_3O^+ \rightarrow HA + H_2O$$

OH^--Ionen werden durch die Säure HA abgefangen unter Erhöhung der Konzentration von A^-.

$$HA + OH^- \rightarrow A^- + H_2O$$

Somit werden jeweils die sehr starken Protolyte zu schwachen Protolyten umgesetzt, so dass sich der pH-Wert nicht wesentlich verändert.

3.4.16 Die Henderson-Hasselbalch-Gleichung

Der pH-Wert des Puffers ergibt sich zu:

$$\frac{c(H_3O^+) \cdot c(A^-)}{c(HA)} = K_s \quad \Rightarrow \quad c(H_3O^+) = \frac{c(HA)}{c(A^-)} \cdot K_s$$

Durch Logarithmieren erhält man die so genannte Henderson-Hasselbalch-Gleichung:

$$pH = pK_s + \lg \frac{c(\text{korr. Base})}{c(\text{Säure})} \quad \text{bzw.} \quad pH = pK_s - \lg \frac{c(\text{Säure})}{c(\text{korr. Base})}$$

Anhand dieser Gleichung wird deutlich,

- dass man durch Mischen der Säure und ihrer korrespondierenden Base in unterschiedlichen Stoffmengenanteilen den pH-Wert von Puffern unterschiedlich einstellen kann,
- dass eine maximale Pufferwirkung vorliegt, wenn Säure und korrespondierende Base in stöchiometrisch äquivalenten Mengen zusammengegeben werden (s. a. Pufferkapazität). Der pH-Wert der hieraus resultierenden Lösung entspricht dem pK_s der Säure: $pH = pK_s$ (= »Pufferpunkt«). Gibt man zu diesem Puffersystem so viel sehr starke Säure oder Base, dass sich das Konzentrationsverhältnis von Säure zu Base von 1:1 auf 1:10 oder 10:1 ändert, so verändert sich der pH-Wert nur um eine Einheit nach unten bzw. oben,
- dass bei Verdünnen des Puffers der pH-Wert konstant bleibt.

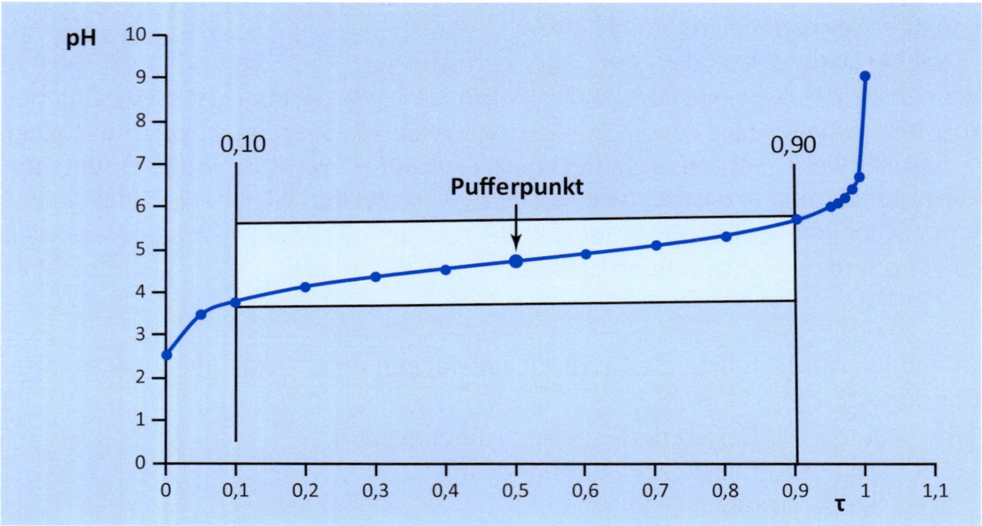

Abb. 9: Titration einer schwachen Säure mit einer sehr starken Base: Verlauf des pH-Wertes

Abbildung 9 verdeutlicht diese Zusammenhänge. Sie zeigt die pH-Wert-Änderung bei Zugabe einer sehr starken Base zu einer schwachen Säure. Man sieht innerhalb des unterlegten Bereichs den sich ausbildenden Pufferbereich dargestellt. Hier führt die kontinuierliche Zugabe der sehr starken Base über weite Strecken zu keiner nennenswerten Änderung des pH-Werts der Lösung.

3.4.17 Pufferkapazität

Die Pufferkapazität kennzeichnet die Aufnahmefähigkeit eines bestimmten Volumens (i. d. R. 1 Liter) einer Pufferlösung für sehr starke Protolyte.

Als Maß für die Pufferkapazität β verwendet man das Verhältnis aus Basenzusatz bzw. Säurezusatz zur Änderung des pH-Wertes:

$$\beta = \frac{\Delta c(\text{Base})}{\Delta \text{pH}} \quad \text{bzw.} \quad \beta = -\frac{\Delta c(\text{Säure})}{\Delta \text{pH}}$$

Die Pufferkapazität ist am Pufferpunkt (»äquimolarer Puffer«) am größten. Hier liegen schwache Säure und korrespondierende Base in äquimolarer Konzentration vor.

Außerdem hängt die Pufferkapazität von der Konzentration der Pufferbestandteile ab. Bei Verdünnen der Pufferlösung sinkt die Pufferkapazität.

3.4.18 Messung des pH-Werts

Die Ph. Eur. nennt zwei Methoden zur Messung des pH-Wertes von Lösungen.

Potentiometrische Methode

Bei der potentiometrischen Methode wird der pH-Wert über eine Messung des elektrischen Potentials zwischen einer Messelektrode (Glaselektrode) und einer Bezugselektrode (z. B. Silber/Silberchlorid-Elektrode), die beide in die Lösung eintauchen, ermittelt.

Dabei wird der zu bestimmende pH-Wert auf den pH-Wert einer Referenzlösung (pH_S) nach folgender Gleichung bezogen:

$$pH = pH_S - \frac{E - E_S}{k}$$

E: Potentialdifferenz der zu untersuchenden Lösung
E_S: Potentialdifferenz der Referenzlösung
k: temperaturabhängiger Faktor

Als Messelektrode verwendet man eine Elektrode (zumeist eine Glaselektrode), deren Potential unmittelbar vom Logarithmus der Aktivität der H_3O^+-Ionen abhängig ist. Aus der gemessenen Potentialdifferenz zur Bezugselektrode lässt sich dann der pH-Wert berechnen (heute meist Bezugs- und Messelektrode als Einstabmesskette).

Indikator-Methode
Mit Hilfe geeigneter Farbindikatoren ist eine näherungsweise Bestimmung des pH-Werts möglich. Dazu wird die zu untersuchende Lösung mit einem Indikator versetzt und die Reaktion (sauer, neutral oder alkalisch) in Bezug auf die Färbung des verwendeten Indikators definiert.

Mehr zu Indikatoren und ihren Eigenschaften s. Kapitel 3.5.6.2.

3.5 Theoretische Aspekte von Säure-Base-Titrationen

3.5.1 Titrationskurven

Der Reaktionsverlauf von Säure-Base-Titrationen wird anhand von Titrationskurven

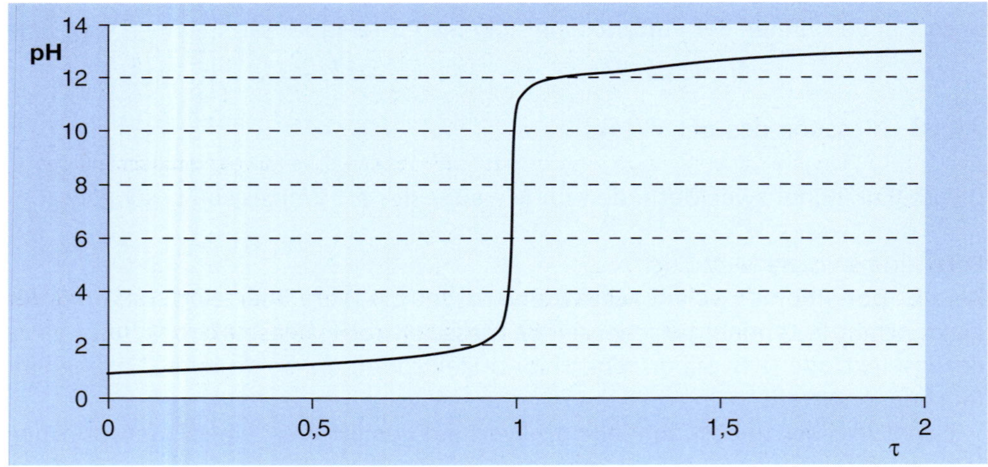

Abb. 10: Titrationskurve einer typischen Säure-Base-Titration **Analyt: Säure**
Maßlösung: Base

dargestellt. In ihnen wird die Änderung des pH-Wertes der zu titrierenden Lösung in Abhängigkeit von der Zugabe an Maßlösung verfolgt.

An der Ordinate wird der pH-Wert, an der Abszisse der Titrationsgrad τ aufgetragen (Abb. 10).

Titrationskurven verschiedener Säure-Base-Titrationen können sich deutlich voneinander unterscheiden. Dies ist vor allem bedingt durch die Abhängigkeit des Kurvenverlaufs von

a) Konzentrationen von Analyt und Maßlösung

b) pK_S- bzw. pK_B-Werten von Analyt und Maßlösung

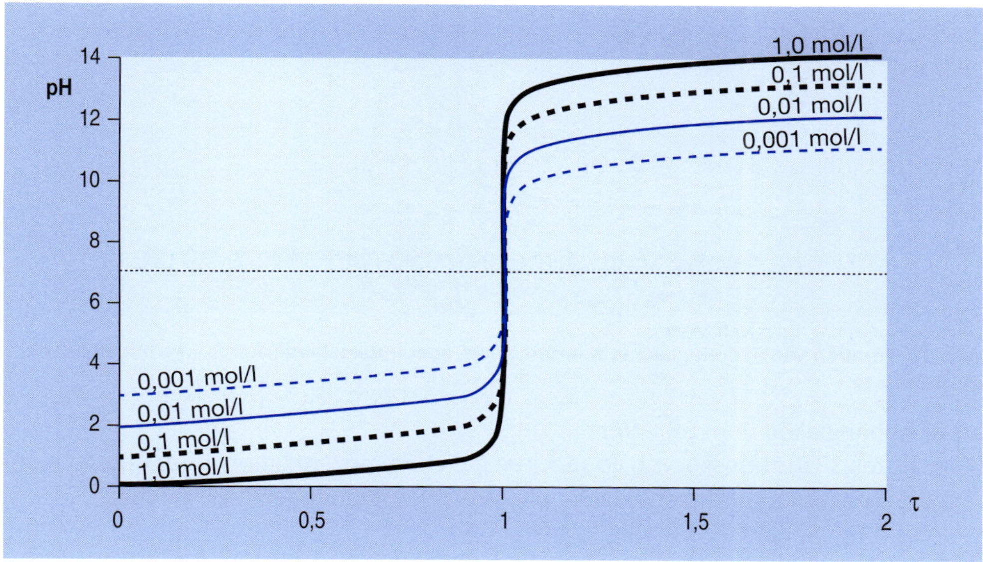

Abb. 11: Titration einer sehr starken Säure mit einer sehr starken Base (jeweils unterschiedliche Konzentrationen)

zu a) Konzentrationsabhängigkeit

Abb. 11 zeigt Kurven von Titrationen einer sehr starken Säure unterschiedlicher Konzentration mit einer sehr starken Base unterschiedlicher Konzentration.

Es wird deutlich, dass der pH-Sprung im Bereich des Äquivalenzpunktes umso größer ist, je größer die Ausgangskonzentration der Säure bzw. die Konzentration der Base ist. Außerdem ist zu erkennen, dass die Kurven symmetrisch zur Abszisse beim Äquivalenzpunkt von pH = 7 verlaufen, wenn Analyt und Maßlösung gleich konzentriert sind. (Verdünnung der Lösung unberücksichtigt).

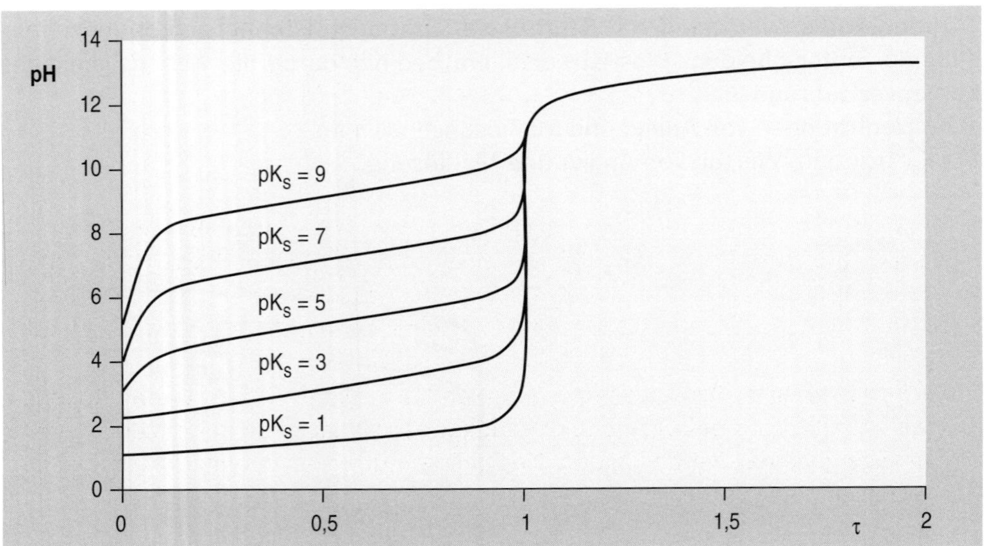

Abb. 12: Titration von Säuren gleicher Konzentration, aber unterschiedlicher Stärke mit einer sehr starken Base

zu b) Abhängigkeit vom pK_S-Wert

Abb. 12 zeigt Titrationskurven von Säuren gleicher Konzentration, aber unterschiedlicher Säurestärke (unterschiedliche pK_S-Werte) mit einer sehr starken Base.

Anhand der einzelnen Kurven wird deutlich, dass mit abnehmender Säurestärke (also steigendem pK_S-Wert) der pH-Sprung am Äquivalenzpunkt immer kleiner wird.

Zudem verschiebt sich mit abnehmender Stärke der Säure der Äquivalenzpunkt ins Alkalische. Man erkennt, dass ab einem pK_S von 9 der pH-Sprung so schwach ausgeprägt

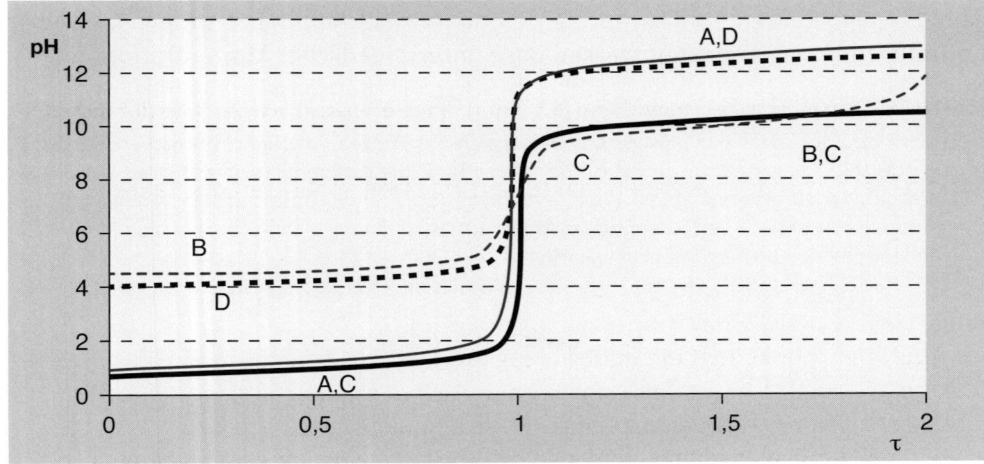

Abb. 13: Mögliche Titrationskurven bei Säure-Base-Titrationen

ist, dass sich der Endpunkt der Titration nur mit ungenügender Genauigkeit ermitteln lässt. Zur Bestimmung von Säuren mit einem pK_S > 9 muss somit auf andere Titrationssysteme, wie z. B. Bestimmungen im wasserfreien Medium ausgewichen werden.

Bei der Titration von Säuren mit Basen lassen sich also vier prinzipiell verschiedene Titrationsmöglichkeiten mit den sich daraus ergebenden unterschiedlichen Titrationskurven unterscheiden (Abb. 13).

Kurve A: Titration einer sehr starken Säure mit einer sehr starken Base (HCl/NaOH)
Kurve B: Titration einer schwachen Säure mit einer schwachen Base (HOAc/NH_3)
Kurve C: Titration einer sehr starken Säure mit einer schwachen Base (HCl/NH_3)
Kurve D: Titration einer schwachen Säure mit einer sehr starken Base (HOAc/NaOH)

In der Praxis spielen allerdings nur die beiden Kurventypen A und D eine Rolle, da für eine Gehaltsbestimmung mit einer genügenden Genauigkeit auf möglichst steile pH-Sprünge geachtet werden muss. Dies gelingt nur unter Verwendung möglichst starker Basen als Maßlösung.

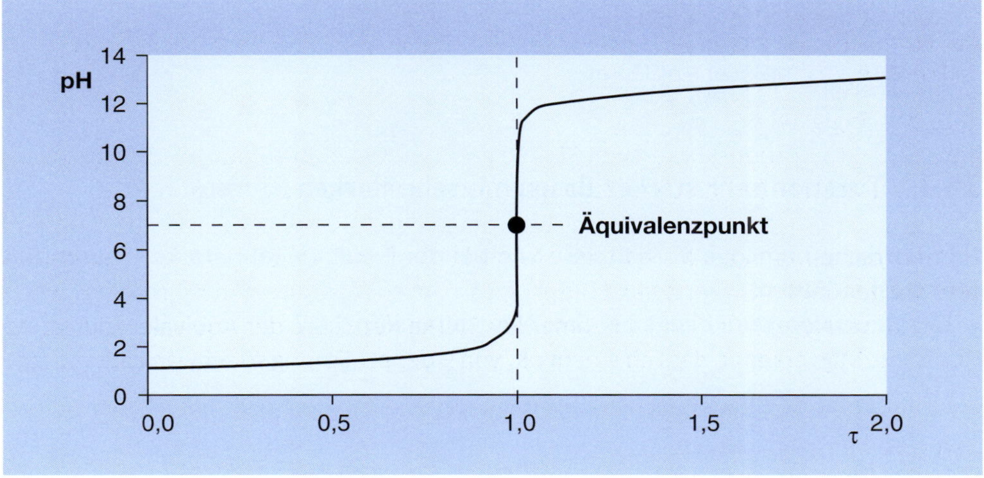

Abb. 14: Titration einer sehr starken Säure (0,1 mol · l^{-1}) mit einer sehr starken Base (0,1 mol · l^{-1})

Analoge Betrachtungen ergeben sich für die Titration von Basen mit Säuren.

3.5.2 Titration sehr starker Säuren mit sehr starken Basen

Am Äquivalenzpunkt liegt ein neutral reagierendes Salz vor.

- Der pH-Wert des Äquivalenzpunkts ergibt sich damit aus dem Ionenprodukt des Wassers: pH = 7 (Äquivalenzpunkt = Neutralpunkt).
- Vor dem Äquivalenzpunkt wird der pH-Wert der Lösung durch die noch nicht neutralisierte Menge an Analyt (sehr starke Säure) bestimmt.

$pH = -\lg c(\text{Säure})$

Die Konzentration der noch nicht umgesetzten Säure errechnet sich hierbei nach:

$$c(\text{Säure}) = \frac{n(\text{Säure}) - n(\text{Base})}{V_{Ges}}$$

n (Säure) = Stoffmenge des eingesetzten Analyten
n (Base) = bis zum jeweiligen Titrationsgrad verbrauchte Stoffmenge an Maßlösung = c (Maßlösung) x V (Maßlösung)
V_{ges} = Gesamtes Volumen der Lösung [l] (= Volumen der Analyt-Lösung + zugesetztes Volumen an Maßlösung)
n = Stoffmenge [mol]

- Nach dem Äquivalenzpunkt bestimmt der Überschuss an Maßlösung (sehr starke Base) den pH-Wert:

$pH = 14 - pOH = 14 + \lg c(\text{Base})$

mit $c(\text{Base}) = \frac{n(\text{Base}) - n(\text{Säure})}{V_{Ges}}$

3.5.3 Titration sehr starker Basen mit sehr starken Säuren

Hier herrschen analoge Verhältnisse wie bei der Titration sehr starker Säuren mit sehr starken Basen.

- Der Äquivalenzpunkt liegt bei dem Neutralpunkt pH = 7.

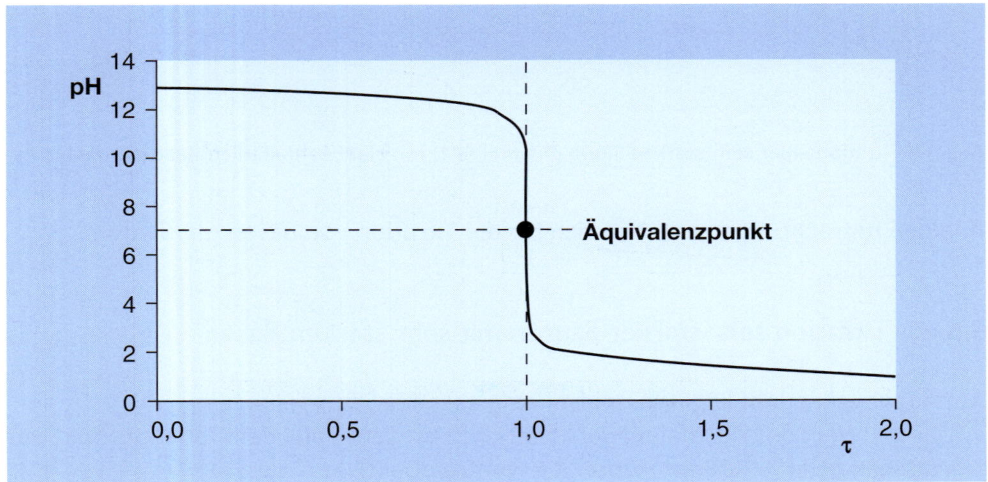

Abb. 15: Titration einer sehr starken Base (0,1 mol · l^{-1}) mit einer sehr starken Säure (0,1 mol · l^{-1})

- pH vor dem Äquivalenzpunkt:
  $pH = 14 + \lg c(Base)$

  Die Konzentration der noch nicht umgesetzten Base errechnet sich hierbei nach:

  $$c(Base) = \frac{n(Base) - n(Säure)}{V_{Ges}}$$

- pH nach dem Äquivalenzpunkt, bestimmt durch den Überschuss an Maßlösung (Säure):

  $pH = -\lg c(Säure)$

  Mit: $c(Säure) = \dfrac{n(Säure) - n(Base)}{V_{Ges}}$

3.5.4 Titration schwacher Säuren mit sehr starken Basen

Bei der Titration schwacher Säuren mit sehr starken Basen liegt der Äquivalenzpunkt im Alkalischen. Die Säure HA ist hier quantitativ in die korrespondierende Base A^- übergeführt ($C_{A^-} = C_0(HA)$).

Der pH-Wert am Äquivalenzpunkt errechnet sich näherungsweise nach der Gleichung für eine Lösung der zur Säure korrespondierenden schwachen Base A^-:

$$\begin{aligned} pH &= 14 - \tfrac{1}{2}\,pK_b + \tfrac{1}{2}\lg c_{A^-} \\ &= 7 + \tfrac{1}{2}\,pK_s + \tfrac{1}{2}\lg c_{A^-} \end{aligned}$$

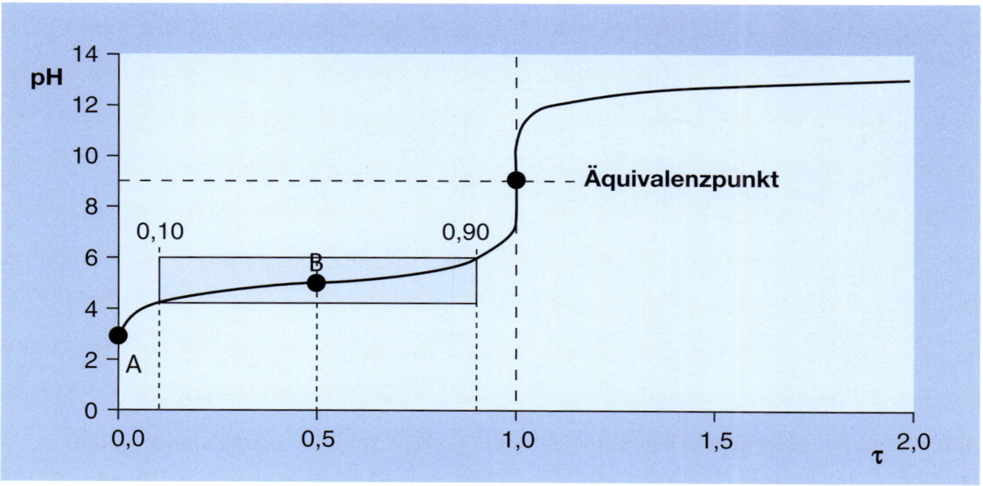

Abb. 16: Titration einer schwachen Säure (0,1 mol · l^{-1}; $pK_S = 5$) mit einer sehr starken Base (0,1 mol · l^{-1})
A = Anfangs-pH-Wert, B = Pufferpunkt und Halbneutralisationspunkt

Der Ausgangs-pH-Wert errechnet sich nach der Gleichung für eine Lösung einer schwachen Säure:

$$pH = \frac{1}{2}\, pK_s - \frac{1}{2} \lg c_0(\text{Säure})$$

Pufferbereich

Über einen Bereich, in dem zwischen 10 und 90 % der Säure neutralisiert wurden, existiert eine Pufferwirkung (Pufferbereich). Für diesen Bereich ergibt sich der pH-Wert nach der **Henderson-Hasselbalch-Gleichung** (s. Kap. 3.4.16). Die maximale Pufferwirkung liegt am Pufferpunkt vor, an dem Säure und korrespondierende Base in einem Konzentrationsverhältnis von 1:1 stehen. Dies ist bei einer Neutralisation von 50 % der Säure ($\tau = 0,5$) erreicht.

Der pH-Wert am Pufferpunkt: $pH = pKs$
$\tau = 0,5$

Nach dem Äquivalenzpunkt wird der pH-Wert durch den Überschuss an Maßlösung (sehr starke Base) bestimmt.

$$pH = 14 - pOH = 14 + \lg c(\text{Base}) \qquad \text{mit } c(\text{Base}) = \frac{n(\text{Base}) - n(\text{Säure})}{V_{Ges}}$$

3.5.5 Titration schwacher Basen mit sehr starken Säuren

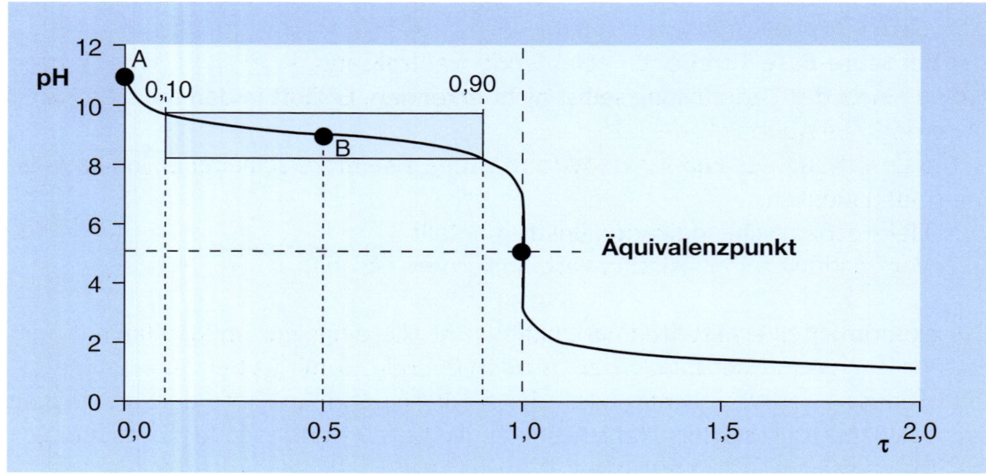

Abb. 17: Titration einer schwachen Base (0,1 mol · l^{-1}, $pK_b = 5$) mit einer sehr starken Säure (0,1 mol · l^{-1})

A = Anfangs-pH-Wert, B = Pufferpunkt und Halbneutralisationspunkt

Es gelten analoge Beziehungen wie für die Titration schwacher Säuren mit sehr starken Basen.
Der Äquivalenzpunkt liegt im Sauren ($c_{BH^+} = c_0(B)$).

Er errechnet sich näherungsweise nach:

$$pH = 7 - \tfrac{1}{2}\, pK_b - \tfrac{1}{2} \lg c_{BH^+}$$
$$= \tfrac{1}{2}\, pK_s - \tfrac{1}{2} \lg c_{BH^+}$$

Ausgangs-pH-Wert

$$pH = 14 - \tfrac{1}{2}\, pK_b + \tfrac{1}{2} \lg c_0(B)$$

Pufferpunkt:

$pH = pK_s$ (d. h. pK_s der korrespondierenden Säure BH^+ des Analyten)

Nach dem Äquivalenzpunkt wird der pH-Wert durch den Überschuss an sehr starker Säure (=Maßlösung) bestimmt.

$$pH = \lg c(\text{Säure}) \qquad \text{mit } c(\text{Säure}) = \frac{n(\text{Säure}) - n(\text{Base})}{V_{Ges}}$$

3.5.6 Indikation des Endpunkts von Säure-Base-Titrationen

Der bei Säure-Base-Titrationen ablaufende Neutralisationsvorgang lässt sich nach außen hin an der Titrierlösung selbst nicht erkennen. Er läuft in den meisten Fällen ohne optische Auffälligkeiten ab.

Die Ermittlung des Endpunkts wird mit Hilfe zweier verschiedener Indikationsmethoden möglich:

1. Elektrochemische Indikation (instrumentell)
2. Verwendung acidobasischer Farbindikatoren (visuell)

Der experimentell ermittelte Endpunkt stimmt allerdings nur im Idealfall mit dem tatsächlichen Äquivalenzpunkt der Titration überein. Somit ist bei der Auswahl der Indikationsart darauf zu achten, dass der ermittelte Endpunkt und der tatsächliche Äquivalenzpunkt möglichst nahe beieinander liegen. Auftretende Abweichungen (=Titrationsfehler) sollten höchstens 0,1 % betragen.

3.5.6.1 Elektrochemische Indikation

Von den elektrochemischen Indikationsmöglichkeiten werden bevorzugt die Potentiometrie und die Konduktometrie herangezogen. Bei beiden Methoden kann im

Gegensatz zur Verwendung von Farbindikatoren auch in trüben oder stark gefärbten Lösungen gearbeitet werden.

a) Potentiometrische Indikation

Das Prinzip der potentiometrischen pH-Wert-Messung wurde bereits unter 3.4.18 beschrieben.

Bei der Bestimmung von mehrwertigen Säuren, Basen oder Gemischen sind die einzelnen Titrationsstufen zu erkennen, wenn sich die pK_s- oder pK_b-Werte um mindestens zwei Einheiten des Analyten unterscheiden. Somit ist die Potentiometrie insbesondere zur Simultanbestimmung mehrerer Protolyte nebeneinander geeignet und heute das am meisten verwendete Verfahren.

b) Konduktometrische Indikation

Bei der Konduktometrie wird der elektrische Leitwert G einer Lösung bestimmt. Dazu taucht man in die Lösung eine Leitfähigkeitsmesszelle ein. Sie besteht aus zwei Platinelektroden, die an Wechselstrom angeschlossen sind.

Die Leitfähigkeit der Lösung ist abhängig von der Summe der Teilleitfähigkeiten aller in der Lösung befindlichen Ionen.

$$\Lambda = \lambda_{\text{Anionen}} + \lambda_{\text{Kationen}}$$

Oxonium-Ionen (H_3O^+) und Hydroxid-Ionen (OH^-) zeigen beispielsweise besonders hohe Leitfähigkeiten (siehe auch Kap. 10.3, S. 295).

Im Lauf der Titration ändert sich durch die Zugabe der Maßlösung die Zusammensetzung der Lösung bezüglich der darin enthaltenen Ionen. Der Endpunkt der Titration lässt sich aus Titrationskurven erfassen, bei denen die Leitfähigkeit gegen den Titrationsgrad aufgetragen ist (Abb. 18).

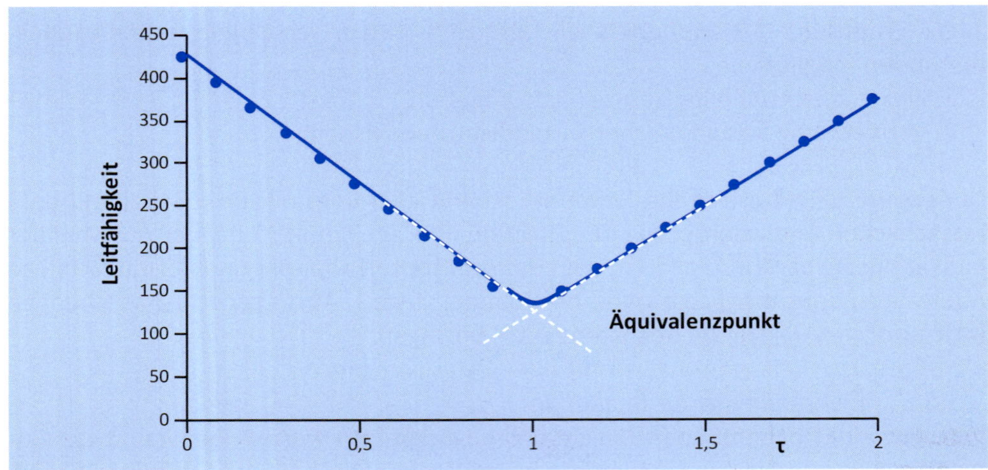

Abb. 18: Titration von Salzsäure(1 mol · l⁻¹) mit Natronlauge (1 mol · l⁻¹)

Vor dem Äquivalenzpunkt werden die H_3O^+-Ionen sukzessive durch Na^+-Ionen ersetzt. Da die H_3O^+-Ionen eine höhere Teilleitfähigkeit besitzen als die Na^+-Ionen, sinkt die Leitfähigkeit der Lösung kontinuierlich ab. Nach dem ÄP steigt die Leitfähigkeit der Lösung durch die hohe Teilleitfähigkeit der zugegebenen, nicht mehr umgesetzten OH^--Ionen der Maßlösung wieder an.

3.5.6.2 Acidobasische Farbindikatoren

Säure-Base-Indikatoren sind organische Verbindungen, die beim Erreichen bestimmter pH-Werte ihre Farbe ändern.

Diese Fähigkeit liegt in ihrer Molekülstruktur begründet: Sie weisen ein chromophores System auf, an dem sich saure oder basische Gruppen befinden. Durch Deprotonierung oder Protonierung dieser Gruppen verändert sich das mesomere π-Elektronensystem. Dies führt zu einer veränderten Absorption von elektromagnetischer Strahlung aus dem sichtbaren Bereich (Verschiebung des Absorptionsmaximums $\Rightarrow$ bathochromer Shift/hypsochromer Shift). Der Indikator ändert seine Farbe. Man sagt, der Indikator schlägt um.

Prinzipiell ist bei der Verwendung von Indikatoren zu beachten, dass sie durch ihre acidobasischen Eigenschaften einen Einfluss auf den pH-Wert der Lösung und das zu titrierende System nehmen. Dies kann zu einem Mehr- oder Minderverbrauch der Maßlösung führen (»Indikatorfehler«). Deshalb sollten Säure-Base-Indikatoren in möglichst geringer Menge zugegeben werden.

Folgende Tabelle zeigt häufig genutzte Indikatoren mit ihren Umschlagsbereichen und der Art ihrer Farbänderung:

Indikator	Umschlagsbereich [pH]	Farbumschlag (sauer $\Rightarrow$ alkalisch)
Metanilgelb	1,2 – 2,3	rot – gelborange
Thymolblau (1. Farbumschlag)	1,2 – 2,8	rot – gelb
Tropäolin 00 (1. Farbumschlag)	1,3 – 3,2	rot – gelb
Bromphenolblau	2,8 – 4,4	gelb – bläulichviolett
Dimethylgelb	2,9 – 4,0	rot – gelb
Methylorange	3,0 – 4,4	rot – gelb
Alizarin-S	3,7 – 5,2	gelb – violett
Bromkresolgrün	3,6 – 5,2	gelb – blau
Methylrot	4,4 – 6,0	rot – gelb
Bromkresolpurpur	5,2 – 6,8	gelb – bläulichviolett
Bromthymolblau	5,8 – 7,4	gelb – blau

Fortsetzung nächste Seite

Fortsetzung von S. 81

Indikator	Umschlagsbereich [pH]	Farbumschlag (sauer ⇒ alkalisch)
Phenolrot	6,8 – 8,4	gelb – rötlichviolett
Kresolrot	7,0 – 8,6	gelb – rot
Thymolblau (2. Farbumschlag)	8,0 – 9,6	olivgrün – blau
Phenolphthalein	8,2 – 10,0	farblos – rot
Thymolphthalein	9,3 – 10,5	farblos – blau
Alizaringelb	10,0 – 12,0	gelb – rot
Tropäolin 00 (2. Farbumschlag)	11,0 – 13,0	gelb – orangebraun

Die meisten der Indikatoren lassen sich nach ihrer Molekülstruktur in eine der vier folgenden Klassen einteilen:

- Phthaleine
- Sulfophthaleine
- Triphenylmethanfarbstoffe
- Azofarbstoffe

Betrachtet man die chromophoren Teilstrukturen, so lassen sich letztlich praktisch alle dieser Indikatoren den Polymethin-Farbstoffen (Cyanine oder Oxonole) zuordnen.

Phthaleine

HO R² R¹ OH R¹ R² O O

	R^1	R^2
Phenolphthalein	H	H
Thymolphthalein	$CH(CH_3)_2$	CH_3

Der Farbumschlag der Phthaleine (»einfarbige« Indikatoren, da der Farbumschlag zwischen einer farbigen und einer farblosen Form erfolgt) lässt sich mit folgendem Mechanismus erklären:

Im Alkalischen erfolgt eine Deprotonierung der beiden phenolischen OH-Gruppen, was eine Öffnung des Lactonrings zur Folge hat. Es entsteht aus dem im Sauren farblosen Indikator ein farbiges mesomeres System, in dem die negative Ladung des Phenolats über zwei Ringe delokalisiert werden kann (Polymethinfarbstoff vom Oxonol-Typ). Im stark Alkalischen findet durch Anlagerung eines Hydroxid-Ions eine Entfärbung des Indikators statt: Die Anlagerung führt zu einer sp^3-Hybridisierung des zentralen Kohlenstoffs, so dass das konjugierte π-System unterbrochen wird. Diese Reaktion ist allerdings für die Indikation irrelevant.

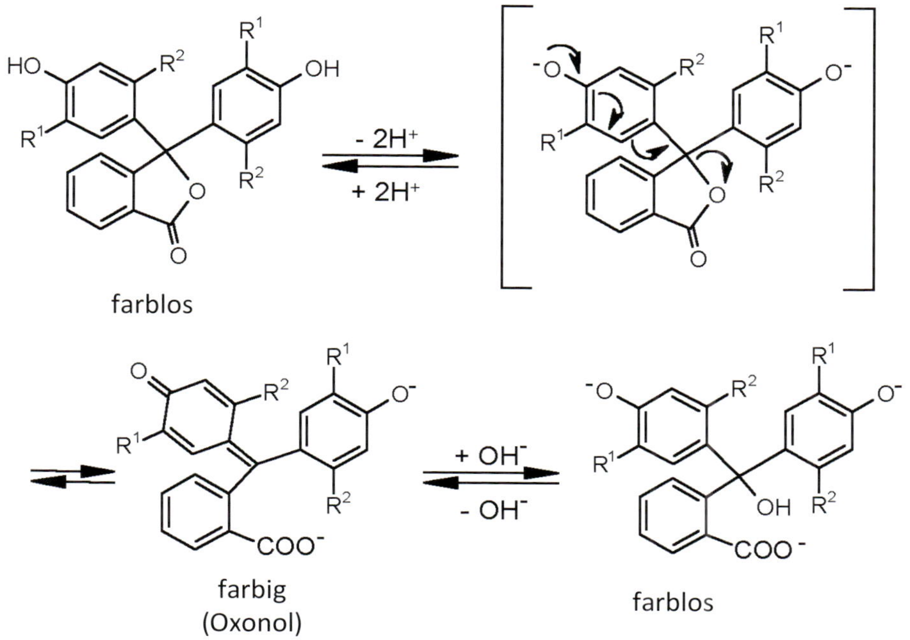

farblos

farbig (Oxonol)

farblos

Sulfophthaleine

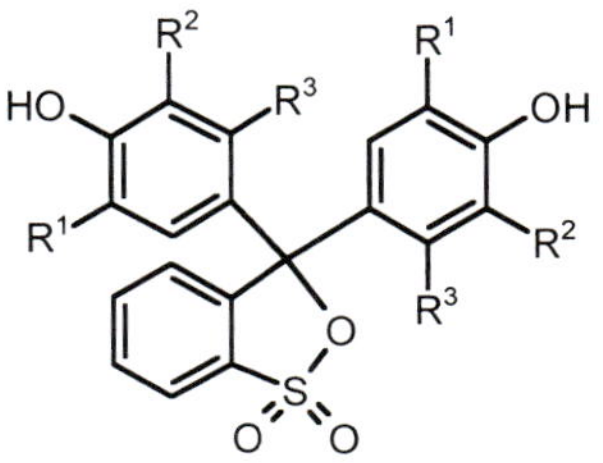

	R^1	R^2	R^3
Phenolrot	H	H	H
Kresolrot	CH_3	H	H
Thymolblau	$CH(CH_3)_2$	H	CH_3
Bromphenolblau	Br	Br	H
Bromkresolgrün	Br	Br	CH_3
Bromkresolpurpur	CH_3	Br	H
Bromthymolblau	$CH(CH_3)_2$	Br	CH_3

Der Reaktionsverlauf während des Farbwechsels erfolgt durch einen den Phthaleinen analogen Reaktionsverlauf durch Öffnen des Sultonrings. Im Unterschied zu den Phthaleinen zählen die Sulfophthaleine zu den zweifarbigen Indikatoren.

Der Farbwechsel lässt sich beispielhaft am Phenolrot erklären: Kristallin oder in stark saurer Lösung liegt es als violettes Zwitterion ***2*** vor. Hier kann die positive Ladung über zwei Ringe hin zur phenolischen Gruppe delokalisiert werden. Bereits im schwach Sauren erfolgt Deprotonierung zum gelb gefärbten Monoanion ***3***, bei dem keine Ladungsdelokalisation möglich ist. Dieses wird im Alkalischen zum Dianion ***4*** weiter deprotoniert, welches wieder ein anionisches Oxonol darstellt. Im stark Alkalischen entsteht durch Addition eines Hydroxid-Ions die farblose Struktur ***5***.

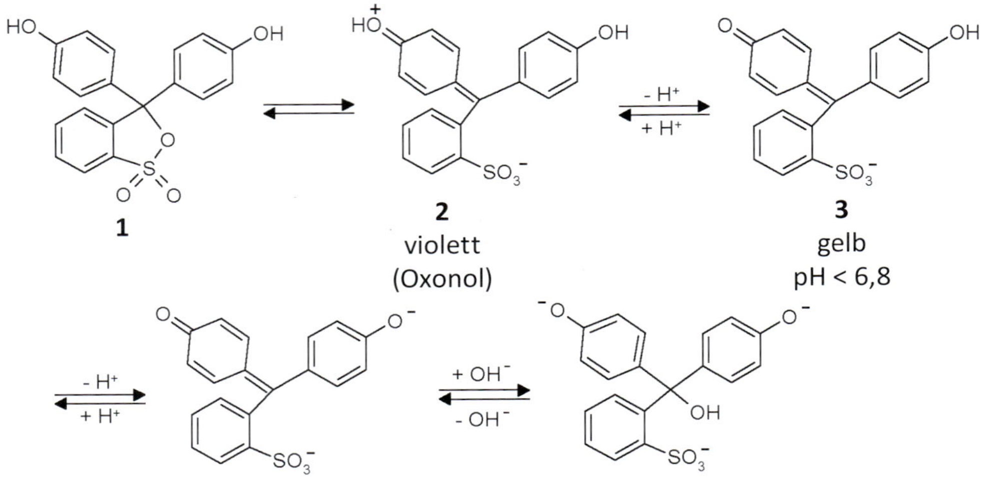

1

2
violett
(Oxonol)

- H+ / + H+

3
gelb
pH < 6,8

- H+ / + H+

4
rotviolett pH > 8,4
(Oxonol)

+ OH⁻ / - OH⁻

5
farblos

Triphenylmethanfarbstoffe

Malachitgrün, Kristallviolett und Naphtholbenzein werden häufig bei wasserfreien Titrationen sehr schwacher Basen eingesetzt.

Malachitgrün und Kristallviolett sind Polymethin-Farbstoffe vom Cyanin-Typ. Die positive Ladung kann über 2 bzw. 3 Ringe hin zu den jeweiligen Stickstoffatomen delokalisiert werden. Eine Protonierung an einem der tertiären Aminstickstoffatome führt zu einer Verringerung der Möglichkeit zur Ladungsdelokalisation und damit zum Farbumschlag.

Bei Naphtholbenzein erfolgt durch Protonierung der Carbonylgruppe eine Ausbildung eines mesomeriestabilisierten kationischen Oxonols, was eine Farbänderung zur Folge hat.

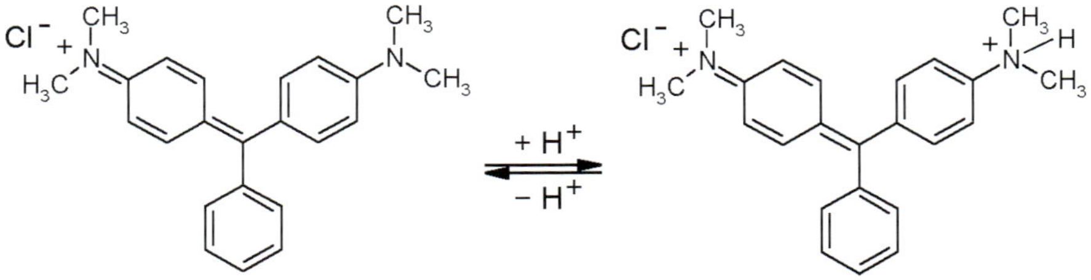

+ H^+ / − H^+

grün
Malachitgrün

gelb

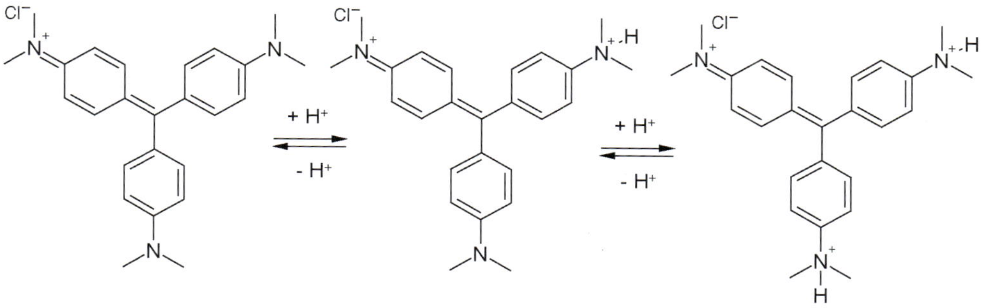

violett	grün	gelb
λ = 590 nm	λ = 623 nm	λ = 480 nm
Cyanin	Cyanin	Polyen

Kristallviolett

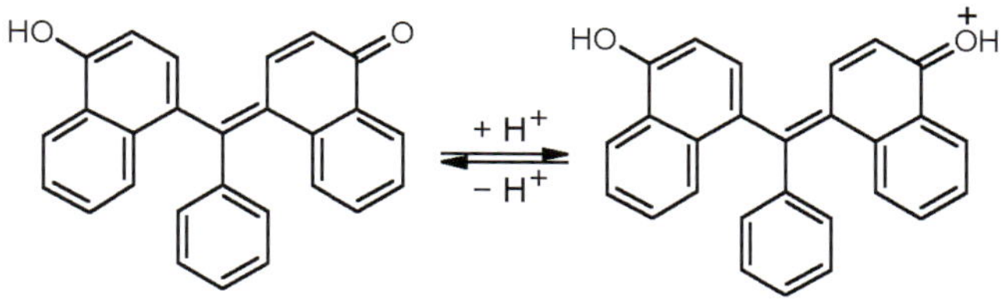

bräunlichrot grün (Oxonol)

Naphtholbenzein

Azofarbstoffe

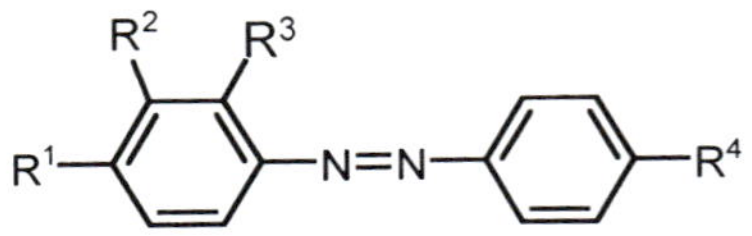

	R^1	R^2	R^3	R^4
Metanilgelb	H	SO_3Na	H	NHPh
Methylorange	SO_3Na	H	H	$N(CH_3)_2$
Methylrot	H	H	COOH	$N(CH_3)_2$
Dimethylgelb	H	H	H	$N(CH_3)_2$
Tropäolin 00	SO_3Na	H	H	NHPh
Alizaringelb R	OH	COONa	H	NO_2

Die Azofarbstoffe gehen, wie das Beispiel Methylrot zeigt, bei einer Protonierung ebenfalls in ein Cyanin über.

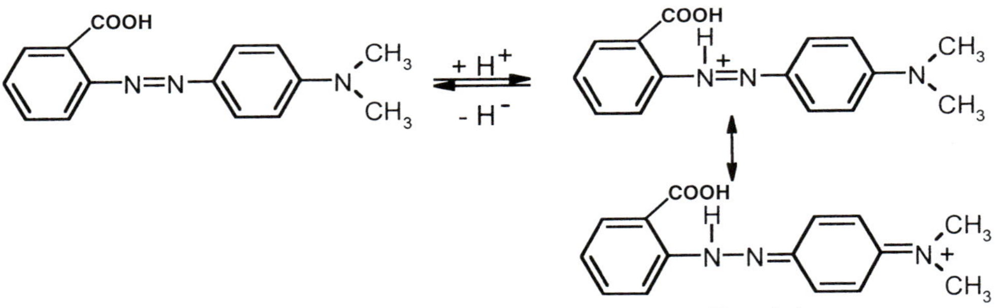

gelb

rot (Cyanin)

Einfarbige und zweifarbige Indikatoren

Einfarbige Indikatoren färben oder entfärben bei Erreichen des Äquivalenzpunktes die Lösung. Hierzu zählen Phenolphthalein und Thymolphthalein, die im Sauren farblos und im Alkalischen in einem bestimmten pH-Bereich farbig vorliegen.

$$HInd + H_2O \rightleftarrows Ind^- + H_3O^+$$

Der pH-Bereich, in dem ein einfarbiger Indikator (Ind) umschlägt, ist von der eingesetzten Konzentration des Indikators abhängig.

Wenn $c'(Ind^-)$ die Mindestkonzentration der Indikatorbase zur Farbwahrnehmung ist und $C_0(Ind)$ die Gesamtkonzentration des Indikators, dann gilt für den Beginn des Umschlagsbereichs:

$$pH = pK_I + \lg\frac{c'(Ind^-)}{c(HInd)} = pK_I + \lg\frac{c'(Ind^-)}{C_0(Ind) - c'(Ind^-)}$$ $pK_I = pK_s$-Wert des Indikators

Wenn $c_0(\text{Ind}) >> c'(\text{Ind}^-)$, dann gilt:

$$pH_{Umschlag} = pK_I + \lg \frac{c'(\text{Ind}^-)}{c_0(\text{Ind})}$$

Durch die Konzentrationsabhängigkeit des Umschlagsintervalls eines einfarbigen Indikators setzen die üblichen Angaben über die Umschlagsintervalle daher auch eine bestimmte Indikatorkonzentration voraus. So ist auch bei Titrationen genau auf die in Vorschriften gemachten Angaben über die einzusetzende Indikatormenge zu achten. Beispielsweise wird bei einer 10fachen Erhöhung einer bestimmten Phenolphthaleinkonzentration das Sichtbarwerden der rötlichen Farbe von pH = 8,6 zu pH = 7,6 verschoben.

Zweifarbige Indikatoren wechseln ihre Farbe beim Durchlaufen des Äquivalenzpunkts. Am Umschlagspunkt tritt eine Mischfarbe aus beiden Farbtönen auf.

Geht man davon aus, dass beide Farbtöne in etwa die gleiche Farbintensität aufweisen, dann gilt:

$$\frac{c(\text{HInd})}{c(\text{Ind}^-)} = \frac{\text{Intensität der Farbe HInd}}{\text{Intensität der Farbe Ind}^-} = 1$$

Folglich liegt der Umschlags-pH-Wert, an dem eine Mischfarbe aus beiden Farbtönen herrscht, bei

$pH_{Umschlag} = pK_I - \lg 1$ $\Rightarrow pH_{Umschlag} = pK_I$

Der Umschlagspunkt eines zweifarbigen Indikators hängt also nur von seinem pK_I (= pK_S) ab und ist von der Konzentration des Indikators unabhängig.

Optisch zieht sich der Farbumschlag in der Praxis jedoch über einen pH-Bereich von zwei Einheiten mit $pH = pK_I \pm 1$ hin.

Eine Farbänderung ist in der Regel optisch wahrnehmbar, wenn das Mengenverhältnis der Ausgangs- zur neu hinzukommenden Farbe etwa 10:1 beträgt. Umgekehrt erscheint die Farbänderung abgeschlossen, wenn auf einen Teil der Ausgangsfarbe etwa 10 Teile der neuen Farbe kommen.

Mischindikatoren

Bei Titrationen, bei denen der Umschlagspunkt von Indikatoren optisch nur schwer und nicht genau zu erkennen ist, wird häufig ein weiterer Farbstoff zugesetzt. Hierzu kann entweder ein gegenüber pH-Änderungen indifferenter Farbstoff (Kontrastindikator) oder ein zusätzlicher Indikator mit ähnlichem Umschlagsbereich (Mischindikator) herangezogen werden.

In beiden Fällen erhält man am Umschlagspunkt einen besser erkennbaren Farbkontrast. Dieser beruht darauf, dass sich die Farben der beiden Farbstoffe hier komplementär verhalten und man deshalb einen gut erkennbaren grauen Farbton erhält.

Kontrastindikator (Methylrot + Methylenblau) (Tashiro-Mischindikator)

	pH 4	pH 4 – 6	pH 6
Methylrot	rot	orange	gelb
Methylenblau	blau	blau	blau
Mischung	violett	grau	grün

Mischindikator (Methylorange + Bromkresolgrün)

	pH 3	pH 3,0 – 4,4	pH 6
Methylorange	rot	orange	gelb
Bromkresolgrün	gelb	grün	blau
Mischung	orange	grau	olivgrün

Auswahl des geeigneten Indikators
Für den Einsatz bei einer Titration ist ein Indikator dann geeignet, wenn sein Umschlagsintervall im Äquivalenzpunkt der Bestimmung sprunghaft durchlaufen wird. Für die Auswahl eines geeigneten Indikators gelten folgende Faustregeln:

- Bei der Titration von sehr starken und starken Säuren bzw. Basen mit sehr starken Basen bzw. Säuren können alle Indikatoren eingesetzt werden, die im pH-Bereich von 4 bis 10 umschlagen.
- Bei der Bestimmung von schwachen bis mittelstarken Säuren mit sehr starken Basen ist ein Indikator mit einem Umschlagsbereich im Alkalischen zu wählen.
- Bei der Bestimmung von schwachen bis mittelstarken Basen mit sehr starken Säuren ist ein Indikator mit einem Umschlagsbereich im Sauren zu wählen.

Simultantitrationen

Bestimmungen von zwei oder mehreren Komponenten in einem System sind prinzipiell durchführbar, wenn sich die pK_s-Werte bzw. die pK_b-Werte der zu bestimmenden Substanzen genügend voneinander unterscheiden, d. h. in den Titrationskurven müssen die pH-Sprünge an den Äquivalenzpunkten genügend weit voneinander entfernt liegen.

Die Indizierung der einzelnen Endpunkte kann mit Hilfe mehrerer Indikatoren in einem System erfolgen (vgl. Abb. 19). Zumeist wird jedoch potentiometrisch (früher auch konduktometrisch) indiziert.

Beispielsweise kann bei der in Abb. 19 dargestellten Titrationskurve der erste Äquivalenzpunkt ($\tau = 1$) der zweiwertigen Säure H_2A mit Methylorange, der zweite Äquivalenzpunkt ($\tau = 2$) mit Thymolphthalein indiziert werden.

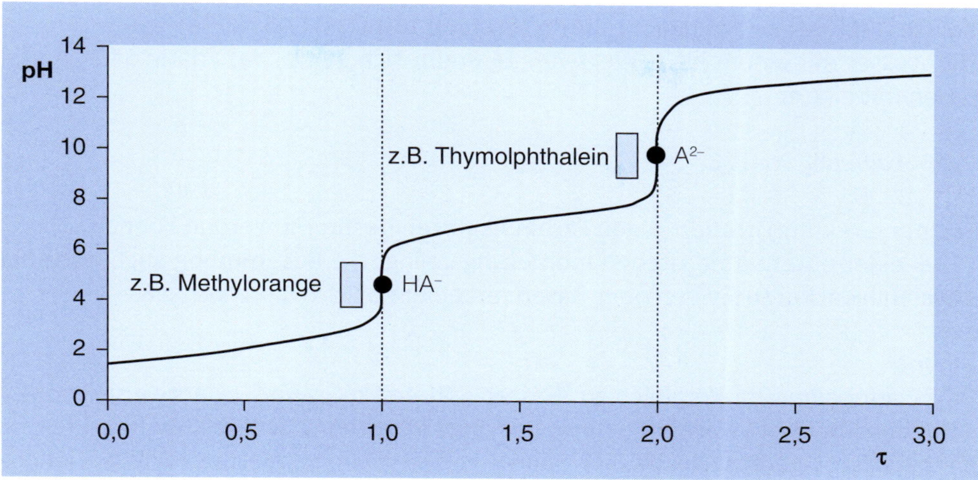

Abb. 19: Zweistufige Titrationskurve

Beispiele für Simultantitrationen werden beim jeweiligen thematisch passenden Kapitel beschrieben.

Pharmazeutisch interessante Simultantitrationen von Säuren- bzw. Basengemischen sind insbesondere:

- Phosphatgemische
- Hydroxid neben Carbonat
- Carbonat neben Hydrogencarbonat

3.5.7 Lösungsmittel

Neben Wasser werden bei Titrationen zahlreiche organische Verbindungen als Lösungsmittel eingesetzt. Dabei werden die unterschiedlichsten Mischungen verwendet. Ein wesentlicher Grund für die Verwendung organischer Lösungsmittel ist die Tatsache, dass die Analyten (betrifft v. a. organische Moleküle) vor der Titration in Lösung gebracht werden müssen. Man titriert keine Suspensionen! Soll die Anwesenheit von Wasser bei einer Titration gänzlich ausgeschlossen sein, spricht man von einer Titration im wasserfreien Medium (wasserfreie Titration).

Für eine direkte Titration von Säuren bzw. Basen müssen sich das verwendete Lösungsmittel und der Analyt in ihrer Acidität bzw. Basizität deutlich unterscheiden. Deshalb gilt für eine Titration gegen Farbindikatoren ohne weitere Reagenzienzusätze:

Die Differenz zwischen der Autoprotolysekonstante des Lösungsmittels (pK_{LM}-Wert) und der Säurekonstante (pK_s) bzw. Basenkonstante (pK_b) des Analyten sollte mindestens einen Wert von 8 aufweisen:

$$pK_{LM} - pK_{s(b)} \geq 8$$

Wasser

Für Wasser mit einem pK_{LM}-Wert von 14 ergibt sich somit, dass darin Säuren und Basen mit einem

pK_s bzw. pK_b von ≤ 6

in einer direkten Titration gegen Farbindikatoren bestimmt werden können.

Bei einer potentiometrischen Indizierung gelingt die Bestimmung auch noch bei etwas schwächeren Säuren oder Basen mit einem pK_s bzw. pK_b von ≤ 8.

Ethanol

Da Ethanol einen im Vergleich zu Wasser höheren pK_{LM} von 19 aufweist, können darin auch noch schwächere Säuren und Basen bestimmt werden. Zu beachten ist hierbei allerdings, dass der pK_s von Säuren in Ethanol im Vergleich zu Wasser höhere Werte annimmt: $pK_s(\text{in EtOH}) = pK_s(\text{in } H_2O) + 1$. Somit können in Ethanol Säuren und Basen mit einem pK_s- bzw. pK_b-Wert ≤ 10 direkt bestimmt werden.

Lösungsmittel-Gemische

Es werden auch Lösungsmittel wie Aceton oder Wasser/Methanol- oder Wasser/DMF-Gemische eingesetzt. In ihnen herrschen gegenüber Wasser veränderte Dissoziationsverhältnisse. Dadurch können titrimetrische Bestimmungen empfindlicher und genauer werden. Zudem ist in manchen Fällen der Zusatz von organischen Lösungsmitteln aus Gründen der Löslichkeit des Analyten notwendig (z. B. Ph. Eur. Salicylsäure, Ibuprofen, etc.). Auch die Erkennbarkeit des Farbumschlags lässt sich manchmal durch einen Lösungsmittelzusatz verbessern. Zu beachten ist allerdings, dass bei einem Einsatz organischer Lösungsmittel und gleichzeitiger Endpunktbestimmung mit Indikatoren eine vorherige Neutralisation des Lösungsmittels gegen den jeweiligen Indikator erforderlich ist.

Letztendlich erhöht der Einsatz von Lösungsmittel-Gemischen die Anwendungsmöglichkeiten für Titrationen von Säuren und Basen (siehe auch »Wasserfreie Titration«, Kap. 3.6.2, S. 124)

3.6 Säure-Base-Titrationen: Pharmazeutische Anwendungen

Die Säure-Base-Theorie nach Brönsted gilt sowohl für wässrige als auch für wasserfreie Systeme. So finden sich auch für beide Systeme in der pharmazeutischen Praxis zahlreiche Anwendungsmöglichkeiten.

Durch Variationen der Bedingungen und vorhergehende Operationen gelingt es sogar, nicht nur Substanzen mit sauren oder basischen Eigenschaften, sondern auch Substanzen mit neutralem Charakter zu quantifizieren.

3.6.1 Titrationen im Wässrigen

3.6.1.1 Titration sehr starker und starker Säuren im Wässrigen

Sehr starke bis starke Säuren werden üblicherweise mit sehr starken Basen titriert. In der Ph. Eur. finden sich hierzu als Maßlösungen Natronlauge 0,1 mol · l^{-1}, 1 mol · l^{-1}; Kalilauge 0,1 mol · l^{-1}, 1 mol · l^{-1}.

Hergestellt werden die Maßlösungen durch Lösen der entsprechenden Menge an NaOH bzw. KOH in kohlendioxidfreiem Wasser. Zudem wird in der Ph. Eur. explizit auch die Herstellung einer carbonatfreien NaOH-Maßlösung 0,1 mol · l^{-1} beschrieben, da die nach obiger Verfahrensweise hergestellten Lösungen durch Aufnahme von CO_2 aus der Luft stets auch Carbonat (auf Kosten von Hydroxid-Ionen) enthalten (Carbonatfehler).

$$CO_2 + 2\,OH^- \rightarrow CO_3^{2-} + H_2O$$

Eingestellt werden die Maßlösungen nach der Ph. Eur. mit der Urtitersubstanz Kaliumhydrogenphthalat (pKs: 5,41) gegen Phenolphthalein.

$$C_6H_4(COOK)(COOH) + NaOH \longrightarrow C_6H_4(COOK)(COONa) + H_2O$$

Natriumhydroxid-Lösung (0,1 mol · l^{-1}) für die Bestimmung von Hydrochloriden organischer Basen wird mit der Urtitersubstanz Benzoesäure (pK_S = 4,2) unter potentiometrischer Endpunktsanzeige eingestellt.

$$C_6H_5COOH + OH^- \longrightarrow C_6H_5COO^{\ominus} + H_2O$$

Alternativ kann Natronlauge oder Kalilauge-Maßlösung gegen eine eingestellte Salzsäure-Maßlösung eingestellt werden (Ph. Eur. 4.0 oder DAB 9).

$$KOH + HCl \rightarrow H_2O + KCl$$

Bei der Bestimmung starker Säuren kann zur Indizierung des Endpunktes prinzipiell jeder Indikator verwendet werden, der innerhalb des stark ausgeprägten pH-Sprungs, d. h. zwischen pH 4 und 10, umschlägt. Meist werden Indikatoren verwendet, die im schwach Sauren umschlagen (wie Methylorange). Es lässt sich allerdings durchaus auch Phenolphthalein verwenden.

Herstellung der Maßlösung (Natriumhydroxid (1 mol · l^{-1})) nach der Ph. Eur. 11.0
42 g Natriumhydroxid werden in kohlendioxidfreiem Wasser zu 1000,0 ml gelöst.
Herstellung der Maßlösung (Natriumhydroxid (0,1 mol · l^{-1})) nach Ph. Eur.:
100,0 ml NaOH-Maßlösung (1 mol · l^{-1}) werden mit kohlendioxidfreiem Wasser zu 1000,0 ml gelöst.

Einstellung Natriumhydroxid (1 mol · l^{-1}) nach der Ph. Eur. 11.0
1,50 g Kaliumhydrogenphthalat werden in 50 ml Wasser gelöst. Die Lösung wird mit der Natriumhydroxid-Lösung titriert. Der Endpunkt wird mit Hilfe der Potentiometrie oder unter Verwendung von 0,1 ml Phenolphthalein-Lösung (0,1 % in ~80 % Ethanol) als Indikator bestimmt.
1 ml Natriumhydroxid-Lösung (1 mol · l^{-1}) entspricht 204,2 mg $C_8H_5KO_4$.

Einstellung Natriumhydroxid (0,1 mol · l^{-1}) nach der Ph. Eur. 11.0
0,100 g Benzoesäure-Urtiter werden in einer Mischung von 5 ml Salzsäure (0,01 mol · l^{-1}) und 50 ml Ethanol 96 % gelöst und mit der Natriumhydroxid-Lösung titriert. Der Endpunkt wird mit Hilfe der Potentiometrie bestimmt. Das zwischen den beiden Wendepunkten zugesetzte Volumen wird abgelesen.

$F = 81{,}90 \cdot \frac{e}{a}$ a: Verbrauch NaOH-Lösung [ml] e: Einwaage Benzoesäure [g]

1 ml Natriumhydroxid-Lösung (0,1 mol · l^{-1}) entspricht 12,21 mg $C_7H_6O_2$.

Bei dieser Einstellung wird zuerst die zugegebene Salzsäure als sehr starke Säure erfasst, der Verbrauch hierfür ist für die Berechnung des Faktors irrelevant. Das zwischen dem 1. und 2. Wendepunkt verbrauchte Volumen der Maßlösung wird für die Titration des Urtiters Benzoesäure verbraucht und geht in die Berechnung des Faktors ein.

Einstellung Natriumhydroxid (0,1 mol · l^{-1}) nach der Ph. Eur. 4.0
20,0 ml der Natriumhydroxid-Lösung (0,1 mol · l^{-1}) werden mit Salzsäure (0,1 mol · l^{-1}) titriert. Die Endpunktbestimmung erfolgt wie in der Gehaltsbestimmung beschrieben, für die die NaOH-Lösung verwendet wird.

$F = F_{HCl} \cdot \frac{a}{20}$ a: Verbrauch HCl-Lösung (0,1 mol · l^{-1}) [ml]

Anorganische Säuren
Zu den pharmazeutisch interessanten sehr starken bis starken anorganischen Säuren zählen Mineralsäuren wie Bromwasserstoffsäure (HBr), Salzsäure (HCl), Salpetersäure (HNO_3), Schwefelsäure (H_2SO_4), Phosphorsäure (H_3PO_4) und Perchlorsäure ($HClO_4$).

Beispiele für die Titration sehr starker anorganischer Säuren: (Maßlösung: NaOH (1 mol · l^{-1}))

	pKs	Äquivalente NaOH	Indikator
HCl	–6	1	Methylrot
HNO_3	–1,32	1	Methylorange
$HClO_4$	–10	1	Methylrot
HF	3,14	1	Phenolphthalein
H_2SO_4	$pK_{s1} = -3$	2	Methylorange
	$pK_{s2} = 1{,}92$		
H_3PO_4	$pK_{s1} = 1{,}96$	1	Methylorange

Liegen die einzelnen Säuren konzentriert vor, werden sie vor ihrer Bestimmung verdünnt.

Bei der Schwefelsäure werden beide Protolysestufen erfasst. Bei der Phosphorsäure lässt sich gegen das schon im Saueren umschlagende Methylorange gezielt nur die erste Dissoziationsstufe (pK_s = 1,96) erfassen. Zur Bestimmung der beiden anderen Dissoziationsstufen von Phosphorsäure siehe unter Titration schwacher Säuren (Kap. 3.6.1.2).

40-prozentige Flusssäure R wird nach Ph. Eur. 11.0 durch eine Rücktitration bestimmt
Vorgelegte NaOH-Maßlösung (1 mol · l^{-1}) wird mit Flusssäure versetzt. Anschließend wird mit H_2SO_4-Lösung (0,5 mol · l^{-1}) gegen Phenolphthalein titriert.

Bestimmung von Salzsäure 36 % (Ph. Eur. 11.0)
Ein Erlenmeyerkolben mit Schliffstopfen, der 30 ml Wasser enthält, wird genau gewogen. Nach Zusatz von 1,5 ml Substanz wird der Kolben erneut gewogen. Der Kolbeninhalt wird nach Zusatz von Methylrot-Lösung R mit Natriumhydroxid-Lösung (1 mol · l^{-1}) titriert.
1 ml Natriumhydroxid-Lösung (1 mol · l^{-1}) entspricht 36,46 mg HCl.

Organische Säuren

Zu den starken bis sehr starken organischen Säuren zählen die Ameisensäure (Ph. Eur. 11.0), die Trichloressigsäure (Ph. Eur. 11.0) und Sulfonsäuren wie z. B. die p-Toluolsulfonsäure.

Beispiele:

	pKs	Äquivalente NaOH	Indikator
HCOOH	3,7	1	Phenolphthalein/ Potentiometrie
Cl_3CCOOH	0,9	1	Methylorange / Potentiometrie
H_3C–C_6H_4–SO_3H (p-Toluolsulfonsäure)	0,7	1	Methylorange

3.6.1.2 Titration schwacher Säuren im Wässrigen

Schwache Säuren müssen mit sehr starken Basen titriert werden, um einen ausreichend großen pH-Sprung im Äquivalenzpunkt zu erhalten, der für einen scharfen Umschlag des Indikators benötigt wird. Üblicherweise verwendet man eine NaOH-Maßlösung.

Der Äquivalenzpunkt der Bestimmung liegt im Alkalischen (s. Kap. 3.5.4).

Somit müssen zur Indizierung Indikatoren mit einem Umschlagsbereich im schwach Alkalischen eingesetzt werden. Zumeist werden hierzu Phenolphthalein oder Thymolphthalein verwendet.

Anorganische schwache Säuren

Borsäure

Borsäure besitzt einen pK_s von 9,14. Damit ist eine direkte Bestimmung im Wässrigen ohne weitere Zusätze nicht möglich. Die Bestimmung von Borsäure ist unter »Spezielle Verfahren« (Kap. 3.6.1.5, S. 115) beschrieben.

Phosphorsäure und ihre verschiedenen Dissoziationsstufen

Phosphorsäure (H_3PO_4) besitzt die drei pK_s-Werte: pK_{s1} = 1,96; pK_{s2} = 7,21; pK_{s3} = 12,32. Aufgrund der großen Unterschiede der einzelnen pK_s-Werte ist eine stufenweise Titration möglich.

Bei einer Titration im Wässrigen mit potentiometrischer Indizierung kann man die ersten beiden Dissoziationsstufen nacheinander erfassen (Abb. 20).

1. Stufe: Phosphorsäure H_3PO_4

Gegen Indikatoren mit einem Farbumschlag im Sauren (z. B. Methylorange, Dimethylgelb, Bromphenolblau) erfasst man die erste Dissoziationsstufe als starke Säure. Es bildet sich Dihydrogenphosphat.

$$H_3PO_4 + NaOH \rightarrow NaH_2PO_4 + H_2O$$

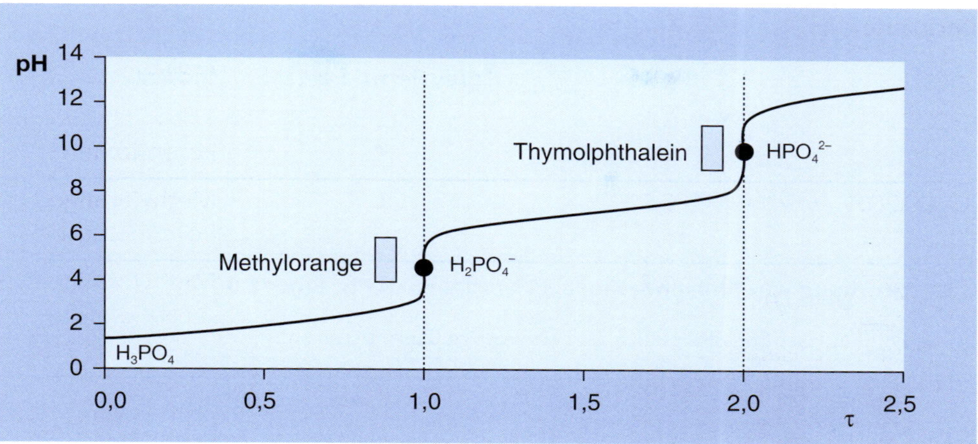

Abb. 20: Stufenweise Titration von H_3PO_4 im Wässrigen

2. Stufe: Dihydrogenphosphat $H_2PO_4^-$

Die nächste Stufe, das Dihydrogenphosphat, kann gegen Thymolphthalein (Umschlag pH 9,3–10,5) bestimmt werden. Es entsteht Monohydrogenphosphat.

$$NaH_2PO_4 + NaOH \rightarrow Na_2HPO_4 + H_2O$$

3. Stufe: Monohydrogenphosphat HPO_4^{2-}

Mit einem pK_s-Wert von etwa 12 ist Monohydrogenphosphat für eine direkte alkalimetrische Bestimmung im Wässrigen zu schwach sauer. Es kann stattdessen als Anionenbase mit einer starken Säure unter potentiometrischer Indikation titriert werden.

Hierzu setzt die Ph. Eur. bei der Bestimmung von K_2HPO_4 und von Na_2HPO_4 die Monohydrogenphosphate durch Zugabe eines Überschusses an HCl-Maßlösung ($1\ mol \cdot l^{-1}$) (x ml) zu den jeweiligen Dihydrogenphosphaten um. Nach Verdünnen mit Wasser wird durch Titration mit NaOH-Maßlösung ($1\ mol \cdot l^{-1}$) bis zum ersten Wendepunkt (n_1 ml) die überschüssige Salzsäure erfasst. Der Verbrauch an HCl ($x - n_1$ ml) entspricht dem Gehalt an HPO_4^{2-}-Ionen. Anschließend wird bis zum zweiten Wendepunkt (n_2 ml = Gesamtverbrauch NaOH) weiter titriert. Hierbei wird aus dem gesamten Dihydrogenphosphat Monohydrogenphosphat gebildet. Ist der Gesamtverbrauch (n_2) an NaOH ($1\ mol \cdot l^{-1}$) größer, als es der zugefügten HCl entspricht, deutet dies auf eine Verunreinigung des HPO_4^{2-} mit $H_2PO_4^-$ hin.

Rücktitration:

HPO_4^{2-}	
HCl $\Rightarrow$	(x ml)
$H_2PO_4^-$	$\Leftarrow$ NaOH (n_1 ml)
$\Leftarrow$ NaOH (n_2 ml)	

Bestimmung von Phosphorsäure 85 %/10 % nach Ph. Eur. 11.0

Die Ph. Eur. lässt Phosphorsäure als zweiwertige Säure titrieren:

$H_3PO_4 + 2\ NaOH \rightarrow Na_2HPO_4 + 2\ H_2O$

Ph. Eur. 11.0 lässt den Endpunkt potentiometrisch bis zum zweiten Wendepunkt bestimmen. Als Indikator wurde in Ph. Eur. 4.0 Phenolphthalein (Umschlag pH 8,2–10,0) verwendet. Dies machte einen Zusatz von NaCl nötig. Ohne die Zugabe von NaCl würde Phenolphthalein zu früh umschlagen, da der tatsächliche Äquivalenzpunkt weiter im Alkalischen liegt. Die Zugabe des Natriumchlorids führt zu einer Erhöhung der Ionenstärke der Lösung. Das Dissoziationsgleichgewicht wird verschoben, so dass der Umschlagsbereich von Phenolphthalein im Äquivalenzpunkt liegt (vgl. Aktivität).
Bei Verwendung von Thymolphthalein (Umschlag pH 9,3–10,5) als Indikator entfällt eine Zugabe von NaCl, da dessen Umschlagspunkt weiter im Alkalischen liegt.

Organische schwache Säuren

Organische schwache Säuren lassen sich in OH-, NH-, SH- und CH-acide Verbindungen einteilen:

- OH-acid: Carbonsäuren, Phenole, vinyloge Carbonsäuren
- SH-acid: Thiole
- CH-acid: 1,3-Dicarbonyle; Ethinyl-Verbindungen
- NH-acid: Ammoniumverbindungen, Sulfonamide, Barbitursäuren, Hydantoine, Imide, Sulfonylharnstoffe

OH-acide Verbindungen

Carbonsäuren

Die pK_S-Werte der meisten Carbonsäuren liegen bei 3 bis 5.

Meist werden sie mit Natronlauge gegen Indikatoren wie Bromthymolblau (Umschlagsbereich pH 6,0–7,6), Phenolrot (pH 6,8–8,4), Phenolphthalein (pH 8,2–10,0) und Thymolphthalein (pH 9,3–10,5) bestimmt. Werden zur besseren Löslichkeit der Verbindungen organische Lösungsmittel (meist Ethanol, Methanol oder Aceton) zugesetzt, sollten diese zuvor gegen den verwendeten Indikator neutralisiert werden.

Allgemein verläuft die Titration nach folgender Reaktionsgleichung ab:

$$R\text{-}COOH + OH^- \longrightarrow R\text{-}COO^- + H_2O$$

Der Rest R nimmt Einfluss auf die Säurestärke. Je stärker der Rest R Elektronen an sich zieht (–I-Effekt), desto saurer ist die Substanz (niedrigerer pK_s-Wert).

Beispiele für Titrationen von Carbonsäuren mit Natronlauge

Verbindung	pK_s	Äquivalente NaOH	Indikator
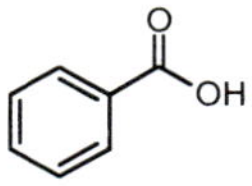 Benzoesäure	4,19	1	Phenolrot
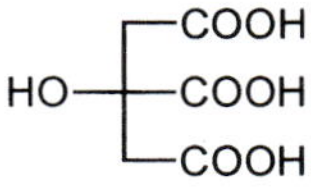 Citronensäure	$pK_{s1} = 3,13$ $pK_{s2} = 4,76$ $pK_{s3} = 6,39$	3	Phenolphthalein
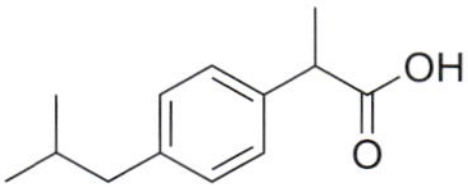 Ibuprofen	4,4	1	Phenolphthalein
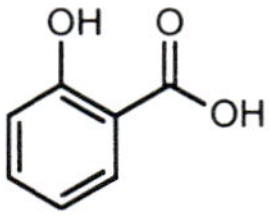 Salicylsäure	$pK_{s1} = 2,97$ $pK_{s2} = 11,97$	1	Phenolrot
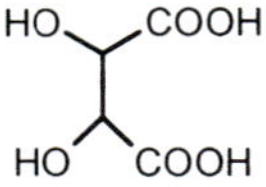 Weinsäure	$pK_{s1} = 2,93$ $pK_{s2} = 4,23$	2	Phenolphthalein

Bei der Citronensäure werden alle drei aciden Protonen, bei der Weinsäure beide Carbonsäure-Protonen erfasst. Die pK_s-Werte der einzelnen Dissoziationsstufen weisen für eine differenzierte Erfassung jeweils zu geringe Unterschiede auf.

Bei der Salicylsäure besitzt die phenolische OH-Gruppe eine zu niedrige Acidität ($pK_{s2} = 11,97$), um in diesem System mit erfasst zu werden.

Bestimmung von Essigsäure 99 % (Ph. Eur. 11.0)
Ein Erlenmeyerkolben mit Schliffstopfen, der 25 ml Wasser enthält, wird genau gewogen, mit 1,0 ml Substanz versetzt und erneut genau gewogen. Die Lösung wird nach Zusatz von 0,5 ml Phenolphthalein-Lösung (0,1 % in Ethanol/Wasser 8:2) mit Natriumhydroxid-Lösung (1 mol · l^{-1}) titriert.
1 ml Natriumhydroxid-Lösung (1 mol · l^{-1}) entspricht 60,1 mg $C_2H_4O_2$.

Bestimmung von Citronensäure (Ph. Eur. 11.0)
0,550 g Substanz werden in 50 ml Wasser gelöst und nach Zusatz von 0,5 ml Phenolphthalein-Lösung (0,1 % in ~80 % Ethanol) mit Natriumhydroxid-Lösung (1 mol · l^{-1}) titriert.
1 ml Natriumhydroxid-Lösung (1 mol · l^{-1}) entspricht 64,03 mg $C_6H_8O_7$.

Bestimmung von Ibuprofen (Ph. Eur. 11.0)
0,450 g Substanz werden in 50 ml Methanol gelöst und nach Zusatz von 0,4 ml Phenolphthalein-Lösung (0,1 % in 96 Ethanol) mit Natriumhydroxid-Lösung (0,1 mol · l^{-1}) bis zum Umschlag nach Rot titriert. Eine Blindtitration wird durchgeführt.
1 ml Natriumhydroxid-Lösung (0,1 mol · l^{-1}) entspricht 20,63 mg $C_{13}H_{18}O_2$.

Säurezahl (SZ) nach der Ph. Eur.
Die Säurezahl zählt zu den so genannten Fettkennzahlen, die der Bestimmung der Reinheit und der Identität von Fetten und Wachsen dienen.

Fette (= Triglyceride) sind Triester des Glycerols mit längerkettigen Fettsäuren (z. B. Palmitinsäure, Ölsäure, etc.).
Wachse sind Monoester langkettiger Fettsäuren mit höheren einwertigen Alkoholen.

Die Säurezahl (SZ) gibt an, wieviel Milligramm Kaliumhydroxid zur Neutralisation der in 1 g Substanz enthaltenen freien Säuren notwendig sind.

In Fetten entstehen freie Fettsäuren durch einen hydrolytischen Abbau der Triglyceride. Über die Bestimmung der freien Fettsäuren kann somit eine Aussage über den Frischezustand der Fette getroffen werden.

Bei Wachsen stellt die Säurezahl ein Identitätskriterium dar, da freie Säuren typische Bestandteile natürlicher Wachse sind.
Neben der Säurezahl werden zur Charakterisierung von Fetten und Wachsen auch die Verseifungszahl, die Esterzahl, die Hydroxylzahl, die Iodzahl und die Peroxidzahl herangezogen.

Die Bestimmung der SZ erfolgt nach Ph. Eur. gemäß der Bestimmung schwacher Säuren

Eine Substanzprobe wird in einer Mischung aus Ethanol und Petrolether gelöst. (Das Lösungsmittelgemisch wird zuvor mit KOH-Maßlösung ($0{,}1\ mol \cdot l^{-1}$) gegen Phenolphthalein neutralisiert.) Die Lösung wird mit KOH-Maßlösung ($0{,}1\ mol \cdot l^{-1}$) gegen Phenolphthalein titriert.

Aus dem Verbrauch in ml (= n) an KOH-Maßlösung und der Einwaage an Substanz in g (= m) errechnet sich die Säurezahl nach:

$$SZ = \frac{5{,}611 \cdot n}{m}$$

(Der Faktor 5,611 leitet sich aus der molaren Masse von KOH ($56{,}11\ g \cdot mol^{-1}$) und der Konzentration der Maßlösung ($0{,}1\ mol \cdot l^{-1}$) ab.)

Phenole

Phenolische OH-Gruppen sind in den meisten Verbindungen mit einem pK_S von ca. 10 zu schwach sauer, um sie im Wässrigen direkt alkalimetrisch zu erfassen (vgl. Abschnitt Carbonsäuren, speziell Salicylsäure); sie müssen im Wasserfreien titriert werden.

Eine Ausnahme ist Vanillin, das einen pK_S-Wert von 7,4 besitzt. Es kann im Wässrigen mit $0{,}1\ mol \cdot l^{-1}$-NaOH gegen Thymolphthalein titriert werden. Die Ph. Eur. 11.0 lässt in 96-prozentigem Ethanol unter potentiometrischer Indizierung titrieren.

Verbindung	pK_S	Äquivalente NaOH	Indikator
H_3CO, HO, O, H Vanillin	7,4	1	Thymolphthalein

Die erhöhte Acidität von Vanillin lässt sich dadurch erklären, dass es kein typisches Phenol darstellt, sondern als eine phenyloge Carbonsäure anzusehen ist: Die Hydroxylgruppe und die Carbonylgruppe stehen in Konjugation über den Benzolring.

Alkohole und Enole

Aliphatische Alkohole sind zu schwach sauer ($pK_S \approx 15$), um sie im Wässrigen acidimetrisch titrieren zu können.

Die Ascorbinsäure weist mehrere Hydroxylgruppen auf. Nur die Hydroxylgruppe an C-3 lässt sich im Wässrigen deprotonieren, da sie Bestandteil einer vinylogen Carbonsäure-Teilstruktur ist. Das DAB 7 bestimmte Ascorbinsäure alkalimetrisch gegen Phenolphthalein:

Verbindung	pK_s	Äquivalente NaOH	Indikator
Ascorbinsäure	pK_{s1} = 4,17 (an C-3) der vinylogen Carbonsäure. pK_{s2} = 11,57 (an C-2)	1	Phenolphthalein

Die Ph. Eur. 11.0 bestimmt die Ascorbinsäure unter Ausnutzung ihrer reduzierenden Eigenschaften in einer iodometrischen Titration (vgl. Kap. 4.2.2.4, S. 168).

SH-acide Verbindungen

Thiole und Thiophenole sind prinzipiell saurer als ihre alkoholischen Äquivalente. Allerdings ist ihre direkte alkalimetrische Bestimmung im Wässrigen ohne weitere Zusätze nicht möglich. So wird beispielsweise die Bestimmung der SH-aciden Thiouracile wie Propylthiouracil unter Zusatz von Silberionen durchgeführt (s. Argento-acidimetrie, Kap. 3.6.1.5).

SH-acide Thiole wie Acetylcystein werden häufig in einer Redoxtitration iodometrisch erfasst (s. Kap. 4.2.2.4).

CH-acide Verbindungen

1,3-Dicarbonyle

Pharmazeutisch interessante CH-acide Verbindungen sind die beiden 1,3-Dicarbonyle Phenylbutazon und Oxyphenbutazon. Aufgrund einer möglichen Enolisierung besitzen die beiden Substanzen ein für eine wässrige Bestimmung ausreichend acides Proton (an C-4 bzw. dem Enol).

Verbindung	pK_s	Äquivalente NaOH	Indikator
Phenylbutazon ⇌ Enol	4,89	1	Bromthymolblau

Verbindung	pK_s	Äquivalente NaOH	Indikator
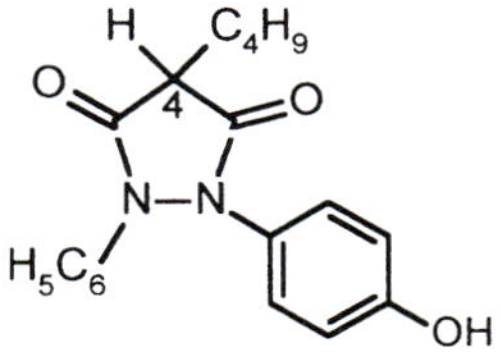 Oxyphenbutazon	$pK_{s1} = 5,1$ $pK_{s2} = 9,9$ (Phenol)	1	Bromthymol-blau

Bei Oxyphenbutazon ist die phenolische OH-Gruppe zu schwach sauer ($pK_s = 9,9$), um unter diesen Bedingungen mit erfasst zu werden.

Bestimmung von Phenylbutazon (Ph. Eur. 11.0)
0,250 g Substanz werden in 25 ml Aceton gelöst und nach Zusatz von 0,5 ml Bromthymolblau-Lösung mit Natriumhydroxid-Lösung ($0,1\ mol \cdot l^{-1}$) bis zur 15 s lang bestehen bleibenden Blaufärbung titriert. Eine Blindtitration wird durchgeführt.
1 ml Natriumhydroxid-Lösung ($0,1\ mol \cdot l^{-1}$) entspricht 30,84 mg $C_{19}H_{20}N_2O_2$.

Bromthymolblau-Lösung
50 mg Bromthymolblau werden in einer Mischung von 4 ml Natriumhydroxid-Lösung ($0,02\ mol \cdot l^{-1}$) und 20 ml Ethanol 96 % gelöst. Die Lösung wird mit Wasser zu 100 ml verdünnt.

Terminale Alkine
Endständige Ethinyl-Gruppen (R–C≡C–H) besitzen eine für eine direkte Bestimmung im Wässrigen zu geringe CH-Acidität ($pK_s \approx 25$). Das Proton der Ethinyl-Gruppe lässt sich aber unter Zugabe von Silbernitrat argentoacidimetrisch bestimmen (s. Kap. 3.6.1.5). Die Ph. Eur. 11.0 bestimmt so z. B. Norethisteron.

NH-acide Verbindungen
Sulfonamide/Sulfonylharnstoffe
Aufgrund eines –I-Effektes der Sulfonylgruppe und eines Mesomeriegewinns nach ihrer Deprotonierung zeigen Sulfonamide schwach saure Eigenschaften ($pK_s = 7–10$). Die Sulfonylharnstoffe wie Tolbutamid sind wegen ihres Imidcharakters noch deutlich saurer.

Verbindung	pK_s	Äquivalente NaOH	Indikator
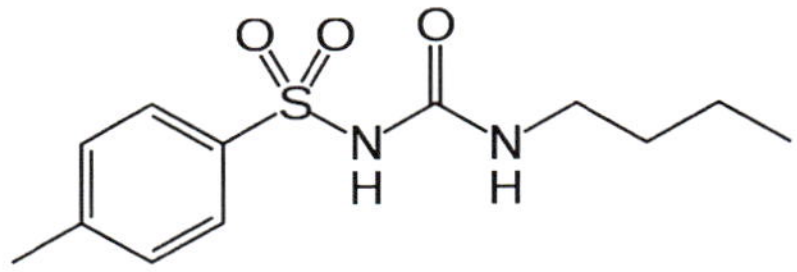 Tolbutamid	5,3	1	Phenolphthalein

Tolbutamid lässt sich in einem Ethanol-Wasser-Gemisch mit 0,1 mol · l^{-1}-NaOH-Maßlösung gegen Phenolphthalein bestimmen (Ph. Eur.). Das verwandte Glipizid (pK_S 5,9) lässt die Ph. Eur. 11.0 dagegen in DMF mit Lithiummethanolat gegen Chinaldinrot titrieren, da es in Wasser/Ethanol nahezu unlöslich ist.

Bestimmung von Tolbutamid (Ph. Eur. 11.0)
0,250 g Substanz werden in einer Mischung von 20 ml Wasser und 40 ml Ethanol 96 % gelöst und nach Zusatz von 1 ml Phenolphthalein-Lösung (0,1 % in ~80% Ethanol) mit Natriumhydroxid-Lösung (0,1 mol · l^{-1}) titriert.
1 ml Natriumhydroxid-Lösung (0,1 mol · l^{-1}) entspricht 27,03 mg $C_{12}H_{18}N_2O_3S$.

Auch die NH-aciden Barbiturate (vgl. Strukturformeln S. 111 ff.) lassen sich in Ethanol/Wasser-Gemischen bei potentiometrischer Indikation titrieren. Hierbei wird im Unterschied zur früher verwendeten Argentoacidimetrie nur die erste Protolysestufe (pK_S ~ 7) erfasst.

Bestimmung von Phenobarbital (Ph. Eur. 11.0)
0,200 g Substanz werden in 40 ml Ethanol 96 % gelöst und nach Zusatz von 20 ml Wasser mit Natriumhydroxid-Lösung (0,1 mol · l^{-1}) titriert. Der Endpunkt wird mit Hilfe der Potentiometrie bestimmt.
1 ml Natriumhydroxid-Lösung (0,1 mol · l^{-1}) entspricht 23,22 mg $C_{12}H_{12}N_2O_3$.

Ammoniumverbindungen
Ammoniumsalze vom Typ $R_3NH^+X^-$ – unter ihnen auch Alkaloidsalze – gehören zur Kategorie der Kationensäuren. Für eine Bestimmung in rein wässriger Lösung sind sie allerdings oft zu schwach sauer. Zur Erhöhung ihrer Acidität nutzt man den Einsatz organischer Lösungsmittel. Ammoniumverbindungen mit pK_S-Werten bis etwa 10 werden in einer so genannten Verdrängungstitration in ethanolischer Lösung bestimmt.

Verdrängungstitration

Die Ammoniumverbindungen ($R_3NH^+X^-$) werden in wasserfreiem Ethanol mit wässriger NaOH-Maßlösung bestimmt. Der Endpunkt wird potentiometrisch indiziert.

Hierzu wird die zu bestimmende Verbindung meist unter Zugabe von etwas HCl-Maßlösung (5 ml einer 0,01 mol · l^{-1}) in 96-prozentigem Ethanol gelöst. Bei der Titration mit NaOH-Maßlösung (0,1 mol · l^{-1}) wird der erste Wendepunkt durch die Neutralisation des HCl-Überschusses (theoretisch nach Zugabe von 0,5 ml Natronlauge (0,1 mol · l^{-1})), der zweite Wendepunkt durch die vollständige Deprotonierung der Ammoniumverbindung verursacht. Der Gehalt der zu bestimmenden Substanz errechnet sich aus dem Verbrauch an Maßlösung zwischen den beiden ermittelten Wendepunkten.

1. Wendepunkt $HCl + OH^- \rightarrow H_2O + Cl^-$
2. Wendepunkt $R_3NH^+X^- + OH^- \rightarrow R_3N + H_2O + X^-$

Vorteil dieser potentiometrischen Vorgehensweise ist, dass das Lösungsmittel Ethanol, welches mitunter mit Spuren von Säuren (z. B. Essigsäure) verunreinigt ist, vor der Titration nicht neutralisiert werden muss, wie es bei der klassischen Titration gegen einen Farbindikator notwendig wäre. Außerdem werden Hydrochloride organischer Stickstoffbasen häufig durch Umsetzung der freien Basen mit gasförmigem Chlorwasserstoff hergestellt. Die Salze können deshalb Spuren an HCl enthalten und somit bei einer direkten Titration gegen Indikatoren zu hohe Werte liefern.

Beispiele

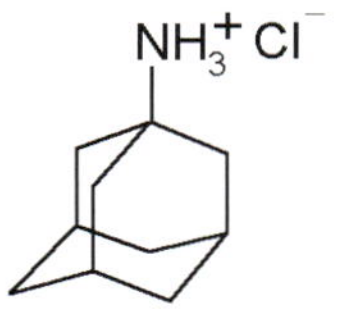

Amantadin-HCl	Ambroxol-HCl	Promethazin-HCl	Dextromethorphan-HBr
pK_S = 10,7	pK_S = 9,6	pK_S = 9,2	pK_S = 9,6

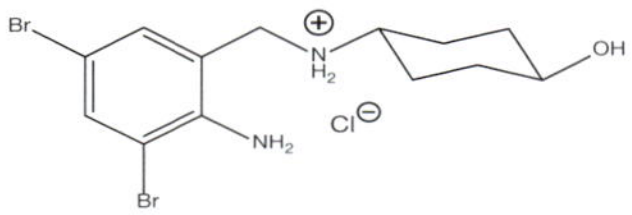

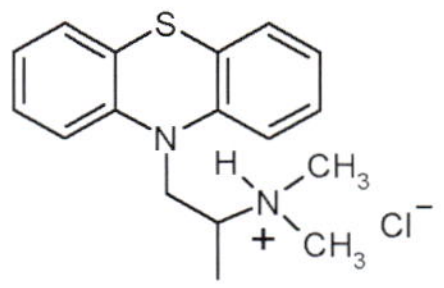

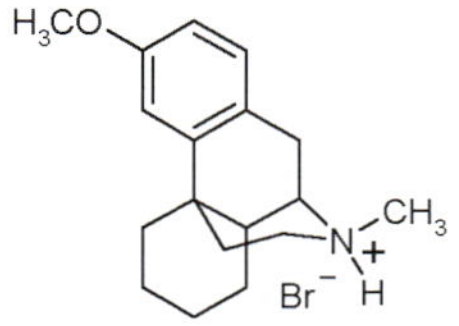

Bestimmung von Ambroxolhydrochlorid (Ph. Eur. 11.0)
0,300 g Substanz, in 70 ml 96-prozentigen Ethanol gelöst, werden nach Zusatz von 5 ml Salzsäure (0,01 mol · l^{-1}) mit NaOH-Lösung (0,1 mol · l^{-1}) titriert. Das zwischen den beiden mit Hilfe der Potentiometrie ermittelten Wendepunkten zugesetzte Volumen wird abgelesen.
1 ml Natriumhydroxid-Lösung (0,1 mol · l^{-1}) entspricht 41,46 mg $C_{13}H_{19}Br_2ClN_2O$.

Diammoniumsalze von Diaminen lassen sich hingegen in wässriger Lösung mit NaOH-Maßlösung direkt titrieren, potentiometrisch ausgewertet wird hierbei der Verbrauch bis zum 1. Wendepunkt. Die beiden Ammoniumionen in solchen Salzen (z. B. Pirenzepindihydrochlorid Ph. Eur.) sind sehr unterschiedlich sauer (hier pK_{S1} = 2,1, pK_{S2} = 8,1), in der 1. Dissoziationsstufe ist das Dihydrochlorid zudem deutlich acider als ein Hydrochlorid eines aliphatischen Monoamins (pK_S ca. 9), so dass eine Titration in wässriger Lösung unter Verbrauch von 1 Äquivalent unproblematisch ist.

Bestimmung von Pirenzepindihydrochlorid (Ph. Eur. 11.0)
0,300 g Substanz werden in 50 ml Wasser gelöst und mit Natriumhydroxid-Lösung (0,1 mol · l^{-1}) titriert. Das bis zum ersten mit Hilfe der Potentiometrie bestimmten Wendepunkt zugesetzte Volumen wird abgelesen.
1 ml Natriumhydroxid-Lösung (0,1 mol · l^{-1}) entspricht 42,43 mg $C_{19}H_{23}Cl_2N_5O_2$.

Werden die Diammoniumsalze (z. B. Meclozindihydrochlorid, Ph.Eur. pK_{S1} = 3,1, pK_{S2} = 6,2) dagegen in Ethanol 96 % gelöst, ergeben sich zwei Äquivalenzpunkte und die Auswertung erfolgt durch den Verbrauch zwischen den beiden Wendepunkten der Titrationskurve. Durch dieses Verfahren ist auch keine zusätzliche Neutralisation des Lösungsmittels erforderlich.

Bestimmung von Meclozindihydrochlorid (Ph. Eur. 11.0)
0,350 g Substanz werden in 50 ml Ethanol 96 % gelöst und mit Natriumhydroxid-Lösung (0,1 mol · l^{-1}) titriert. Das zwischen den beiden mit Hilfe der Potentiometrie bestimmten Wendepunkten zugesetzte Volumen wird abgelesen.
1 ml Natriumhydroxid-Lösung (0,1 mol · l^{-1}) entspricht 46,39 mg $C_{25}H_{29}Cl_3N_2$.

Zweiphasentitration

Bei der früher gebräuchlichen Zweiphasentitration von Ammoniumverbindungen läuft die Bestimmung in einem binären System aus einer wässrigen Phase und einem nicht mit Wasser mischbaren organischen Lösungsmittel ab.

Die zu bestimmenden Verbindungen werden in der Regel in einem Gemisch aus Chloroform ($CHCl_3$) – ersatzweise auch das weniger toxische Dichlormethan (CH_2Cl_2) – und Ethanol gelöst (Lösungsmittel vorher gegen Phenolphthalein neutralisieren!). Man titriert mit NaOH (0,1 mol · l^{-1}) gegen Phenolphthalein. Zunächst bleibt eine homogene Phase erhalten. Im Laufe der Titration bildet sich durch die Zugabe der wässrigen Maßlösung ein Zweiphasengemisch, das aus einer Wasser-Ethanol und einer Chloroform-Ethanol-Phase besteht.
Je nach Zusammensetzung des Lösungsmittelgemisches und nach Einwaage der Substanz kann der Äquivalenzpunkt vor oder nach dem Entmischen der beiden Phasen liegen.

Liegt er vor dem Entmischen, kann die Titration als Verdrängungstitration in einem wässrig-organischen Lösungsmittelgemisch angesehen werden.

Wird der Endpunkt der Titration erst nach der Phasentrennung erreicht, so liegt das Prinzip der Titration in einer Entfernung der freien Base aus dem Reaktionsgleichgewicht:

löslich in Chloroform, unlöslich in H_2O

$$R_3NH^+X^- + OH^- \rightarrow R_3N + H_2O + X^-$$

löslich in Wasser, unlöslich in Chloroform

Die gebildete freie Base reichert sich in der organischen Phase an und wird so der wässrigen Phase entzogen. Damit wird das Gleichgewicht auf die Produktseite hin verschoben.

Bestimmung von Chininsulfat nach DAB 7
0,300 g Substanz, genau gewogen, werden in einer Mischung von 30,0 ml Ethanol 90 % und 15,0 ml Chloroform gelöst und nach Zugabe von 1,0 ml Phenolphthalein-Lösung mit Natronlauge (0,1 mol · l^{-1}) unter kräftigem Schütteln bis zur Rosafärbung titriert.
1 ml Natriumhydroxid-Lösung (0,1 mol · l^{-1}) entspricht 32,34 mg $C_{40}H_{50}N_4O_8S$.

3.6.1.3 Titration sehr starker und starker Basen im Wässrigen

Für die Titration sehr starker und starker Basen gelten im Prinzip die gleichen Betrachtungen wie bei der Titration sehr starker Säuren.

Starke bis sehr starke Basen werden üblicherweise mit einer sehr starken Säure, meist einer Salzsäure-Maßlösung titriert. Hierzu verwendet die Ph. Eur. meist Salzsäure (0,1 mol · l^{-1} und 1 mol · l^{-1}).

Hergestellt werden die Salzsäure-Maßlösungen durch Verdünnen von konzentrierter Salzsäure mit der entsprechenden Menge an Wasser.

Herstellung der Maßlösung (Salzsäure (1 mol · l^{-1})) nach der Ph. Eur. 11.0
103,0 g konzentrierte Salzsäure (36 %) werden mit Wasser zu 1000,0 ml verdünnt.

Herstellung der Maßlösung (Salzsäure (0,1 mol · l^{-1})) nach der Ph. Eur. 11.0
100,0 ml Salzsäure (1 mol · l^{-1}) werden mit kohlendioxidfreiem Wasser zu 1000,0 ml verdünnt.

Die Einstellung erfolgt mit der Urtitersubstanz Trometamol (pK_b = 5,70) gegen Methylorange oder unter potentiometrischer Endpunktsanzeige.

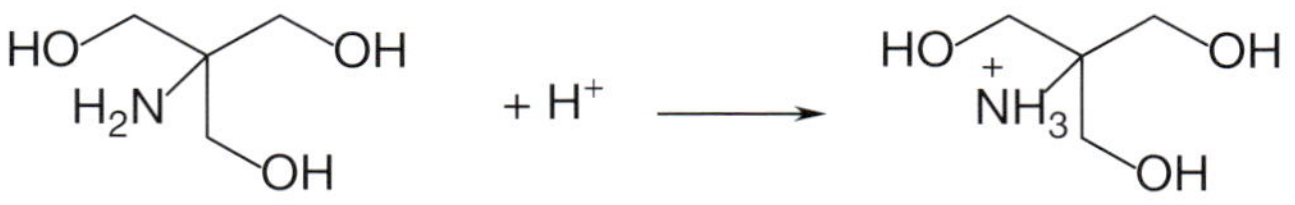

Die Einstellung kann auch mit der Urtitersubstanz Natriumcarbonat (Na_2CO_3) gegen Methylorange erfolgen. Dabei werden pro Mol Na_2CO_3 zwei Äquivalente der Salzsäure-Maßlösung verbraucht:

$$2\,HCl + Na_2CO_3 \rightarrow 2\,NaCl + H_2O + CO_2\uparrow$$

Bei der Einstellung wird zunächst bis zur beginnenden Farbänderung nach Gelblichrot titriert, dann zum Sieden erhitzt. Nach dem Abkühlen wird die wieder gelb gefärbte Lösung erneut bis zum Farbumschlag nach Gelblichrot titriert. Das Erhitzen dient dem Vertreiben des entstandenen Kohlendioxids aus der Lösung und damit dessen Entfernung aus dem Gleichgewicht.

Einstellung von Salzsäure ($1\ mol \cdot l^{-1}$) nach der Ph. Eur. 4.0
1,000 g Natriumcarbonat wird in 50 ml Wasser gelöst. Nach Zusatz von 0,1 ml Methylorange-Lösung (0,1 % in Wasser/Ethanol 96-prozentiger = 1:4) wird mit der Salzsäure bis zur beginnenden Farbänderung nach Gelblichrot titriert, 2 Minuten lang zum Sieden erhitzt und nach dem Abkühlen die wieder gelb gefärbte Lösung bis zum Farbumschlag nach Gelblichrot weitertitriert.

$$F = 18{,}87 \cdot \frac{e}{a}$$

e: Einwaage Natriumcarbonat [g]
a: Verbrauch Salzsäure-Lösung ($1\ mol \cdot l^{-1}$) [ml]

1 ml Salzsäure ($1\ mol \cdot l^{-1}$) entspricht 53,00 mg Na_2CO_3.

Zu beachten ist bei der Bestimmung starker Basen ihre Tendenz, aus der Luft CO_2 aufzunehmen und dieses als Carbonat zu binden. Dieser Vorgang kann sowohl vor der Titration bei der Lagerung der Base als auch während der Titration ablaufen.
z. B. $2\ KOH + CO_2 \rightarrow K_2CO_3 + H_2O$

Anorganische sehr starke und starke Basen

Zu den pharmazeutisch interessanten starken anorganischen Basen zählen neben den Alkalihydroxiden NaOH und KOH ($pK_b \sim -1{,}7$) auch Erdalkalioxide wie Magnesiumoxid. Auch das Carbonat-Ion CO_3^{2-} mit einem pK_b von 3,75 für die erste Protonierungsstufe lässt sich hier nennen, wenn man es als einwertige Base bis zur Stufe des Hydrogencarbonats titriert. Allerdings werden Carbonate zumeist durch zweifache Protonierung bis zur Stufe der Kohlensäure bestimmt.

Bestimmung von Carbonat (neben Hydrogencarbonat):
CO_3^{2-} ($pK_b = 3{,}75$) lässt sich mit HCl-Maßlösung gegen Phenolphthalein titrieren. Unter Verbrauch von einem Äquivalent HCl bildet sich hierbei Hydrogencarbonat HCO_3^-:

$$CO_3^{2-} + H_3O^+ \rightarrow HCO_3^- + H_2O$$

Nach dieser Methode lässt sich selektiv Carbonat neben dem schwächer basischen Hydrogencarbonat ($pK_b \sim 7{,}5$) bestimmen.

Will man in einer Simultantitration auch den HCO_3^--Anteil bestimmen, so gibt man nach erfolgtem Phenolphthaleinumschlag (von Rot nach Farblos) zur Analysenlösung Methylorange hinzu und titriert zum nächsten Farbumschlag mit der HCl-Maßlösung weiter.

$$HCO_3^- + H_3O^+ \rightarrow CO_2\uparrow + 2\ H_2O$$

Bestimmung von KOH und NaOH (neben Carbonat):
Alkalihydroxide enthalten häufig Carbonat, da sie aus der Luft CO_2 als Carbonat binden:

$$2\ OH^- + CO_2 \rightarrow H_2O + CO_3^{2-}$$

Die Ph. Eur. lässt daher bei der Gehaltsbestimmung der beiden Alkalimetallhydroxide KOH und NaOH auch den Gehalt an gebundenem Carbonat bestimmen.

Bei der Bestimmung von KOH wird dieses in Wasser gelöst und anschließend mit 6,1-prozentiger $BaCl_2$-Lösung versetzt. Man titriert mit HCl-Lösung (1 mol · l^{-1}) zunächst gegen Phenolphthalein und anschließend weiter gegen Bromphenolblau.

Durch den Zusatz von $BaCl_2$ bildet sich mit vorhandenem Carbonat ein schwerlöslicher Niederschlag aus $BaCO_3$.

$BaCl_2 + CO_3^{2-} \rightarrow BaCO_3\downarrow + 2\ Cl^-$

Bei der Titration gegen Phenolphthalein werden dann nur die OH^--Ionen erfasst.

(1) $OH^- + H_3O^+ \rightarrow 2\ H_2O$

Bei der anschließenden Titration gegen Bromphenolblau erfasst man den Carbonat-Anteil durch Auflösen des $BaCO_3$-Niederschlags. Hierbei entsteht CO_2.

(2) $BaCO_3 + 2\ H_3O^+ \rightarrow Ba^{2+} + 3\ H_2O + CO_2\uparrow$

Bestimmung von Kaliumhydroxid nach Ph.Eur. 11.0

2,000 g Substanz werden in 25 ml kohlendoxidfreiem Wasser gelöst. Die Lösung wird mit 25 ml einer frisch hergestellten wässrigen 6,1-prozentigen Bariumchlorid-Lösung und 0,3 ml Phenolphthalein-Lösung (0,1 % in Wasser/96-prozentiger Ethanol = 1:4) versetzt. Unter Umschütteln werden 25,0 ml Salzsäure (1 mol · l^{-1}) langsam zugesetzt und die Titration mit Salzsäure (1 mol · l^{-1}) wird bis zum Farbumschlag von Rosa nach Farblos fortgesetzt. Nach Zusatz von 0,3 ml Bromphenolblau-Lösung wird mit Salzsäure (1 mol · l^{-1}) bis zum Farbumschlag von Violettblau nach Gelb titriert.

1 ml für die erste Titration verbrauchte Salzsäure entspricht 56,11 mg KOH.

1 ml bei der zweiten zweite Titration verbrauchte Salzsäure entspricht 69,11 mg K_2CO_3.

1 ml bei beiden Titrationen verbrauchte Salzsäure entspricht 56,11 mg Gesamtalkali, berechnet als KOH.

Bestimmung von Natriumhydroxid nach Ph. Eur. 11.0

Bei der Titration von NaOH verzichtet Ph. Eur. auf den Zusatz von $BaCl_2$.

Zunächst titriert man eine Lösung von NaOH in CO_2-freiem Wasser mit HCl-Maßlösung (1 mol · l^{-1}) gegen Phenolphthalein. Hierbei werden OH^-- und die CO_3^{2-}-Ionen erfasst. Carbonat wird dabei in Hydrogencarbonat übergeführt. Anschließend titriert man gegen Methylorange weiter, um die entstandenen HCO_3^--Ionen zu bestimmen.

Der Verbrauch an Maßlösung bei der zweiten Titration bzw. die Differenz zwischen 1 ÄP und 2. ÄP entspricht dem Gehalt an Na_2CO_3. Der Gehalt an Hydroxid-Ionen ergibt sich aus der Differenz des Verbrauchs an Maßlösung bei der ersten und bei der zweiten Titration.

Bestimmung von Natriumhydroxid nach Ph.Eur.11.0
2,000 g Substanz werden in etwa 80 ml kohlendioxidfreiem Wasser gelöst und nach Zusatz von 0,3 ml Phenolphthalein-Lösung mit Salzsäure ($1\ mol \cdot l^{-1}$) titriert. Anschließend wird die Lösung mit 0,3 ml Methylorange-Lösung versetzt und mit Salzsäure ($1\ mol \cdot l^{-1}$) weitertitriert.
1 ml bei der zweiten Titration verbrauchte Salzsäure ($1\ mol \cdot l^{-1}$) entspricht 0,1060 g Na_2CO_3.
1 ml bei beiden Titrationen verbrauchte Salzsäure ($1\ mol \cdot l^{-1}$) entspricht 40,00 mg Gesamtalkali, berechnet als NaOH.

Bestimmung von Erdalkalioxiden
Das im Wasser schlecht lösliche Magnesiumoxid wurde nach Vorschrift des DAB 7 in einem Gemisch aus Salzsäure ($1\ mol \cdot l^{-1}$) und Wasser gelöst. Die nicht verbrauchte Salzsäure wurde mit Natriumhydroxidlösung ($1\ mol \cdot l^{-1}$) gegen Methylorange-Mischindikator zurücktitriert.

$MgO + 2\ H^+ \rightarrow Mg^{2+} + H_2O$ $\qquad H_3O^+ + OH^- \rightarrow 2\ H_2O$

Die Indizierung des Endpunkts kann gegen Methylorange erfolgen.
Ph. Eur. 11.0 bestimmt Leichtes Magnesiumoxid und Schweres Magnesiumoxid durch eine komplexometrische Titration des Mg^{2+}.

Organische starke Basen
Zu den starken organischen Basen gehören quartäre Ammoniumhydroxide, Amidine und Guanidine, welche sich mit Salzsäure gegen Methylorange titrieren lassen.

Quartäre Ammoniumbasen	Amidine	Guanidine
$[NR^1R^2R^3R^4]^+\ OH^-$	$R^2-C(=NH)-NHR^1$	$R^2HN-C(=NH)-NHR^1$
R^1, R^2, R^3, R^4 = Alkyl-, Aryl-	$pK_b \approx 1{,}5$	$pK_b \approx 0{,}3$

3.6.1.4 Titration schwacher Basen im Wässrigen
So wie schwache Säuren für eine eindeutige Endpunkterkennung mit sehr starken Basen titriert werden müssen, verwendet man bei der Bestimmung schwacher Basen als Maßlösung sehr starke Säuren. Im Allgemeinen verwendet man Salzsäure-Maßlösungen. Zur Indizierung setzt man Indikatoren ein, die im sauren pH-Bereich umschlagen.

Anorganische schwache Basen

Zu den pharmazeutisch interessanten schwachen anorganischen Basen zählen das bereits erwähnte Hydrogencarbonat und Ammoniak-Lösungen.

Hydrogencarbonat

Die Ph. Eur. bestimmt $NaHCO_3$ und $KHCO_3$ nach Lösen in CO_2-freiem Wasser mit Salzsäure-Maßlösung bei potentiometrischer Indikation (die Ph. Eur. 4.0 verwendete den Indikator Methylorange). Im Falle von $KHCO_3$ schrieb die Ph. Eur. 4.0 vor, nach Erreichen des Farbumschlags die Lösung zwei Minuten zum Sieden zu erhitzen und anschließend bis zum erneuten Farbumschlag weiter zu titrieren. Durch das Erhitzen sollte gebildetes CO_2 aus der Lösung vertrieben werden, um das Gleichgewicht auf die rechte Seite zu verschieben.

$$HCO_3^- + H_3O^+ \rightarrow [H_2CO_3] + H_2O \rightarrow CO_2\uparrow + 2\,H_2O$$

Carbonat

Auch die beiden Carbonate Na_2CO_3 und K_2CO_3 lässt die Ph. Eur. 11.0 als schwache Basen mit Salzsäure unter potentiometrischer Indizierung bis zum zweiten Wendepunkt titrieren. Ph. Eur. 4.0 verwendete für Na_2CO_3 den Indikator Methylorange. Die Carbonate werden hierbei als zweiwertige Basen bis zur Stufe der Kohlensäure unter Verbrauch von 2 Äquivalenten HCl erfasst:

$$CO_3^{2-} + 2\,H_3O^+ \rightarrow [H_2CO_3] + 2\,H_2O \rightarrow CO_2\uparrow + 3\,H_2O$$

Ammoniak-Lösungen

Aufgrund der Flüchtigkeit von NH_3 bestimmt die Ph. Eur. konzentrierte Ammoniaklösung in einer Rücktitration:
Die NH_3-Lösung wird zu einer vorgelegten HCl-Maßlösung ($1\ mol \cdot l^{-1}$) gegeben. Es bildet sich das nicht mehr flüchtige Ammoniumchlorid. Anschließend wird der Überschuss an HCl mit NaOH ($1\ mol \cdot l^{-1}$) gegen Methylrot zurücktitriert. Der Indikator muss schon im schwach Sauren umschlagen, andernfalls würde bei der Rücktitration auch das Ammoniumchlorid deprotoniert werden.

(1) $NH_3 + HCl_{\text{im Überschuss}} \rightarrow \quad NH_4Cl + HCl_{\text{Überschuss}}$

(2) $HCl + NaOH \rightarrow \quad H_2O + NaCl$

Verbindung	pK_b	Äquivalente HCl	Indikator
CO_3^{2-} Carbonat	$pk_{b1} = 3{,}75$ $pk_{b2} = 7{,}5$	2	Methylorange
HCO_3^- Hydrogencarbonat	7,5	1	Methylorange

Verbindung	pK_b	Äquivalente HCl	Indikator
NH_3 Ammoniak	4,75	1	Methylrot

Organische schwache Basen

Organische schwache Basen sind häufig Verbindungen mit einem basischen Stickstoff im Grundsystem, wie z. B. freie Alkaloidbasen (z. B. Ph. Eur.: Ephedrin-Hemihydrat). Sie werden entweder in einer direkten Titration bestimmt oder in einer Rücktitration.

Analog der Bestimmung von NH_3 versetzt man eine Lösung der zu bestimmenden Substanz mit einem Überschuss an HCl-Maßlösung und titriert den Überschuss mit NaOH-Maßlösung zurück. Als Indikator wird bevorzugt Methylrot mit einem Umschlag bei pH 4,4 bis 6,0 eingesetzt.

$$(1)\quad R_3N + HCl_{\text{im Überschuss}} \longrightarrow R_3NH^+Cl^- + HCl_{\text{Überschuss}}$$

$$(2)\quad HCl + NaOH \longrightarrow H_2O + NaCl$$

Bestimmung von Ethylendiamin nach Ph. Eur. 11.0

$H_2N{-}CH_2{-}CH_2{-}NH_2$

Die zweiwertige Base Ethylendiamin lässt die Ph. Eur. gegen Methylrot-Mischindikator (aus Methylrot und Methylenblau; Umschlag pH = 5,2 – 5,6) in der oben beschriebenen Rücktitration bestimmen.
Die beiden Dissoziationsstufen (pK_{bI} = 3,97; pK_{b2} = 6,77) werden unter diesen Bedingungen nicht differenziert, so dass 2 Äquivalente HCl pro Molekül Ethylendiamin verbraucht werden.

3.6.1.5 Spezielle Verfahren

Zahlreiche Säuren weisen für eine direkte Bestimmung im Wässrigen einen zu hohen pK_s-Wert auf. In einigen Fällen gelingt es, durch bestimmte Zusätze zur Analysenlösung die Acidität der zu analysierenden Verbindungen zu erhöhen und sie so einer Bestimmung in wässrigen Systemen zugänglich zu machen.

Argentoacidimetrie[6]

Durch die Zugabe von Silbernitrat lassen sich viele OH-, NH-, SH- und CH-acide Verbindungen AH unter Deprotonierung in schwerlösliche bzw. lösliche, aber undissoziierte Silbersalze (Komplexe) überführen. Die korrespondierenden Anionen A^- werden dem Gleichgewicht entzogen, so dass die Reaktion quantitativ zur Produktseite hin verschoben wird und die entstandenen Protonen mit NaOH-Maßlösung erfasst werden können.

$$AH + Ag^+ \rightarrow [AAg]\downarrow + H^+$$

Bei der Reaktion wird meist noch Pyridin hinzugegeben. Zum einen fängt dieses die entstandenen Protonen als Pyridinium-Ionen ab und verschiebt somit das Gleichgewicht weiter nach rechts. Zum anderen verhindert es durch Komplexierung der Ag^+-Ionen, dass schwerlösliches Silberoxid (Ag_2O) ausfällt:

$$AH + AgNO_3 + \text{Pyridin} \longrightarrow AAg\downarrow + NO_3^- + \text{Pyridinium (N–H}^+)$$

Die entstandenen Pyridinium-Ionen (pk_s = 5,2) lassen sich anschließend mit NaOH-Maßlösung gegen Farbindikatoren oder unter potentiometrischer Indizierung titrieren:

$$\text{Pyridinium (N–H}^+) + NaOH \longrightarrow \text{Pyridin} + H_2O + Na^+$$

Mit Hilfe dieses Reaktionsprinzips lassen sich verschiedene Verbindungsklassen argentoacidimetrisch bestimmen:

Verbindung	pK_s	Äquivalente NaOH	Indikator
Barbiturate (Strukturformel: 5,5-disubstituierte Barbitursäure mit R^1, R^2; N–H hervorgehoben) z. B. Phenobarbital (Ph. Eur. 4.0)	pK_{s1} = 7,9 pK_{s2} = ca. 12	2	Thymolphthalein

Fortsetzung nächste Seite

[6] Der Begriff Argentoacidimetrie ist in der Literatur verbreitet. Nach Definition müsste es Argentoalkalimetrie heißen (vgl. Seite 52, Gegenstandskatalog etc.).

Fortsetzung von S. 111

Verbindung	pK_s	Äquivalente NaOH	Indikator
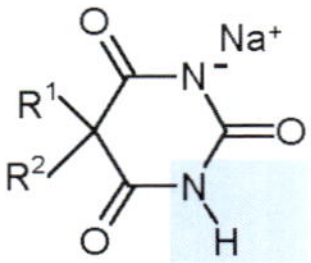 z. B. Phenobarbital-Natrium	ca. 12	1	Thymolphthalein
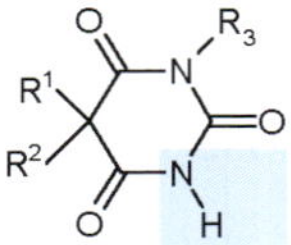 Hexobarbital	8,2	1	Thymolphthalein
Hydantoine 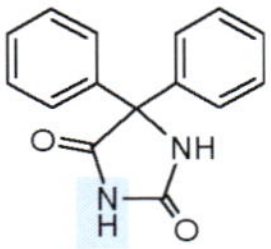 Phenytoin	8,3	1	potentiometrisch
Thiouracile 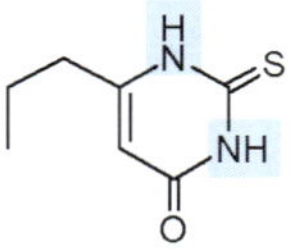 Propylthiouracil	pK_{s1} = 8,3 pK_{s2} = ca. 12	2	Bromthymolblau
Purine 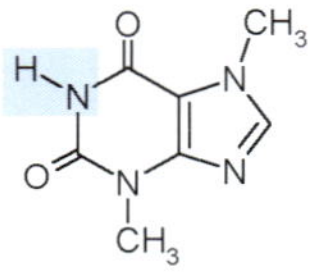 Theobromin	7,9	1	Phenolphthalein
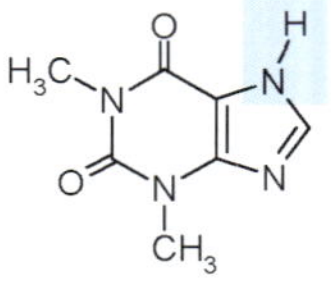 Theophyllin	8,6	1	Bromthymolblau

Fortsetzung von S. 112

Verbindung	pK_s	Äquivalente NaOH	Indikator
Ethinyl-Verbindungen			
Ethinylestradiol	ca. 25	1	potentiometrisch (Ph. Eur. 4.0)

Bei argentoacidimetrischen Bestimmungen bilden endständige Alkine einen löslichen Komplex des Silberacetylids mit 6 $AgNO_3$.

Bestimmung von Norethisteron (Ph. Eur. 11.0)
0,200 g Substanz werden in 40 ml Tetrahydrofuran gelöst und nach Zusatz von 10 ml einer Lösung von Silbernitrat (100 g · l^{-1}) mit Natriumhydroxid-Lösung (0,1 mol · l^{-1}) titriert. Der Endpunkt wird mit Hilfe der Potentiometrie (vgl. Kap. 10.1) bestimmt. Die Elektrode wird nach jeder Titration mit Aceton gespült.
1 ml Natriumhydroxid-Lösung (0,1 mol · l^{-1}) entspricht 29,84 mg $C_{20}H_{26}O_2$.

Bestimmung von Theophyllin (Ph. Eur. 11.0)
0,150 g Substanz werden in 100 ml Wasser gelöst. Nach Zusatz von 20 ml Silbernitrat-Lösung (0,1 mol · l^{-1}) wird die Mischung geschüttelt, mit 1 ml Bromthymolblau-Lösung versetzt und mit Natriumhydroxid-Lösung (0,1 mol · l^{-1}) titriert.
1 ml Natriumhydroxid-Lösung (0,1 mol · l^{-1}) entspricht 18,02 mg $C_7H_8N_4O_2$.

Herstellung der Bromthymolblau-Lösung
50 mg Bromthymolblau werden in einer Mischung von 4 ml Natriumhydroxid-Lösung (0,02 mol · l^{-1}) und 20 ml Ethanol 96 % gelöst. Die Lösung wird mit Wasser zu 100 ml verdünnt.

Formoltitration

Die Formoltitration wurde von Sörensen[7] ursprünglich für α-Aminocarbonsäuren eingeführt.

Durch Umsetzung mit Formaldehyd wird die basische Aminogruppe in ein nach außen hin neutrales Azomethin (= Schiff'sche Base) umgewandelt.

$$R{-}CH(COOH){-}NH_2 \rightleftharpoons R{-}CH(COO^-){-}\overset{+}{N}H_3 \xrightarrow{+H_2C{=}O} \left[R{-}CH(COOH){-}NH{-}CH_2OH\right] \xrightarrow{-\,H_2O} R{-}CH(COOH){-}N{=}CH_2$$

Azomethin

7 Søren Peter Lauritz Sørensen (09.01.1868–13.02.1939, dänischer Biochemiker)

Anschließend wird die verbliebene Carboxylgruppe alkalimetrisch titriert.

$$R\text{–}C(COOH)\text{=}N\text{=}CH_2 + NaOH \longrightarrow R\text{–}C(COO^- Na^+)\text{–}N\text{=}CH_2 + H_2O$$

Die Formoltitration lässt sich auch auf die Bestimmung von Ammoniumsalzen und von Salzen primärer aliphatischer Amine anwenden.
Allgemein erreicht man durch die Umsetzung mit Formaldehyd eine Absenkung der Basizität der korrespondierenden Basen (also der Amine) und damit eine Verschiebung des Gleichgewichts auf die Produktseite:

$$(1)\quad R{-}\overset{+}{N}H_3 + H_2C{=}O \longrightarrow R{-}N{=}CH_2 + H_3O^+$$

$$(2)\quad H_3O^+ + NaOH \longrightarrow Na^+ + 2\ H_2O$$

z. B. Ammoniumsalz eines primären Amins
z. B. Ammoniumchlorid

Bei der Bestimmung von Ammoniumchlorid (NH_4Cl) wird nach Ph. Eur. ebenfalls eine Formaldehydlösung zugesetzt, da eine Titration von NH_4Cl mit einem $pK_s = 9{,}25$ bei einer direkten Bestimmung nur eine ungenügende Genauigkeit liefern würde. Es wird mit NaOH ($1\ mol \cdot l^{-1}$) gegen Phenolphthalein titriert. Die korrespondierende Base NH_3 wird durch den Überschuss an Formaldehyd als Hexamethylentetramin (HMT, Urotropin) abgefangen. Pro Äquivalent NH_4Cl wird ein Äquivalent an H_3O^+ frei, das mit NaOH alkalimetrisch erfasst werden kann.

$$4\ NH_4^+Cl^- + 6\ H_2C{=}O \longrightarrow (CH_2)_6N_4 + 4\ H_3O^+ + 2\ H_2O$$

Formoltitration
Bestimmung von Ammoniumchlorid (Ph. Eur. 11.0)
1,000 g Substanz wird in 20 ml Wasser gelöst. 1 bis 2 min nach Zusatz einer Mischung von 5 ml 35-prozentiger Formaldehyd-Lösung, die zuvor gegen Phenolphthalein-Lösung (0,1 % in ca. 80 % Ethanol) neutralisiert wurde, und 20 ml Wasser wird langsam mit NaOH-Lösung ($1\ mol \cdot l^{-1}$) unter Zusatz von 0,2 ml Phenolphthalein-Lösung (0,1 % in Wasser/96-prozentiger Ethanol = 1:4) titriert.
1 ml NaOH-Lösung ($1\ mol \cdot l^{-1}$) entspricht 53,49 mg NH_4Cl.

Bestimmung von Borsäure

Borsäure (H_3BO_3) wirkt im Wässrigen als einbasige Lewis-Säure.

$$B(OH)_3 + 2\,H_2O \rightleftharpoons [B(OH)_4]^- + H_3O^+$$

Mit einem pK_s-Wert von 9,14 ist die Borsäure allerdings für eine direkte Bestimmung im Wässrigen zu schwach sauer.

Durch eine vorherige Umsetzung gelingt es jedoch, die Acidität der Borsäure auf einen pK_s von ca. 6,5 zu steigern, so dass sie direkt als einwertige Säure bestimmt werden kann. Durch Zugabe eines Polyalkohols mit zwei benachbarten OH-Gruppen (vicinales Diol) entsteht in der Reaktionslösung ein Borsäurechelatester unter Bildung von einem Äquivalent H_3O^+.

$$2\,R\text{-}CH(OH)\text{-}CH(OH)\text{-}R + B(OH)_3 \longrightarrow [\text{Borsäurechelatester}]^- + H_3O^+ + 2\,H_2O$$

Die entstandenen H_3O^+-Ionen werden durch Titration mit NaOH-Maßlösung gegen Phenolphthalein erfasst.

Wichtig ist es, den mehrwertigen, vicinalen Alkohol im Überschuss einzusetzen. Verwendet werden können prinzipiell Glycerol, Sorbitol, Mannitol, Erythrit, Fructose u. a., wobei in den Arzneibüchern fast durchwegs Mannitol eingesetzt wird.

Bestimmung von Borsäure (Ph. Eur. 11.0)
1,000 g Substanz wird unter Erwärmen in einer Lösung von 15 g Mannitol in 100 ml Wasser gelöst und nach Zusatz von 0,5 ml Phenolphthalein-Lösung (0,1 % in 80 % Ethanol) als Indikator mit Natriumhydroxid-Lösung (1 mol · l^{-1}) bis zur Rosafärbung titriert.
1 ml Natriumhydroxid-Lösung (1 mol · l^{-1}) entspricht 61,8 mg H_3BO_3.

Titration nach Ionenaustausch

Mit Hilfe einer vorgeschalteten Ionenaustausch-Chromatographie gelingt es, auch schwer zu bestimmende Ionen über eine Neutralisationstitration zu erfassen. Man nutzt beispielsweise den Austausch von SO_4^{2-} oder Na^+ gegen leicht zu titrierende-Ionen wie OH^- oder H^+.

Prinzip:

Ionenaustauscher sind Verbindungen, die aus Lösungen positiv oder negativ geladene Ionen aufnehmen und dafür andere, gleich geladene Ionen (Anionen bzw. Kationen) an die Lösung abgeben. Hierzu sind ionische oder ionisierbare Gruppen an eine Polymermatrix, meist auf Kunstharzbasis, gebunden.

Man gibt die zu analysierende Lösung auf eine mit dem Ionenaustauscherharz beladene Chromatographiesäule. Beim Chromatographieren strömt die Analytlösung von oben nach unten durch den Ionenaustauscher. Während des Durchlaufs werden die entsprechenden Ionen ausgetauscht. Kationenaustauscher tauschen positiv geladene Ionen, Anionenaustauscher negativ geladene Ionen aus (Abb. 21).

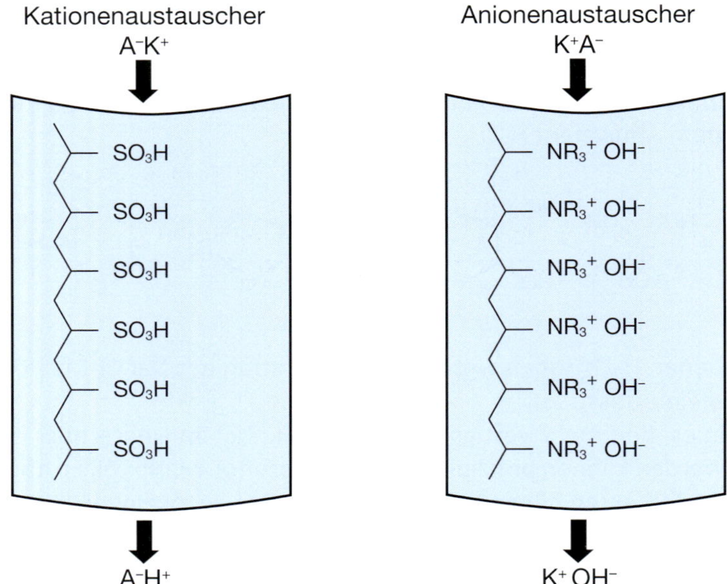

Abb. 21: Funktionsweise von Ionenaustauschern

Da sich im Ionenaustauscher die Ionen in einem hohen Überschuss zu den Ionen der Lösung befinden, werden die entsprechenden Ionen der Analytlösung quantitativ ausgetauscht.

Ionenaustauscher

Kationenaustauscher
Stark saure: Sulfonsäurefunktionen ($-SO_3H$)
Schwach saure: Carbonsäurefunktionen ($-COOH$)

Anionenaustauscher
Stark basische: quartäre Ammoniumhydroxide ($-CH_2-NR_3^+ OH^-$)
Schwach basische: Ammoniumfunktionen primärer, sekundärer, tertiärer Amine ($-CH_2-NH_3^+ OH^-$; $-CH_2-NRH_2^+ OH^-$; $-CH_2-NR_2H^+ OH^-$)

Prinzipiell ist ein Austausch auch gegen andere Ionen als H^+ oder OH^- möglich. Regeneration: Ionenaustauscher müssen je nach Kapazität regelmäßig regeneriert werden. Dazu wird der Ionenaustauscher mit sehr starken Säuren bzw. sehr starken Basen gespült.

Die Ph. Eur. ließ früher Na_2SO_4 bestimmen, indem eine Lösung der Substanz über einen stark sauren Kationenaustauscher geschickt wurde. Dabei werden die Natriumionen gegen Protonen ausgetauscht. Anschließend wird die so gewonnene verdünnte H_2SO_4-Lösung mit NaOH-Maßlösung (1 mol · l^{-1}) gegen Methylorange titriert.

Bestimmung nach Ionenaustausch
Bestimmung von wasserfreiem Na_2SO_4 (Ph. Eur. 4.0)
1,30 g Substanz werden in 50 ml Wasser gelöst. Die Lösung wird durch einen stark sauren Kationenaustauscher (s. u.) mit einer Durchflussrate von etwa 4 ml je Minute geschickt. Mit Wasser (etwa 300 ml) wird gewaschen, bis zur Neutralisation von 50 ml Wasser höchstens 0,05 ml NaOH-Lösung (0,1 mol · l^{-1}) erforderlich sind. Das Eluat wird mit NaOH-Lösung (1 mol · l^{-1}) in Gegenwart von 0,1 ml Methylorange-Lösung (0,1 % in Wasser/96-prozentiger Ethanol = 4:1) titriert.
1 ml NaOH-Lösung (1 mol · l^{-1}) entspricht 71,0 mg Na_2SO_4.

Kationenaustauscher, stark saurer (Ph. Eur. 4.0)
Austauscherharz in protonierter Form mit Sulfonsäuregruppen, die an ein Gerüst aus Polystyrol, das mit 8 Prozent Divinylbenzol quervernetzt ist, fixiert sind, in Form von Kügelchen. Teilchengröße: 0,3 – 1,2 mm.
Herstellung der Säule: In eine Säule von 400 mm Länge und 20 mm innerem Durchmesser mit Glasfritte am unteren Ende und mit einer Füllhöhe von etwa 200 mm wird eine Anschlämmung des Ionenaustauschers in Wasser gegeben, wobei darauf zu achten ist, dass keine Luftblasen eingeschlossen sind. Während der Verwendung muss die Oberfläche des Harzes immer mit Flüssigkeit bedeckt sein.

Bestimmung von Ketonen und Aldehyden: Oximtitration

Durch geeignete Umsetzungen lassen sich mit Säure-Base-Titrationen sogar Substanzen bestimmen, die selbst neutral reagieren.

Mit der so genannten Oximtitration gelingt es, Ketone und Aldehyde acidimetrisch zu erfassen. Hierbei werden die Carbonylverbindungen mit Hydroxylammoniumchlorid umgesetzt. Unter Ausbildung eines Oxims wird pro Mol Carbonylgruppe ein Mol H_3O^+ frei.

Aldehyde reagieren in der Regel bereits bei Raumtemperatur schnell und quantitativ. Die reaktionsträgeren Ketone benötigen dagegen unter Umständen, insbesondere bei sterischer Hinderung, mehrstündiges Rückflusserhitzen.

In den meisten Fällen lassen sich die Ketone bzw. Aldehyde in einer direkten Titration bestimmen: Die Carbonylverbindungen werden mit überschüssiger Hydroxylammoniumchlorid-Lösung umgesetzt. Die freiwerdenden Protonen werden mit ethanolischer KOH-Lösung (0,5 mol · l^{-1}) titriert. Als Indikator wird meist Bromphenolblau (Umschlag-pH = 2,8–4,4) verwendet. Der Indikator muss bereits im Sauren umschlagen, da sonst bei der Titration mit der KOH-Lösung auch überschüssiges $NH_2OH \cdot HCl$ mit erfasst wird.

Möglich ist die Oximtitration beispielsweise bei folgenden Bestandteilen aus ätherischen Pflanzenölen:

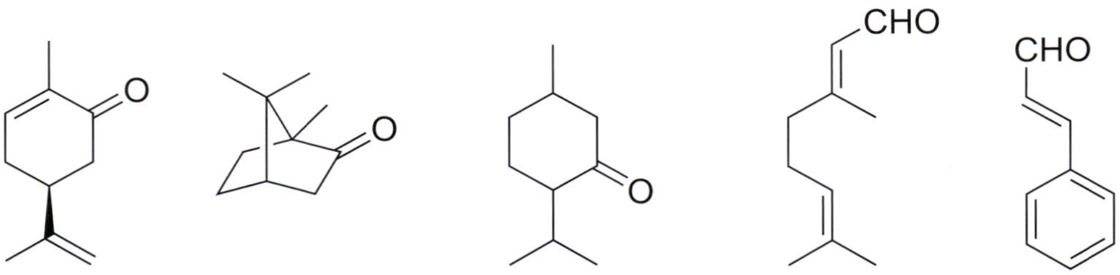

Carvon Campher Menthon Citral Zimtaldehyd

(DAB 9: Bestimmung von Carvon in Kümmelöl)

Bestimmung von Carbonsäurederivaten: Verseifungstitration

Carbonsäure-Derivate wie Ester, Amide, Anhydride und Säurehalogenide lassen sich titrimetrisch bestimmen, indem man sie mit alkalischer Maßlösung hydrolysiert (= verseift) und anschließend den Überschuss an Alkalihydroxid mit einer sehr starken Säure wie HCl-Lösung zurücktitriert:

(1) 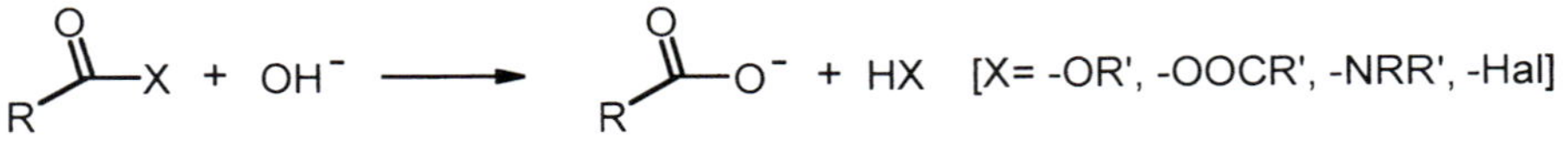 $R{-}C(=O){-}X + OH^- \longrightarrow R{-}C(=O){-}O^- + HX$ [X= -OR', -OOCR', -NRR', -Hal]

(2) $OH^- + H_3O^+ \longrightarrow 2\,H_2O$

Bei der Bestimmung von Estern (X = –OR') und Säureamiden (X = NRR') wird jeweils ein Äquivalent an NaOH verbraucht, bei Säureanhydriden (X = –OOCR') und Säurechloriden (X = –Hal) beträgt der Verbrauch jeweils zwei Äquivalente NaOH.

Verseifungszahl und Esterzahl

Die Verseifungszahl und die Esterzahl dienen zur Bestimmung der Reinheit und Identität von Fetten und Wachsen (s. a. Säurezahl, vgl. S. 99). Beide Kennzahlen finden sich in den Allgemeinen Methoden der Ph. Eur.

Verseifungszahl (VZ) Ph. Eur. 2.5.6

Die Verseifungszahl (VZ) gibt an, wie viel Milligramm Kaliumhydroxid zur Neutralisation der freien Säuren und zur Verseifung der Ester von 1 g Substanz notwendig sind.

Zur Bestimmung der Verseifungszahl wird die Substanz mit überschüssiger ethanolischer KOH (0,5 mol · l^{-1})unter Rückfluss erhitzt. Anschließend wird das nicht verbrauchte KOH mit HCl-Maßlösung (0,5 mol · l^{-1}) gegen Phenolphthalein zurücktitriert (Verbrauch n_1 ml HCl). Unter den gleichen Bedingungen wird ein Blindversuch durchgeführt (Verbrauch n_2 ml HCl).

Unter diesen Versuchsbedingungen wird die KOH-Maßlösung sowohl zur Neutralisation freier Säuren als auch zur Verseifung der Ester verbraucht.

Die Verseifungszahl errechnet sich nach: $$VZ = \frac{28{,}05\,(n_2 - n_1)}{m}$$

(Der Faktor 28,05 leitet sich aus der molaren Masse von KOH (56,10 g · mol^{-1}) und der Konzentration der Maßlösung (0,5 mol · l^{-1}) ab.)

Esterzahl (EZ) Ph. Eur. 2.5.2

Die Esterzahl gibt an, wieviel Milligramm Kaliumhydroxid zur Verseifung der in 1 g Substanz vorhandenen Ester notwendig sind; sie errechnet sich aus der Differenz von Verseifungszahl und Säurezahl: EZ = VZ – SZ

Die Esterzahl dient als Reinheitskriterium von Triglyceriden, anderen Fettsäureestern (Pharmazeutische Hilfsstoffe) und Wachsen und gibt den Gehalt an Estern in einer Substanzprobe an.

Bestimmung alkoholischer Verbindungen: Hydroxylzahl (OHZ) Ph. Eur. 2.5.3

Mit der Hydroxylzahl bestimmt die Ph. Eur. acetylierbare Hydroxylgruppen. Sie dient wie die anderen Fettkennzahlen der Charakterisierung von Fetten und Ölen.

Die Hydroxylgruppen können in freiem Glycerol, Mono- oder Diglyceriden, Fettalkoholen, Hydroxyfettsäuren, Polyethylenglycol-Derivaten etc. enthalten sein.

Die Hydroxylzahl (OHZ) gibt an, wieviel Milligramm Kaliumhydroxid der von 1 g Substanz bei der Acetylierung gebundenen Essigsäure äquivalent sind.

In der Ph. Eur. sind zwei unterschiedliche Methoden zur Ermittlung der Hydroxylzahl beschrieben:

Methode A

1. Veresterung mit Acetanhydrid in Gegenwart von wasserfreiem Pyridin

$$ROH + (CH_3CO)_2O + C_5H_5N \longrightarrow R{-}O{-}CO{-}CH_3 + CH_3COO^- + C_5H_5NH^+$$

2. Hydrolyse des überschüssigen Acetanhydrids mit Wasser

$$H_2O + (CH_3CO)_2O + 2\ C_5H_5N \longrightarrow 2\ CH_3COO^- + 2\ C_5H_5NH^+$$

3. Titration des des aus beiden Reaktionen entstandenen Pyridiniumacetats mit ethanolischer KOH (0,5 mol · l⁻¹) gegen Phenolphthalein

$$C_5H_5NH^+ + OH^- \longrightarrow H_2O + C_5H_5N$$

Die Umsetzungen mit der nachfolgenden Titration werden sowohl mit der Analysenlösung (Verbrauch n_1 ml) als auch in einem Blindversuch (Verbrauch n_2 ml) durchgeführt.
Die Hydroxylzahl OHZ errechnet sich nach:

$$OHZ = \frac{28{,}05\,(n_2 - n_1)}{m} + SZ$$

m: Einwaage Substanz in g; SZ: Säurezahl

n_1: Verbrauch an ethanolischer Kaliumhydroxid-Lösung (0,5 mol · l^{-1}) bei der Titration der Analysensubstanz
n_2: Verbrauch an ethanolischer Kaliumhydroxid-Lösung (0,5 mol · l^{-1}) bei der Blindtitration
m: Einwaage des fetten Öles

Die Titration beruht also auf der Tatsache, dass bei Umsetzung der Hydroxylgruppen mit Acetanhydrid 1 Äquivalent Säure (Pyr–H^+) frei wird, während bei der Hydrolyse des überschüssigen Acetanhydrids mit Wasser 2 Äquivalente Säure entstehen. Beim Blindversuch erhält man somit einen höheren Verbrauch an KOH-Maßlösung.

Falls die zu untersuchende Probe zusätzlich noch freie Säuregruppen enthält, wird bei der Titration mehr KOH-Maßlösung verbraucht und eine zu niedrige OHZ vorgetäuscht. Durch die Berücksichtigung der Säurezahl bei der Berechnung wird eine darauf beruhende Verfälschung des Ergebnisses vermieden.

Methode B

1. Veresterung im wasserfreien Milieu mit Propionsäureanhydrid

$$ROH + (CH_3CH_2CO)_2O \longrightarrow R{-}O{-}CO{-}CH_2CH_3 + CH_3CH_2COOH$$

2. Zersetzung des überschüssigen Propionsäureanhydrids mit Anilin

$$(CH_3CH_2CO)_2O + C_6H_5{-}NH_2 \longrightarrow C_6H_5{-}NH{-}CO{-}CH_2CH_3 + CH_3CH_2COOH$$

3. Wasserfreie Titration des überschüssigen Anilins mit Perchlorsäure gegen Kristallviolett (vgl. S. 124)

$$C_6H_5{-}NH_2 + CH_3COOH_2^+\,ClO_4^- \longrightarrow C_6H_5{-}\overset{+}{N}H_3 + CH_3COOH + ClO_4^-$$

Die obigen Umsetzungen mit der nachfolgenden Titration werden sowohl mit der Analysenlösung (Verbrauch n_1 ml) als auch in einem Blindversuch (Verbrauch n_2 ml) durchgeführt.
Im Blindversuch ist der verbleibende Anilin-Überschuss geringer als bei der Titration der Substanz, da hier kein Propionsäureanhydrid für die Veresterung von Alkoholen verbraucht wird.

Die Hydroxyzahl errechnet sich nach: $OHZ = \frac{5{,}610\,(n_1 - n_2)}{m}$ m: Einwaage [g]

n_1: Verbrauch an Perchlorsäure ($0{,}1\ mol \cdot l^{-1}$) bei der Titration der Analysensubstanz
n_2: Verbrauch an Perchlorsäure ($0{,}1\ mol \cdot l^{-1}$) bei der Blindtitration
m: Einwaage des fetten Öles

Andere Verbindungen

Mit dem Verfahren zur Bestimmung der Hydroxylzahl lassen sich nicht nur fette Öle charakterisieren, sondern man kann auch Gehaltsbestimmungen von anderen alkoholischen Verbindungen durchführen.

Beispiele:

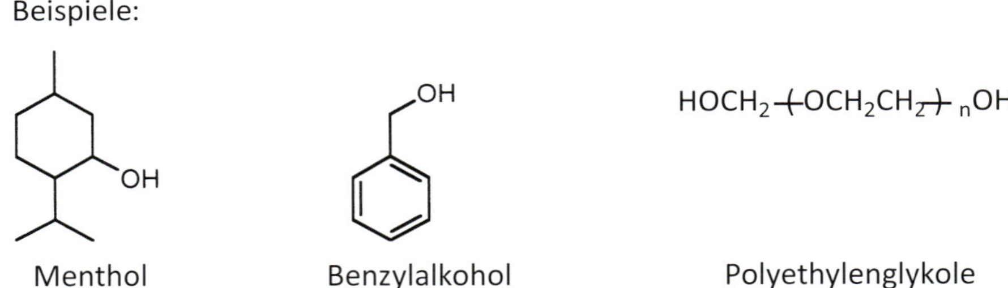

Kjeldahl-Bestimmung[8]

Mit Hilfe der Kjeldahl-Bestimmung können zahlreiche stickstoffhaltige organische Verbindungen bestimmt werden (s. hierzu auch S. 270). Dabei werden die Verbindungen durch Umsetzung mit konzentrierter Schwefelsäure bei Temperaturen zwischen 350 und 380 °C ggf. unter Zusatz von Katalysatoren (P_2O_5, K_2SO_4, HgO, Hg, $CuSO_4$, $PtCl_4$, Se, TiO_2 etc.), zerstört. Bei dem Aufschluss liefert jedes enthaltene Stickstoffatom eine äquivalente Menge an Ammoniumionen in Form von $(NH_4)_2SO_4$, welche titrimetrisch erfasst werden können.
Dazu wird die Reaktionslösung nach erfolgtem Aufschluss mit überschüssiger Natronlauge versetzt, um aus den Ammoniumsalzen Ammoniak freizusetzen. Das NH_3 wird über eine Wasserdampfdestillation in einen genau abgemessenen Überschuss an HCl-Lösung (0,1 mol · l^{-1}) eingeleitet, wobei NH_4Cl entsteht. Anschließend wird die überschüssige Salzsäure mit NaOH (0,1 mol · l^{-1}) gegen Methylrot-Mischindikator zurücktitriert.
Es ist ein Blindversuch mit der stickstofffreien Substanz Glucose durchzuführen.

$$(NH_4)_2SO_4 + 2\,NaOH \xrightarrow{\text{Wasserdampfdestillation}} 2\,NH_3\uparrow + 2\,H_2O + Na_2SO_4$$

$$2\,NH_3 + 2\,HCl \xrightarrow{\text{Auffangen des Destillats}} 2\,NH_4Cl$$

$$HCl\ (\text{Überschuss}) + NaOH \xrightarrow{\text{Titration}} H_2O + NaCl$$

Die Bestimmung von NH_3 mit Hilfe einer Rücktitration entspricht einer alkalimetrischen Titration einer schwachen Base. In einem alternativen Verfahren kann auch der entstehende Ammoniak in einer 2–4%igen Borsäure-Lösung aufgefangen werden. Anschließend kann mit einer sehr starken Säure titriert werden. In der Ph. Eur. findet das Verfahren nur Anwendung zur Stickstoffbestimmung in Proteinen.

Das Verfahren eignet sich v. a. zur quantitativen Bestimmung von Aminen und Proteinen. Schwierigkeiten treten bei Substanzen mit Stickstoff in hohen Oxidationsstufen (Nitro-, Nitrosoverbindungen) und bei Heteroaromaten (z. B. Chinolin) wegen der

8 Johan Kjeldahl (16.08.1849–18.07.1900, dänischer Chemiker)

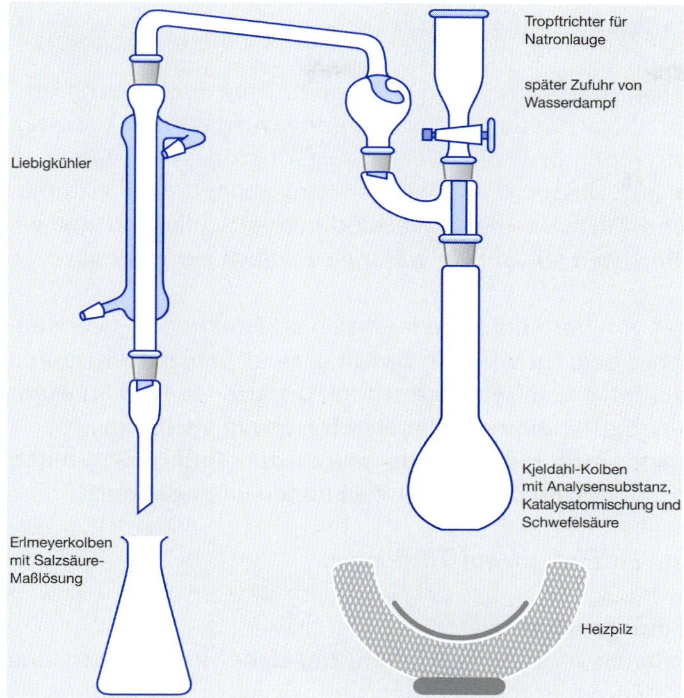

Abb. 22: Kjeldahl-Apparatur

unvollständigen Überführung in NH_4^+ sowie bei Azoverbindungen (R–N=N–R') auf, bei welchen der Stickstoff leicht in Form von N_2 abgespalten wird und somit der quantitativen Bestimmung entgeht. Bei Nitro, Nitroso und Azoverbindungen kann eine Bestimmung nach Reduktion mit Zink erfolgen.
Auch für dieses Verfahren benötigt man eine spezielle Apparatur (Abb. 22), so dass es sich nicht sonderlich für die normale Laborpraxis eignet.

Aus Harnstoff (Ph. Eur.) und dem Carbaminsäureester Meprobamat (Ph. Eur. 4.0) lassen sich schon unter schonenderen Bedingungen, durch Hydrolyse mit verdünnter Schwefelsäure Ammoniumionen (jeweils zwei Äquivalente) erzeugen. Nach Alkalisieren und Wasserdampfdestillation des Ammoniaks in eine Vorlage von Borsäure wird das Ammoniak mit Salzsäure (0,1 mol · l^{-1}) gegen Methylrot-Mischindikator (Tashiro-Mischindikator) titriert.

Harnstoff

Meprobamat

3.6.2 Wasserfreie Titration

Sehr schwache Säuren und sehr schwache Basen besitzen für eine direkte titrimetrische Bestimmung in wasserhaltigen Systemen eine zu geringe Acidität bzw. Basizität. Sie unterscheiden sich in ihren pK_S- bzw. pK_b-Werten zu geringfügig von Wasser.

Durch ein Ausweichen auf wasserfreie Lösungsmittel gelingt eine acidimetrische bzw. alkalimetrische Titration dieser Verbindungen. Schließlich gilt die Säure-Base-Theorie nach Brönsted sowohl für wässrige als auch für nichtwässrige Systeme.

Die Acidität bzw. Basizität von Verbindungen lässt sich als Funktion des verwendeten Lösungsmittels beschreiben. So wird die Basizität einer Substanz in sauren Lösungsmitteln wie Essigsäure und Ameisensäure erhöht, die Acidität einer Substanz in basischen Lösungsmitteln wie Pyridin oder Dimethylformamid verstärkt.

Zu einem besseren Verständnis der Hintergründe wird zunächst auf Lösungsmittel im Allgemeinen und deren Einfluss auf chemische Reaktionen eingegangen.

3.6.2.1 *Lösungsmittel und ihr Einfluss auf Titrationen*

Protische und aprotische Lösungsmittel

Protische Lösungsmittel können Protonen abgeben und dabei in Protonen und Lösungsmittelanionen dissoziieren. Von Bedeutung sind vor allem amphiprotische Lösungsmittel: Sie können in einer Autoprotolyse-Reaktion Protonen sowohl aufnehmen als auch abgeben. Es bilden sich Lyonium und Lyat-Ionen (s. a. Kapitel 3.1.1):

	2 LH	$\rightleftarrows$	LH_2^+	+	L^-
			Lyonium-Ion		Lyat-Ion
z. B.	2 H_3CCO_2H	$\rightleftarrows$	$H_3CCOOH_2^+$	+	H_3CCOO^-
			Acetacidium-Ion		Acetat-Ion

Diese Reaktion lässt sich für folgende Lösungsmittel formulieren:

Saure protische Lösungsmittel:	Essigsäure, Ameisensäure
Neutrale protische Lösungsmittel:	Wasser, Methanol, Ethanol, Glykole
Basische protische Lösungsmittel:	Butylamin, Ethylendiamin

Aprotische Lösungsmittel zeigen keine Eigendissoziation in Protonen und Lösungsmittelanionen. Ihre typischen Eigenschaften sind eine geringe Polarität und eine niedrige Dielektrizitätskonstante.

Typische Vertreter aprotischer Lösungsmittel sind:

Neutrale aprotische Lösungsmittel:	Toluol, Ether (z. B. Diethylether, Tetrahydrofuran, Dioxan), Aceton, Acetanhydrid, Kohlenwasserstoffe (z. B. n-Hexan), Dimethylformamid, Dimethylsulfoxid

Basische aprotische Lösungsmittel: Pyridin

Polare und unpolare Lösungsmittel

Lösungsmittel lassen sich auch nach ihren Dielektrizitätskonstanten ε charakterisieren. Diese dienen als Maß für die Anziehungskraft entgegengesetzt geladener Teilchen und geben Auskunft darüber, ob in dem betreffenden Lösungsmittel eine Dissoziation gelöster Salze in Ionen begünstigt ist.

Mit zunehmender Polarität von Lösungsmitteln steigt die Dielektrizitätskonstante. D. h. in polareren Lösungsmitteln ist die Anziehungskraft entgegengesetzt geladener Teilchen abgeschwächt, oder anders ausgedrückt, die Dissoziation eines Stoffes ist in polareren Lösungsmitteln begünstigt.

Dielektrizitätskonstanten

	ε		ε		ε
Wasser	84	Ammoniak	16,9	Chloroform	5,0
Methanol	32,6	Essigsäure	6,2	Toluol	2,4
Ethanol	24,3			Dichlormethan	9,08

Dies führt dazu, dass in nichtwässrigen Lösungsmitteln mit kleinen Dielektrizitätskonstanten auch sehr starke Elektrolyte nur eine Dissoziationskonstante von etwa 10^{-5} mol · l^{-1} aufweisen und somit vorwiegend undissoziiert als Ionenpaare vorliegen. Dabei kann in unpolaren Lösungsmitteln die Dissoziation in Ionen so stark herabgesetzt sein, dass eine potentiometrische Indizierung unmöglich wird.

Aber nicht nur Ionisations- und Dissoziationskonstanten werden durch die Polarität des Lösungsmittels beeinflusst, sondern auch Aciditäts- und Basizitätskonstanten.

Nivellierende und differenzierende Lösungsmittel

In amphiprotischen Lösungsmitteln stellen die Lyonium- und die Lyat-Ionen die jeweils stärksten stabilen Säuren bzw. Basen dar. In dem jeweiligen Lösungsmittel kann keine stärkere Säure als das Lyonium-Ion und keine stärkere Base als das Lyat-Ion existieren. Das führt dazu, dass alle Säuren bzw. Basen ab einer bestimmten Stärke gleich stark erscheinen. Das amphiprotische Lösungsmittel hat somit einen »nivellierenden Effekt« auf die Säure- bzw. Basenstärke.

Löst man beispielsweise die starke Säure HCl (pK_s = –6) und die noch stärkere Säure $HClO_4$ (pK_s = –10) jeweils in Wasser, so entsteht in beiden Fällen die etwas schwächere Säure H_3O^+ (pK_s –1,74). Wasser zeigt gegenüber den beiden Säuren eine so große Basizität, dass die beiden Säuren quantitativ deprotoniert werden. HCl und $HClO_4$ sind in Wasser also beide vollständig dissoziiert unter Bildung der in Wasser stärkstmöglichen Säure H_3O^+ und führen bei gleicher Konzentration zu einer gleich stark sauren Lösung (= gleicher pH-Wert).

HCl	+	H_2O	$\rightarrow$	H_3O^+	+	Cl^-
$HClO_4$	+	H_2O	$\rightarrow$	H_3O^+	+	ClO_4^-

Bei Säuren mit einem höheren pK_s-Wert als der von H_3O^+ äußert sich der nivellierende Effekt nicht. Die betreffenden Säuren dissoziieren unterschiedlich stark in Wasser, d. h. diese Säuren werden in Wasser differenziert.

Löst man die beiden Säuren HCl und $HClO_4$ in Eisessig (100-prozentige Essigsäure) so laufen analoge Protolyse-Reaktionen ab:

HCl	+	CH_3COOH	$\rightleftarrows$	$CH_3COOH_2^+$	+	Cl^-
$HClO_4$	+	CH_3COOH	$\rightleftarrows$	$CH_3COOH_2^+$	+	ClO_4^-

Da aber Eisessig aufgrund seiner gegenüber Wasser deutlich geringeren Basizität eine geringere Tendenz hat, Protonen aufzunehmen, werden die beiden Säuren in Eisessig nicht quantitativ deprotoniert.

Bei der Perchlorsäure liegt das Gleichgewicht stärker auf der rechten Seite beim Acetacidiumion als bei Chlorwasserstoff. Damit ist $HClO_4$ in Eisessig eine stärkere Säure als HCl, d. h. Eisessig unterscheidet die Säurestärken dieser beiden Säuren. Essigsäure wirkt also differenzierend auf sehr starke Säuren (»differenzierender Effekt«).

Es lässt sich somit verallgemeinern:

Je weniger basisch ein Lösungsmittel ist, desto eher werden Säuren mit kleinem pK_s-Wert differenziert.

Umgekehrte Betrachtungen gelten für eine Nivellierung bzw. Differenzierung sehr starker Basen:

Je weniger sauer ein Lösungsmittel ist, desto eher werden sehr starke Basen in ihm differenziert.

Aprotische Lösungsmittel zeigen keinen nivellierenden Effekt auf Säuren oder Basen.

3.6.2.2 Titration sehr schwacher Basen in wasserfreien Medien

Zu den sehr schwachen Basen, die in wasserfreien Systemen bestimmt werden, zählen insbesondere:
Salze anorganischer Säuren (Halogenide, Sulfate, Phosphate, Nitrate),
Salze organischer Säuren (Sulfonate, Salze von Carbonsäuren),
Verbindungen mit schwach basischem Stickstoff wie Amine und N-Heterocyclen.

Prinzipiell lassen sich schwache Basen in folgenden Lösungsmittelarten (LM) wasserfrei titrieren:

Aprotische LM: Toluol, Chloroform, Dichlormethan, Dioxan, Tetrahydrofuran, Diethylether, Aceton, Acetonitril, Essigsäureanhydrid (= Acetanhydrid)

Protische LM: Neutral amphiprotisch: Methanol, Ethanol, Glykole
Sauer amphiprotisch: Essigsäure, Ameisensäure

Das Lösungsmittel Essigsäure

Das mit Abstand am häufigsten eingesetzte Lösungsmittel für wasserfreie Titration schwacher Basen ist wasserfreie Essigsäure (Eisessig).

Als amphiprotisches Lösungsmittel zeigt Essigsäure eine Autoprotolyse-Reaktion. Es bilden sich Acetacidium- und Acetat-Ionen (beide sind mesomeriestabilisiert):

$$2\ H_3C{-}COOH \rightleftharpoons H_3C{-}C(OH)_2^+ + H_3C{-}COO^-$$

Acetacidiumion Acetat

Die Autoprotolysekonstante von Eisessig beträgt pK = 14,45 (25 °C).
Aufgrund einer niedrigen Dielektrizitätskonstante ($\varepsilon = 6{,}2$) müssen (im Gegensatz zu Wasser, in dem Ionenpaare keine nennenswerte Rolle spielen) zur Ermittlung von Acidität oder Basizität einer Verbindung zwei Gleichgewichtsreaktionen betrachtet werden.

Die Säurekonstante K_s einer Säure HA und die Basekonstante K_b einer Base B ergeben sich aus der Ionisationskonstanten KI und der Dissoziationskonstanten K_D:

Protolyte	$\rightleftharpoons$	Ionenpaar	$\rightleftharpoons$	dissoziierte Ionen
$HA + H_3CCOOH$	$\rightleftharpoons$	$H_3CCOOH_2^+ \cdot A^-$	$\rightleftharpoons$	$H_3CCOOH_2^+ + A^-$
$B + H_3CCOOH$		$BH^+ \cdot H_3CCOO^-$		$BH^+ + H_3CCOO^-$
	Ionisierung		Dissoziation	

Für die Reaktion mit HA gilt:

Ionisationskonstante $$K_I = \frac{c(H_3CCOOH_2^+ \cdot A^-)}{c(HA)}$$

Dissoziationskonstante $$K_D = \frac{c(H_3CCOOH_2^+) \cdot c(A^-)}{c(H_3CCOOH_2^+ \cdot A^-)}$$

K_s ergibt sich zu: $$K_s = \frac{c(H_3CCOOH_2^+) \cdot c(A^-)}{c(HA) \cdot c(H_3CCOOH_2^+ \cdot A^-)} = \frac{K_D \cdot K_I}{1 + K_I}$$

Analog ergibt sich die Basenkonstante zu

$$K_b = \frac{c(BH^+) \cdot c(H_3CCOO^-)}{c(B) \cdot c(BH^+ \cdot H_3CCOO^-)} = \frac{K_D \cdot K_I}{1+K_I}$$

Für sehr starke Säuren (z. B. Perchlorsäure) und sehr starke Basen (z. B. Tetrabutylammoniumhydroxid) ist $K_I >> 1$. Damit gilt

$$K_s = K_D \qquad \text{bzw.} \qquad K_b = K_D$$

Für sehr schwache Säuren und sehr schwache Basen ist $K_I << 1$. Somit kann vereinfacht werden zu

$$K_s = K_D \cdot K_I \qquad \text{bzw.} \qquad K_b = K_D \cdot K_I$$

Vergleich von pK_s- und pK_b-Werten ausgewählter Säuren und Basen in Wasser und Eisessig:

Säure	pK_s (H_2O)	pK_s (AcOH)
$HClO_4$	−9	4,87
H_2SO_4	−3	7,24
HCl	−6	8,55

Base	pK_b (H_2O)	pK_b (AcOH)
Pyridin	8,81	6,10
Kaliumacetat	9,25	6,68
H_2O	15,74	12,53

Maßlösung

Als Maßlösung verwendet man in der Regel eine sehr starke Säure wie Perchlorsäure (Ph. Eur. 11.0: 0,1 mol · l^{-1}. Lösungsmittel für die Perchlorsäure ist wasserfreie Essigsäure (Eisessig).

$$HClO_4 + CH_3COOH \rightleftarrows CH_3COOH_2^+ \cdot ClO_4^- \rightleftarrows CH_3COOH_2^+ + ClO_4^-$$

Das eigentlich protonierende Agens der Maßlösung von Perchlorsäure in Eisessig ist das Acetacidium-Ion. Aufgrund seiner hohen Acidität gelingt es, auch sehr schwache Basen zu erfassen.

Die Herstellung erfolgt aus etwa 70-prozentiger wässriger Perchlorsäure durch Mischen mit wasserfreier Essigsäure. Um das in der Perchlorsäure vorhandene Wasser zu entfernen, gibt man eine berechnete Menge Essigsäureanhydrid hinzu:

$$H_2O + Ac_2O \rightarrow 2\ AcOH$$

Nach längerem Stehenlassen wird der Wassergehalt nach Karl-Fischer bestimmt (s. u. Redoxtitrationen Kap. 4.2.2.4). Er sollte zwischen 0,1 % und 0,2 % liegen und kann durch Zusatz von Wasser oder Acetanhydrid korrigiert werden.

Die Einstellung der Perchlorsäure-Maßlösung erfolgt nach Ph. Eur. mit der Urtitersubstanz Kaliumhydrogenphthalat in Eisessig gegen Kristallviolett:

(1) Kaliumhydrogenphthalat ($C_6H_4(COO^- K^+)(COOH)$) + H_3CCOOH ⇌ Phthalsäure ($C_6H_4(COOH)_2$) + $H_3CCOO^- K^+$

(2) $H_3CCOO^- + H_3CCOOH_2^+ \longrightarrow 2\ H_3CCOOH$

Herstellung der Maßlösung (Perchlorsäure (0,1 mol · l⁻¹)) nach der Ph. Eur. 11.0
8,5 ml 70- bis 73-prozentige Perchlorsäure werden in einem Messkolben mit etwa 900 ml 99-prozentiger Essigsäure gemischt. Die Mischung wird nach Zusatz von 30 ml Acetanhydrid mit 99-prozentiger Essigsäure zu 1000,0 ml verdünnt und gemischt. Nach 24 h wird der Wassergehalt der Lösung nach der Karl-Fischer-Methode (Ph.Eur.) ohne Verwendung von Methanol bestimmt.
Falls erforderlich wird der Wassergehalt entweder durch Zusatz von Acetanhydrid oder von Wasser auf 0,1 bis 0,2 % eingestellt.

Einstellung der Maßlösung nach der Ph. Eur. 11.0
Die Lösung darf erst 24 h nach Herstellung eingestellt werden.
0,170 g Kaliumhydrogenphthalat werden in 50 ml wasserfreier Essigsäure, falls erforderlich unter Erwärmen, gelöst. Die Lösung wird nach dem Erkalten unter Luftausschluss mit der Perchlorsäure-Lösung (0,1 mol · l^{-1}) unter Zusatz von 0,05 ml Kristallviolett-Lösung (0,5 % in wasserfreier Essigsäure) titriert. Alternativ kann der Endpunkt mit Hilfe der Potentiometrie bestimmt werden.
Die Temperatur der Perchlorsäure bei der Einstellung ist zu vermerken. Wenn die Temperatur, bei der die Gehaltsbestimmung durchgeführt wird, und die Temperatur, bei der die Perchlorsäure eingestellt wurde, voneinander abweichen, errechnet sich das korrigierte Volumen der Perchlorsäure wie folgt:

$$V_c = V[1 + (t_1 - t_2)\ 0{,}0011]$$

t_1 = Temperatur bei der Einstellung der Lösung
t_2 = Temperatur bei der Gehaltsbestimmung
V_c = korrigiertes Volumen
V = Titrationsvolumen

$$F = 48{,}97 \cdot \frac{e}{a}$$

e: Einwaage Kaliumhydrogenphthalat [g]
a: Verbrauch $HClO_4$-Lösung (0,1 mol · l^{-1}) [ml]
1 ml Perchlorsäure (0,1 mol · l^{-1}) entspricht 20,42 mg $C_8H_5KO_4$.

Indikation des Endpunkts bei wasserfreien Titrationen

Wie bei Titrationen im Wässrigen erfolgt die Endpunktanzeige entweder potentiometrisch (Glaselektrode) oder über acidobasische Indikatoren.
Als Farbindikatoren kommen in neutralen Lösungsmitteln vor allem Naphtholbenzein, Methylrot und Methylorange, in sauren Lösungsmitteln wie Essigsäure vor allem Kristallviolett, Malachitgrün und Naphtholbenzein zum Einsatz.

Pharmazeutische Anwendungen

Nitrate, Sulfate, Phosphate

Nitrate, Sulfate und Dihydrogenphosphate als Gegenionen von protonierten Aminen und Ammoniumverbindungen lassen sich als sehr schwache Basen mit Perchlorsäure in Eisessig direkt titrieren:

$$NO_3^- + H_3CCOOH_2^+ \rightarrow HNO_3 + H_3CCOOH$$

$$SO_4^{2-} + H_3CCOOH_2^+ \rightarrow HSO_4^- + H_3CCOOH$$

$$H_2PO_4^- + H_3CCOOH_2^+ \rightarrow H_3PO_4 + H_3CCOOH$$

Die Anionen werden jeweils unter Verbrauch eines Äquivalents an Acetacidium-Ionen erfasst. Das Sulfat-Anion wird also bei der Titration nur bis zum Hydrogensulfat protoniert. Eine weitere Protonierung von Hydrogensulfat zur Schwefelsäure erfolgt nicht.

Phosphorsäure-Salze von Aminen (z. B. Chloroquinphosphat Ph. Eur. 11.0) liegen in der Regel als Dihydrogenphosphate vor, so dass pro Phosphat-Rest ein Äquivalent an Acetacidium-Ionen verbraucht wird.

Bestimmung von Atropinsulfat (Ph. Eur. 11.0)
(Erfassung des Sulfates)
0,500 g Substanz werden, falls erforderlich unter Erwärmen, in 30 ml wasserfreier Essigsäure gelöst. Die Lösung wird abgekühlt und mit Perchlorsäure (0,1 mol · l^{-1}) titriert. Der Endpunkt wird mit Hilfe der Potentiometrie bestimmt.
1 ml Perchlorsäure (0,1 mol · l^{-1}) entspricht 67,68 mg $C_{34}H_{48}N_2O_{10}S$.

Halogenide

Fluoride können in Eisessig/Acetanhydrid als Base direkt mit $HClO_4$-Maßlösung (0,1 mol · l^{-1}) bestimmt werden.

$$F^- + H_3CCOOH_2^+ \rightarrow HF + H_3CCOOH$$

Die Ph. Eur. nutzte früher diese Methode zur Bestimmung von Natriumfluorid (NaF) (Indikation mit Kristallviolett).
Chloride, Bromide und Iodide lassen sich ebenfalls mit Perchlorsäure in Eisessig bestimmen. Allerdings beobachtet man bei Verwendung von Farbindikatoren in der Regel nur bei Zugabe eines Überschusses an Quecksilber(II)-acetat einen scharfen Umschlagspunkt:

Cl^-, Br^- und I^- bilden mit Quecksilber(II)-acetat in Essigsäure undissoziierte Quecksilber(II)-halogenide (HgX_2). Dabei wird eine äquimolare Menge an Acetat-Ionen freigesetzt, die anschließend durch die Acetacidium-Ionen der Perchlorsäure-Maßlösung protoniert werden.

$$2\,X^- + Hg(OOCCH_3)_2 \rightarrow HgX_2 + 2\,H_3CCOO^-$$
$$2\,H_3CCOO^- + 2\,H_3CCOOH_2^+ \rightarrow 4\,H_3CCOOH$$

Sowohl das gebildete Quecksilberhalogenid als auch das überschüssige Quecksilberacetat liegen in Eisessig praktisch undissoziiert vor, so dass die beiden Quecksilbersalze bei der Titration mit Perchlorsäure nicht miterfasst werden.

Verwendet man statt Farbindikatoren eine potentiometrische Indizierung, so kann auf den Zusatz des umweltschädlichen Quecksilber(II)-acetats verzichtet werden. Am Äquivalenzpunkt bildet sich ein ausreichend scharfer Potentialsprung aus. Üblicherweise verwendet man hier als Lösungsmittel ein Gemisch aus Ameisensäure und Essigsäureanhydrid (= Acetanhydrid) bzw. Essigsäure und Essigsäureanhydrid. Für den genauen Ablauf der Bestimmung von Chloriden und Bromiden in Acetanhydrid existieren mehrere Theorien. Laut neueren Untersuchungen reagiert Perchlorsäure mit Acetanhydrid zu Acetylperchlorat. Dieses reagiert weiter mit dem Halogenid-Ion zu Acetylchlorid.

$$CH_3CO\text{-}O\text{-}COCH_3 + H^+ClO_4^- \rightarrow [CH_3CO^+....ClO_4^-] + CH_3COOH$$

$$Cl^- + [CH_3CO^+....ClO_4^-] \rightarrow CH_3COCl + ClO_4^-$$

Bestimmung von Dopaminhydrochlorid (Ph. Eur. 11.0)
(Erfassung des Chlorids)
0,150 g Substanz, in 10 ml wasserfreier Ameisensäure gelöst, werden nach Zusatz von 50 ml Acetanhydrid mit Perchlorsäure (0,1 mol · l^{-1}) titriert. Der Endpunkt wird mit Hilfe der Potentiometrie bestimmt.
1 ml Perchlorsäure (0,1 mol · l^{-1}) entspricht 18,96 mg $C_8H_{12}ClNO_2$.

Bestimmung von organischen Anionen

Anionen von Carbonsäuren und Sulfonsäuren sowie Sulfamate lassen sich als schwache Basen in wasserfreier Essigsäure mit Perchlorsäure direkt titrieren:

$$R{-}COO^- + H_3CCOOH_2^+ \rightarrow RCOOH + H_3CCOOH$$

$$R{-}SO_3^- + H_3CCOOH_2^+ \rightarrow RSO_3H + H_3CCOOH$$

Die Ph. Eur. 11.0 nutzt diese Methode beispielsweise zur Gehaltsbestimmung von Natriumacetat, Natriumcyclamat, Kaliumcitrat und Natriumcromogicat:

Verbindung	Äquivalente $HClO_4$	Indikator
Natriumacetat	1	Naphtholbenzein
Kaliumcitrat (Trikaliumsalz der Citronensäure)	3	Naphtholbenzein
Natriumcyclamat	1	Potentiometrie
Natriumcromoglicat	2	Potentiometrie

Salze NH-acider Verbindungen

Salze NH-acider Imide wie Saccharin-Natrium lassen sich ebenfalls im Wasserfreien mit Perchlorsäure (gegen Naphtholbenzein bzw. mit potentiometrischer Endpunktanzeige) bestimmen:

Saccharin-Anion (N^-) Na^+ + $HClO_4$ ⟶ Saccharin (NH) + ClO_4^- + Na^+

Bestimmung von Saccharin-Natrium (Ph. Eur. 11.0)

0,150 g Substanz werden in 50 ml wasserfreier Essigsäure, falls erforderlich unter Erwärmen, gelöst und mit Perchlorsäure (0,1 mol $\cdot$ l^{-1}) titriert. Der Endpunkt wird mit Hilfe der Potentiometrie bestimmt. Eine Blindtitration wird durchgeführt.
1 ml Perchlorsäure (0,1 mol $\cdot$ l^{-1}) entspricht 20,52 mg $C_7H_4NNaO_3S$.

Bestimmung von Verbindungen mit schwach basischem Stickstoff

Titriert man sehr schwach basische Stickstoffbasen in aprotischen Lösungsmitteln wie Chloroform oder Aceton, erfolgt eine direkte Protonierung der Base durch Acetacidium-Ionen:

$$R_3N + H_3CCOOH_2^+ \rightarrow R_3NH^+ + H_3CCOOH$$

In wasserfreier Essigsäure kann der Ablauf der Titration folgendermaßen beschrieben werden.

Beim Lösen von Aminen in Eisessig stellt sich ein Gleichgewicht zwischen Acetat-Ionen und freien Amin-Molekülen ein (1). Die Acetat-Ionen (2) bzw. die freien Amin-Moleküle (3) werden durch die in der Perchlorsäure/Eisessig-Maßlösung vorhandenen Acetacidium-Ionen unter Bildung von Essigsäure bzw. den jeweiligen Ammonium-Ionen protoniert, in der Summe wird folglich 1 Äquivalent Perchlorsäure verbraucht:

(1) $R_3N + H_3CCOOH \rightleftarrows R_3NH^+ + H_3CCOO^-$

(2) $H_3CCOO^- + H_3CCOOH_2^+ \rightarrow 2\ H_3CCOOH$

(3) $R_3N + H_3CCOOH_2^+ \rightarrow H_3CCOOH + R_3NH^+$

Bestimmung tertiärer Amine neben primären und sekundären Aminen
Will man tertiäre Amine neben primären und sekundären Aminen getrennt von diesen quantifizieren, versetzt man die Analysenlösung zuerst mit Acetanhydrid. Man erhält hiermit durch eine Acetylierung der primären und sekundären Amine neutral reagierende Acetamid-Derivate. Bei der Titration mit der Perchlorsäure werden anschließend nur die tertiären Amine erfasst.

Primäre Amine

$R^1{-}NH_2$ + $(CH_3CO)_2O$ → $CH_3CO{-}NH{-}R^1$ + CH_3COOH

Sekundäre Amine

$R^1{-}NH{-}R^2$ + $(CH_3CO)_2O$ → $CH_3CO{-}NR^1R^2$ + CH_3COOH

Tertiäre Amine

$R^1R^2R^3N$ + $(CH_3CO)_2O$ $\not\rightarrow$

3.6.2.3 *Titration sehr schwacher Säuren in wasserfreien Medien*

Als sehr schwache Säuren werden in wasserfreien Medien Carbonsäuren, Phenole und NH-acide Verbindungen wie Imide, Ureide, Barbiturate, Hydantoine, Sulfonamide oder Sulfonylharnstoffe bestimmt.

Prinzipiell lassen sich sehr schwache Säuren in folgenden wasserfreien Lösungsmitteln titrieren:

- Neutrale aprotische LM: Toluol, Ether (Dioxan, Tetrahydrofuran), Aceton, Acetonitril, Dimethylformamid (DMF)
- Basische aprotische LM: Pyridin
- Basische amphiprotische LM: Butylamin, Ethylendiamin

Maßlösungen

Als Maßlösungen eignen sich sehr starke Basen, die in wasserfreien Lösungsmitteln gelöst sind:

- Alkalihydroxide: z. B. NaOH in Ethanol
- Alkalialkoholate: z. B. $LiOCH_3$ oder $NaOCH_3$ in Methanol/Toluol
- Quartäre Ammoniumhydroxide ($R_4N^+OH^-$): Tetrabutylammoniumhydroxid-Lösung (TBAH) in Methanol/Toluol

Die Ph. Eur. verwendet am häufigsten die TBAH-Maßlösung (0,1 mol · l^{-1}).

Herstellung und Einstellung der TBAH-Maßlösung nach Ph. Eur. 11.0

Man löst Tetrabutylammoniumiodid in wasserfreiem Methanol. Durch Zugabe von Silberoxid wird alles Iodid als AgI ausgefällt und das Tetrabutylammoniumiodid in das Hydroxid übergeführt. Anschließend wird das AgI durch Filtration entfernt und die Lösung mit Toluol verdünnt. Zur Verbesserung der Haltbarkeit wird in die Maßlösung kohlendioxidfreier Stickstoff eingeleitet.

$$2\,I^- + Ag_2O + CH_3OH \rightarrow 2\,AgI\downarrow + OH^- + CH_3O^-$$

$$C_6H_5COOH + Bu_4N^+\,OH^- \longrightarrow C_6H_5COO^-\;\;Bu_4N^+ + H_2O$$

Eingestellt wird die TBAH-Maßlösung (0,1 mol · l^{-1}) in DMF mit der Urtitersubstanz Benzoesäure gegen Thymolphthalein unter CO_2-Ausschluss.

Herstellung der Maßlösung (Tetrabutylammoniumhydroxid (0,1 mol · l^{-1}) (TBAH)-Lösung) nach der Ph. Eur. 11.0

40 g Tetrabutylammoniumiodid werden in 90 ml wasserfreiem Methanol gelöst. Nach Zusatz von 20 g fein pulverisiertem Silberoxid wird 1 h kräftig geschüttelt. Einige Milliliter der Mischung werden zentrifugiert; die Identitätsprüfung auf Iodid wird mit der überstehenden Flüssigkeit durchgeführt. Fällt die Reaktion positiv aus, werden weitere 2 g Silberoxid der Mischung zugesetzt und 30 min lang geschüttelt. Dieser Vorgang wird so lange wiederholt, bis die überstehende Flüssigkeit keine Reaktion auf Iodid mehr gibt. Die Mischung wird über einen engporigen Glassintertiegel filtriert und das Gefäß und

Filter 3-mal mit je 50 ml Toluol gespült. Die Waschflüssigkeiten werden mit dem Filtrat vereinigt und mit Toluol zu 1000,0 ml verdünnt. In die Lösung wird 5 min lang kohlendioxidfreier Stickstoff eingeleitet.

Einstellung nach der Ph. Eur. 11.0

10 ml Dimethylformamid werden unter Zusatz von 0,05 ml einer Lösung von Thymolblau (3 g/l) in Methanol mit der TBAH-Lösung bis zur reinen Blaufärbung titriert. 0,100 g Benzoesäure werden sofort dieser Lösung zugesetzt. Bis zum Lösen der Substanz wird umgeschüttelt und mit der TBAH-Lösung bis zur erneuten reinen Blaufärbung titriert. Während der Titration ist die Lösung vor Kohlendioxid der Luft zu schützen. Der Faktor der Lösung wird aus dem Titrationsvolumen der zweiten Titration errechnet. Der Faktor ist unmittelbar vor Gebrauch zu bestimmen.

$$F = 81{,}90 \cdot \frac{e}{a}$$

e: Einwaage Benzoesäure [g]
a: Verbrauch TBAH-Lösung ($0{,}1\ mol \cdot l^{-1}$) [ml]
1 ml TBAH-Lösung ($0{,}1\ mol \cdot l^{-1}$) entspricht 12,21 mg $C_7H_6O_2$.

Eigenschaften der TBAH-Maßlösung

Vorteilhaft ist ihre hohe Basizität und die gute Löslichkeit der gebildeten Salze. Nachteilig sind eine geringe Stabilität der Maßlösung, das erforderliche Arbeiten unter Inertgasatmosphäre zum Ausschluss von CO_2 und die aufwändige Herstellung.

Aufgrund ihrer Instabilität können ältere TBAH-Maßlösungen mit quartären Ammoniumhydrogencarbonaten, Tributylamin, 1-Buten und n-Butanol verunreinigt sein:

Hydrogencarbonat kann durch CO_2-Aufnahme aus der Luft entstehen:

$$[(CH_3CH_2CH_2CH_2)_4N^+]OH^- + CO_2 \rightarrow [(CH_3CH_2CH_2CH_2)_4N^+]HCO_3^-$$

Tributylamin und 1-Buten bilden sich durch Hofmann-Eliminierung:

$$[(CH_3CH_2CH_2CH_2)_4N^+]OH^- \rightarrow (CH_3CH_2CH_2CH_2)_3N + CH_3CH_2CH{=}CH_2 + H_2O$$

Tributylamin und n-Butanol entstehen durch eine S_N-Reaktion:

$$[(CH_3CH_2CH_2CH_2)_4N^+]OH^- \rightarrow (CH_3CH_2CH_2CH_2)_3N + CH_3CH_2CH_2CH_2OH$$

Pharmazeutische Anwendungen

Die folgende Übersicht stellt die bei der Titration schwacher Säuren mit TBAH ablaufenden Neutralisationsvorgänge beispielhaft dar:

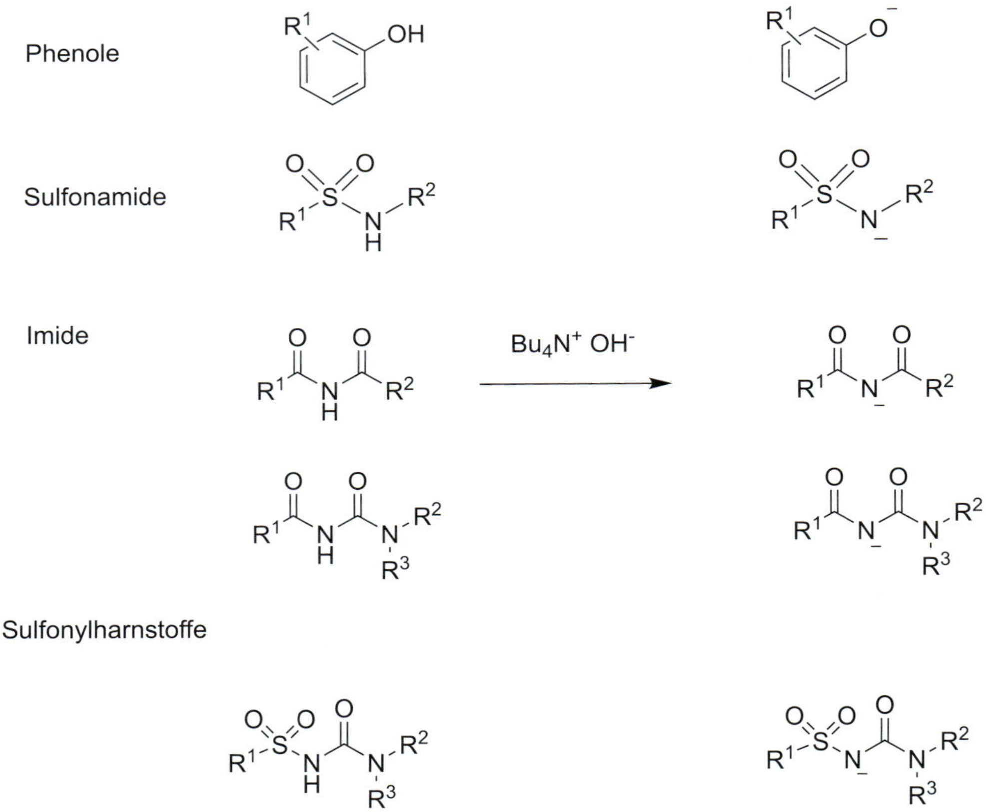

Phenole

Sulfonamide

Imide

$Bu_4N^+ \; OH^-$

Sulfonylharnstoffe

Das Thiazid-Diuretikum Hydrochlorothiazid wurde in der Ph. Eur. 4.0 mittels wasserfreie Titration mit Tetrabutylammoniumhydroxid titriert. Dabei werden die beiden Sulfonamid-Gruppen erfasst.

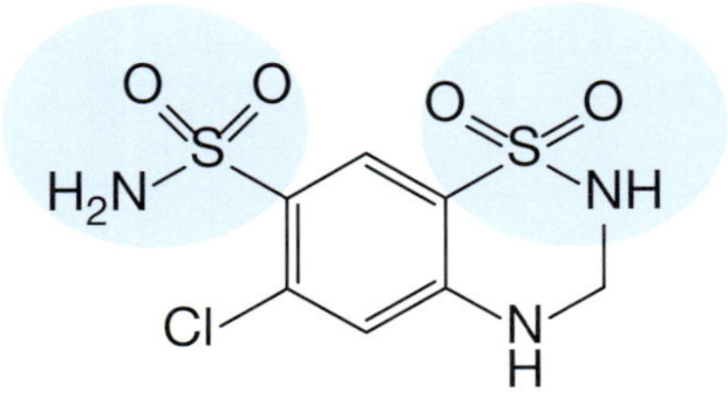

Bestimmung von Hydrochlorothiazid (Ph. Eur. 4.0)
0,120 g Substanz, in 50 ml Dimethylsulfoxid gelöst, werden mit Tetrabutylammoniumhydroxid-Lösung (0,1 mol $\cdot l^{-1}$) titriert. Der Endpunkt wird mit Hilfe der Potentiometrie beim zweiten Wendepunkt bestimmt.
1 ml Tetrabutylammoniumhydroxid-Lösung (0,1 mol $\cdot l^{-1}$) entspricht 14,88 mg $C_7H_8N_3O_4S_2$.

Das Flavonoid Rutosid-Trihydrat (= Rutin) wird in der Ph. Eur. 11.0 durch wasserfreie Titration mit Tetrabutylammoniumhydroxid-Maßlösung titriert. Von den vier phenolischen Hydroxylgruppen werden dabei zwei erfasst.

OH
OH
HO
O
O—$C_6H_{10}O_4$-O-$C_6H_{11}O_4$
OH O

Bestimmung von Rutosid – Trihydrat (Ph. Eur. 11.0)
0,200 g Substanz werden in 20 ml Dimethylformamid gelöst und mit Tetrabutylammoniumhydroxid-Lösung (0,1 mol $\cdot l^{-1}$) titriert. Der Endpunkt wird mit Hilfe der Potentiometrie bestimmt.
1 ml Tetrabutylammoniumhydroxid-Lösung (0,1 mol $\cdot l^{-1}$) entspricht 30,53 mg $C_{27}H_{30}O_{16}$.

4 Redoxtitrationen

4.1 Theoretische Grundlagen

Redoxreaktionen stellen eine weitere große Gruppe von Reaktionen dar, die sich zur quantitativen Bestimmung von Substanzen eignen. Grundlage jeder Redoxreaktion ist dabei die Übertragung von Elektronen von einem Reduktionsmittel auf ein Oxidationsmittel. Wahlweise stellt der eine oder andere Partner die Maßlösung (Titrator) oder die Bestimmungskomponente (Probe, Titrand, Analyt) dar. Allerdings ist in den meisten Fällen die Maßlösung das Oxidationsmittel. Lediglich in den seltener angewandten Methoden der Titanometrie und Ferrometrie ist die Maßlösung ein Reduktionsmittel, häufiger wird bei Rücktitrationen in der Iodometrie Natriumthiosulfat als Reduktionsmittel eingesetzt.

Die Umsetzung im Rahmen von Redoxgleichungen ist dabei anhand der Oxidationszahlen zu verfolgen: Die Oxidation ist eine Elektronenabgabe und damit eine Erhöhung der Oxidationszahl (vgl. unten), die Reduktion eine Elektronenaufnahme und damit eine Erniedrigung der Oxidationszahl.

$$\text{Reduzierte Form (Reduktionsmittel)} \underset{\text{Reduktion}}{\overset{\text{Oxidation}}{\rightleftarrows}} \text{Oxidierte Form (Oxidationsmittel)} + z\,e^-$$

z: Zahl der übertragenen Elektronen (Wertigkeit, Äquivalentzahl)

Beide Formen bilden zusammen das so genannte korrespondierende Redoxpaar. An jeder Redoxreaktion sind folglich zwei korrespondierende Redoxpaare beteiligt.

$$Red_1 + Ox_2 \rightarrow Ox_1 + Red_2$$

Beispiel:
Bei der Umsetzung von Natriumiodid mit elementarem Brom wird das Iodid zum Iod oxidiert und das Brom zum Bromid reduziert. Es liegen also zwei Redoxpaare vor:

$$2\,NaI + Br_2 \rightarrow 2\,NaBr + I_2$$

$$2\,I^- \rightleftarrows I_2 + 2\,e^-$$

$$2\,Br^- \rightleftarrows Br_2 + 2\,e^-$$

Für Redoxtitrationen eignen sich grundsätzlich nur solche Reaktionen, die mit einheitlicher Stöchiometrie und vollständiger Umsetzung verlaufen.

4.1.1 Ermittlung von Oxidationszahlen

Bei den Oxidationszahlen werden den einzelnen Atomen von Ionen, Molekülen oder Elementen fiktive Ladungen zugeordnet. Die Ladungen ergeben sich aus der Elektronegativität der einzelnen Atome, wobei sich die Oxidationszahl als Differenz zwischen der Anzahl der Elektronen im Molekül, Ion etc. und der Anzahl an Elektronen im Grundzustand (im elementaren Zustand) ergibt. Die Bindungselektronen werden dabei komplett dem elektronegativeren Partner zugeordnet. Neutrale Moleküle bzw. Elemente erhalten die Gesamtoxidationszahl Null, bei Ionen oder Komplexen muss die Summe aller Oxidationszahlen der Gesamtladung entsprechen. Häufig kann die Oxidationszahl einfacher bestimmt werden, wenn man für einzelne bekannte Atome die Oxidationszahl kennt und dann in einem Molekül oder Ion die Oxidationszahlen der fehlenden Partner zur Gesamtladung ergänzt.

Atom	Oxidationszahl	Ausnahmen
O	–II	in Peroxiden: –I
H	+I	in Hydriden: –I
Me^+ (Beispiel: Ag^+)	+I	
Me^{2+} (Beispiel: Mg^{2+})	+II	
Element (Beispiel: I_2, Pb)	0	

Beispiel: Kaliumdichromat ($K_2Cr_2O_7$)

Element	Elektronen im Grundzustand	Elektronen in der Verbindung	Oxidationszahl
K	1	0	+I
O	6	8	–II
Cr	6	0	+VI

Beispiel: Kalium hat im Grundzustand ein Außenelektron, im Kaliumion ist kein Außenelektron vorhanden. Es ergibt sich als Oxidationszahl: +I

Beispiel: Weinsäure

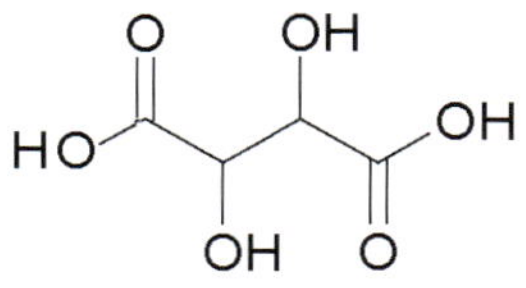

Die Oxidationszahlen der Kohlenstoffatome werden so bestimmt, dass alle Bindungselektronen dem elektronegativeren Partner (hier Sauerstoff) zugeordnet werden, bei einer C-C Bindung werden sie geteilt, bei einem elektropositiveren Partner (hier

Wasserstoff) werden sie dem Kohlenstoff zugeordnet. Die so zugeteilten Elektronen ergeben den Ist-Zustand. Im elementaren Zustand hat Kohlenstoff vier Valenzelektronen. Die Oxidationszahl ergibt sich als Differenz zwischen dem Ist-Zustand und dem Grundzustand.

Kohlenstoff der Carboxylgruppe: 7 – 4 = + III
Kohlenstoff der Alkohol-Gruppe: 4 – 4 = 0

4.1.2 Redoxpotentiale

4.1.2.1 Standard- und Normalpotentiale

Werden bei einer Reaktion Elektronen übertragen, so geschieht dies unterschiedlich leicht, je nachdem wie stark die Bereitschaft des Oxidationsmittels ist, Elektronen aufzunehmen bzw. des Reduktionsmittels Elektronen abzugeben. Um entscheiden zu können, ob die Komponenten eines korrespondierenden Redoxpaars bevorzugt in der oxidierten oder reduzierten Form vorliegen, kann das Normalpotential (Maß für den Elektronendruck bzw. Elektronensog) herangezogen werden.

Grundlage zur Ermittlung des Normalpotentials sind die so genannten Halbzellen. Eine Halbzelle eines korrespondierenden Redoxpaares eines Metalles besteht aus einem Metallstab (z. B. Cu), der in eine Lösung eines Salzes seines Ions (z. B. $CuSO_4$) eintaucht. Bei zwei löslichen Komponenten (z. B. I_2/I^-) liegen beide in Lösung nebeneinander vor und das Potential wird durch einen Platindraht (inerte Elektrode, Ableitelektrode) abgeleitet. Als Elektrodenpotential bezeichnet man die »Gleichgewichtsspannung« (Galvanispannung) einer reduzierten Form (z. B. Metall) gegen die Lösung seiner oxidierten Form (z. B. Ion).

Es liegen also immer oxidierte und reduzierte Form nebeneinander vor. Werden nun zwei dieser Halbzellen miteinander verbunden, fließen Elektronen von dem Redoxpaar, das bevorzugt in der oxidierten Form vorliegt, zu jenem, das bevorzugt in der reduzierten Form vorliegt und es bildet sich ein Spannungspotential aus, das auch als elektromotorische Kraft (EMK, DE) bezeichnet wird. Man kann alle Redoxpaare so gegeneinander anordnen, und erhält damit die ***Spannungsreihe***.

Das Spannungspotential einer Halbzelle lässt sich nicht absolut bestimmen, es sind immer nur Differenzen zwischen zwei Halbzellen messbar. Um diese Spannungsreihe quantitativ beschreiben zu können, ist das Normalpotential des Redoxpaares $2\ H^+/H_2$ (Normalwasserstoffelektrode) willkürlich auf Null festgesetzt worden und alle anderen Redoxpaare werden bezogen auf die Normalwasserstoffelektrode vermessen. Da die Messungen unter Standardbedingungen ($T = 298\ K$, $c(H^+) = 1\ mol \cdot l^{-1}$) durchgeführt werden, spricht man vom Standardnormalpotential. Redoxpaare, die Elektronen an die Wasserstoffelektrode abgeben, erhalten ein negatives, solche, die Elektronen von ihr aufnehmen, ein positives Vorzeichen. Die alte Einteilung von Metallen in edel und unedel lässt sich so quantifizieren. Edle Metalle haben ein po-

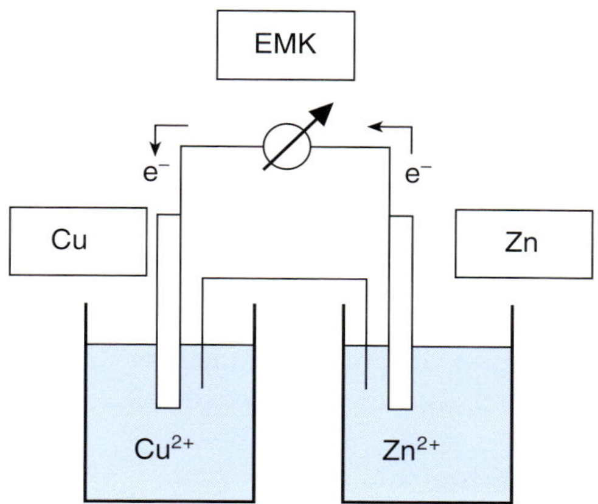

Abb. 23: Kombination einer Zink- und einer Kupferhalbzelle (Galvanisches Element).

sitives Normalpotential (Ag, Au, Pt), unedle Metalle ein negatives Normalpotential (Na, K, Zn) (vgl. S. 304).

4.1.2.2 Nernst-Gleichung

Häufig liegen aber nicht die Standardbedingungen vor, sondern gerade bei Redoxtitrationen ändern sich die stöchiometrischen Verhältnisse von oxidierter zu reduzierter Form in einer Halbzelle, so liegen z. B. nur zu einem Punkt der Titration, dem Halbäquivalenzpunkt, oxidierte und reduzierte Form im Verhältnis 1:1 vor. Diese Vorgänge beschreibt die Nernst-Gleichung:

$$E = E^0 + \frac{R \cdot T}{z \cdot F} \ln \frac{c(Ox)}{c(Red)}$$

R: allgemeine Gaskonstante: 8,315 $\frac{J}{mol \cdot K}$

F: Faraday-Konstante: 96487 $C \cdot mol^{-1}$ c(Ox): Konzentration der oxidierten Form
z: Anzahl der übertragenen Elektronen c(Red): Konzentration der reduzierten Form
T: Temperatur in Kelvin: z. B. 298 K (25 °C)

Setzt man die Konstanten T, R und F in die Gleichung ein und rechnet vom natürlichen in den Logarithmus zur Basis 10 um, so ergibt sich:

$$E = E^0 + \frac{0{,}0591\ V}{z} \lg \frac{c(Ox)}{c(Red)}$$

Daneben hat auch häufig der pH-Wert einen Einfluss auf die Lage von Redoxpotentialen, z. B. beim Redoxpaar MnO_4^-/Mn^{2+}.

a) im Sauren

$MnO_4^- + 8\,H^+ + 5\,e^- \rightarrow Mn^{2+} + 4\,H_2O$ $E^0 = 1{,}51\,V$ $c(H_3O^+) = 1\,mol \cdot l^{-1}$ bzw. pH = 0

$$E = E^0 + \frac{0{,}0591\,V}{5}\,\lg \frac{c(MnO_4^-) \cdot c^8(H^+)}{c(Mn^{2+}) \cdot c^4(H_2O)}$$

In wässriger Lösung wird die Konzentration von Wasser als 1 angenommen. Normalerweise müssten in diesen Gleichungen statt der Konzentration die jeweiligen Aktivitäten $a = c \cdot f$ eingesetzt werden (vgl. Aktivität S. 27).

b) im Neutralen oder Alkalischen

$MnO_4^- + 2\,H_2O + 3\,e^- \rightarrow MnO_2\downarrow + 4\,OH^-$ $E^0 = 1{,}68\,V$

$$E = E^0 + \frac{0{,}0591\,V}{3}\,\lg \frac{c(MnO_4^-) \cdot c(H_2O)^2}{c(MnO_2) \cdot c(OH^-)^4}$$

4.1.2.3 Thermodynamische Betrachtungen

Aus den Normalpotentialen lässt sich für jede Redoxreaktion die thermodynamische Beziehung ableiten. Die Gibbs-Energie (freie Energie) ΔG ergibt sich aus der Faraday-Konstanten F, den übertragenen Elektronen z und ΔE (EMK):

$$\Delta G = -\,z\,F\,\Delta E \qquad F = 96485{,}3399\,C \cdot mol^{-1}$$

4.1.2.4 Redoxamphoterie

Kann ein Redoxsystem mehrere Oxidationsstufen annehmen, so besteht die Möglichkeit, dass es je nach Reaktionspartner in einer Reaktion oxidiert oder reduziert werden kann (Redoxamphoterie).

Beispiel: Wasserstoffperoxid (H_2O_2)

(1) $5\,H_2O_2 + 2\,MnO_4^- + 6\,H^+ \rightarrow 5\,O_2\uparrow + 2\,Mn^{2+} + 8\,H_2O$
(2) $H_2O_2 + 2\,I^- + 2\,H^+ \rightarrow 2\,H_2O + I_2$

Wird ein Element in einer Reaktion sowohl oxidiert als auch reduziert, spricht man von Synproportionierung (Komproportionierung), wenn es aus einer höheren und einer niedrigeren Oxidationsstufe in eine mittlere übergeht, oder von Disproportionierung, wenn es aus einer mittleren in eine höhere und eine niedrigere Oxidationsstufe wechselt.

Synproportionierung: $5\,Br^- + BrO_3^- + 6\,H^+ \rightarrow 3\,Br_2 + 3\,H_2O$
Disproportionierung: $Br_2 + 2\,OH^- \rightarrow Br^- + BrO^- + H_2O$

4.1.2.5 Gleichgewichtslage von Redoxreaktionen

Aus den Normalpotentialen E_1^0 und E_2^0 zweier Redoxpaare kann die Gleichgewichtskonstante und damit die Gleichgewichtslage (vgl. Massenwirkungsgesetz) einer Redoxreaktion berechnet werden.

$$\lg K = \frac{z}{0{,}0591\ \mathrm{V}} \cdot (E_1^0 - E_2^0)$$

4.1.3 Titrationskurven von Redoxtitrationen

Wie bei allen Titrationskurven sind auch bei der Berechnung der Titrationskurve einer Redoxtitration die drei Bereiche vor, am und nach dem Äquivalenzpunkt zu unterscheiden. Bei einer Redoxtitration wird die Umsetzung über das Redoxpotential der Lösung verfolgt. Dieses wird im Regelfall gegen eine Bezugselektrode gemessen. Im einfachsten Fall ist dies eine Normalwasserstoffelektrode ($E^0 = 0$ V), so dass die gemessene EMK ($EMK = E_{Kathode} - E_{Anode}$) dem Potential der Lösung entspricht. Mit Zugabe von Maßlösung ändert sich das Potential der Lösung. Das Potential wird dabei zu Beginn der Titration überwiegend von der Probe (Titrand, Analyt), nach dem Äquivalenzpunkt von der Maßlösung (Titrator) bestimmt, da diese dann jeweils im Überschuss vorliegen. Am Äquivalenzpunkt sind beide für das Potential der Lösung verantwortlich.

Im Folgenden soll das Metall Me^{2+} (z. B. Sn^{2+}) mit einer Ce^{4+}-Maßlösung titriert werden, so dass sich folgende Redoxreaktion ergibt:

$$Me^{2+} + 2\ Ce^{4+} \rightarrow 2\ Ce^{3+} + Me^{4+}$$

Vor dem Äquivalenzpunkt ($\tau < 1$)

Vor dem Äquivalenzpunkt wird das Potential der Lösung über die Nernst-Gleichung der Probe (Analyt) bestimmt: z. B. zur Bestimmung des Redoxsystems Me^{2+}/Me^{4+} (Beispiel: Sn^{2+}/Sn^{4+}: $z_1 = 2$, $E^0 = 0{,}15$ V): $Sn^{2+} \rightarrow Sn^{4+} + 2e^-$

$$E = E^0 + \frac{0{,}0591\ \mathrm{V}}{z_1}\ \lg \frac{c(Me^{4+})}{c(Me^{2+})} \qquad E = 0{,}15\ \mathrm{V} + \frac{0{,}0591\ \mathrm{V}}{2}\ \lg \frac{c(Sn^{4+})}{c(Sn^{2+})}$$

Mit Fortschreiten der Titration wird zunehmend Me^{2+} zu Me^{4+} oxidiert, d. h. die Konzentration $c(Me^{2+})$ nimmt ab, die Konzentration $c(Me^{4+})$ nimmt zu. Das Potential E wird also langsam größer. Da beide Ionen, Me^{2+} und Me^{4+}, im gleichen Volumen vorliegen, können statt den jeweiligen Konzentrationen auch die Stoffmengen n eingesetzt werden. Die Zahl der ausgetauschten Elektronen ergibt sich mit $z_1 = 2$.

$$Me^{2+} \quad \rightarrow \quad Me^{4+} + 2\ e^-$$

Es gilt:

$$E = E^0 + \frac{0{,}0591\ \text{V}}{2}\ \lg \frac{n(Me^{4+})}{n(Me^{2+})}$$

Gemäß der Stöchiometrie der Reaktionsgleichung gilt also, dass zwei Äquivalente Ce^{4+} zur Oxidation von einem Äquivalent Me^{2+} erforderlich sind. Für einen beliebigen Titrationspunkt vor dem Äquivalenzpunkt berechnen sich die Stoffmengen an $n(Me^{4+})$ und $n(Me^{2+})$ wie folgt:

$$n(Me^{4+}) = \frac{n(Ce^{4+})}{2}$$

$$n(Me^{2+}) = n(Me^{2+}{}_{Beginn}) - \frac{n(Ce^{4+})}{2}$$

$$\text{n(Ce}^{4+}\text{)} = \text{c(Ce}^{4+}\text{)} \cdot \text{V}_{\text{zugesetzte Maßlösung}}$$

Am Titrationspunkt $\tau = 0{,}5$ (Halbäquivalenzpunkt) sind die Konzentrationen von $c(Me^{2+})$ und $c(Me^{4+})$ gleich, d. h. das gemessene Potential E entspricht (bei Bestimmung gegen eine Normalwasserstoffelektrode) dem Normalpotential E^0 der Probe. Mit Hilfe der Redoxtitration können also auch Normalpotentiale bestimmt werden. Bei pH-abhängigen Redoxpotentialen ist jeweils der pH-Wert mit zu berücksichtigen (vgl. Nernst-Gleichung).

Am Äquivalenzpunkt (τ = l)

Am Äquivalenzpunkt ($\tau = 1$) ist nun formal kein Me^{2+} und kein Ce^{4+} vorhanden, das Potential wird nun von Probe und Maßlösung bestimmt und berechnet sich nach:

$$E = \frac{z_1 \cdot E_1^0 + z_2 \cdot E_2^0}{z_1 + z_2}$$

E_1^0: Standardnormalpotential der Probe
E_2^0: Standardnormalpotential der Maßlösung
z_1: Übertragene Elektronen bei der Umsetzung der Probe (Analyt)
z_2: Übertragene Elektronen bei der Umsetzung der Maßlösung (Titrator)

Bei pH-abhängigen Titrationen ändert sich die Berechnung des Äquivalenzpotentials wie folgt:

$$E = \frac{z_1 \cdot E_1^0 + z_2 \cdot E_2^0 - 0{,}0591\ \text{V} \cdot m \cdot pH}{z_1 + z_2}$$

m: Zahl der aufgenommenen Protonen

Die Lage des Äquivalenzpunktes ist also je nach Wertigkeit von Maßlösung bzw. Probe mehr zum einen oder anderen Normalpotential hin verschoben und nur bei gleicher Zahl übertragener Elektronen beider Systeme stellt er das arithmetrische Mittel der beiden Normalpotentiale dar.

Nach dem Äquivalenzpunkt ($\tau > 1$)

Nach Überschreiten des Äquivalenzpunktes bestimmt nun die überschüssige Maßlösung mit ihrem Redoxsystem das Potential der Lösung (Beispiel: Ce^{3+}/Ce^{4+}: $z_2 = 1$, $E^0 = 1{,}61$ V):

$$Ce^{4+} + e^- \quad \rightarrow \quad Ce^{3+}$$

$$E = E^0 + \frac{0{,}0591\ \text{V}}{z_2}\ \lg \frac{c(Ce^{4+})}{c(Ce^{3+})} \qquad E = 1{,}61\ \text{V} + \frac{0{,}0591\ \text{V}}{1}\ \lg \frac{c(Ce^{4+})}{c(Ce^{3+})}$$

Auch hier können wieder statt der Konzentrationen c die Stoffmengen n eingesetzt werden. Es ergibt sich:

$$n(Ce^{3+}) = n(Me^{2+}) \cdot 2$$

$$n(Ce^{4+}) = c(Ce^{4+}) \cdot V_{\text{zugesetzte Maßlösung}} - n(Me^{2+}) \cdot 2$$

Beim Titrationsgrad $\tau = 2$ sind $n(Ce^{4+})$ und $n(Ce^{3+})$ gleich. Man erhält gegen eine Normalwasserstoffelektrode für das Potential der Lösung das Normalpotential E^0 der Maßlösung.

Berechnung der Titrationskurve

Titrationsgrad τ	Berechnung von E
< 1	$E = E_1^0 + \frac{0{,}0591\ \text{V}}{z_1}\ \lg \frac{\frac{z_2}{z_1} \cdot c(\text{Maßlösung}) \cdot V(\text{Maßlösung})}{n(\text{Analyt}) - \frac{z_2}{z_1} \cdot c(\text{Maßlösung}) \cdot V(\text{Maßlösung})}$
1	$E = \frac{z_1 \cdot E_1^0 + z_2 \cdot E_2^0}{z_1 + z_2}$ $\qquad E = \frac{z_1 \cdot E_1^0 + z_2 \cdot E_2^0 - 0{,}0591\ \text{V} \cdot m \cdot pH}{z_1 + z_2}$
> 1	$E = E^0 + \frac{0{,}0591\ \text{V}}{z_2^0}\ \lg \frac{c(\text{Maßlösung}) \cdot V(\text{Maßlösung}) - \frac{z_1}{z_2} \cdot n(\text{Analyt})}{\frac{z_1}{z_2} \cdot n(\text{Analyt})}$

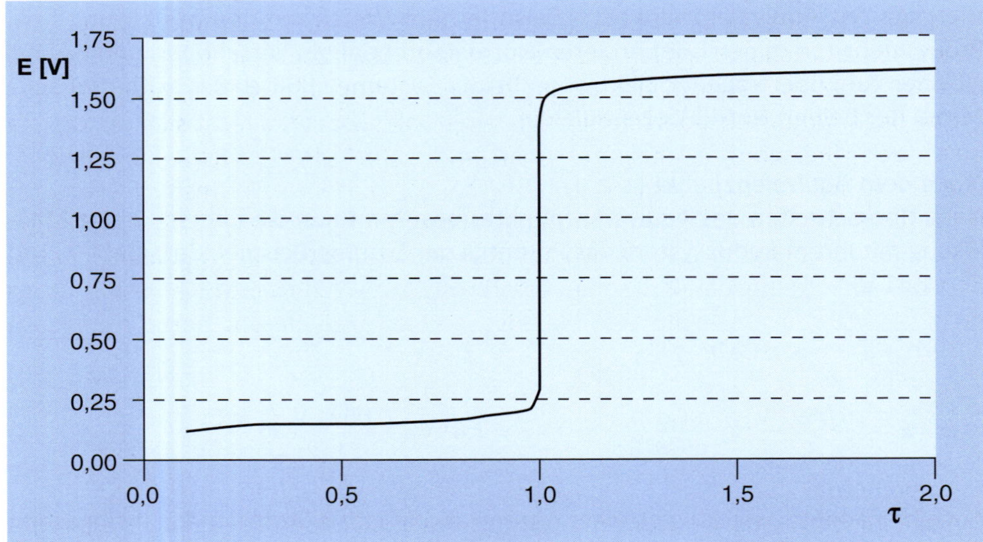

Abb. 24: Titration eines Me^{2+}-Salzes (10 ml 0,1 mol · l^{-1}) mit Cer(IV)-nitrat-Maßlösung (0,1 mol · l^{-1})

Maßlösung [ml]	Titrationsgrad (τ)	Potential [V]
2,0	0,1	0,12
5,0	0,25	0,14
10,0	0,5	0,15
15,0	0,75	0,16
18,0	0,9	0,18
19,0	0,95	0,19
19,8	0,99	0,21
20,2	1,01	1,49
21,0	1,05	1,53
22,0	1,1	1,55
25,0	1,25	1,57
30,0	1,5	1,59
35,0	1,75	1,60
40,0	2	1,61

4.1.4 Möglichkeiten der Endpunktanzeige (Indikation)

Bei Redoxtitrationen gibt es vier grundsätzliche Möglichkeiten, eine Titration zu verfolgen. Im einfachsten Fall ist die Maßlösung stark gefärbt und ihr Oxidations- bzw.

Reduktionsprodukt farblos oder anders gefärbt. So kann eine Titration mit Kaliumpermanganat in saurer Lösung leicht an der Farbe der Lösung verfolgt werden. Vor dem Äquivalenzpunkt ist die Farbe der Lösung nur durch die (idealerweise farblose) Probe bestimmt, nach Überschreiten des Äquivalenzpunktes färbt sich die Lösung durch den Überschuss an Kaliumpermanganat sofort violett. Heute sind elektrochemische Indikationsverfahren in den Arzneibüchern am weitesten verbreitet. Schließlich gibt es wie bei den Neutralisationsverfahren auch in der Redoxtitration klassische Farbindikatoren (z. B. Ferroin). Einen Sonderfall stellen Indikationshilfsmittel dar, die keine klassischen Indikatoren sind, am Äquivalenzpunkt aber durch Reaktion mit dem Überschuss an Maßlösung eine Farbänderung hervorrufen (z. B. Stärke in der Iodometrie).

4.1.4.1 Elektrochemische Indikationsverfahren

Potentiometrie

Die oben berechneten Potentiale der Lösung sind in den Werten nur gegen eine Normalwasserstoffelektrode messbar. Da der messtechnische Aufwand hierbei zu groß ist, wird in der Potentiometrie meist eine einfachere Messtechnik verwendet. Das Potential der Lösung wird über einen Platindraht (Platinelektrode, Ableitelektrode) erfasst und gegen eine Bezugselektrode (Silber/Silberchlorid- (SSE) oder Quecksilber/Quecksilber(I)-chlorid-Elektrode, so genannte Kalomelelektrode) gemessen. Abb. 25 zeigt die Titration von Eisen(II)-Ionen mit Cer(IV)-Ionen bei potentiometrischer Indikation. Gemessen wird jeweils die elektromotorische Kraft zwischen der Ableitelektrode und der Bezugselektrode (EMK = $E_K - E_A$). Siehe auch Kapitel 10.1 S. 286, Potentiometrie.

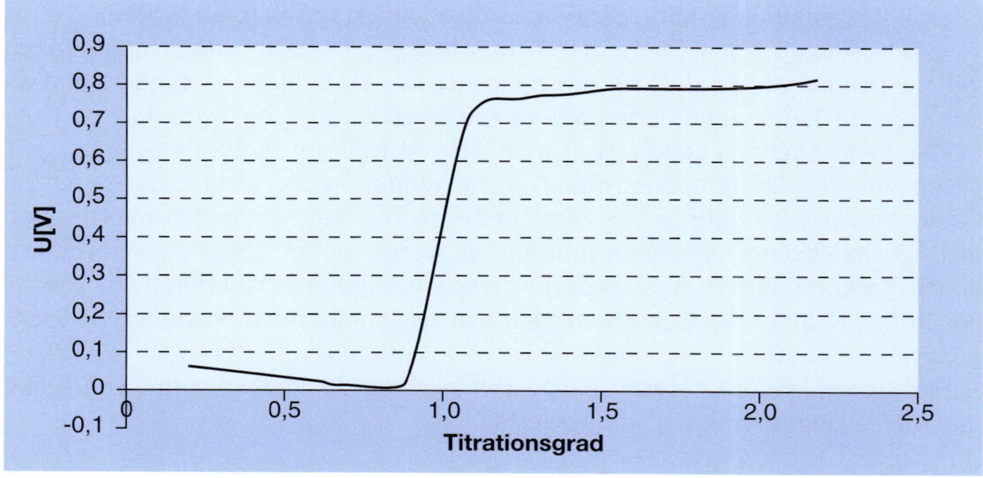

Abb. 25: Titration einer Lösung von Fe^{2+}-Ionen (1 mol · l^{-1}) mit Ce^{4+}-Maßlösung (1 mol · l^{-1}, Messkette Platindraht/MSE)

Bivoltametrie (Voltametrie)

Zur Indikation von Redoxtitrationen kann auch die Bivoltametrie verwendet vgl. auch Kap. 10.2 S. 290.

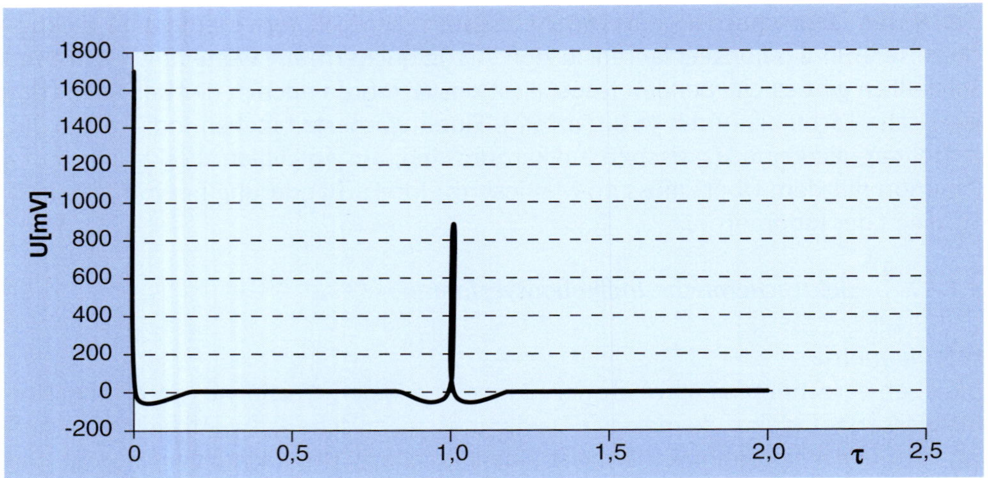

Abb. 26: Titration von Eisen(II)-chlorid mit Cer(IV)-Maßlösung

Hierbei werden in die Lösung zwei polarisierbare Elektroden eingetaucht (meist eine Doppelplatinelektrode) und ein kleiner Polarisationsstrom (im Regelfall im μA-Bereich) angelegt. Gemessen wird nun über den Titrationsverlauf die Spannungsdifferenz zwischen beiden Platinelektroden.
Das gemessene Potential wird bei $\tau = 0$ von der Anodenreaktion (Oxidation von Eisen(II)-Ionen) und der Kathodenreaktion (Reduktion von Wasserstoff-Ionen (Protonen) bestimmt. Nach Beginn der Titration liegen Eisen(II)- und Eisen(III)-Ionen nebeneinander vor, so dass an der Anode weiter Eisen(II)-Ionen oxidiert und an der Kathode nun Eisen(III)-Ionen reduziert werden können. Die Differenz zwischen beiden Elektrodenreaktionen ist also annähernd Null. Am Äquivalenzpunkt $\tau = 1$ liegen nun keine Eisen(II)-Ionen mehr vor, die Anodenreaktionen wird nun durch die Oxidation von Cer(III)-Ionen bestimmt, das Potential steigt an. Nach Überschreiten des Äquivalenzpunktes können nun an der Anode weiter Cer(III)-Ionen oxidiert, an der Kathode Cer(IV)-Ionen reduziert werden. Die Potentialdifferenz ist wieder annährend Null. An den Elektroden stellt sich also immer die kleinstmögliche Spannungsdifferenz ein.

Der Kurvenverlauf ist jeweils davon abhängig, ob die Redoxsysteme von Probe und Maßlösung reversibel sind oder nicht.

Biamperometrie (Amperometrie)

Eng verwandt mit der Bivoltametrie ist die Biamperometrie. Auch hier kommt meist die Doppelplatinelektrode zum Einsatz, nur wird hierbei eine Polarisationsspannung angelegt (im Regelfall wenige mV) und der Stromfluss zwischen beiden Elektroden gemessen. Häufig erhält man eine klassische »Kickoff-Kurve«, d.h. nach Überschreiten des Äquivalenzpunktes kommt es zu einem Stromfluss (Abb. 27). Dieses Verfahren wird auch in den Arzneibüchern häufig als so genannte Dead-Stop-Titration (z.B. Diazotitration primärer aromatischer Amine nach der Ph. Eur.) angewendet. Auch hier ist der Kurvenverlauf davon abhängig, ob reversible Redoxsysteme in der Lösung vorliegen (= Stromfluss) oder nicht vorliegen (Stromfluss gleich Null).

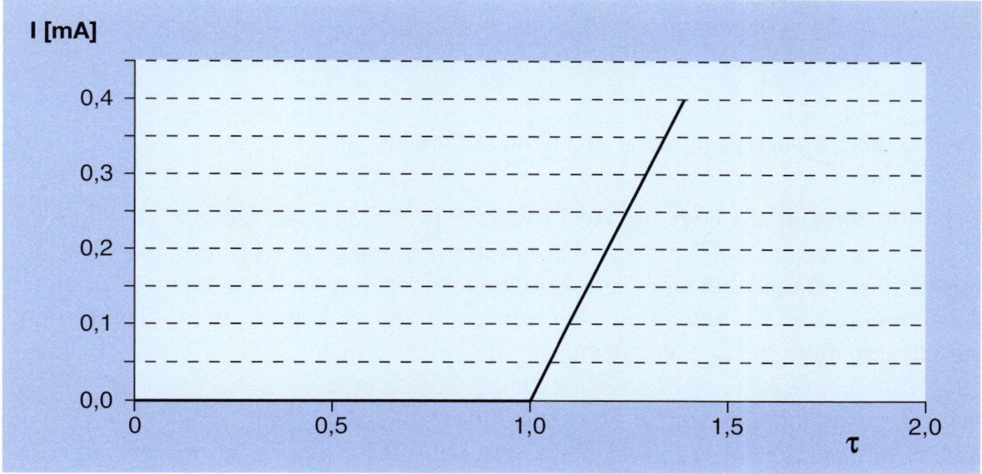

Abb. 27: Titration von Sulfanilsäure mit Natriumnitrit-Maßlösung (0,1 mol · l^{-1})

Der Verlauf der Titrationskurve wird durch die Ab- bzw. Anwesenheit reversibler Redoxsysteme bestimmt. Während vor dem Äquivalenzpunkt kein reversibles Redoxsystem vorliegt, kann nach Überschreiten des Äquivalenzpunktes an der Kathode Nitrit reduziert und an der Anode Nitrit oxidiert werden (Sonderfall!!).

Bei der Titration von Eisen(II)-Ionen mit Cer(IV)-Ionen ergibt sich folglich ein anderer Kurvenverlauf (Abb. 28). Während bis zum Erreichen des Äquivalenzpunktes das reversible Redoxsystem Eisen(II) und Eisen(III) vorliegt, wird nach dem Äquivalenzpunkt der Kurvenverlauf durch das Redoxpaar Cer(III)- und Cer(IV)-Ionen bestimmt.

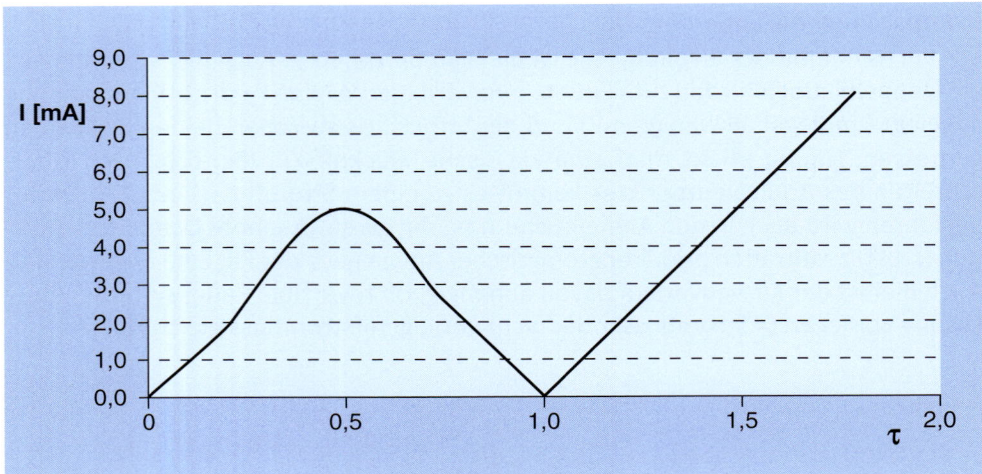

Abb. 28: Titration von Eisen(II)-Ionen mit Cer(IV)-Maßlösung

Dieser Kurvenverlauf liegt bei zwei reversiblen Redoxsystemen vor. Liegt nur ein reversibles System vor, so zeigt sich ein Kurvenverlauf wie bei der Diazotitration (Kickoff-Kurve) oder bei einer Titration, bei der nur das Redoxsystem des Analyten reversibel ist, ein Kurvenverlauf, der von $\tau = 0$ bis $\tau = 1$ der Eisen(II)-Titration entspricht und dann bei $I = 0$ verbleibt.

4.1.4.2 Farbindikatoren für Redoxtitrationen

Neben den heute üblichen elektrochemischen Indikationsverfahren werden auch klassische Farbindikatoren in der Redoxtitration verwendet. Ein klassischer Redoxindikator (z. B. Ferroin) stellt selbst ein (reversibles) Redoxsystem dar, das in seinem Normalpotential etwas höher (Oxidation der Probe) oder etwas niedriger (Reduktion der Probe) liegt und damit erst nach der Probe umgesetzt wird. Diese Umsetzung des Indikators muss mit einer Farbänderung (Änderung des chromophoren Systems) verbunden sein.

$$\mathrm{Ind_{Ox}} + z\,e^- \rightarrow \mathrm{Ind_{Red}}$$
$$\mathrm{Ind_{Ox}} + z\,e^- + m\,H^+ \rightarrow \mathrm{Ind_{Red}}$$

Redoxindikatoren können auch gleichzeitig Säure/Base-Indikatoren sein, die durch die Umsetzung eine Änderung ihres pK_S-Wertes erfahren und dadurch bei gleichen pH-Bedingungen einen Farbwechsel durch Protonierung oder Deprotonierung erfahren. Daneben werden Redoxindikatoren verwendet, die durch einen Überschuss an Maßlösung oxidativ zerstört werden.

Auch bei den Redoxindikatoren kann man zwischen einfarbigen und zweifarbigen Indikatoren unterscheiden. Um entscheiden zu können, ob ein Redoxindikator ge-

eignet ist, muss dessen Umschlagspotential bei gegebenem pH-Wert bekannt sein. Auch hier kann dieses pH-abhängig oder -unabhängig sein.
Das Umschlagsintervall eines zweifarbigen Redoxindikators kann näherungsweise berechnet werden nach:

$$\Delta E = E^0 \pm \frac{0{,}0591\ V}{z}$$

bzw. bei pH-abhängigen Gleichgewichten

$$\Delta E = [E^0 - 0{,}0591\ V\ \frac{m}{z}\ pH] \pm \frac{0{,}0591\ V}{z}$$

E^0: Normalpotential des Redoxindikators
z: Anzahl der übertragenen Elektronen
m: Anzahl der übertragenen Protonen

Ferroin (Ph. Eur. 11.0)

Ein in der Redoxtitration häufig verwendeter Indikator ist das Ferroin. Ferroin ist eine Komplexverbindung aus Eisen(II)-Ionen und Phenanthrolin. Die Verbindung, chemisch Tris-1,10-phenanthrolineisen(II)-Ion, ist intensiv rot gefärbt. Durch Oxidation des Eisen(II)- zum Eisen(III)-Ion verfärbt sich der Komplex nach schwachblau.

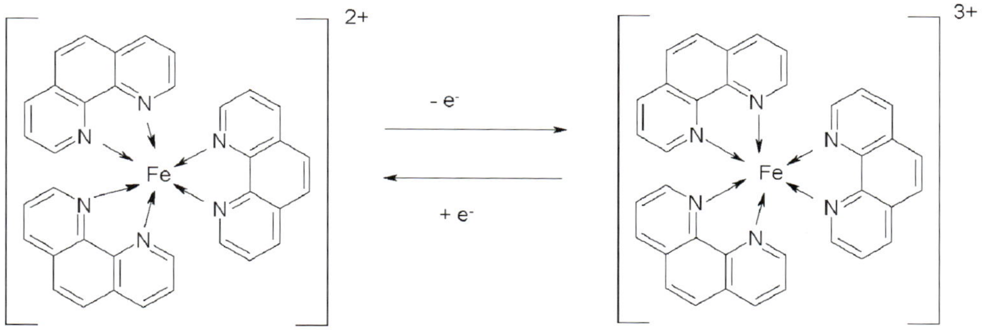

Ferroin (rot)

Ferriin (blau)

Der Indikator ist im pH-Bereich von 2,5 – 9 beständig und weist ein Normalpotential von E^0 = + 1,06 V auf. Bei pH-Werten größer als 10 kommt es zur Abscheidung von Eisen(II)-hydroxid. Ferroin wird vor allem in der Cerimetrie verwendet.

Ferrocyphen (Ph. Eur. 11.0)

Auch Ferrocyphen ist ein reversibler Redoxindikator. Er wird hauptsächlich anstelle der elektrochemischen Indikation bei Diazotitrationen (Nitritometrie) eingesetzt.

Durch Oxidationsmittel (z. B. überschüssiges Natriumnitrit) wird Ferrocyphen (orangegelb) zum Ferricyphen (violett) umgesetzt.

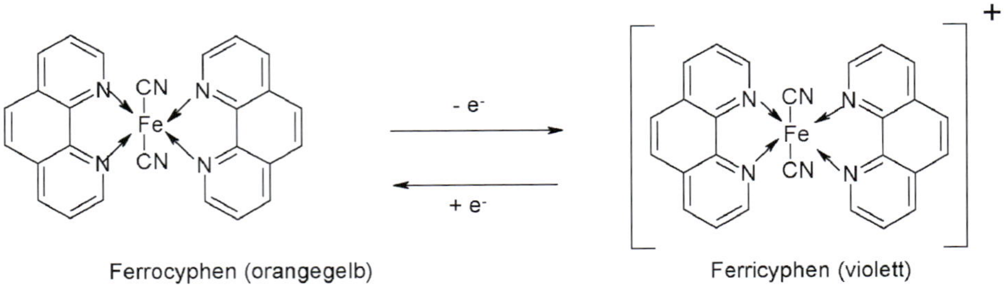

- e⁻ / + e⁻

Ferrocyphen (orangegelb) Ferricyphen (violett)

Methylenblau (Ph. Eur. 11.0)

Methylenblau ist ein kristallines dunkelgrünes Pulver, das in Wasser leicht löslich ist. Es handelt sich um einen Phenothiazin-Farbstoff, der bei einem Redoxpotential $E^0 = + 0{,}53$ V (pH = 0) zur farblosen Leukoform reduziert wird. Methylenblau wird auch in der Säure-Base-Titration bei Mischindikatoren verwendet (z. B. Tashiro-Mischindikator: Methylrot + Methylenblau).

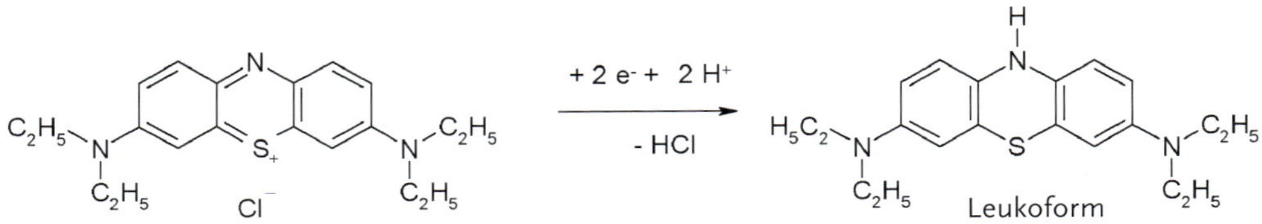

$+ 2\,e^- + 2\,H^+$ / - HCl

Leukoform

Methylrot (Ph. Eur. 11.0)

Methylrot ist ein acidobasischer Indikator (vgl. Säure-Base-Titration S. 86), der bei bromometrischen Titrationen eingesetzt werden kann (z. B. Isoniazid nach der Ph. Eur. 11.0).

Nach Umsetzung der Probe wird der Indikator durch überschüssiges Brom irreversibel unter Entfärbung oxidativ zerstört.

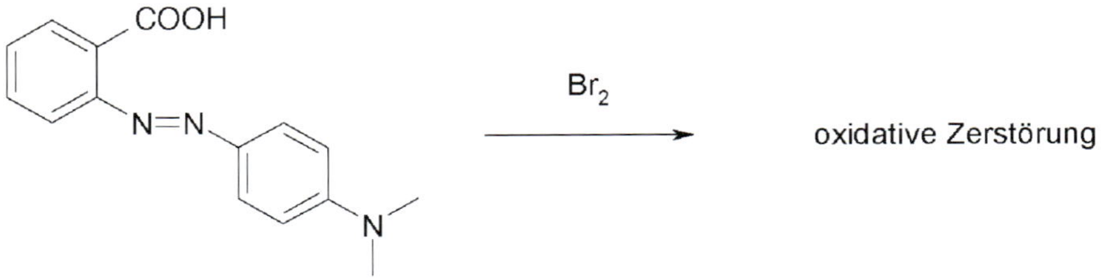

Br_2 → oxidative Zerstörung

Tropäolin 00 (Orange IV, DAB 9)

Der Azofarbstoff Tropäolin 00 wird als Redoxindikator in der Nitritometrie verwendet. Durch überschüssige Natriumnitrit-Maßlösung wird der Indikator in die Nitrosoform übergeführt. Die Farbe von Tropäolin ist pH-abhängig: pH < 1,3 rot, pH > 3,2 gelb.

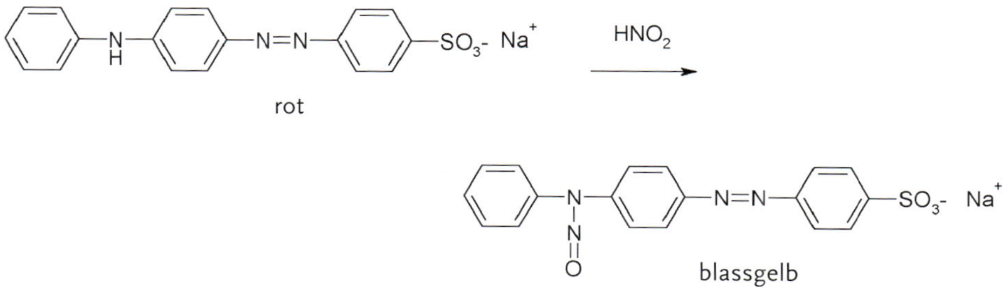

HNO_2

rot

blassgelb

Diphenylamin (Ph. Eur. 11.0)

Diphenylamin (E^0 = 0,76 V bei pH 7) ist eine farblose Substanz. Diese kann in saurer Lösung durch Oxidationsmittel irreversibel zum ebenfalls farblosen Diphenylbenzidin umgewandelt werden, das dann weiter reversibel zum tiefblauen Diphenylbenzidinviolett oxidiert wird.

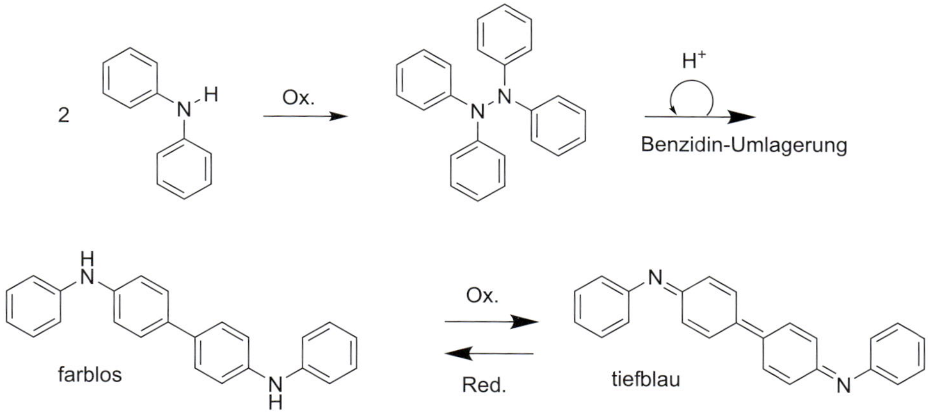

2 Ox. H^+ Benzidin-Umlagerung

farblos Ox. Red. tiefblau

Ethoxychrysoidin-HCl (Ph. Eur. 11.0)

Ethoxychrysoidin ist als Indikator in der Bromo- bzw. Bromatometrie im Einsatz. Die in saurer Lösung braunrote Azoverbindung Ethoxychrysoidin wird durch überschüssiges Brom in die violettrote 3,5-Dibromverbindung überführt, die anschließend zur fast farblosen Azoxyverbindung weiteroxidiert wird.

Cl^- H_2N H_5C_2O $\overset{+}{N}$=N NH_2 H $\xrightarrow{Br_2}$ Cl^- H_2N Br H_5C_2O $\overset{+}{N}$=N NH_2 H Br

$\xrightarrow{Ox.}$ H_2N Br H_5C_2O $\overset{+}{N}$=N NH_2 O^- Br

Redoxpotentiale und Farbwechsel von Redoxindikatoren

Redoxindikator	oxidierte Form	reduzierte Form	E^0
Phenosafranin	rot	farblos	0,28
Indigotetrasulfonat	blau	farblos	0,36
Methylenblau	blau	farblos	0,01
Diphenylamin	violett	farblos	0,75
4'-Ethoxy-2,4-diaminobenzol	gelb	rot	0,76
Diphenylaminsulfonsäure	Rot-violett	farblos	0,85
Diphenylbenzidinsulfonsäure	violett	farblos	0,87
Tris(2,2'-bipyridyl)eisen	blau	rot	1,12
Ferroin	blau	rot	1,06
Tris(5-nitro-1,10-phenanthrolin)eisen	blau	rot-violett	1,25
Tris(2,2'-bipyridyl)ruthenium	blass blau	gelb	1,29

Indikationshilfsmittel Stärke

In der Iodometrie, Iodatometrie und teilweise auch in der Bromo- bzw. Bromatometrie ist Stärke ein wichtiges Indikationshilfsmittel. Stärke ist ein Polysaccharid aus Amylose und Amylopektin. In den Arzneibüchern wird lösliche Stärke verwendet. Diese erhält man, wenn Stärke eine gewisse Zeit in Wasser gekocht oder Salzsäure ausgesetzt wird, wobei die Stärke teilweise hydrolysiert wird. Amylose zeigt einen spiralförmigen Aufbau ihrer Moleküle. In diese Spiralen lagern sich I_3^--Ionen (Triiodid) ein und bilden eine blau-schwarze Einschlussverbindung, während die Stärkelösung selbst farblos ist. Die blaue Farbe ist also ein Zeichen für einen Überschuss an I_3^- bzw. elementarem Iod. Zwar zeigt auch Iod bzw. das lösliche I_3^- (Triiodid) selbst eine Braunfärbung, doch ist der Iod-Stärke-Komplex visuell deutlich besser erkennbar.

4.2 Methoden

4.2.1 Permanganometrie (auch Manganometrie)

4.2.1.1 Allgemeines

Grundlage der Permanganometrie ist das Redoxpaar MnO_4^-/Mn^{2+}. Dieses Redoxpaar, das nur in saurer Lösung so vorliegt, ist für viele Oxidationstitrationen einsetzbar. Meist wird in schwefelsaurer Lösung gearbeitet, da hier keine Reaktion mit dem Lösungsmittel erfolgt.

$$MnO_4^- + 8\,H^+ + 5\,e^- \rightleftarrows Mn^{2+} + 4\,H_2O \quad E^0 = 1{,}5\ V \text{ (in 0,5-molare } H_2SO_4\text{)}$$

In alkalischer oder neutraler Lösung liegt das Redoxpaar MnO_4^-/MnO_2 vor, das nur selten für quantitative Bestimmungen genutzt wird, da u. a. der schwarzbraune Niederschlag von Braunstein (MnO_2) eine visuelle Indikation des Äquivalenzpunktes erschwert.

$$MnO_4^- + 2\,H_2O + 3\,e^- \rightleftarrows MnO_2\downarrow + 4\,OH^- \quad E^0 = 1{,}68\ V$$

Nachteilig bei der Titration mit Permanganat ist eine mögliche Oxidation von Chlorid zu Chlor, was einen Mehrverbrauch an Maßlösung bedeutet, so dass Titrationen in Salzsäure nur unter bestimmten Bedingungen möglich sind (Zusatz von Reinhardt-Zimmermann-Lösung: Schwefelsäure, Phosphorsäure, Wasser, Mangan(II)-sulfat). Durch den Zusatz von Mn^{2+}-Ionen wird gemäß der Nernst-Gleichung das Potential von MnO_4^- erniedrigt und so kommt es nicht mehr zur Oxidation von Chlorid.

$$2\,MnO_4^- + 10\,Cl^- + 16\,H^+ \rightarrow 5\,Cl_2\uparrow + 2\,Mn^{2+} + 8\,H_2O$$

Bei Titrationen in Salzsäure bzw. bei Anwesenheit von Chlorid-Ionen ist folglich diese Reaktion zu unterdrücken.

4.2.1.2 Maßlösung

Die Herstellung der Permanganat-Maßlösung erfolgt im Regelfall aus Kaliumpermanganat. Da dieses keine Urtitersubstanz darstellt, ist im Anschluss eine Faktoreinstellung erforderlich. Die Substanz wird in Wasser gelöst, eine Stunde auf dem Wasserbad erhitzt und anschließend durch einen Glassintertiegel filtriert. Dieses Verfahren dient zum Abtrennen von Mangandioxid-Spuren, die zu einer autokatalytischen Zersetzung der Maßlösung führen würden (alternativ zum Erhitzen ist auch eine Lagerung für 1–2 Tage möglich). Die Maßlösung ist lichtempfindlich und sollte in Braunglasflaschen aufbewahrt werden. Die Ph. Eur. 11.0 verwendet eine

Kaliumpermanganat-Maßlösung (0,02 mol · l^{-1}), entspricht einer Äquivalentkonzentration von 0,1 mol · l^{-1}.

$$4\ KMnO_4 + 2\ H_2O \xrightarrow{h\nu} 4\ MnO_2 + 4\ KOH + 3\ O_2\uparrow$$

Herstellung der Maßlösung (Kaliumpermanganat-Lösung (0,02 mol · l^{-1}) nach der Ph. Eur. 11.0
3,2 g Kaliumpermanganat werden in Wasser zu 1000,0 ml gelöst. Die Lösung wird 1 h lang auf dem Wasserbad erwärmt und nach dem Abkühlen durch einen Glassintertiegel filtriert.

Die Ph. Eur. 11.0 stellt Kaliumpermanganat-Lösung (0,02 mol · l^{-1}) gegen den Urtiter Eisen(II)-ethylendiammoniumsulfat ein. Hierbei werden die Eisen(II)-Ionen zum Eisen(III)-Ion oxidiert (vgl. auch Einstellung gegen elementares Eisen).

Einstellung der Maßlösung nach der Ph. Eur. 11.0.
0,300 g Eisen(II)-ethylendiammoniumsulfat werden in 50 ml einer verdünnten Lösung von Schwefelsäure (4,9 %ig) gelöst. Die Lösung wird mit Kaliumpermanganat-Lösung titriert. Der Endpunkt wird mit Hilfe der Potentiometrie oder durch den Farbumschlag der Lösung nach Rosa bestimmt.

1 ml Kaliumpermanganat-Lösung (0,02 mol · l^{-1}) entspricht 38,21 mg $Fe(C_2H_{10}N_2)(SO_4)_2 \cdot 4\ H_2O$.

Die Einstellung kann auch mittels Kaliumiodid und Titration des gebildeten Iods mit Natriumthiosulfat-Maßlösung in schwefelsaurer Lösung (Ph. Eur. 4.0) erfolgen.

$$2\ MnO_4^- + 10\ I^- + 16\ H^+ \rightarrow 2\ Mn^{2+} + 5\ I_2 + 8\ H_2O$$

$$I_2 + 2\ S_2O_3^{2-} \rightarrow S_4O_6^{2-} + 2\ I^-$$

Thiosulfat Tetrathionat

Dieses Verfahren arbeitet ohne Urtitersubstanz und hat den Nachteil, dass eine ebenfalls eingestellte Natriumthiosulfat-Maßlösung (vgl. Iodometrie) erforderlich ist.

Einstellung der Maßlösung gegen Natriumthiosulfat-Lösung (Ph. Eur. 4.0).
20,0 ml der Kaliumpermanganat-Lösung (0,02 mol · l^{-1}) werden mit 2 g Kaliumiodid und 10 ml 10-prozentiger Schwefelsäure versetzt. Die Mischung wird mit Natriumthiosulfat-Lösung (0,1 mol · l^{-1}) titriert. Gegen Ende der Titration wird 1 ml Stärke-Lösung (1,0 g lösliche Stärke mit 5 ml Wasser) angerieben und in 100 ml siedendem Wasser gelöst (konserviert mit 10 mg Quecksilber(II)-iodid) hinzugefügt.

$F = F_{Na_2S_2O_3} \cdot \frac{a}{20}$ a [ml]: Verbrauch an Natriumthiosulfat-Lösung (0,1 mol · l^{-1})

Das DAB 7 beschrieb eine Einstellung mit Oxalsäure-Dihydrat-Urtitersubstanz bzw. Natriumoxalat-Urtitersubstanz. Natriumoxalat lässt sich leicht durch Umkristallisation hochrein gewinnen und enthält kein Kristallwasser. Die Einstellung muss in warmer schwefelsaurer Lösung erfolgen. Bei der Einstellung mit Oxalsäure ist der Kristallwasseranteil der Oxalsäure zu berücksichtigen.

$$2\ MnO_4^- + 5\ H_2C_2O_4 + 6\ H^+ \rightarrow 10\ CO_2\uparrow + 2\ Mn^{2+} + 8\ H_2O$$

4.2.1.3 Indikation

Im Regelfall reicht die violette Farbe des Permanganat-Ions bzw. die fehlende Farbe des Mangan(II)-Ions zur Endpunktsanzeige aus (die violette Farbe ist ab einer Konzentration von 10^{-6} mol · l^{-1} erkennbar). Daneben sind aber auch die gängigen elektrochemischen Indikationsverfahren wie Potentiometrie, Biamperometrie und Bivoltametrie möglich. Geeignete Redoxindikatoren bzw. Indikationshilfsmittel sind in Abhängigkeit von dem zu bestimmenden Titranden auszuwählen.

4.2.1.4 Bestimmungen

Direkt können mit Permanganat-Maßlösung alle Verbindungen bestimmt werden, die in saurer Lösung stabil sind und ein Normalpotential kleiner 1,5 V aufweisen.

Ion	Produkt	E^0 [V]	Ion	Produkt	E^0 [V]
Fe^{2+}	Fe^{3+}	0,77	H_2O_2	O_2	0,68
I^-	I_2	0,5	NH_2OH	N_2O	– 0,05
Br^-	Br_2	1,0	Mn^{2+}	MnO_2	1,28
$(CO_2H)_2$	CO_2	–0,47	NaHCOO	CO_2	–0,20
AsO_3^{3-}	AsO_4^{3-}	0,56	MgO_2	O_2	0,68
NO_2^-	NO_3^-	0,94	Sn^{2+}	Sn^{4+}	0,15

Mangan(II)-Bestimmung nach Volhard-Wolf

Mangan(II)-Ionen lassen sich mit Kaliumpermanganat in einer Synproportionierungsreaktion ebenfalls bestimmen. Diese Bestimmung spielt vor allem in der Metallurgie eine Rolle. Es wird in neutraler bis essigsaurer Lösung in der Wärme gearbeitet. Durch den entstehenden Braunstein ist der Äquivalenzpunkt schlecht zu erkennen. Da Mangandioxid zweiwertige Kationen, so auch Mn^{2+} adsorbiert, setzt man einen Überschuss Fremdionen (z. B. Zn^{2+}) zu. Folglich ist eine elektrochemische Indikation von Vorteil.

$$3\ Mn^{2+} + 2\ MnO_4^- + 2\ H_2O \rightarrow 5\ MnO_2\downarrow + 4\ H^+$$

Calcium-Bestimmung

Calciumionen können durch Oxalate quantitativ gefällt werden (vgl. S. 248). Das dabei gebildete weiße Calciumoxalat kann abfiltriert und anschließend nach Auflösen in Säure (Schwefelsäure) mit Kaliumpermanganat titriert werden.

$$Ca^{2+} + C_2O_4^{2-} \rightarrow CaC_2O_4\downarrow$$
$$5\ CaC_2O_4 + 2\ MnO_4^- + 16\ H^+ \rightarrow 5\ Ca^{2+} + 10\ CO_2\uparrow + 2\ Mn^{2+} + 8\ H_2O$$

Bestimmung von Eisen(II)-Salzen

Eisen(II)-Ionen lassen sich durch Permanganat leicht zu Eisen(III)-Ionen oxidieren, doch stört bei Eisen(II)-chlorid die Oxidation der Chlorid-Ionen zu Chlor durch Permanganat. Dies kann durch Zusatz von Phosphorsäure und Mangan(II)-Ionen vermieden werden. Phosphorsäure komplexiert Eisen(III)-Ionen und erleichtert damit die Oxidation von Eisen(II)-Ionen durch Erniedrigung des Redoxpotentials, Mangan(II)-Ionen erniedrigen das Redoxpotential des Permanganat-Ions (vgl. Nernst-Gleichung) und verhindern dadurch die Oxidation der Chlorid-Ionen (beides Bestandteile der Reinhardt-Zimmermann-Lösung; vgl. S. 155). Zudem bilden Phosphat-Ionen mit den Eisen(III)-Ionen einen farblosen Komplex, wodurch die Erkennung des Endpunkts erleichtert wird.

Bestimmung von Ammoniumeisen(II)-sulfat Hexahydrat (AB-DDR 1979)
1,00 g Substanz werden in 20 ml 10-prozentiger Schwefelsäure gelöst. Die Lösung wird mit Kaliumpermanganat-Lösung (0,02 mol · l^{-1}) bis zur Rosafärbung titriert.

1 ml Kaliumpermanganat-Lösung (0,02 mol · l^{-1}) entspricht 39,22 mg $Fe(NH_4)_2(SO_4)_2 \times 6\ H_2O$.

Bestimmung von Eisen(III)-Ionen

Eisen(III)-Ionen können durch einen geringen Überschuss von Zinn(II)-chlorid in stark salzsaurer Lösung zu Eisen(II)-Ionen reduziert werden. Der Überschuss an Zinn(II)-Salz wird anschließend durch Quecksilber(II)-Ionen (Quecksilber(II)-chlorid) beseitigt. Anschließend wird das Eisen(II) nach Zusatz von Reinhardt-Zimmermann-Lösung mit Kaliumpermanganat-Maßlösung bestimmt.

$$2\ Fe^{3+} + Sn^{2+} \rightarrow 2\ Fe^{2+} + Sn^{4+}$$
$$Sn^{2+} + 2\ Hg^{2+} + 2\ Cl^- \rightarrow Sn^{4+} + Hg_2Cl_2\downarrow$$
$$5\ Fe^{2+} + MnO_4^- + 8\ H^+ \rightarrow Mn^{2+} + 5\ Fe^{3+} + 4\ H_2O$$

Die Reduktion von Eisen(III)-Ionen zu Eisen(II)-Ionen ist auch mit schwefliger Säure oder Zink möglich.

$$2\ Fe^{3+} + SO_2 + 2\ H_2O \rightarrow 2\ Fe^{2+} + SO_4^{2-} + 4\ H^+$$
$$Zn + 2\ Fe^{3+} \rightarrow Zn^{2+} + 2\ Fe^{2+}$$

Bestimmung von Natriumnitrit (inverse Titration)

Natriumnitrit wird durch Permanganat zu Nitrat oxidiert. Da bei sauren pH-Werten die intermediär gebildete salpetrige Säure sich schon vor der Oxidation zersetzen würde (Gleichung 1), muss die Bestimmung durch eine inverse Titration erfolgen, d. h. ein definiertes Volumen Maßlösung wird vorgelegt und mit der Probenlösung titriert.

Gleichung 1: $2\ HNO_2 \rightarrow H_2O + NO\uparrow + NO_2\uparrow$

Gleichung 2: $5\ NO_2^- + 2\ MnO_4^- + 6\ H^+ \rightarrow 5\ NO_3^- + 2\ Mn^{2+} + 3\ H_2O$

Ph. Eur. 11.0 lässt Natriumnitrit durch einen Überschuss Cer(IV)-sulfat-Maßlösung oxidieren und anschließend den Überschuss nach Umsetzung mit Iodid zu Iod mit Natriumthiosulfat-Maßlösung zurücktitrieren.

Bestimmungen in der organischen Analyse

Für Titrationen organischer Arzneistoffe der aktuellen Arzneibücher (z. B. Ph. Eur. 11.0) wird keine Kaliumpermanganat-Maßlösung verwendet. Im Prinzip lassen sich aber viele Titrationen, die mit Cer(IV)-Maßlösungen durchgeführt werden, auch mit Kaliumpermanganat durchführen.

Bestimmung von Peroxiden (Ph. Eur)

Zu den letzten Anwendungen der Permanganometrie in der Ph. Eur. 11.0 gehören die Gehaltsbestimmungen von Wasserstoffperoxid (3 % und 30 %) und Magnesiumperoxid. Hierbei wird das Peroxid in schwefelsaurer Lösung durch Permanganat zu Sauerstoff oxidiert. Die Bestimmung wird visuell indiziert.

$$2\ MnO_4^- + 5\ H_2O_2 + 6\ H^+ \rightarrow 5\ O_2\uparrow + 2\ Mn^{2+} + 8\ H_2O$$

Bestimmung von Magnesiumperoxid (Ph. Eur. 11.0)

80,0 mg Substanz werden in einer auf 20 °C abgekühlten Mischung von 90 ml Wasser und 10 ml 96 %iger Schwefelsäure unter vorsichtigem Schütteln gelöst und mit Kaliumpermanganat-Lösung (0,02 mol $\cdot$ l^{-1}) bis zum Auftreten einer Rosafärbung titriert.

1 ml Kaliumpermanganat-Lösung (0,02 mol $\cdot$ l^{-1}) entspricht 2,815 mg MgO_2.

Bestimmung von Wasserstoffperoxid 3% (Ph. Eur. 11.0)

10,0 g Substanz werden mit Wasser zu 100,0 ml verdünnt. 10,0 ml Lösung werden mit 20 ml verdünnter Schwefelsäure (5 %) versetzt und mit Kaliumpermanganat-Lösung (0,02 mol $\cdot$ l^{-1}) bis zur Rosafärbung titriert.

1 ml Kaliumpermanganat-Lösung (0,02 mol $\cdot$ l^{-1}) entspricht 1,701 mg H_2O_2 oder 0,56 ml Sauerstoff.

4.2.2 Iodometrie

4.2.2.1 Allgemeines

In der Iodometrie wird Iod aufgrund seines niedrigen Redoxpotentials als »mildes« Oxidationsmittel eingesetzt:

$$I_2 + 2\,e^- \rightleftarrows 2\,I^- \qquad E^0 = 0{,}536\ V$$

Gleichermaßen kann auch Iodid als Reduktionsmittel verwendet werden. Meist ist die Iodometrie mit dem Redoxsystem Thiosulfat/Tetrathionat gekoppelt. Es finden sich in den Arzneibüchern aber auch einige direkte Titrationen mit Iod: Ph.Eur. 11.0: Acetylcystein, Ascorbinsäure, Captopril, Zinn(II)-chlorid-Dihydrat, Natriumascorbat, Calciumascorbat, Natriumthiosulfat.

$$S_4O_6^{2-} + 2e^- \rightleftarrows 2\,S_2O_3^{2-} \qquad E^0 = 0{,}17\ V$$

Die meisten Titrationen werden als Rücktitrationen durchgeführt, d. h. die zu bestimmende Substanz wird mit einem definierten Überschuss Iod-Maßlösung versetzt und anschließend wird der unverbrauchte Anteil Iod mit Natriumthiosulfat-Maßlösung zurücktitriert:

$$I_2 + 2\,S_2O_3^{2-} \rightarrow S_4O_6^{2-} + 2\,I^-$$

Bei der Bestimmung von Oxidationsmitteln wird das dabei aus Iodid gebildete Iod so bestimmt. Die Reaktion mit Natriumthiosulfat muss im schwach sauren bis neutralen Milieu ablaufen. Im Alkalischen wird Thiosulfat von der Iod-Maßlösung zum Sulfat oxidiert, im stark Sauren wird Thiosulfat zu Schwefel und Schwefeldioxid zersetzt.

$$S_2O_3^{2-} + 10\,OH^- + 4\,I_2 \rightarrow 2\,SO_4^{2-} + 8\,I^- + 5\,H_2O$$

$$S_2O_3^{2-} + 2\,H^+ \rightarrow S + SO_2\uparrow + H_2O$$

Als Alternative kommt eine Rücktitration mit arseniger Säure (H_3AsO_3) (vgl. Malaprade-Spaltung) bzw. Natriumarsenit-Maßlösung infrage, die aufgrund der Giftigkeit von Arsenverbindungen aber nur in Ausnahmefällen angewandt wird.

$$AsO_3^{3-} + I_2 + 2\,HCO_3^- \rightarrow AsO_4^{3-} + 2\,I^- + 2\,CO_2\uparrow + H_2O$$

4.2.2.2 Maßlösungen

In der Iodometrie wird eine wässrige Iod-Lösung als Maßlösung eingesetzt. Da sich Iod nur schlecht in Wasser löst, wird Kaliumiodid zugesetzt. Dieses bildet mit Iod einen deutlich besser löslichen Komplex I_3^- oder I_5^-.

$I_2 + I^- \rightarrow I_3^-$ bzw. $2\ I_2 + I^- \rightarrow I_5^-$

In der Ph. Eur. 11.0 kommen 0,01-, 0,5- und 0,05-molare Iod-Maßlösungen zum Einsatz.

Herstellung der Maßlösung (Iod-Lösung (0,05 mol · l⁻¹)) nach der Ph. Eur. 11.0
12,7 g Iod und 20 g Kaliumiodid werden in Wasser zu 1000,0 ml gelöst.

Einstellung der Iod-Lösung (0,05 mol · l⁻¹) nach der Ph. Eur. 11.0
10,0 ml der Iod-Lösung werden nach Zusatz von 1 ml verdünnter Essigsäure (12 g Eisessig mit Wasser zu 100 ml verdünnt) und 40 ml Wasser mit Natriumthiosulfat-Lösung (0,1 mol · l⁻¹) titriert. Der Endpunkt wird mit Hilfe der Potentiometrie oder unter Verwendung von Stärke-Lösung als Indikator bestimmt.

$F = F_{Na_2S_2O_3} \cdot \frac{a}{10}$ a [ml]: Verbrauch an Natriumthiosulfat-Lösung (0,1 mol · l⁻¹)

Herstellung der Stärke-Lösung nach der Ph. Eur. 11.0
1,0 g lösliche Stärke wird mit 5 ml Wasser R angerieben und die Mischung unter Umrühren in 100 ml siedendes Wasser gegeben, das 10 mg Quecksilber(II)-iodid enthält.

Herstellung der Maßlösung (Natriumthiosulfat-Lösung (0,1 mol · l⁻¹)) nach der Ph. Eur. 11.0
25 g Natriumthiosulfat und 0,2 g Natriumcarbonat werden in Wasser zu 1000,0 ml gelöst.

Einstellung der Maßlösung (Natriumthiosulfat-Lösung (0,1 mol · l⁻¹)) nach der Ph. Eur. 11.0
10,0 ml Kaliumbromat-Lösung (0,033 mol · l⁻¹) (Herstellung vgl. Bromatometrie) werden mit 40 ml Wasser, 10 ml Kaliumiodid-Lösung (0,033 mol · l⁻¹, 5,567 g · l⁻¹) sowie 5 ml 25-prozentiger Salzsäure versetzt und mit der Natriumthiosulfat-Lösung titriert. Gegen Ende der Titration wird 1 ml Stärke-Lösung (siehe oben) hinzugefügt.

$F = F_{KBrO_3} \cdot \frac{20}{a}$ a [ml]: Verbrauch an Natriumthiosulfat-Lösung (0,1 mol · l⁻¹)

Natriumthiosulfat ist keine Urtitersubstanz, kann aber sehr rein gewonnen werden. Da die wässrigen Lösungen allerdings sehr instabil sind und leicht durch Sauerstoff oder durch mikrobielle Verunreinigungen oxidiert werden können, ist eine Einstellung erforderlich.

$$2\ OH^- + S_2O_3^{2-} + 2\ O_2 \rightarrow 2\ SO_4^{2-} + H_2O$$

In der Ph. Eur. 11.0 wird eine Natriumthiosulfat-Maßlösung (0,1 mol · l^{-1}) verwendet.

Im DAB 9 erfolgte die Einstellung von Iod-Maßlösung gegen Arsen(III)-oxid als Urtitersubstanz. Dazu wird das Arsen(III)-oxid zunächst in Natronlauge gelöst, anschließend angesäuert und mit Iod-Lösung nach Zusatz von Natriumhydrogencarbonat und Stärke-Lösung titriert.

$$As_2O_3 + 6\,OH^- \rightarrow 2\,AsO_3^{3-} + 3\,H_2O$$
$$AsO_3^{3-} + I_2 + 2HCO_3^- \rightarrow AsO_4^{3-} + 2\,I^- + 2\,CO_2\uparrow + H_2O$$

Aufgrund der Toxizität von Arsen(III)-oxid sollte dieses Verfahren nicht mehr verwendet werden.

Die Ph. Eur. lässt Iod-Maßlösung gegen eingestellte Natriumthiosulfat-Maßlösung einstellen.

Zur Herstellung der verwendeten Natriumthiosulfat-Maßlösung wird die Substanz gemeinsam mit wenig Natriumcarbonat in Wasser gelöst. Die Einstellung erfolgt in saurer Lösung gegen Kaliumbromat-Maßlösung in Anwesenheit eines Überschusses Kaliumiodid.

$$BrO_3^- + 6\,I^- + 6\,H^+ \rightarrow 3\,I_2 + Br^- + 3\,H_2O$$
$$I_2 + 2\,S_2O_3^{2-} \rightarrow 2\,I^- + S_4O_6^{2-}$$

4.2.2.3 Indikation

Die Eigenfarbe von Iod (in wässriger Lösung gelb-braun) lässt sich bei einiger Erfahrung schon zur Indikation nutzen, so dass ein Umschlag von gelb nach farblos bei einer Rücktitration erkennbar ist. Sehr viel besser sichtbar wird der Umschlag bei Zusatz von Stärke-Lösung. Stärke bildet mit elementarem Iod und Iodid eine blauschwarze Einschlussverbindung (Chlathrat).

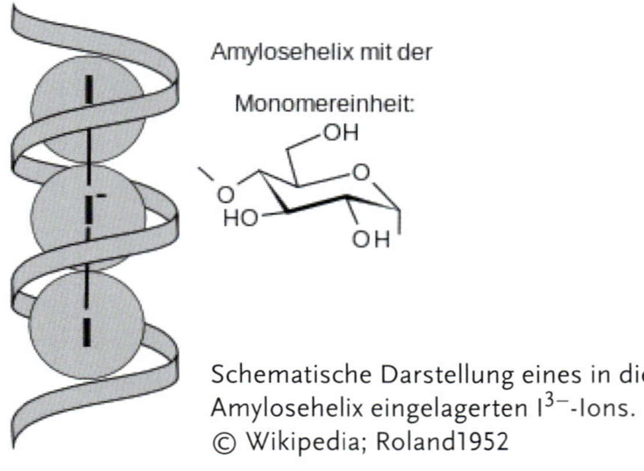

Schematische Darstellung eines in die Amylosehelix eingelagerten I^{3-}-Ions.
© Wikipedia; Roland1952

4.2.2.4 *Iodometrische Bestimmungen*

Oxidationen (direkte Titration)

Ion	Produkt	E^0 [V]
AsO_3^{3-}	AsO_4^{3-}	0,56*
$S_2O_3^{2-}$	$S_4O_6^{2-}$	0,17
SbO_3^{3-}	SbO_4^{3-}	0,48
SO_3^{2-}	SO_4^{2-}	0,12

Ion	Produkt	E^0 [V]
S^{2-}	S	– 0,51
Hg_2^{2+}	$[HgI_4]^{2-}$	
Sn^{2+}	Sn^{4+}	0,15
N_2H_4	N_2	- 0,23

Reduktionen (indirekte Titration)

Ion	Produkt	E^0 [V]
$[Fe(CN)_6]^{3-}$	$[Fe(CN)_6]^{4-}$	+ 0,36*
Cu^{2+}	CuI	0,17*
IO_3^-	I^-	1,09
ClO_3^-	Cl^-	1,45
Co^{3+}	Co^{2+}	1,84
H_2O_2	H_2O	1,78
BiO_3^-	$[BiI_4]^-$	
MnO_2	Mn^{2+}	1,68⁺

Ion	Produkt	E^0 [V]
ClO^-	Cl^-	0,88
$Cr_2O_7^{2-}$	Cr^{3+}	1,36
IO_4^-	I^-	1,24
PbO_2	Pb^{2+}	1,75
Fe^{3+}	Fe^{2+}	0,77
AsO_4^{3-}	AsO_3^{3-}	0,56*
MnO_4^-	Mn^{2+}	1,51
BrO_3^-	Br^-	1,44
SeO_4^{2-}	SeO_3^{2-}	1,09

* Je nach Reaktionsbedingungen (v. a. pH-Wert; siehe Nernst-Gleichung) sowohl Oxidation als auch Reduktion möglich + Werte in der Literatur sehr unterschiedlich.

Bestimmung von Cyanid

Cyanide können in schwach saurer Lösung durch Bromwasser zu Bromcyan (BrCN, giftig!) oxidiert werden (1). Der Überschuss an Brom wird anschließend durch Reaktion mit Phenol entfernt (2) und das Bromcyan mit Iodid zu Iod (3) umgesetzt. Dieses wird dann mit Natriumthiosulfat titriert (4).

(1) $CN^- + Br_2 \rightarrow Br{-}CN + Br^-$

(2) $3\ Br_2 + C_6H_6O \rightarrow C_6H_3Br_3O + 3\ HBr$

(3) $Br{-}CN + 2\ I^- \rightarrow I_2 + Br^- + CN^-$

(4) $I_2 + 2\ S_2O_3^{2-} \rightarrow S_4O_6^{2-} + 2\ I^-$

Bestimmung von Eisen(III)-Ionen

Eisen(III)-Ionen können in salzsaurer Lösung durch Iodid zu Eisen(II)-Ionen reduziert werden. Das dabei gebildete Iod wird dann mit Natriumthiosulfat-Lösung titriert.

Bestimmung von Eisen(III)-chlorid Hexahydrat (Ph. Eur. 11.0)
In einem Erlenmeyerkolben mit Schliffstopfen werden 0,200 g Substanz in 20 ml Wasser gelöst. Nach Zusatz von 10 ml verdünnter Salzsäure und 2 g Kaliumiodid wird der verschlossene Kolben 1 h lang unter Lichtschutz stehen gelassen. Die Titration erfolgt mit Natriumthiosulfat-Lösung (0,1 mol $\cdot l^{-1}$) unter Verwendung von 5 ml Stärke-Lösung, die gegen Ende der Titration zugesetzt werden.

1 ml Natriumthiosulfat-Lösung (0,1 mol $\cdot l^{-1}$) entspricht 27,03 mg $FeCl_3 \cdot 6\ H_2O$.

Bestimmung von Peroxiden

Peroxide wie Magnesiumperoxid können mit einem Überschuss Iodid zu Iod umgesetzt werden, das dann mittel Natriumthiosulfat-Lösung titriert wird (vgl. Peroxidzahl).

$$2\ H^+ + H_2O_2 + 2\ I^- \rightarrow 2\ H_2O + I_2$$

Bestimmung von Peroxiden (Beispiel: Magnesiumperoxid)
Etwa 0,200 g Substanz, genau gewogen, werden in einem Iodzahlkolben mit 10 ml Wasser angeschüttelt. Nach Zusatz von 5 ml 25-prozentiger Salzsäure, 1 g Kaliumiodid, 5 ml Wasser und 0,05 ml Ammoniummolybdat-Lösung (2,5 %) wird der Kolben verschlossen. Unter häufigem Schütteln wird die Lösung 3 Minuten lang stehen gelassen und mit Natriumthiosulfat-Lösung (0,1 mol $\cdot l^{-1}$) unter Zusatz von iodidfreier Stärke-Lösung bis zur Entfärbung titriert.

1 ml Natriumthiosulfat-Lösung (0,1 mol $\cdot l^{-1}$) entspricht 2,816 mg MgO_2.

Bestimmung von Iodiden

Iodide (DAB 7: KI, NaI) können durch Bromwasser in schwach alkalischer Lösung quantitativ zu Iodat oxidiert werden. Der Überschuss Brom wird anschließend mit Ameisensäure zu Bromid und Kohlendioxid umgesetzt, letzte Reste des Broms durch Natriumsalicylat entfernt. Anschließend wird das Iodat mit Iodid zu Iod synproportioniert und das gebildete Iod mit Natriumthiosulfat titriert.

$$I^- + 3\ Br_2 + 3\ H_2O \rightarrow IO_3^- + 6\ Br^- + 6\ H^+$$
$$HCOOH + Br_2 \rightarrow CO_2\uparrow + 2\ Br^- + 2H^+$$
$$6\ H^+ + IO_3^- + 5I^- \rightarrow 3\ I_2 + 3\ H_2O$$
$$2\ S_2O_3^{2-} + I_2 \rightarrow 2\ I^- + S_4O_6^{2-}$$

Bestimmung von Natriumiodid nach DAB 7
50 mg Substanz, genau gewogen, werden in 15,0 ml Natriumacetat-Lösung (27 %) gelöst und mit einem Überschuss an Bromlösung (2 %, etwa 10 ml) versetzt, bis eine klare und rötlich gelbe Lösung entsteht. Nach 1 Minute wird tropfenweise verdünnte Ameisensäure bis zur Entfärbung zugegeben. Nach Zugabe von 10 mg Natriumsalicylat wird umgeschüttelt und die Lösung mit 1,0 g Kaliumiodid und 5,0 ml Salzsäure (6 mol · l^{-1}) versetzt. Unter Zusatz von Stärke-Lösung wird Natriumthiosulfat-Lösung (0,1 mol · l^{-1}) titriert.

1 ml Natriumthiosulfat-Lösung (0,1 mol · l^{-1}) entspricht 2,115 mg Iodid bzw. 2,498 mg NaI.

Wasserbestimmung nach Karl Fischer[9]

Eine der wichtigsten Methoden zur Bestimmung von Wasser in pharmazeutischen Stoffen und Zubereitungen ist die Karl-Fischer-Methode. Ihr liegt die Beobachtung zu Grunde, dass Schwefeldioxid und Iod nur in Gegenwart von Wasser miteinander reagieren (»Bunsen[10] Reaktion«).

Die Reaktion erfolgt nur dann quantitativ, wenn eine Base den entstehenden Iodwasserstoff abfängt und wenn es gelingt, das Schwefeldioxid ausreichend in Lösung zu bringen. Beide Eigenschaften erfüllt Pyridin in idealer Weise, da es sowohl basisch reagiert als auch ein stabiles Addukt mit Schwefeldioxid bildet. Aufgrund des unangenehmen Geruchs wird heute Pyridin häufig durch Imidazol oder andere Basen ersetzt.

$$2\,H_2O + SO_2 + I_2 \rightarrow HSO_4^- + 2\,I^- + 3\,H^+$$

Um organische Verbindungen besser lösen zu können, wird die Reaktion in Methanol (oder verwandten Verbindungen, z. B. 2-Methoxyethanol) durchgeführt, das dann an der Reaktion teilnimmt, aber die grundsätzliche Stöchiometrie nicht verändert.

$$H_2O + H_3COH + I_2 + SO_2 + 3\,Py \rightarrow H_3CO\text{-}SO_3^- + 3\,PyH^+ + 2\,I^-$$

Die Indikation erfolgt im Regelfall mittels Biamperometrie oder Bivoltametrie. Insbesondere die Giftigkeit von Methanol und Pyridin haben inzwischen zur Entwicklung einer großen Anzahl von Ersatzverbindungen geführt (vgl. 2.5.12 Wasser – Karl-Fischer-Methode, Ph. Eur. 11.0).

---

9 Karl Albert Otto Franz Fischer (* 24.03.1901 in Pasing/München; † 16.04.1958 deutscher Chemiker
10 Robert Wilhelm Eberhard Bunsen (* 30.03.1811 in Göttingen; † 16.08. 1899 in Heidelberg, deutscher Chemiker)

Iodzahl (IZ) nach Ph. Eur. 11.0

Die Iodzahl (IZ) gibt an, wie viel Gramm Halogen, berechnet als Iod, von 100 g Substanz unter den Bedingungen der Ph. Eur. gebunden werden. Sie stellt ein Maß für die Zahl an olefinischen Doppelbindungen in organischen Verbindungen dar und wird in erster Linie zur Charakterisierung von Fetten hinsichtlich deren Anteil an ungesättigten Fettsäuren verwendet. Die Methode liefert keine Informationen zu einzelnen Fettsäuren, sondern nur zum mittleren Ausmaß der Ungesättigtheit aller Fettsäuren in den Triglyceriden (Summenparameter).

Die Substanz wird in Chloroform (Methode A) bzw. Cyclohexan/Essigsäure (Methode B) gelöst und mit Iodmonobromid-Lösung (bzw. Iodmonochlorid-Lösung) versetzt. Nach 30 Minuten im Dunkeln wird mit einem Überschuss Kaliumiodid-Lösung versetzt und mit Natriumthiosulfat gegen Stärke titriert. Zusätzlich wird ein Blindversuch (ohne Zusatz einer Probe) durchgeführt. Bei Verwendung einer Natriumthiosulfat-Maßlösung (0,1 mol · l^{-1}) berechnet sich die IZ nach:

$$IZ = \frac{1{,}269\,(n_2 - n_1)}{m}$$

n_2: Verbrauch Natriumthiosulfat beim Blindversuch
n_1: Verbrauch Natriumthiosulfat bei Bestimmung
m : Einwaage Probe

Methode A

$$IBr + I^- \rightarrow I_2 + Br^-$$

$$I_2 + 2\,S_2O_3^{2-} \rightarrow S_4O_6^{2-} + 2\,I^-$$

Methode B

$$ICl + I^- \rightarrow I_2 + Cl^-$$

$$I_2 + 2\,S_2O_3^{2-} \rightarrow S_4O_6^{2-} + 2\,I^-$$

Die Addition an die Doppelbindungen läuft selten quantitativ ab, so dass bei dieser Konventionsmethode ein genaues Einhalten der Reaktionsbedingungen erforderlich ist. Details hierzu finden sich im Arzneibuchkommentar.

Peroxidzahl (POZ) nach Ph. Eur. 11.0

Die Peroxidzahl (POZ) gibt die Peroxidmenge in Milliäquivalenten aktivem Sauerstoff an, die in 1000 g Substanz enthalten sind.

Die Substanz wird in Chloroform/Essigsäure (Methode A) oder Trimethylpentan/ Essigsäure (Methode B) gelöst und mit Kaliumiodid-Lösung versetzt. Nach 30 Minuten wird das gebildete Iod mit Natriumthiosulfat-Maßlösung (0,01 mol · l^{-1}) gegen Stärke titriert. Unter gleichen Bedingungen wird ein Blindversuch (ohne Probenzusatz) durchgeführt.

$$POZ = \frac{10\,(n_1 - n_2)}{m}$$

n_2: Verbrauch Natriumthiosulfat beim Blindversuch
n_1: Verbrauch Natriumthiosulfat bei Bestimmung
m : Einwaage Probe

Die Peroxidzahl ist ein Maß für den Alterungsprozess in Fetten, bei dem bevorzugt in Allylposition organische Peroxide entstehen. Diese reagieren mit Iodid zu Iod, das dann titrimetrisch erfasst wird.

R–CH(O–O–H)–CH=CH–R + 2 HI ⟶ R–CH(OH)–CH=CH–R + $I_2 + H_2O$

$$I_2 + 2\,S_2O_3^{2-} \rightarrow S_4O_6^{2-} + 2\,I^-$$

Bestimmung von höheren Metalloxiden (z. B. Bleidioxid, Mangandioxid)

Eine Bestimmung höherer Oxide kann nach der Methode von Bunsen erfolgen. Dabei werden Oxide wie Blei(IV)-oxid mit Salzsäure umgesetzt. Das entstehende Chlorgas wird abdestilliert und in einer Vorlage von Kaliumiodid-Lösung aufgefangen. Das in der Vorlage gebildete Iod kann dann mit Natriumthiosulfat titriert werden.

$$PbO_2 + 4\,HCl \rightarrow PbCl_2 + 2\,H_2O + Cl_2\uparrow$$
$$Cl_2 + 2\,I^- \rightarrow I_2 + 2\,Cl^-$$
$$I_2 + 2\,S_2O_3^{2-} \rightarrow S_4O_6^{2-} + 2\,I^-$$

Anwendungen in den Arzneibüchern

Bestimmung von Formaldehyd nach Ph. Eur. 11.0

Formaldehyd wird in alkalischer Lösung bestimmt, da das unter diesen Bedingungen durch Disproportionierung entstehende Hypoiodit ein höheres Redoxpotential hat als Iod. Der Formaldehyd wird dabei zu Formiat (Salz der Ameisensäure) oxidiert.

$$I_2 + 2\,OH^- \rightarrow IO^- + I^- + H_2O$$
$$CH_2O + IO^- + OH^- \rightarrow HCOO^- + I^- + H_2O \qquad E^0 = 0\,V$$

Nach der Umsetzung wird angesäuert und das durch Synproportionierung aus Hypoiodit und Iodid gebildete Iod mit Natriumthiosulfat zurücktitriert.

$$IO^- + I^- + 2\,H^+ \rightarrow I_2 + H_2O$$
$$I_2 + 2\,S_2O_3^{2-} \rightarrow S_4O_6^{2-} + 2\,I^-$$

Bestimmung von Ascorbinsäure (Vitamin C) nach Ph. Eur. 11.0

Ascorbinsäure lässt sich als Reduktionsmittel direkt mit Iod-Lösung titrieren. Die Endiol-Struktur wird dabei zum Diketon (Dehydroascorbinsäure) oxidiert.

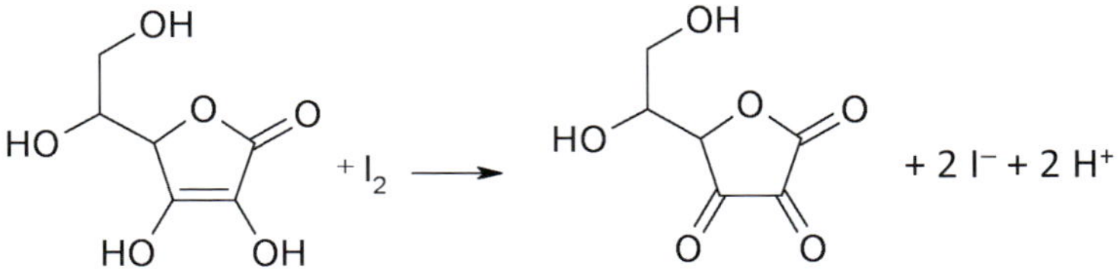

OH, HO, O, O, HO, OH + I_2 → OH, HO, O, O, O, O + $2\,I^- + 2\,H^+$

Bestimmung von Ascorbinsäure (Ph. Eur. 11.0)

0,150 g Substanz werden in einer Mischung von 10 ml verdünnter Schwefelsäure (5 %) und 80 ml kohlendioxidfreiem Wasser gelöst und nach Zusatz von 1 ml Stärke-Lösung mit Iod-Lösung (0,05 mol · l^{-1}) bis zur bleibenden Violettblaufärbung titriert.

1 ml Iod-Lösung (0,05 mol · l^{-1}) entspricht 8,81 mg $C_6H_8O_6$.

Bestimmung von Thiolen (Mercaptanen): Cystein-HCl (Ph. Eur.), N-Acetylcystein (Ph. Eur.), Captopril (Ph. Eur.) und Dimercaprol (Ph. Eur.)

Die Arzneistoffe Cystein, Acetylcystein (Formelbeispiel), Captopril und Dimercaprol weisen als Gemeinsamkeit eine Mercaptan-Funktion (SH-Gruppe) auf. Diese lässt sich durch Iod-Lösung zum Disulfid oxidieren. Während die Ph. Eur. Acetylcystein (Ph. Eur. 11.0) und Captopril (Ph. Eur. 11.0) direkt mit Iod-Maßlösung bei potentiometrischer Indikation titrieren lässt, werden Cystein-Hydrochlorid (Ph. Eur. 11.0) und Dimercaprol (Ph. Eur. 11.0) durch Rücktitration mit Natriumthiosulfat bestimmt.

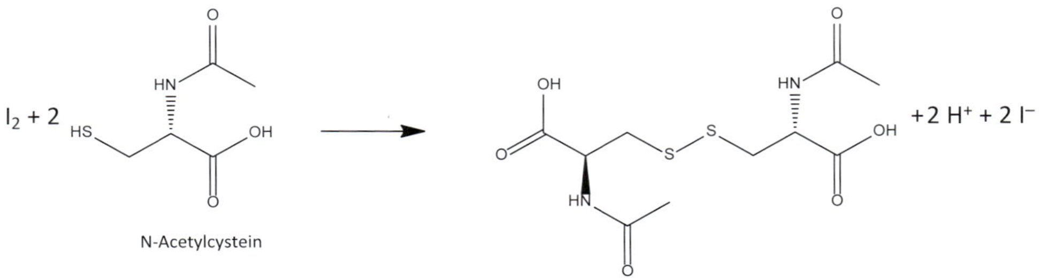

I_2 + 2 [O, HN, HS, OH, O] → [OH, O, HN, O, S, S, O, HN, OH, O] $+2\,H^+ + 2\,I^-$

N-Acetylcystein

Bestimmung von Cysteinhydrochlorid-Monohydrat (Ph. Eur. 11.0)
In einem Erlenmeyerkolben mit Schliffstopfen werden 0,300 g Substanz und 4 g Kaliumiodid in 20 ml Wasser gelöst. Nach dem Abkühlen in einer Eis-Wasser-Mischung wird die Lösung mit 3 ml 25 %ige Salzsäure und 25,0 ml Iod-Lösung (0,05 mol $\cdot l^{-1}$) versetzt. Der Kolben wird verschlossen 20 min lang im Dunkeln stehen gelassen. Die Lösung wird mit Natriumthiosulfat-Lösung (0,1 mol $\cdot l^{-1}$) titriert, wobei gegen Ende der Titration 3 ml Stärke-Lösung zugesetzt werden. Eine Blindtitration wird durchgeführt.

1 ml Iod-Lösung (0,05 mol $\cdot l^{-1}$) entspricht 15,76 mg $C_3H_8ClNO_2S$.

Bestimmung von Benzoylperoxid nach Ph. Eur. 11.0

Als organisches Peroxid lässt sich Benzoylperoxid (korrekte Bezeichnung: Dibenzoylperoxid) mit Kaliumiodid zu Iod umsetzen. Das gebildete Iod kann anschließend mit Natriumthiosulfat bestimmt werden.

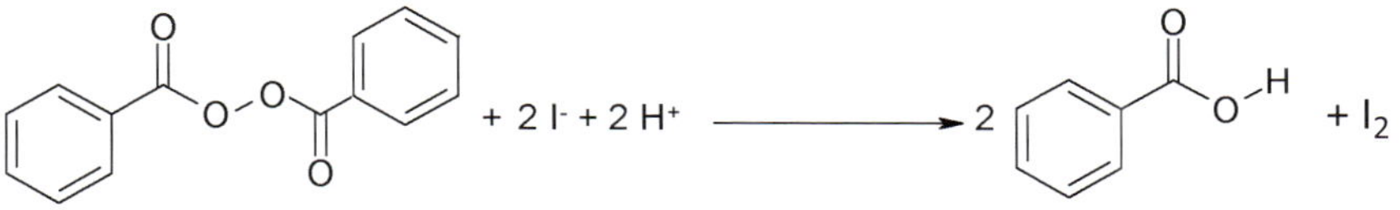

$$\text{Dibenzoylperoxid} + 2\ I^- + 2\ H^+ \longrightarrow 2\ \text{Benzoesäure} + I_2$$

$$I_2 + 2\ S_2O_3^{2-} \rightarrow S_4O_6^{2-} + 2\ I^-$$

Bestimmung von Tosylchloramid-Natrium (Chloramin T) nach Ph. Eur. 11.0

Chloramin T stellt ein organisch gebundenes Hypochlorit dar. Durch Hydrolyse zerfällt es zu Hypochlorit, welches mit Iodid zu Iod umgesetzt werden kann, das dann mit Natriumthiosulfat titriert werden kann.

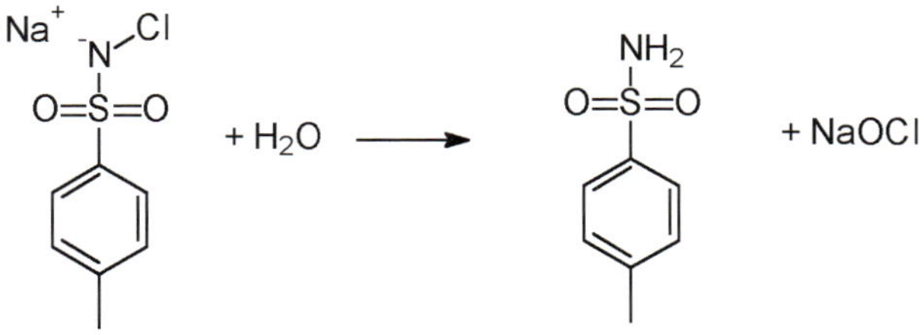

$$\text{Chloramin T} + H_2O \longrightarrow \text{Tosylamid} + NaOCl$$

$$NaOCl + 2\ HCl \rightarrow Cl_2 + Na^+ + H_2O + Cl^-$$
$$Cl_2 + 2\ I^- \rightarrow I_2 + 2\ Cl^-$$
$$I_2 + 2\ S_2O_3^{2-} \rightarrow S_4O_6^{2-} + 2\ I^-$$

Bestimmung von Tosylchloramid-Natrium nach Ph. Eur. 11.0
0,125 g Substanz werden in einem Erlenmeyerkolben mit Schliffstopfen in 100 ml Wasser gelöst, mit 1 g Kaliumiodid und 5 ml verdünnter Schwefelsäure (5 %) versetzt und 3 min lang stehen gelassen. Die Lösung wird nach Zusatz von 1 ml Stärke-Lösung als Indikator mit Natriumthiosulfat-Lösung (0,1 mol · l^{-1}) titriert.

1 ml Natriumthiosulfat-Lösung (0,1 mol · l^{-1}) entspricht 14,08 mg $C_7H_7ClNNaO_2S \cdot 3\,H_2O$.

4.2.3 Iodatometrie

4.2.3.1 Allgemeines

Eng verwandt mit der Iodometrie ist die Iodatometrie. Da Iod-Maßlösung recht instabil ist, hat man sich bald nach Alternativen umgesehen. Kaliumiodat stellt eine Substanz mit Urtitercharakter dar. Die wässrigen Maßlösungen sind sehr stabil. Bei Titrationen in saurer iodidhaltiger Lösung wird durch Synproportionierung in situ Iod gebildet, das für Oxidationen zur Verfügung steht.

$$IO_3^- + 6\,H^+ + 6\,e^- \rightleftarrows I^- + 3\,H_2O \qquad E^0 = 1{,}09\ V$$
$$IO_3^- + 5\,I^- + 6\,H^+ \rightarrow 3\,I_2 + 3\,H_2O$$
$$I_2 + 2\,e^- \rightarrow 2\,I^- \qquad E^0 = 0{,}536\ V$$

Folglich lassen sich alle oxidativen Bestimmungen der Iodometrie prinzipiell auch iodatometrisch durchführen.

4.2.3.2 Maßlösung

Kaliumiodat ist eine Urtitersubstanz. Auch in wässriger Lösung ist es relativ stabil. Die Bestimmungen werden in saurer Lösung in Gegenwart eines Überschusses Kaliumiodid durchgeführt, so dass in situ Iod gebildet wird, das für die eigentliche Oxidation analog der Iodometrie zur Verfügung steht. In der Ph. Eur. wird eine Kaliumiodat-Maßlösung (0,05 mol · l^{-1}) verwendet.

$$IO_3^- + 5\,I^- + 6\,H^+ \rightarrow 3\,I_2 + 3\,H_2O$$

Eine Einstellung kann entfallen, da Kaliumiodat hochrein gewonnen werden kann. Prinzipiell sind aber alle Methoden zur Einstellung der Iod-Maßlösung auch für Kaliumiodat-Maßlösung anzuwenden, also z. B. mit Arsen(III)-oxid. Die Ph.Eur. lässt für die Herstellung von Kaliumiodat-Maßlösung keine Urtitersubstanz verwenden, so dass dort eine Einstellung durchgeführt werden muss. In der Ph. Eur. wird Kaliumiodat-Maßlösung nach Zusatz von Kaliumiodid gegen eine eingestellte Natriumthiosulfat-Maßlösung eingestellt.

Herstellung der Maßlösung (Kaliumiodat-Lösung (0,05 mol · l^{-1})) nach der Ph. Eur. 11.0
10,70 g Kaliumiodat werden in Wasser zu 1000,0 ml gelöst.

Einstellung der Maßlösung nach Ph. Eur. 11.0
3,0 ml der Kaliumiodat-Lösung werden mit 40,0 ml Wasser, 1 g Kaliumiodid und 5 ml verdünnter Schwefelsäure (5 %) versetzt und mit Natriumthiosulfat-Lösung (0,1 mol · l^{-1}) titriert. Der Endpunkt wird mit Hilfe der Potentiometrie oder unter Verwendung von 1 ml Stärkelösung, die gegen Ende der Titration als Indikator hinzugefügt wird, bestimmt. 1 ml Natriumthiosulfat-Lösung (0,1 mol · l^{-1}) entspricht 3,567 mg KIO_3.

$F = F_{NaS_2O_3} \cdot \frac{a}{9}$ a: Verbrauch Natriumthiosulfat-Lösung (0,1 mol · l^{-1})

4.2.3.3 *Indikation*

Für die Indikation ist hier neben den elektrochemischen Verfahren die Stärke zu nennen (vgl. Iodometrie).

4.2.3.4 *Bestimmungen*

Iodide lassen sich durch direkte Titration mit Kaliumiodat-Maßlösung bestimmen. Die Bestimmung wird in konzentrierter Salzsäure durchgeführt. Unter den gewählten Reaktionsbedingungen synproportionieren Iodid und Iodat zum Iodmonochlorid. Die Reaktion läuft allerdings in der Praxis so ab, dass zunächst Iodat und Iodid zu elementarem Iod synproportionieren (Gelbfärbung der Lösung) und anschließend das Iod zu Iodmonochlorid oxidiert wird. Dieses reagiert mit Chlorid weiter zu ICl_2^-.

$$5\,I^- + IO_3^- + 6\,H^+ \rightarrow 3\,I_2 + 3\,H_2O$$
$$2\,I_2 + IO_3^- + 6\,H^+ + 10\,Cl^- \rightarrow 5\,[ICl_2]^- + 3\,H_2O$$

oder

$$2\,I^- + IO_3^- + 6\,HCl \rightarrow 3\,[ICl_2]^- + 3\,H_2O$$

Zur Indikation kann hier der Azofarbstoff Amaranth (Azorubin S E 123) verwendet werden (Farbwechsel von Rot nach Gelb). Amaranth wird durch den Überschuss der Maßlösung oxidativ zerstört.

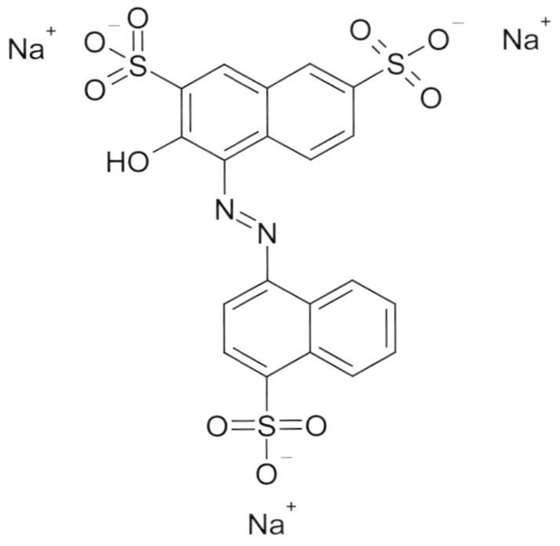

Amaranth (Azorubin S, E 123)

Bestimmung von Kaliumiodid (Iodmonochlorid-Verfahren) (USP)

Etwa 0,300 g Substanz, genau gewogen, werden in einem 300 ml Erlenmeyerkolben mit 25 ml 36-prozentiger Salzsäure versetzt, mit Wasser zu 100 ml verdünnt und sofort mit Kaliumiodat-Lösung (0,05 mol · l^{-1}) titriert, bis die zwischendurch auftretende tiefe Braunfärbung fast vollständig wieder verschwunden ist. Nach Zusatz von vier Tropfen 0,2-prozentiger Amaranth-Lösung wird langsam bis zum Farbumschlag von Rot nach Gelb titriert.

1 ml Kaliumiodat-Lösung (0,05 mol · l^{-1}) entspricht 16,60 mg KI.

Die Ph. Eur. 11.0 verwendet auch das Iodmonochlorid-Verfahren, titriert aber in einem Zweiphasen-System aus Chloroform/Salzsäure. Titriert wird bis zur Entfärbung der Chloroform-Phase (Verschwinden der Eigenfarbe des Iods). Die Ph. Eur. 11.0 verwendet Kaliumiodat-Maßlösung zur Bestimmung von Kaliumiodid und Natriumiodid sowie der beiden Kationentenside Cetrimid (Trimethyltetradecylammoniumbromid) und Cetylpyridiniumchlorid.

4.2.4 Periodatometrie

4.2.4.1 Allgemeines

Periodat (= Natriummetaperiodat) wird im Rahmen der Maßanalyse zur Bestimmung von vicinalen Polyalkoholen und verwandten Verbindungen (Malaprade-Spaltung, oxidative Glykolspaltung) verwendet. Anschließend wird meist in einer iodometrischen Titration der Überschuss Periodat bestimmt oder in einer alkalimetrischen Titration aus dem Analyten gebildete Ameisensäure erfasst.

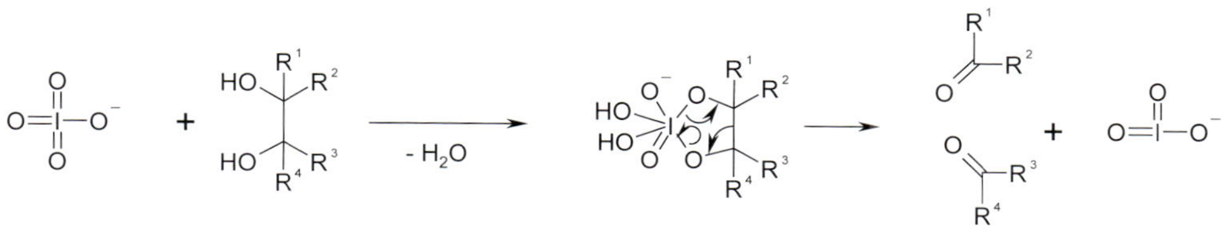

Bei der Malaprade-Spaltung werden mittels Periodat in einer stöchiometrischen Reaktion vicinale Diole, α-Hydroxyketone oder α-Aminoalkohole quantitativ oxidativ in Aldehyde, Ketone oder Carbonsäurederivate gespalten. Die Reaktion läuft über ein cyclisches Zwischenprodukt, das langsam und irreversibel in zwei Carbonylverbindungen zerfällt. Das Periodat reagiert unter den Reaktionsbedingungen stöchiometrisch einheitlich zu Iodat IO_3^-.

Die Bestimmung des Verbrauchs an Periodat kann auf unterschiedliche Weise erfolgen. Der Ansatz kann mit Iodid versetzt und durch Synproportionierung gebildetes Iod mit Natriumthiosulfat zurücktitriert werden. In der sauren Lösung reagieren sowohl Periodat als auch gebildete Iodat-Ionen mit Iodid, allerdings in unterschiedlicher Stöchiometrie.

$$IO_4^- + 7\,I^- + 8\,H^+ \rightarrow 4\,I_2 + 4\,H_2O$$

$$IO_3^- + 5\,I^- + 6\,H^+ \rightarrow 3\,I_2 + 3\,H_2O$$

Mit einem Blindversuch muss die Differenz im Verbrauch an Periodat ermittelt werden. Die Methode verbraucht sehr viel Maßlösung, da große Mengen Iod gebildet werden, und ist daher nicht gebräuchlich.

Günstiger ist die Pufferung der Lösung mit Hydrogencarbonat. Unter diesen Bedingungen ist nach der Umsetzung des Periodates mit dem Analyten nur der Überschuss Periodat in der Lage, mit Iodid zu Iod und Iodat zu reagieren. Das gebildete Iod wird anschließend mit einem Überschuss arseniger Säure (bzw. Arsenit) reduziert und dann der Überschuss an arseniger Säure (bzw. Arsenit) mit Iod-Lösung titriert. Eine direkte Titration des gebildeten Iods mit Natriumthiosulfat ist nicht möglich, da dieses mit Iodat reagieren würde.

$$IO_4^- + 2\,I^- + 2\,HCO_3^- \rightarrow IO_3^- + I_2 + 2\,CO_3^{2-} + H_2O$$
$$I_2 + 2\,HCO_3^- + AsO_3^{3-} \rightarrow AsO_4^{3-} + 2\,I^- + 2\,CO_2 + H_2O$$

Beispiel: Bestimmung von Ethylenglycol

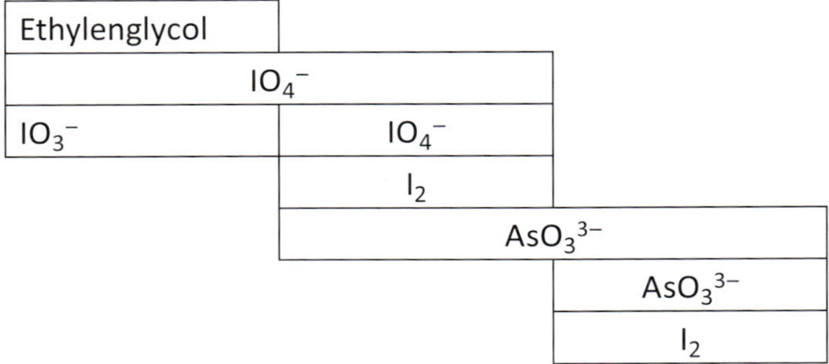

Neben der Auswertung über eine Redoxtitration ist bei bestimmten Analyten auch eine alkalimetrische Titration der bei der oxidativen Spaltung gebildeten Ameisensäure bzw. Carbonsäure möglich (vgl. Ph. Eur. Monographie Glycerol).

4.2.4.2 *Maßlösungen*

Natriumperiodat

Die Substanz Natriumperiodat (Natriummetaperiodat) wird in Schwefelsäure/Essigsäure oder nur in Wasser gelöst. Die Ph. Eur. verwendet eine 0,1 molare wässrige Maßlösung. Die Einstellung kann in Gegenwart eines Überschusses Kaliumiodid in saurer Lösung mit Natriumthiosulfat-Maßlösung erfolgen. Die Ph. Eur. 11.0 lässt die Natriumperiodat-Maßlösung gegen eingestellte Natriumthiosulfat-Maßlösung einstellen. Ältere Arzneibücher stellten gegen eingestellte Natriumarsenit-Maßlösung ein.

Herstellung der Natriumperiodat-Maßlösung (0,1 mol $\cdot l^{-1}$) nach Ph. Eur. 11.0
21,4 g Natriumperiodat werden in etwa 500 ml Wasser gelöst. Die Lösung wird mit Wasser zu 1000,0 ml verdünnt.

Einstellung Natriumperiodat-Maßlösung (0,1 mol $\cdot l^{-1}$) nach Ph. Eur. 11.0
Einstellung: 5,0 ml der Natriumperiodat-Lösung werden in einem Kolben mit Schliffstopfen mit 100 ml Wasser versetzt. Nach Zusatz von 10 ml Kaliumiodid-Lösung und 5 ml 25%iger Salzsäure wird der Kolben verschlossen, geschüttelt und 2 min lang stehen gelassen. Die Mischung wird mit Natriumthiosulfat-Lösung (0,1 mol $\cdot l^{-1}$) titriert, bis die Gelbfärbung fast verschwunden ist. Der Endpunkt wird mit Hilfe der Potentiometrie oder nach Zusatz von 2 ml Stärke-Lösung durch langsame Titration bis zur vollständigen Entfärbung bestimmt.

1 ml Natriumthiosulfat-Lösung (0,1 mol $\cdot l^{-1}$) entspricht 2,674 mg $NaIO_4$ oder 0,125 ml Natriumperiodat (0,1 mol $\cdot l^{-1}$).

4.2.4.3 Bestimmung organischer Verbindungen

Folgende organische Verbindungen lassen sich mittels Malaprade-Spaltung bestimmen. Wo es möglich ist, erfolgt die Auswertung in den Arzneibüchern über eine alkalimetrische Titration der gebildeten Ameisensäure.

Analyt	Produkte
Glycerol	$2\ H_2CO + HCOOH$
Sorbitol	$2\ H_2CO + 4\ HCOOH$
Mannitol	$2\ H_2CO + 4\ HCOOH$
R–CH(OH)–CH$_2$–NH$_2$	R–CHO + HCHO + NH_3

4.2.4.4 Bestimmungen in den Arzneibüchern

Bestimmung von Fosfomycin-Calcium (Ph. Eur. 11.0) und Fosfomycin-Natrium (Ph. Eur. 11.0)

Die Ph. Eur. bestimmt Fosfomycin-Calcium und Fosfomycin-Natrium mittels Malaprade-Spaltung. Hierbei wird zunächst das Epoxid in saurer Lösung zum Glykol hydrolysiert, das anschließend mit Periodat unter Spaltung der C-C- und der C-P-Bindung reagiert. Anschließend wird der unverbrauchte Anteil Periodat in gepufferter Lösung bei pH 6,4 nach Zusatz von Kaliumiodid mit Natriumarsenit-Maßlösung bestimmt. Unter gleichen Bedingungen wird ein Blindversuch durchgeführt und die Differenz zwischen beiden Titrationen für die Gehaltsbestimmung herangezogen.

Fosfomycin-Natrium (Epoxid, Na^+ Na^+) → Glykol (HO, OH, PO_3^{2-}) $\xrightarrow[-\ 2\ IO_3^-]{+\ 2\ IO_4^-}$ CH_3CHO + HCOOH + $H_2PO_4^-$

$$IO_4^- + 2\ HCO_3^- + 2\ I^- \rightarrow I_2 + IO_3^- + H_2O + 2\ CO_3^{2-}$$

$$I_2 + AsO_3^{3-} + 2\ HCO_3^- \rightarrow 2\ I^- + AsO_4^{3-} + H_2O + 2\ CO_2$$

Bestimmung von Adenosinmonophosphat-Dinatrium (DAB)

In analoger Weise wurde im DAB 9 (1. NT) Adenosinmonophosphat-Dinatrium bestimmt. Durch Periodat wird das Diol der Ribofuranose gespalten und wie oben beschrieben der unverbrauchte Anteil Periodat zurücktitriert.

Bestimmung von Sorbitol (=Sorbit) nach DAB 7

Der Zuckeralkohol Sorbitol wird durch 5 Äquivalente Natriumperiodat-Lösung in 2 Moleküle Formaldehyd und 4 Moleküle Ameisensäure gespalten. Der Überschuss Natriumperiodat wird durch Iodid zu Iodat und Iod umgesetzt. Letzteres kann mit der arsenigen Säure zu Arsensäure und Iodid reagieren. Der Überschuss der arsenigen Säure wird dann mit Iod-Maßlösung zurücktitriert.

Bestimmung von Sorbitol (DAB 7)

50 mg Substanz, genau gewogen, werden in einem Iodzahlkolben in 15 ml Wasser gelöst und mit 40,0 ml Natriummetaperiodat-Lösung (0,05 mol · l^{-1}) auf dem Wasserbad 10 Minuten lang erhitzt. Die Lösung wird abgekühlt, mit 1,5 g Kaliumhydrogencarbonat, 50,0 ml Arsenigsäure-Lösung (0,05 mol · l^{-1}) und 0,50 g Kaliumiodid versetzt und nach 15 Minuten mit Iod-Lösung (0,05 mol · l^{-1}) unter Zusatz von Stärkelösung titriert.

Unter gleichen Bedingungen wird ein Blindversuch angesetzt. Aus der Differenz zwischen dem Verbrauch an Iod-Lösung (0,05 mol · l^{-1}) im Haupt- und im Blindversuch wird der Gehalt berechnet.

1 ml Iod-Lösung (0,05 mol · l^{-1}) entspricht 1,822 mg $C_6H_{14}O_6$.

4.2.5 Chromatometrie (Dichromatometrie)

4.2.5.1 Allgemeines

Ein weiteres Redoxpaar zur quantitativen Bestimmung von oxidierbaren Verbindungen ist das Chromat(VI)/Chrom(III)-System. Aufgrund des carcinogen Potentials von Chrom(VI)-Salzen werden heute bevorzugt andere Maßlösungen verwendet. Die Oxidationsmittel Chromat und Dichromat liegen im pH-abhängigen Gleichgewicht vor:

$$\underset{\text{orange}}{Cr_2O_7^{2-} + H_2O} \rightleftarrows \underset{\text{gelb}}{2\,CrO_4^{2-} + 2\,H^+}$$

Da die Bestimmungen meist bei pH-Werten unter 7 durchgeführt werden, liegt als Oxidationsmittel Dichromat vor, das im Laufe der Titration zu Chrom(III) reduziert wird.

$$\underset{\text{orange}}{Cr_2O_7^{2-} + 14\,H^+ + 6\,e^-} \rightleftarrows \underset{\text{grün}}{2\,Cr^{3+} + 7\,H_2O} \qquad E^0 = 1{,}36\ V$$

4.2.5.2 *Maßlösung*

Kaliumdichromat ist eine Urtitersubstanz, die durch Kristallisation aus Wasser und Trocknen bei 130 °C sehr rein gewonnen werden kann und auch in Lösung sehr stabil ist. In der Ph. Eur. wird sie aber nicht als Urtitersubstanz geführt. Cr(VI)-Salze sind umwelttoxisch, daneben sind sie carcinogen und mutagen. In der aktuellen Ph. Eur. 11.0 wird keine Maßlösung mehr verwendet (in der Ph. Eur. 4.0: 0,0167 mol · l^{-1}).

Prinzipiell ist bei Verwendung der Urtitersubstanz keine Einstellung erforderlich. So erfolgt die Faktorbestimmung in der JAP aus der Einwaage an Kaliumdichromat-Urtitersubstanz. Eine Einstellung erfolgt aber nach Ph. Eur. 4.0 mit Natriumthiosulfat-Maßlösung. Dabei wird eine bestimmte Menge Kaliumdichromat-Maßlösung mit einem Überschuss Kaliumiodid versetzt und anschließend das gebildete Iod mit Natriumthiosulfat in salzsaurer Lösung in Anwesenheit von Stärke als Indikationshilfsmittel titriert. In der aktuellen Ph. Eur. 11.0 ist Kaliumdichromat nur noch als Reagenz und nicht mehr als Maßlösung enthalten. Der Gehalt des Reagenzes wird aber analog der früheren Faktoreinstellung bestimmt.

$$6\ I^- + Cr_2O_7^{2-} + 14\ H^+ \rightarrow 3\ I_2 + 2\ Cr^{3+} + 7\ H_2O$$
$$I_2 + 2\ S_2O_3^{2-} \rightarrow S_4O_6^{2-} + 2\ I^-$$

4.2.5.3 *Indikation*

Da der Farbumschlag der gelben bzw. orangen Chrom(VI)-Maßlösungen zum grünen Chrom(III)-Salz schlecht zu erkennen ist, arbeitet man meist mit Redoxindikatoren (Diphenylamin/Schwefelsäure) oder führt eine Rücktitration durch. Ein Überschuss an Maßlösung wird hierzu mit Kaliumiodid zu Chrom(III) und Iod umgesetzt und das Iod mit Natriumthiosulfat in Gegenwart von Stärke bestimmt.

4.2.5.4 *Bestimmungen*

Ion	Produkt	E^0 [V]
Fe^{2+}	Fe^{3+}	0,77
I^-	I_2	0,55
Br^-	Br_2	1,06
Sn^{2+}	Sn^{4+}	0,15
SbO_3^{3-}	SbO_4^{3-}	0,48

4.2.6 Bromometrie/Bromatometrie

4.2.6.1 Allgemeines

Auch Brom kann als Oxidationsmittel für quantitative Bestimmungen genutzt werden (Bromometrie). Aufgrund der hohen Flüchtigkeit und der Giftigkeit wird im Regelfall aber statt einer Brom-Maßlösung eine Titration mit Kaliumbromat-Maßlösung in Gegenwart eines Überschusses Kaliumbromid durchgeführt (Bromatometrie). Bromat und Bromid synproportionieren dabei in saurer Lösung zum eigentlichen Oxidationsmittel Brom.

$$BrO_3^- + 6\,e^- + 6\,H^+ \rightleftarrows Br^- + 3\,H_2O \qquad E^0 = 1{,}44\ V$$

$$BrO_3^- + 5\,Br^- + 6\,H^+ \rightarrow 3\,Br_2 + 3\,H_2O$$
$$Br_2 + 2\,e^- \rightleftarrows 2\,Br^- \qquad E^0 = 1{,}06\ V$$

4.2.6.2 Maßlösung

Kaliumbromat stellt einen Urtiter dar und kann direkt eingewogen werden. Es kann aus Wasser umkristallisiert und bei 180 °C bis zur Massekonstanz getrocknet werden (Ph. Eur. 11.0). Als Maßlösungen kommen wässrige Lösungen zum Einsatz. Brom-Maßlösungen können durch Auflösen von elementarem Brom in wässrigen oder methanolischen Kaliumbromid-Lösungen hergestellt werden. Daneben ist es auch möglich, wässrige Kaliumbromid-Lösungen mit Kaliumbromat und Salzsäure zu versetzen und das Brom in situ herzustellen. Die Brom-Lösungen haben den Nachteil, dass sie nur kurze Zeit haltbar sind. Sie sind deshalb möglichst frisch herzustellen. Die Ph. Eur. 11.0 verwendet eine 0,0167 molare Bromid/Bromat-Maßlösung (entspricht einer Äquivalentkonzentration von 0,1 mol · l^{-1} bzw. 0,1 N).

Kaliumbromat ist eine Urtitersubstanz, d. h. es ist stabil und kann hoch rein gewonnen werden. Eine Einstellung ist nicht erforderlich und die Substanz kann direkt eingewogen werden. Eine Einstellung bei Brom-Lösungen bzw. Kaliumbromat-Lösungen unbekannter Konzentration kann mit Arsen(III)-oxid erfolgen.

Herstellung der Maßlösung (Bromid-Bromat-Lösung (0,0167 mol · l^{-1})) nach der Ph. Eur. 11.0
2,7835 g Kaliumbromat RV und 13 g Kaliumbromid werden in Wasser zu 1000,0 ml gelöst.

Herstellung der Maßlösung (Kaliumbromat-Lösung (0,02 mol · l^{-1})) nach der Ph. Eur. 4.0
3,340 g Kaliumbromat RV werden in Wasser zu 1000,0 ml gelöst.

Herstellung der Maßlösung (Kaliumbromat-Lösung (0,033 mol · l^{-1})) nach der Ph. Eur. 11.0
5,5670 g Kaliumbromat RV werden in Wasser zu 1000,0 ml gelöst. Die Kaliumbromat-Lösung (0,0167 mol · l^{-1}) wird aus dieser Lösung durch Verdünnen mit Wasser hergestellt.

Einstellung der Maßlösung
Kaliumbromat wird als Urtitersubstanz nicht eingestellt. Die Faktorermittlung erfolgt aus der Einwaage.

$$F = 0{,}005988 \cdot \frac{m}{c_{soll}}$$ m [g]: Einwaage Kaliumbromat

4.2.6.3 *Indikation*

Die Eigenfarbe von elementarem Brom ist zu schwach für eine visuelle Indikation, so dass meist die Oxidationswirkung des Broms auch zur Indikation herangezogen wird. So können organische Farbstoffe, wie das aus der Säure-Base-Titration bekannte Methylorange oder Methylrot, durch erstes überschüssiges Brom irreversibel oxidiert werden (Entfärbung). Daneben ist der Redoxindikator Ethoxychrysoidin gebräuchlich.

4.2.6.4 *Bestimmungen*

Ion	Produkt	E^0 [V]	Ion	Produkt	E^0 [V]
Fe^{2+}	Fe^{3+}	0,77	Sn^{2+}	Sn^{4+}	0,15
I^-	I_2	0,55	Cu^+	Cu^{2+}	0,167
Br^-	Br_2	1,065	N_2H_4	N_2	−0,23
SbO_3^{3-}	SbO_4^{3-}	0,48	NH_2OH	NO_3^-	
AsO_3^{3-}	AsO_4^{3-}	0,56	NH_4^+	N_2	

Koppeschaar-Bestimmung

Ein spezielles Verfahren zur bromatometrischen Bestimmung von aromatischen Verbindungen ist die Koppeschaar-Titration. Hierbei können elektronenreiche Aromaten (Phenole, Aniline) mit Bromat/Bromid titriert werden. Die Aromaten werden dabei in einer elektrophilen Substitutionsreaktion (S_E-Reaktion) zu bromierten Aromaten umgesetzt. Die Bestimmung wird meist als Rücktitration durchgeführt, da für eine direkte Titration die Reaktionsgeschwindigkeit in den meisten Fällen nicht hoch genug ist und weitere Bromierungen auftreten können (vgl. Bestimmung von Phenol). Der Überschuss an Brom wird durch einen Überschuss Kaliumiodid zu Iod umgesetzt und das gebildete Iod anschließend mit Natriumthiosulfat titriert.

$$BrO_3^- + 5\,Br^- + 6\,H^+ \rightarrow 3\,Br_2 + 3\,H_2O$$

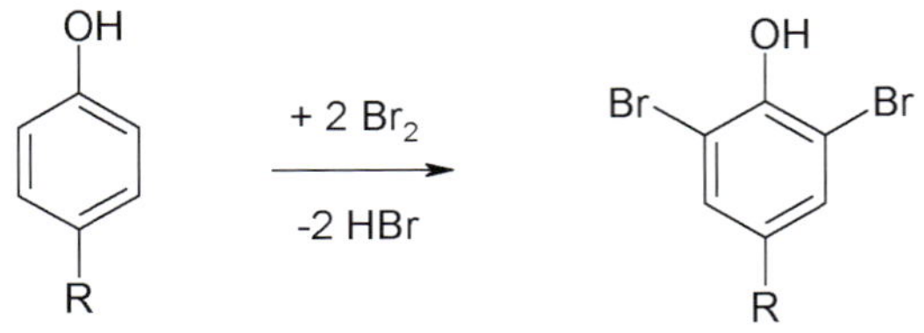

$$Br_2 + 2\,I^- \rightarrow I_2 + 2\,Br^-$$

$$I_2 + 2\,S_2O_3^{2-} \rightarrow S_4O_6^{2-} + 2\,I^-$$

Nach diesem Verfahren lassen sich bestimmen:
- Salicylsäure und Salicylsäurederivate
- Sulfanilamide (= 4-Aminobenzolsulfonamide)
- PHB-Ester (= 4-Hydroxybenzoesäureester)
- Parachlorphenol (4-Chlorphenol)
- Phenol (Verbrauch: 6 Redoxäquivalente Brom)

Bestimmung von Oxinato-Komplexen

Zahlreiche Metallionen (Al, Fe, Cu, Zn, Cd, Ni, Co, Mn, Mg) lassen sich indirekt bromatometrisch über ihre 8-Hydroxychinolin-Komplexe (Oxinate, vgl. Kap. 6.2.4.2) bestimmen. Unter geeigneten pH-Bedingungen werden die Metallkomplexe ausgefällt, das Fällungsprodukt abgetrennt und der Metall-Oxinat-Komplex anschließend in Säure unter Freisetzung von Oxin (8-Hydroxychinolin) gelöst und bromatometrisch titriert. Zweiwertige Kationen binden zwei, dreiwertige Metallkationen drei Oxin-Moleküle (vgl. Kapitel Gravimetrie). Die Bestimmung wird als Rücktitration durchgeführt: Der Überschuss Brom wird mit Kaliumiodid versetzt und das gebildete Iod mit Natriumthiosulfat zurücktitriert.

$$BrO_3^- + 5\,Br^- + 6\,H^+ \rightarrow 3\,Br_2 + 3\,H_2O$$

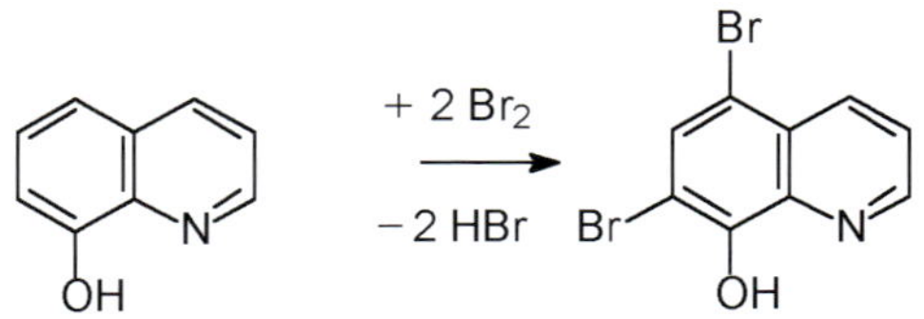

$$Br_2 + 2\,I^- \rightarrow I_2 + 2\,Br^-$$

$$I_2 + 2\,S_2O_3^{2-} \rightarrow S_4O_6^{2-} + 2\,I^-$$

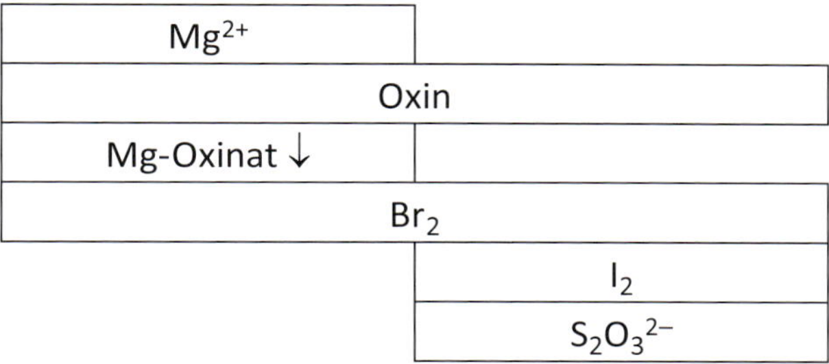

Bestimmung von Magnesiumsulfat (nach Biltz-Biltz)
In einem 250 ml Erlenmeyerkolben werden 0,100 g der getrockneten Substanz in 75 ml Wasser gelöst, mit 3 g Ammoniumchlorid und 8 ml 25-prozentiger Ammoniak-Lösung versetzt und auf 60 bis 70 °C temperiert. Dann wird zum Sieden erhitzt und eine 4-prozentige ethanolische 8-Hydroxychinolin-Lösung zugefügt, bis die Lösung gelb gefärbt ist. Die vor Licht geschützte Suspension wird nach dem Abkühlen filtriert und der Filter mit wenig verdünnter Ammoniak-Lösung nachgewaschen. Der Niederschlag wird in Salzsäure ($2\ mol \cdot l^{-1}$) gelöst, mit 1,5 g Kaliumbromid versetzt und mit einem definierten Überschuss Kaliumbromat-Lösung ($0{,}033\ mol \cdot l^{-1}$) versetzt, bis freies Brom erkennbar ist. Nach Zusatz von 1,5 g Kaliumiodid wird mit Natriumthiosulfat-Lösung ($0{,}1\ mol \cdot l^{-1}$) titriert. Die Berechnung erfolgt aus der Differenz der Volumina der beiden Maßlösungen.

1 ml Kaliumbromat-Lösung ($0{,}033\ mol \cdot l^{-1}$) entspricht 0,6080 mg Mg.

Anwendungen in den Arzneibüchern

Bestimmung von Isoniazid (Ph. Eur. 11.0)

Isoniazid wird nach der Ph. Eur. direkt in salzsaurer Lösung mit Kaliumbromat-Maßlösung in Anwesenheit eines Überschusses Kaliumbromid gegen Methylrot titriert. Hierbei wird das Hydrazid zu Stickstoff oxidiert. Der Indikator wird durch oxidative Zerstörung entfärbt.

$$\text{(Pyridin-4-yl)–C(=O)–NH–NH}_2 + 2\,Br_2 + H_2O \longrightarrow \text{(Pyridin-4-yl)–C(=O)OH} + N_2\uparrow + 4\,Br^- + 4\,H^+$$

Bestimmung von Isoniazid (Ph. Eur. 11.0)
0,250 g Substanz werden in Wasser zu 100,0 ml gelöst. 20,0 ml dieser Lösung werden mit 100 ml Wasser, 20 ml konzentrierter Salzsäure, 0,2 g Kaliumbromid und 0,05 ml Methylrot-Lösung (0,05 % in ethanolisch-wässriger Natronlauge (0,01 mol · l^{-1})) versetzt. Unter fortgesetztem Schütteln wird tropfenweise mit Kaliumbromat-Maßlösung (0,0167 mol · l^{-1}) titriert, bis die rote Färbung verschwindet.

1 ml Kaliumbromat-Lösung (0,0167 mol · l^{-1}) entspricht 3,429 mg $C_6H_7N_3O$.

Bestimmung von Phenol (Ph. Eur. 11.0)
Phenol und Resorcin werden nach Ph. Eur. in einer bromatometrischen Rücktitration nach Koppeschaar unter Verbrauch von jeweils 6 Redoxäquivalenten bestimmt.

Bestimmung von Phenol (Ph. Eur. 11.0)
2,000 g Substanz werden in Wasser zu 1000,0 ml gelöst. 25,0 ml Lösung werden in einem Erlenmeyerkolben mit Schliffstopfen mit 50,0 ml Bromid-Bromat-Lösung (0,0167 mol · l^{-1}) und 5 ml 36%iger Salzsäure versetzt. Der Kolben wird verschlossen, unter gelegentlichem Schwenken 30 min lang stehen gelassen und danach weitere 15 min lang stehen gelassen. Die Lösung wird mit 5 ml einer Lösung von Kaliumiodid (200 g · l^{-1}) versetzt, geschüttelt und mit Natriumthiosulfat-Lösung (0,1 mol · l^{-1}) bis zur schwachen Gelbfärbung titriert. Nach Zusatz von 0,5 ml Stärke-Lösung und 10 ml Chloroform wird die Titration unter kräftigem Schütteln fortgesetzt. Eine Blindtitration wird durchgeführt.

1 ml Bromid-Bromat-Lösung (0,0167 mol · l^{-1}) entspricht 1,569 mg C_6H_6O.

Bestimmung von Sulfaguanidin, Sulfanilamid, Sulfisomidin, Sulfathiazol (DAB 7)

Im DAB 7 wurden zahlreiche Sulfonamid-Antibiotika mit primärer aromatischer Aminogruppe durch Ringbromierung und anschließende iodometrische Rücktitration bestimmt. Bei Verbindungen wie Sulfathiazol ist die zusätzliche Bromierung am Thiazol-Ring zu beachten.

Bestimmung von Sulfanilamid nach Koppeschaar (AB-DDR 1979, DAB 7)
Ca. 0,100 g getrocknete Substanz, genau gewogen, werden in einem 200 ml Iodzahlkolben in einer Mischung aus 6,5 ml 36-prozentiger Salzsäure und 3,5 ml Wasser unter Erwärmen auf dem Wasserbad gelöst. Nach Erkalten und Zusatz von 20,0 ml Essigsäure sowie 5,0 ml 20-prozentiger Kaliumbromid-Lösung wird die Lösung unter Schwenken mit 30,0 ml Kaliumbromat-Lösung (0,02 mol · l^{-1}) versetzt und 5 Minuten stehen gelassen. Anschließend werden 0,5 g Kaliumiodid hinzugefügt. Nach 60 Sekunden wird das ausgeschiedene Iod mit Natriumthiosulfat-Lösung (0,1 mol · l^{-1}) titriert. Sobald die Lösung nur noch schwach gelb gefärbt ist, werden 2,0 ml Stärke-Lösung hinzugefügt.

1 ml Kaliumbromat-Lösung (0,02 mol · l^{-1}) entspricht 4,305 mg $C_6H_8N_2O_2S$.

Bestimmung von Cystin (Ph. Eur. 11.0)

Cystin (das Oxidationsprodukt aus Cystein) wird nach der Ph. Eur. bromatometrisch bestimmt. Dabei wird das Disulfid durch einen Überschuss Brom (aus Bromat/Bromid) zur Sulfonsäure oxidiert und der unverbrauchte Anteil durch Iodid in Iod übergeführt, das anschließend mittels Thiosulfat in Gegenwart von Stärke titriert wird.

$$\text{HOOC-CH(NH}_2\text{)-CH}_2\text{-S-S-CH}_2\text{-CH(NH}_2\text{)-COOH} \xrightarrow[-10\,HBr]{+5\,Br_2 + 6\,H_2O} 2\ \text{HOOC-CH(NH}_2\text{)-CH}_2\text{-SO}_3\text{H}$$

4.2.7 Cerimetrie

4.2.7.1 Allgemeines

Das Redoxsystem Cer(IV)/Cer(III) kann ebenfalls für oxidative Bestimmungen genutzt werden.

$$Ce^{4+} + e^- \rightleftarrows Ce^{3+} \qquad E^0 = 1{,}44\ (\text{Sulfat}) / 1{,}61\ \text{V}\ (\text{Nitrat})$$

Cer(IV)-Salze sind als Mischsalze mit Ammoniumsalzen im Handel. Gebräuchlich sind Ammoniumcer(IV)-nitrat ($Ce(NH_4)_2(NO_3)_6$) und -sulfat ($Ce(NH_4)_4(SO_4)_4 \cdot 2H_2O$) sowie Cer(IV)-sulfat ($Ce(SO_4)_2\ 4\ H_2O$).

Mit der Maßlösung kann man nur im sauren pH-Bereich arbeiten, da es sonst zur Ausfällung von basischen Cer-Salzen kommt. Im Vergleich zu Kaliumpermanganat-Maßlösung ist eine Cer-Maßlösung wesentlich beständiger. Cer(IV)-Salze sind blassgelb gefärbt, Cer(III)-Salze sind farblos. Die schwache Farbe ist meist für eine visuelle Auswertung nicht brauchbar. Cer(IV)-Ionen liegen in Lösung als Sulfato- oder Nitrato-Komplexe vor. Das Redoxpotential wird in gewissen Grenzen durch das Gegenion bestimmt. Ein besonderer Vorteil liegt in der eindeutigen Stöchiometrie der Reaktionen, da anders als bei Permanganat und Dichromat nur 1 Elektron übertragen wird.

4.2.7.2 Maßlösung

Die Ph. Eur. 11.0 verwendet drei verschiedene Cer(IV)-Maßlösungen: Ammoniumcer(IV)-nitrat, Ammoniumcer(IV)-sulfat und Cer(IV)-sulfat-Maßlösung.

Die Maßlösungen werden durch Auflösen von Ammoniumcer(IV)-nitrat oder -sulfat bzw. Cer(IV)-sulfat in verdünnter Schwefelsäure hergestellt.

Die Einstellung der drei Maßlösungen erfolgt nach Ph. Eur. 11.0 gegen den Urtiter Eisen(II)-ethylendiammoniumsulfat.

Herstellung der Maßlösung (Ammoniumcer(IV)-nitrat-Lösung (0,1 mol · l^{-1})) nach der Ph. Eur. 11.0
56 ml 96-prozentige Schwefelsäure und 54,82 g Ammoniumcer(IV)-nitrat werden 2 Minuten lang geschüttelt und anschließend fünfmal mit je 100 ml Wasser, jeweils unter Schütteln, versetzt. Die klare Lösung wird mit Wasser zu 1000,0 ml verdünnt, 10 Tage lang stehen gelassen und eingestellt.

Einstellung der Maßlösung nach der Ph. Eur. 11.0
0,300 g Eisen(II)-ethylendiammoniumsulfat werden in 50 ml einer verdünnten Lösung von Schwefelsäure (4,9 %) gelöst. Die Lösung wird mit der Ammoniumcer(IV)-nitrat-Lösung titriert. Der Endpunkt wird mit Hilfe der Potentiometrie oder unter Verwendung von 0,1 ml Ferroin-Lösung als Indikator bestimmt.

1 ml Ammoniumcer(IV)-nitrat-Lösung (0,1 mol · l^{-1}) entspricht 38,21 mg $Fe(C_2H_{10}N_2)(SO_4)_2 \cdot 4\,H_2O$

Herstellung der Ferroin-Lösung nach Ph. Eur. 11.0
0,7 g Eisen(II)-sulfat und 1,76 g Phenanthrolinhydrochlorid werden in 70 ml Wasser gelöst und die Lösung zu 100 ml mit Wasser verdünnt.

Die Einstellung der Ammoniumcer(IV)-sulfat-Lösung und der Cer(IV)-sulfat-Lösung erfolgt nach Ph. Eur. 11.0 in analoger Weise. Bis Ph. Eur. 9.0 erfolgte eine Einstellung gegen eingestellte Natriumthiosulfat-Maßlösung. Ein definiertes Volumen der Ammoniumcer(IV)-Maßlösung wird mit einem Überschuss Kaliumiodid in schwefelsaurer Lösung versetzt und das gebildete Iod anschließend mit Natriumthiosulfat gegen Stärke titriert.

$$2\ Ce^{4+} + 2\ I^- \rightarrow I_2 + 2\ Ce^{3+}$$
$$I_2 + 2\ S_2O_3^{2-} \rightarrow S_4O_6^{2-} + 2\ I^-$$

Einstellung der Maßlösung nach der Ph. Eur. 4.0
25,0 ml der Ammoniumcer(IV)-nitrat-Lösung werden nach Zusatz von 2,0 g Kaliumiodid, 150 ml Wasser und 1 ml Stärke-Lösung sofort mit Natriumthiosulfat-Lösung (0,1 mol · l^{-1}) titriert.

$$F = F_{Na_2S_2O_3} \cdot \frac{a}{25{,}0}$$ a[ml]: Verbrauch an Natriumthiosulfat-Lösung (0,1 mol · l^{-1})

Im DAB 9 erfolgte die Einstellung gegen Arsen(III)-oxid.

4.2.7.3 Indikation

Die Indikation erfolgt mit dem Farbindikator Ferroin oder elektrochemisch. Der Indikator Ferroin ändert seine Farbe von rot nach schwachblau. Die Eigenfarbe der Cer-Maßlösung spielt praktisch keine Rolle (vgl. S. 151).

4.2.7.4 Bestimmungen

Grundsätzlich lassen sich, abhängig vom Normalpotential, alle Oxidationen, die mit Permanganat möglich sind, auch mit Cer(IV)-Maßlösung durchführen.

Ion	Produkt	E^0 [V]
AsO_3^{3-}	AsO_4^{3-}	0,56
Fe^{2+}	Fe^{3+}	0,77
Sn^{2+}	Sn^{4+}	0,15
H_2O_2	O_2	0,68
NO_2^-	NO_3^-	0,94

Bestimmung von Nitrit

Die Nitrit-Bestimmung muss invers erfolgen, d. h. eine bestimmte Menge Cer(IV)-Maßlösung wird vorgelegt und mit der Analysenlösung titriert, da sonst in der sauren Lösung Nitrit disproportioniert (vgl. Permanganometrie, S. 159). In der Ph. Eur. erfolgt eine inverse Rücktitration.

$$2\ NO_2^- + 2\ H^+ \rightarrow NO_2\uparrow + NO\uparrow + H_2O$$

$$NO_2^- + 2\ Ce^{4+} + H_2O \rightarrow 2\ Ce^{3+} + NO_3^- + 2\ H^+$$

Anwendungen in den Arzneibüchern

Bestimmung von Nifedipin (Ph. Eur.) und anderen 1,4-Dihydropyridinen

Nifedipin kann als Dihydropyridin mit Cer(IV)-Salzen unter Aromatisierung zum entsprechenden Pyridin oxidiert werden. Die Indikation kann mit Ferroin erfolgen.

$$\text{Nifedipin} + 2\,Ce^{4+} \longrightarrow \text{Pyridin-Derivat} + 2\,Ce^{3+} + 2\,H^+$$

Bestimmung von Nifedipin (Ph. Eur. 11.0)
0,1300 g Substanz werden in einer Mischung von 25 ml *tert*-Butanol und 25 ml Perchlorsäure-Lösung (8,5 ml 70%ige Perchlorsäure in 100 ml Wasser) gelöst und nach Zusatz von 0,1 ml Ferroin-Lösung als Indikator mit Cer(IV)-sulfat-Lösung (0,1 mol · l^{-1}) bis zum Verschwinden der Rosafärbung titriert. Gegen Ende der Titration wird die Mischung langsam titriert. Eine Blindtitration wird durchgeführt.

1 ml Cer(IV)-sulfat-Lösung (0,1 mol · l^{-1}) entspricht 17,32 mg $C_{17}H_{18}N_2O_6$.

Bestimmung von Menadion (Vitamin K) (Ph. Eur. 11.0)

Menadion kann nach Reduktion mit einem Überschuss Zink in saurer Lösung durch anschließende Reoxidation des gebildeten Hydrochinon-Derivates zum Menadion mit Cer(IV)-Salzen bestimmt werden.
Die Indikation erfolgt mit Ferroin.

$$\text{Menadion} \xrightarrow{Zn + 2H^+} \text{Hydrochinon-Derivat} \xrightarrow[-2Ce^{3+},\ -2H^+]{+2Ce^{4+}} \text{Menadion}$$

Bestimmung von Menadion (Ph. Eur. 11.0)
0,150 g Substanz werden in einem Kolben, der mit einem Bunsenventil versehen ist, in 15 ml Essigsäure 99 % gelöst. Nach Zusatz von 15 ml verdünnter Salzsäure (7 %ig) und 1 g Zinkstaub wird der Kolben verschlossen und unter gelegentlichem Umschütteln 60 min lang unter Lichtschutz stehen gelassen. Die Lösung wird durch einen Wattebausch aus Baumwolle filtriert und die Watte 3-mal mit je 10 ml kohlendioxidfreiem Wasser gewaschen. Nach Zusatz von 0,1 ml Ferroin-Lösung wird das Gesamtfiltrat sofort mit Ammoniumcer(IV)-nitrat-Lösung (0,1 mol · l^{-1}) titriert.

1 ml Ammoniumcer(IV)-nitrat-Lösung (0,1 mol · l^{-1}) entspricht 8,61 mg $C_{11}H_8O_2$.

Bestimmung von Tocopherol (DAB 7, Ph. Eur.: Reinheitsprüfung von Tocopherolacetat auf freies Tocopherol)

Auch Tocopherol (Vitamin E) kann cerimetrisch bestimmt werden. Nach zunächst durchgeführter Hydrolyse wird hierbei die Hydrochinonstruktur zum Chinon oxidiert.

HO ... $C_{16}H_{33}$ + H_2O + 2 Ce^{4+} ⟶ ... $C_{16}H_{33}$ ... OH + 2 Ce^{3+} + 2 H^+

> **Bestimmung von α-Tocopherolacetat nach DAB 7**
> 50 mg Substanz, genau gewogen, werden in 25,0 ml absolutem Ethanol gelöst und nach Zusatz von 10 ml Ethanol-Schwefelsäure (12 ml konzentrierte Schwefelsäure und 88 ml absoluter Ethanol) unter Rückfluss zwei Stunden lang zum Sieden erhitzt. Die abgekühlte Lösung wird mit absolutem Ethanol in einen 50 ml Messkolben übergespült und mit absolutem Ethanol aufgefüllt. 10,0 ml dieser Lösung werden nach Zusatz von 0,05 ml Diphenylamin-Lösung (1-prozentig in konzentrierter Schwefelsäure) mit Ammoniumcer(IV)-sulfat-Lösung (0,01 mol · l^{-1}) bis zu einer 10 Sekunden anhaltenden Blaufärbung titriert.
>
> 1 ml Ammoniumcer(IV)-sulfat-Lösung (0,01 mol · l^{-1}) entspricht 2,364 mg $C_{31}H_{52}O_3$.

Bestimmung von Paracetamol (Ph. Eur.)

Analog der dichromatometrischen Bestimmung kann Paracetamol nach saurer Hydrolyse (10 %ige Schwefelsäure) mit Ammoniumcer(IV)-nitrat gegen Ferroin bestimmt werden.

OH ... NH ... O $\xrightarrow[-\,HOAc]{H_2O\ [H^+]}$ OH ... NH_2 $\xrightarrow[-\,2\,Ce^{3+},\ -\,2\,H^+]{+\,2\,Ce^{4+}}$ O ... NH

> **Bestimmung von Paracetamol nach Ph. Eur. 11.0**
> 0,300 g Substanz werden in einer Mischung von 10 ml Wasser und 30 ml verdünnter Schwefelsäure (5 %) gelöst. Die Lösung wird 1 h lang unter Rückflusskühlung zum Sieden erhitzt, abgekühlt und mit Wasser zu 100,0 ml verdünnt. 20,0 ml dieser Lösung werden mit 40 ml Wasser, 40 g Eis, 15 ml verdünnter Salzsäure und 0,1 ml Ferroin-Lösung versetzt und mit Cer(IV)-sulfat-Lösung (0,1 mol · l^{-1}) bis zum Farbumschlag nach Grünlich-Gelb titriert. Eine Blindtitration wird durchgeführt.
>
> 1 ml Cer(IV)-sulfat-Lösung (0,1 mol · l^{-1}) entspricht 7,56 mg $C_8H_9NO_2$.

Bestimmung von Titandioxid (Ph. Eur. 11.0)

Titandioxid wird nach Ph. Eur. zunächst mit Zink-Amalgam zum Titan(III) reduziert, welches anschließend mit einem Überschuss Ammoniumeisen(III)-sulfat-Maßlösung reoxidiert wird. Die dabei entstandenen Eisen(II)-Ionen werden anschließend mit Ammoniumcer(IV)-nitrat-Maßlösung gegen Ferroin titriert.

Bestimmung von Calciumdobesilat Monohydrat (Ph. Eur. 11.0)

Calciumdobesilat wird nach Ph. Eur. in schwefelsaurer Lösung mit Cer(IV)-sulfat-Maßlösung bei potentiometrischer Indikation bestimmt. Durch Cer(IV)-Ionen wird dabei das Hydrochinon zum Chinon oxidiert.

Ca^{2+} $[SO_3^-$, OH, HO$]_2$ x H_2O

Bestimmung von Eisen(II)-sulfat Heptahydrat (Ph. Eur. 11.0)

Eisen(II)-sulfat Heptahydrat wird nach der Ph. Eur. 11.0 in schwefelsaurer Lösung mit Cer(IV)-sulfat-Maßlösung bei potentiometrischer Indikation bestimmt. Durch Cer(IV)-Ionen werden dabei die Eisen(II)-Ionen zu Eisen(III)-Ionen oxidiert.

Bestimmung von Eisen(II)-sulfat -Heptahydrat nach Ph. Eur. 11.0
2,5 g Natriumhydrogencarbonat werden in einer Mischung von 150 ml Wasser und 10 ml Schwefelsäure (96 %) gelöst. Nach Beendigung der Gasentwicklung werden 0,500 g Substanz zugesetzt und unter leichtem Schwenken gelöst. Die Lösung wird nach Zusatz von 0,1 ml Ferroin-Lösung mit Ammoniumcer(IV)-nitrat-Lösung (0,1 mol · l^{-1}) bis zum Verschwinden der Rotfärbung titriert.

1 ml Ammoniumcer(IV)-nitrat-Lösung (0,1 mol · l^{-1}) entspricht 27,80 mg $FeSO_4 \cdot 7\, H_2O$.

Durch den Zusatz von Natriumhydrogencarbonat wird in der schwefelsauren Lösung eine Schutzgasatmosphäre von Kohlendioxid erzeugt, so dass eine Oxidation der Eisen(II)-Ionen durch Luftsauerstoff verhindert wird.

4.2.8 Ferrometrie

4.2.8.1 Allgemeines

Eisen(II)-Ionen werden als schwache Reduktionsmittel in der Maßanalyse eingesetzt. Die Umsetzung erfolgt unter Übertragung eines Elektrons zu Eisen(III)-Ionen.

$$Fe^{3+} + e^- \rightleftarrows Fe^{2+} \qquad E^0 = 0{,}77\ V$$

4.2.8.2 Maßlösung
Zur Herstellung der Maßlösung wird Eisen(II)-sulfat in verdünnter Schwefelsäure gelöst. Die Einstellung erfolgt gegen eine eingestellte Kaliumpermanganat-Maßlösung in phosphorsaurer Lösung.

$$5\ Fe^{2+} + MnO_4^- + 8\ H^+ \rightarrow 5\ Fe^{3+} + Mn^{2+} + 4\ H_2O$$

4.2.8.3 Indikation
Zur Indikation wird in der Ferrometrie häufig Diphenylamin verwendet. Auch eine Indikation mit Thiocyanat (Rhodanid) ist möglich. Daneben sind elektrochemische Indikationen, vor allem die Potentiometrie, gebräuchlich.

4.2.8.4 Bestimmungen
In den Arzneibüchern findet die Ferrometrie nur geringe Anwendung. Die Ph. Eur. 11.0 bestimmt das Reagenz Vanadium(V)-oxid mittels Titration mit Eisen(II)-sulfat-Maßlösung. Das Vanadium(V)-oxid (E_0 = 1,0 V) wird mit Eisen(II)-sulfat zu Vanadium(IV) reduziert (Indikator: Ferroin). Die Umsetzung erfolgt in Schwefelsäure.
Zunächst werden mit einem Kaliumpermanganat-Überschuss alle Vanadium-Spezies vollständig zu Vanadium(V) oxidiert, anschließend der Permanganat-Überschuss mit Nitrit reduziert und ein Nitrit-Überschuss mit Harnstoff verkocht. Erst dann erfolgt die eigentliche Titration.

$$VO_2^+ + Fe^{2+} + 2\ H^+ \rightarrow VO^{2+} + Fe^{3+} + H_2O$$

Bestimmung von Fluorid
Eine ferrometrische Bestimmung, die eigentlich in den Bereich der Komplexometrie gehört, ist die Fluorid-Bestimmung. Die fluoridhaltige Analyse wird unter Zusatz von Eisen(II)-sulfat gelöst und anschließend mit Eisen(III)-Maßlösung titriert. Eisen(III)-Ionen bilden mit Fluorid einen stabilen Komplex. Erst nach Überschreiten des Äquivalenzpunktes kommt es nun durch freie Eisen (III)-Ionen zu einer Änderung des Redoxpotentials.

4.2.9 Nitritometrie

4.2.9.1 Allgemeines
Die Nitritometrie wird zur Bestimmung primärer aromatischer Amine genutzt. Mit einer Natriumnitrit-Maßlösung werden in saurer Lösung primäre aromatische Amine wie z. B. viele Sulfonamid-Antibiotika zu den Diazoniumsalzen umgesetzt. Diese sind unter den Titrationsbedingungen für eine quantitative Bestimmung hinreichend stabil.

4.2.9.2 *Maßlösung*

Die Maßlösung wird durch Auflösen von Natriumnitrit in Wasser hergestellt.

Die Einstellung kann gegen Sulfanilamid (DAB 7) oder Sulfanilsäure (Ph. Eur. 11.0) erfolgen. Der jeweilige Urtiter wird in 7 %iger Salzsäure gelöst und dann mit der Natriumnitrit-Maßlösung titriert. Die Titration muss bei Raumtemperatur, besser unter Eiskühlung erfolgen, um eine hinreichende Stabilität des gebildeten Diazonium-Ions zu gewährleisten. Ein Zusatz von Bromid-Ionen stabilisiert das intermediär gebildete Nitrosyl-Kation.

$$HO_3S\text{-}C_6H_4\text{-}NH_2 \xrightarrow[-\,2\,H_2O]{+\,NO_2^-\,+\,2\,H^+} HO_3S\text{-}C_6H_4\text{-}N{=}N^+ \longleftrightarrow HO_3S\text{-}C_6H_4\text{-}\overset{+}{N}{\equiv}N$$

Sulfanilsäure

Herstellung der Maßlösung (Natriumnitrit-Lösung (0,1 mol · l^{-1})) nach der Ph. Eur. 11.0

7,5 g Natriumnitrit werden in Wasser zu 1000,0 ml gelöst.

Einstellung der Maßlösung (Natriumnitrit-Lösung (0,1 mol · l^{-1}))

0,150 g Sulfanilsäure werden in 50 ml 7-prozentiger Salzsäure gelöst. Unter Verwendung der Natriumnitrit-Maßlösung wird die Lösung bei biamperometrischer Indikation titriert. 1 ml Natriumnitrit-Lösung (0,1 mol · l^{-1}) entspricht 17,32 mg $C_6H_7NO_3S$.

$F = 57{,}74 \cdot \frac{e}{a}$ e: Einwaage Sulfanilsäure
a [ml]: Verbrauch Natriumnitrit-Lösung

4.2.9.3 *Indikation*

Die Indikation wird heute im Regelfall biamperometrisch (Dead Stop, Ph. Eur.) oder potentiometrisch (Redoxelektrode) durchgeführt. Allerdings sind auch die Redox-Indikatoren Metanilgelb oder Ferrocyphen üblich.

4.2.9.4 Bestimmungen

Nach diesem Verfahren lassen sich grundsätzlich alle primären aromatischen Amine bestimmen, sofern keine weiteren funktionellen Gruppen vorhanden sind, die mit Nitrit reagieren können, wie z. B. sekundäre Aminofunktionen (N-Nitrosierung). Bei acylierten Aminofunktionen ist vor der nitritometrischen Bestimmung eine Hydrolyse durchzuführen. Auch Nitroaromaten lassen sich nach Reduktion der Nitrogruppe zum primären aromatischen Amin und Entfernung des Reduktionsmittels in analoger Weise bestimmen. Schließlich können auch einige sekundäre aromatische Amine (z. B. Tetracain-HCl) nitritometrisch bestimmt werden, wenn das entstehende Nitrosamin eine hinreichende Stabilität aufweist. Aufgrund der carcinogen Eigenschaften von Nitrosaminen sollte diese Bestimmung nicht mehr erfolgen.

Anwendungen in den Arzneibüchern

Bestimmung primärer aromatischer Amine (Ph. Eur.)

Sulfonamid-Antibiotika (Beispiel: Sulfamethoxazol) mit primärer aromatischer Aminogruppe (vgl. Einstellung der Maßlösung) werden in der Ph. Eur. nitritometrisch bei biamperometrischer Indikation bestimmt.

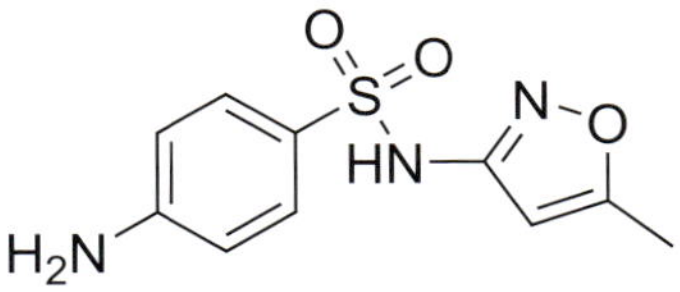

O, S, O, HN, N, O, H_2N

Bestimmung von Sulfamethoxazol nach Ph. Eur. 11.0
0,200 g Substanz werden in 50 ml 7 % Salzsäure gelöst. Nach Zusatz von 3 g Kaliumbromid wird die Lösung in Eiswasser gekühlt und langsam unter andauerndem Rühren mit Natriumnitrit-Lösung (0,1 mol · l^{-1}) titriert. Der Endpunkt wird elektrochemisch bestimmt (meist Biamperometrie oder Potentiometrie).

1 ml Natriumnitrit-Lösung (0,1 mol · l^{-1}) entspricht 25,33 mg $C_{10}H_{11}N_3O_3S$.

Paraaminosalicylsäure kann in analoger Weise nitritometrisch bestimmt werden.

COOH, OH, NH_2 —$NaNO_2$→ COOH, OH, N_2^+

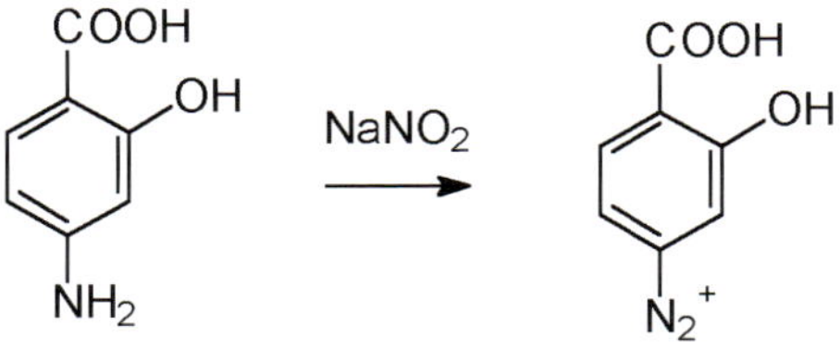

Bestimmung von Isoniazid (USP)

Das Tuberkulostatikum Isoniazid kann direkt mit Natriumnitrit-Maßlösung unter Verbrauch von einem Äquivalent bei potentiometrischer Indikation titriert werden. Aus dem Carbonsäurehydrazid wird dabei das Carbonsäureazid.

$$\text{Isoniazid (Pyridin-4-carbonsäurehydrazid)} \xrightarrow[-\,2\,H_2O\,+\,Na^+]{NaNO_2 + H^+} \text{Pyridin-4-carbonsäureazid}\ (R{-}CO{-}N_3)$$

Bestimmung von Isoniazid (USP 20)
0,100 g Substanz werden in 50 ml einer 10%igen Lösung von Kaliumbromid in verdünnter Salzsäure nach Kühlung auf 15 °C mit Natriumnitrit-Lösung (0,1 mol · l^{-1}) bei biamperometrischer oder amperometrischer Indikation titriert.

1 ml Natriumnitrit-Lösung (0,1 mol · l^{-1}) entspricht 13,71 mg $C_6H_7N_3O$.

5 Komplexometrie (Chelatometrie)

5.1 Einführung

Die Komplexometrie ist ein Titrationsverfahren, das die zu bestimmenden Ionen durch Komplexbildung erfasst. Die Beobachtung der Bildung wasserlöslicher Komplexe von zwei- und mehrwertigen Metallionen mit Aminopolycarbonsäuren führte in den 1940er Jahren zur Entwicklung der Komplexometrie. Der bekannteste Vertreter dieser Komplexierungsmittel (Komplexligand) ist die Ethylendiamintetraessigsäure, auch Edetinsäure, kurz EDTA oder auch Natriumedetat für das Dinatriumsalz (Abb. 29, siehe auch S. 211).

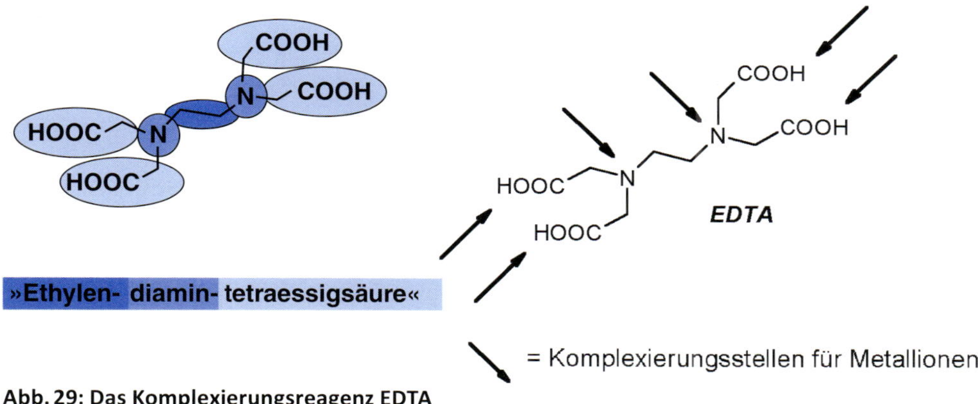

Abb. 29: Das Komplexierungsreagenz EDTA

Da man diese Eigenschaften ursprünglich bei Erdalkalimetallionen beobachtete, stand diese Entwicklung zunächst ganz im Zeichen der Wasserhärtebestimmung (vgl. Bestimmung von Calcium und Magnesium, siehe S. 229 ff.). Die Methode besitzt aber eine breite analytische Anwendbarkeit und mittlerweile können die meisten Kationen sowie einige Anionen mit Hilfe der Komplexometrie direkt oder indirekt bestimmt werden. Durch geeignete Wahl der Titrationsbedingungen ist auch eine weitreichende Selektivität der Methode gewährleistet.

Bis zur Entwicklung der Komplexindikatoren erfasste man die bei der Komplexbildung freigesetzten Protonen mittels einer alkalimetrischen Titration.

$$Me^{2+} + H_2Y^{2-} \rightarrow [MeY]^{2-} + \mathbf{2\,H^+}$$
$$\mathbf{2\,H^+} + 2\,OH^- \rightarrow 2\,H_2O$$

Me^{2+} = ein Metallion mit der Oxidationsstufe »+2« H_2Y^{2-} = Dianion der EDTA

Inzwischen kennt man viele Verbindungen, die durch Komplexbildung mit Metallionen ihre Farbe ändern und sich daher als Indikatoren eignen. Bei der Titration stehen somit EDTA und der Indikator hinsichtlich der Komplexbildung in einer Konkurrenzreaktion um das zu bestimmende Metallion. Damit eine Bestimmung möglich ist, muss der Metall-Indikator-Komplex ([MeInd]) weniger stabil sein als der Metall-EDTA-Komplex ($[MeY]^{2-}$ für Me^{2+} bzw. $[MeY]^{-}$ für Me^{3+}). Wenn während der Titration freie Metallionen (Me^{2+} bzw. Me^{3+}) und ein geringer Anteil Metall-Indikator-Komplex ([MeInd]) vorliegen, werden zunächst die freien Metallionen von EDTA komplexiert (Komplexierungsreaktion). Nachdem die freien Metallionen komplett komplexiert sind, erfolgt eine Umkomplexierung der Metallionen aus dem Metall-Indikator-Komplex zum Metall-EDTA-Komplex unter Freisetzung des Indikators (Indikatorreaktion), was mit einer Farbänderung einhergeht.

Komplexierungsreaktion:

$$Me^{2+} + H_2Y^{2-} \rightarrow [MeY]^{2-} + 2\,H^+$$

Indikatorreaktion:

$$[MeInd] + H_2Y^{2-} \rightarrow [MeY]^{2-} + 2\,H^+ + [Ind_{frei}]^{2-} \qquad \text{(Farbänderung)}$$

Da durch die Komplexierungsreaktion Protonen freigesetzt werden, ist das Arbeiten im gepufferten Milieu notwendig, weil die Stabilität des Metall-EDTA-Komplexes stark vom pH-Wert abhängt und die meisten Komplexindikatoren gleichzeitig Säure-Base-Indikatoren sind. Eine pH-Änderung während der Titration würde also auch einen Farbwechsel herbeiführen können.

Die Konzentration vorhandener Metallionen lässt sich, in Anlehnung an die Konzentration vorhandener Wasserstoffionen und dem daraus abgeleiteten pH-Wert, auch als pMe-Wert (negativ dekadischer Logarithmus der Metallionenkonzentration) ausdrücken.

$$pMe = -\lg c(Me^{n+})$$

Mit der pMe-Wert-abhängigen Farbänderung des Indikators ist die Grundlage für eine quantitative Bestimmung gegeben.

5.2 Chemische Komplexe

Unter einem Komplex im chemischen Sinne versteht man, vereinfacht formuliert, ein zusammengesetztes Teilchen, das aus unabhängig voneinander existenzfähigen Molekülen oder Ionen aufgebaut ist. Im Zentrum des Komplexes steht ein Zentralteilchen (Atom oder Ion, z. B. Fe^{3+}), das über koordinative Bindungen mit Ionen (z. B. Br^-, Cl^-, CN^- oder organischen Anionen wie Carboxylat-Gruppen) oder neutralen Molekülen (z. B. Wasser, Ammoniak, organische Moleküle), den so genannten Liganden, verknüpft ist.

Üblicherweise werden komplexe Teilchen als Formel in eckigen Klammern geschrieben. Komplexe können ungeladen oder auch geladen (positiv oder negativ) sein. Die Gesamtladung eines Komplexes ergibt sich aus der Summe seiner Einzelladungen. Nachfolgend sind einige Beispiele aufgeführt:

$[Fe(CN)_6]^{3-}$ Hexacyanoferrat(III)
$[Ag(NH_3)_2]^+$ Diamminsilber(I)
$[Pd(PPh_3)_4]$ Tetrakis(triphenylphosphin)-Palladium(0)

Komplexe sind im Gegensatz zu kristallinen Gitterverbindungen auch in Lösung recht stabil und dissoziieren nur geringfügig in ihre Einzelbausteine. Ferner ist für Komplexe charakteristisch, dass sich die komplexierte Komponente, das so genannte Zentralatom oder -ion, analytisch anders verhält als die unkomplexierte Form. Dies verdeutlicht das Beispiel des unterschiedlichen Verhaltens von frei vorliegenden Silberionen und Silberionen im Diamminsilber(I)-Komplex gegenüber Chloridionen. Dieses Phänomen liegt dem häufig gebrauchten Maskieren von Ionen und Verbindungen zu Grunde.

$$Ag^+ + Cl^- \rightarrow AgCl\downarrow$$
$$[Ag(NH_3)_2]^+ + Cl^- \not\rightarrow AgCl\downarrow + 2\,NH_3$$

Wie bereits erwähnt, ist ein Komplex derartig aufgebaut, dass sich mehrere Komponenten, so genannte Liganden, um ein in der Komplexmitte lokalisiertes Zentralatom anordnen. Enthält ein Komplex zwei oder mehr Zentralatome, bezeichnet man ihn als zwei- oder mehrkernig. In den allermeisten Fällen handelt es sich bei dem Zentralatom um ein Kation. Die Art der Wechselwirkung zwischen Liganden und Zentralatom basiert auf Donor-Akzeptor-Bindungen. Bei diesen, auch als koordinative Bindungen bezeichneten Wechselwirkungen, stellt ein Partner das Bindungselektronenpaar zur Verfügung (zumeist der Ligand = Donor), während der andere Partner kein Bindungselektronenpaar beisteuert (zumeist das Zentralatom = Akzeptor). Wie viele koordinativen Bindungen ein Ligand auszubilden vermag, drückt seine Zähnigkeit aus. Bildet ein mehrzähniger Ligand mit einem (oder mehreren) Zentralatomen einen Komplex aus, nennt man diesen Chelat (von griech. »chele« = Schere). Die Anzahl an einzähnigen Liganden, die ein Zentralatom binden kann, entspricht seiner Koordinationszahl.

Die physiko-chemische Grundlage der Komplexbildung drückt das Coulomb'sche Gesetz aus. Danach ziehen sich punktförmige, entgegengesetzt geladene Teilchen (q_1, q_2) an und gleichnamige Ladungen stoßen sich ab. Die Anziehungskraft F_C ist hierbei umgekehrt proportional zum Quadrat des Abstandes r zwischen den Ladungen q_1 und q_2.

$$\vec{F}_C = \frac{1}{4\pi\varepsilon_0}\,\frac{q_1 \cdot q_2}{r^2}$$

Für die Stabilität von Komplexen sind thermodynamische und kinetische Faktoren bestimmend (s. Komplexbildungskonstante).

5.2.1 Nomenklatur von Komplexverbindungen

Die Nomenklatur von Komplexverbindungen unterscheidet zwischen kationischen und anionischen Komplexen.
Die Bezeichnung eines Komplexes wird aus dem Namen der Liganden gebildet, an den sich der des Zentralatoms anschließt. Bei anionischen Komplexen wird der lateinische Wortstamm des Zentralatoms durch das Anhängen von »at« verwendet. Handelt es sich bei den Liganden um Anionen, hängt man an das Ende ihres Ionenstamms ein »o« (Fluorid → »fluoro« oder Hydroxid → »hydroxo«), während neutrale Liganden (»aqua«, »ammin«, »carbonyl«) direkt berücksichtigt werden. Die Ligandenanzahl wird durch das Voranstellen griechischer Zahlen (mono, di, tri, tetra, penta, hexa usw.) ausgedrückt. Mit römischen Ziffern kennzeichnet man die Oxidationszahl des Zentralatoms.

Abschließend eine kurze Darstellung der namensbildenden Module und einige Beispiele:

Schema für kationische Komplexe

Summenformel	Anzahl der Liganden	Ligand	Zentralatom	Oxidationszahl	–	Gegenion
		kationischer Komplex			–	Anion
$[Ag(NH_3)_2]Cl$	*Di*	*ammin*	*silber*	*(I)*	–	*chlorid*
$[Cr(H_2O)_6]Cl_3$	*Hexa*	*aqua*	*chrom*	*(III)*	–	*chlorid*

Schema für anionische Komplexe

Summenformel	Gegenion	–	Anzahl der Liganden	Ligand	Zentralatom	»at«	Oxidationszahl
	Kation	–		**anionischer Komplex**			
$Na[Ag(CN)_2]$	*Natrium*	–	*di*	*cyano*	*argent*	*at*	*(I)*
$K_4[Fe(CN)_6]$	*Kalium*	–	*hexa*	*cyano*	*ferr*	*at*	*(II)*

5.2.2 Komplexbildungskonstante

Die Komplexbildungskonstante K_B ist ein Maß für die thermodynamische Stabilität eines Komplexes.

$$Me^{2+} + Y^{4-} \underset{K_D}{\overset{K_B}{\rightleftarrows}} [MeY]^{2-}$$

Gemäß dem Massenwirkungsgesetz lässt sie sich für gepufferte Lösungen wie folgt ausdrücken:

$$K_B = \frac{c_{[MeY]}}{c_{[Me]} \cdot c_{[Y]}}$$

[MeY] = Metall-EDTA-Komplex

Da es sich um eine Gleichgewichtsreaktion handelt, kann man die entgegengerichtete Dissoziation des Metall-Indikator-Komplexes in der Dissoziationskonstante K_D dazu analog wie nachstehend ausdrücken:

$$K_D = \frac{c_{[Me]} \cdot c_{[Y]}}{c_{[MeY]}}$$

Es gilt folgender Zusammenhang zwischen der Komplexdissoziationskonstante K_D und der Komplexbildungskonstante K_B:

$$K_B = \frac{1}{K_D}$$

Von eigentlicher Bedeutung ist aber nicht die Komplexbildungskonstante K_B, sondern vielmehr die effektive Komplexbildungskonstante K_{eff}. Sie berücksichtigt zusätzlich noch den pH-Wert und die Anwesenheit möglicher Hilfskomplexbildner in der Untersuchungslösung. Dies ist insofern von Bedeutung, als ein hoher pH-Wert zu einer stärker negativen Ladung des EDTA-Moleküls führt, was wiederum eine entsprechend stärkere Anziehung des positiv geladenen Metallions mit sich bringt. Desgleichen können vorhandene Hilfskomplexbildner die freie Verfügbarkeit des Metallions für eine Komplexierung mit EDTA beeinflussen. Es gilt:

$$K_{eff} = \frac{K_B}{\alpha \cdot \beta}$$

bzw. $\lg K_{eff} = \lg K_B - \lg \alpha - \lg \beta$

$$\alpha = \frac{c_{EDTA\ gesamt}}{c_{EDTA\ Tetraanion}} \qquad \beta = \frac{c_{Metall\ gesamt}}{c_{Metall\ frei}}$$

Vereinfacht lässt sich sagen, dass der pH-Wert bei einer komplexometrischen Bestimmung um so niedriger sein darf, je stabiler der Metall-EDTA-Komplex ist, also je höher seine Komplexbildungskonstante K_B ist.

Damit eine komplexometrische Bestimmung möglich ist, sollte mindestens ein *lg* K_{eff} von ca. 7 bis 8 vorliegen.

Im Anschluss eine Übersicht von verschiedenen Metall-EDTA-Komplexbildungskonstanten (bezogen auf das EDTA-Tetraanion Y^{4-}):

Kation*	$\lg K_B$
Bi^{3+}	27,9
Fe^{3+}	25,1
Hg^{2+}	21,8
Cu^{2+}	18,8
Ni^{2+}	18,6
Pb^{2+}	18,0
Zn^{2+}	16,5
Al^{3+}	16,1
Ca^{2+}	10,7
Mg^{2+}	8,7
Sr^{2+}	8,6
Ba^{2+}	7,8

* Einwertige Metall-Kationen können nicht mit EDTA titriert werden.

5.2.3 Maskieren

Unter Maskieren versteht man in diesem Zusammenhang das Komplexieren einer Ionenspezies mit einer anderen Verbindung, aufgrund derer die charakteristische Reaktionsfähigkeit verloren geht.

Dieses Vorgehen erhöht die Selektivität von Bestimmungen, da Störungen durch Begleitionen bei einer Bestimmung unterdrückt werden. Nachfolgend sind einige Maskierungsmittel für entsprechende Ionen aufgeführt.

Maskierungsmittel	damit zu maskierende Ionen
Cyanid	Co^{2+}, Ni^{2+}, Cu^{2+}, Zn^{2+}, Cd^{2+}, Hg^{2+} u. Edelmetallionen
Fluorid	Al^{3+}, Sn^{2+}, Sn^{4+}, Cr^{3+}, Fe^{3+}, Ca^{2+}, Mg^{2+}
Thioglykolsäure	in alkal. Lsg.: Bi^{3+}, Pb^{2+}, Cd^{2+}, Zn^{2+}, Sn^{2+}, Ag^{+}, Hg^{2+}
Iodid	Hg^{2+}, Cd^{2+} (nur in sehr hohen Iodid-Konzentrationen)

Entsprechende Anionen in einer Analysenlösung können umgekehrt natürlich auch die komplexometrische Bestimmung eines Kations stören (Matrixeffekte).

5.2.4 Indikatoren

An dieser Stelle sei noch einmal darauf hingewiesen, dass der Metallion-Indikator-Komplex instabiler sein muss als der aus Metallion und EDTA. Damit es am Äquivalenzpunkt zu einem deutlichen Farbumschlag kommt, sollte der Metallion-Indikator-Komplex noch eine ausreichend hohe Komplexbildungskonstante aufweisen. Ist dies nicht der Fall, liegt zu wenig des für die Farbausbildung notwendigen Metallion-Indikator-Komplexes vor. Folglich gestaltet sich der Farbwechsel sehr schleppend. Als Beispiel sei die für eine direkte Bestimmung von Calciumionen gegen Eriochromschwarz T nicht ausreichende Stabilitätskonstante des Calcium-Eriochromschwarz T-Komplexes erwähnt.

Ferner müssen der freie Indikator und seine komplexierte Form unterschiedliche Farben besitzen.

Der erste Indikator, der in die Komplexometrie Eingang fand, war Murexid. Dabei handelt es sich um das Ammoniumsalz der Purpursäure. Dieses mesomeriestabilisierte Säureanion, das einen Polymethinfarbstoff aus der Klasse der Azaoxonole darstellt, ist in der Lage, Metallkationen zu chelatisieren.

Murexid

Farbwechsel: gelb – violett
pH-Bereich: 9 – 11
Zur Bestimmung von: Cu^{2+}, Ni^{2+}, Co^{2+}, Ca^{2+}

Später entdeckte man die Klasse der Azofarbstoffe als geeignete Metallindikatoren. Hier war es zunächst das Eriochromschwarz T, das Verwendung fand. Ein anderer, bedeutender Vertreter dieser Klasse ist die Calconcarbonsäure, auch Hydroxynaphtholblau und Pyridylazonaphthol gehören dazu.

Das zur Komplexierung gut geeignete Strukturmerkmal von 1,2-funktionalisierten Aromaten findet sich auch in der 5-Sulfosalicylsäure und in der Brenzcatechinstruktur von Tiron wieder. Diese beiden Indikatoren werden bei der Eisenbestimmung eingesetzt.

Mit der Entdeckung von Xylenolorange, einem Vertreter der Sulfophthaleine (und gleichzeitig auch eine Aminopolycarbonsäure!), konnten erstmals Titrationen bei relativ niedrigem pH-Wert durchgeführt werden.

Schließlich gehört mit Dithizon noch ein Thiocarbazon zu den gängigen Metallindikatoren.

Azofarbstoffe:

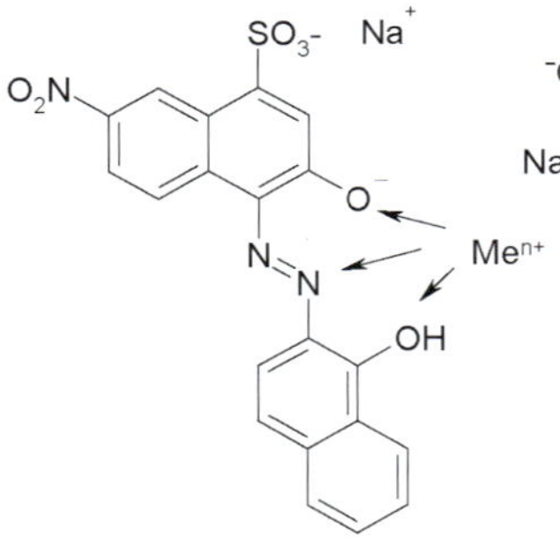

Eriochromschwarz T (als Metall-Komplex)

Farbwechsel: rot – blau
pH-Bereich: 10
Zur Bestimmung von: Mg^{2+}, Zn^{2+}, Cd^{2+}, Mn^{2+}; ferner Ca^{2+}, Hg^{2+}, Pb^{2+} über eine Rücktitration

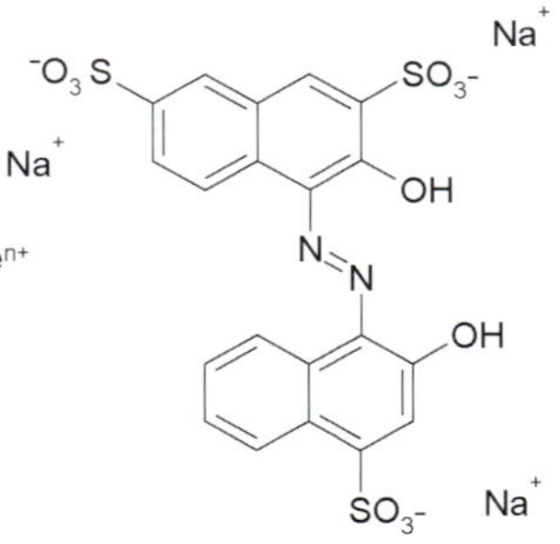

Hydroxynaphtholblau (Natriumsalz)

Farbwechsel: blau – violett
pH-Bereich: 12
Zur Bestimmung von: Ca^{2+}

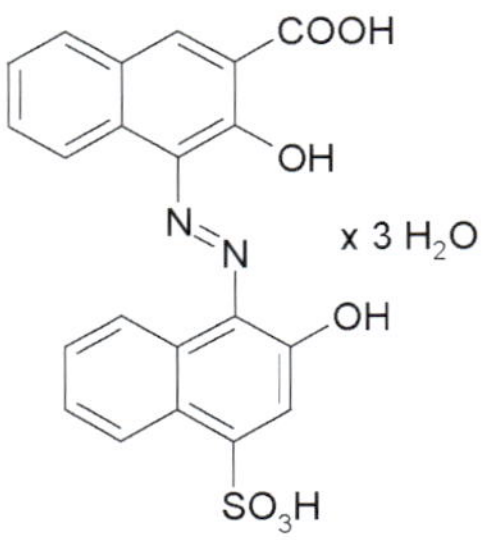

Calconcarbonsäure

Farbwechsel: blau – violett
pH-Bereich: 12
Zur Bestimmung von: Ca^{2+}

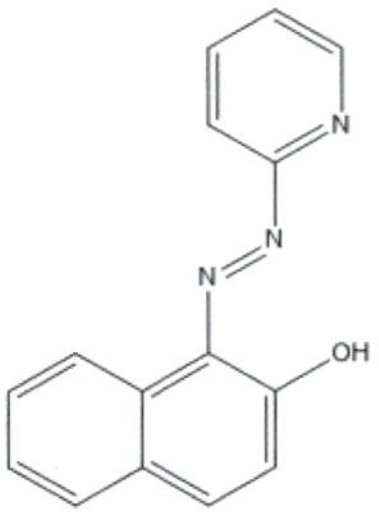

Pyridlazonaphthol (PAN)

Farbwechsel: hellgelb – violett
pH-Bereich: 4-5
Zur Bestimmung von: Cu^{2+}

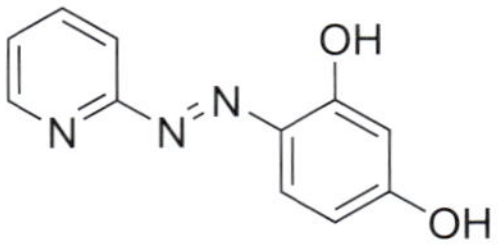

Pyridylazoresorcin (PAR)

Farbwechsel: gelb (gelborange) – rot
pH-Bereich: schwach sauer bis alkalisch
Zur Bestimmung von: Al^{3+}, Bi^{3+}, Cu^{2+}, Cd^{2+}, Hg^{2+}, Pb^{2+}, Ni^{2+}

Sulfophthaleine:

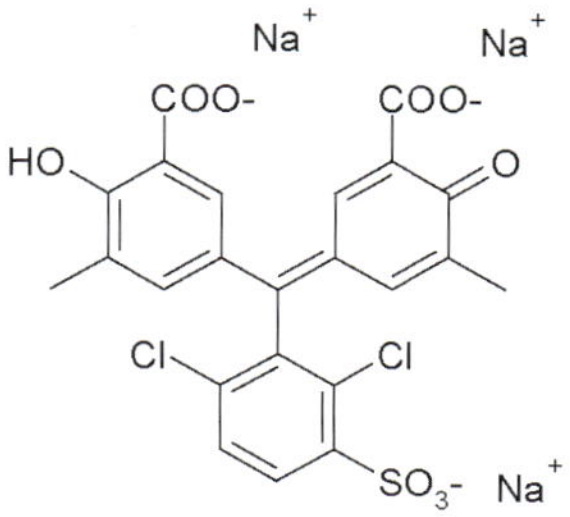

Chromazurol S

Farbwechsel: blauviolett – orange
pH-Bereich: 2-6
Zur Bestimmung von: Al^{3+}, Fe^{3+}, Cu^{2+}, Zr^{4+}

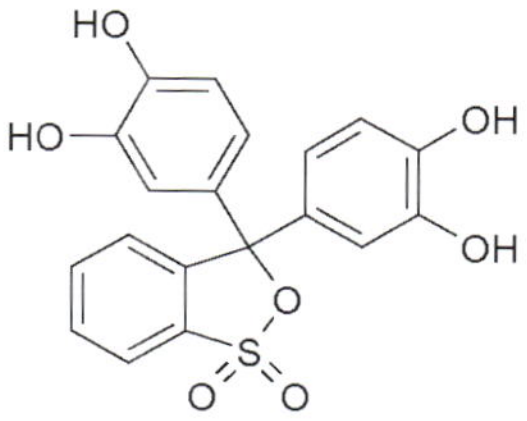

Brenzcatechinviolett

Farbwechsel: gelb – blau
pH-Bereich: 2-6
Zur Bestimmung von: Sn^{2+}

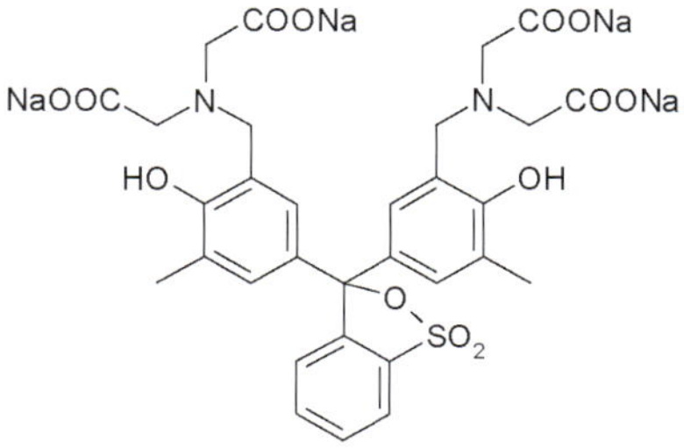

Xylenolorange

Farbwechsel: rotviolett – gelb
pH-Bereich: 1-6
Zur Bestimmung von: Bi^{3+}, Zn^{2+}, Pb^{2+}, Hg^{2+}

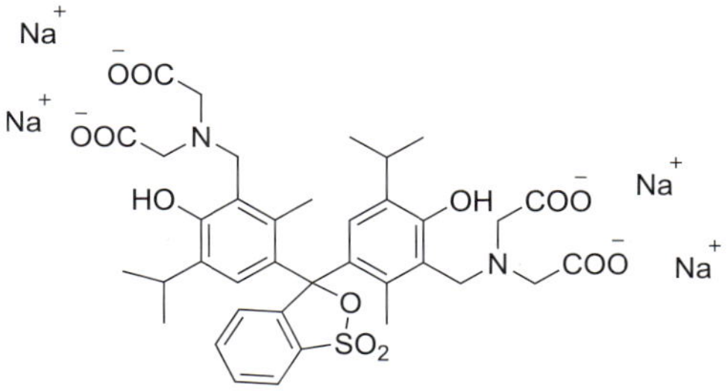

Methylthymolblau

Farbwechsel: blau – gelb
pH-Bereich: 1-6
Zur Bestimmung von: Pb^{2+}

weitere Farbindikatoren:

Dithizon

(Thionform) ⇌ (Thiolform)

Farbwechsel: grünlichblau – rötlichviolett
pH-Bereich: 1-6
Zur Bestimmung von: Hg^{2+}, Zn^{2+}

Phthaleinpurpur
(= Metallphthalein)

Farbwechsel: violettblau – farblos
pH-Bereich: 11
Zur Bestimmung von: Ba^{2+}, Ca^{2+}, Cd^{2+}, Mg^{2+}, Sr^{2+}

5.2.5 Puffersysteme

In der Komplexometrie ist es von hoher praktischer Bedeutung, bei welchem pH-Wert die Bestimmungen durchgeführt werden. Der korrekte pH-Wert dient fast immer der Selektivität bei der Erfassung des Analyten oder ist wichtig für die Wahl des geeigneten Indikators. Der pH-Wert kann sich während einer Titration durch die von Metallionen freigesetzten Protonen aus der EDTA verändern. Damit eine pH-Stabilität während der Bestimmung gewährleistet ist, bedient man sich verschiedener Puffersysteme. In den extremen pH-Bereichen ist ein stabiler pH-Wert durch den Überschuss eines sehr starken Protolyten (z. B. konz. HNO_3 bei der Bismutbestimmung) oder konz. NaOH (z. B. Calciumbestimmung) gegeben.
Folgende nach steigendem pH-Wert geordnete Puffersysteme bzw. starke Protolyte finden in der Komplexometrie Verwendung:

Puffersystem bzw. Protolyt	pH-Wert
(konzentrierte) Salpetersäure	ca. 1
Ammoniumacetat/Essigsäure	ca. 4 – 5
Methenamin (syn. HMT)	ca. 5 – 6
Ammoniak/Ammoniumchlorid	ca. 9 – 10
(konzentrierte) Natronlauge	ca. 13

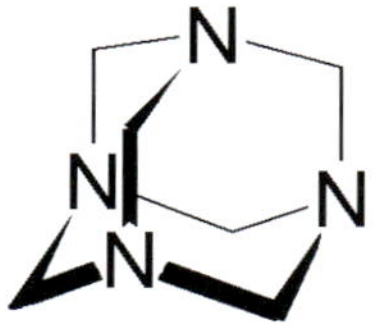

Strukturformel von Methenamin (syn. Hexamethylentetramin, HMT, Urotropin)

Abschließend sei noch angemerkt, dass auch die Farbe eines freien Indikators pH-Wert-abhängig sein kann. Diese Eigenschaft erstreckt sich über Indikatoren für Neutralisationstitrationen hinaus. So ist unkomplexiertes Eriochromschwarz T bei pH-Werten unter 6,3 farblos, bis pH 11,5 blau und oberhalb pH 11,5 rot.

5.2.6 Titrationskurven

Die charakteristischen Punkte einer komplexometrischen Titration sind folgende Titrationsgrade, die sich wie angegeben berechnen lassen:

Titrationsgrad	Formel zur Berechnung
0	$p_{Me} = -lg\, c_0\,(Me)$
$0 < \tau < 1$	$c_{Me} = \frac{c_o(Me) \cdot V_0(Me) - c(EDTA) \cdot V(EDTA)}{V_0(Me) + V(EDTA)} \approx \frac{n\,(Me) - n\,(MeY)}{V_o(Me) + V(EDTA)}$ bzw. $c_{Me} = (1-\tau) \cdot \frac{c_o(Me) \cdot V_o(Me)}{V_o(Me)+V(EDTA)}$ V_o(Me): Anfangsvolumen Analysenlösung V(EDTA): Volumen zugesetzte Maßlösung
$\tau = 1$	$c_{Me} = \sqrt{\frac{c([MeY]^{2-})}{K_{eff}}}$ K_{eff}: effektive Komplexbildungskonstante
$\tau > 1$	$c_{Me} = \frac{1}{K_{eff}} \cdot \frac{1}{(\tau - 1)}$ bzw. $pMe = lg\, K_{eff} + lg\,(\tau - 1)$

Als Rechenbeispiel soll die komplexometrische Titration einer 0,05 molaren Calciumchlorid-Lösung (50,0 ml) mit einer 0,1 molaren Natriumedetat-Lösung bei pH 10,0 dienen (s. Calciumbestimmung).
Die Stoffmengenkonzentration $C_o(Ca^{2+})$ = 0,05 mol · l^{-1} und die Ausgangsstoffmenge $n_o(Ca^{2+})$ = 2,5 mmol sollen in diesem Beispiel gegeben sein, um die Herleitung der einzelnen Formeln leichter nachvollziehbar zu gestalten.
Der Äquivalenzpunkt liegt bei 25,0 ml. Die entsprechende Titrationskurve und die dazu berechneten theoretischen Werte sind auf Seite 219 aufgeführt.

Zu Beginn der Titration ($\tau = 0$)

Zu Beginn der Titration ergibt sich die Konzentration an vorliegenden Calciumionen durch die Ausgangskonzentration an zu bestimmenden Calciumionen c_0 (Ca^{2+}):

$$c_0 (Ca^{2+}) = 0{,}05 \text{ mol} \cdot l^{-1}$$

$$pCa = 1{,}30$$

Vor dem Äquivalenzpunkt ($0 < \tau < l$)

Im gesamten Bereich bis zum Äquivalenzpunkt reduziert sich die vorliegende Konzentration an freien Calciumionen c(Ca^{2+}) kontinuierlich um die durch die EDTA komplexierten Calciumionen. Da Metallionen und EDTA im Verhältnis 1:1 miteinander reagieren, kann man die Stoffmenge an zugesetzter EDTA $n_{(EDTA)}$ zur Berechnung der nicht mehr frei vorliegenden Calciumionen heranziehen. Um von der reinen Stoffmenge an verbleibenden freien Calciumionen auf ihre Konzentration zurückschließen zu können, muss das Ausgangsvolumen der Lösung V_0 um das Volumen an zugesetzter EDTA-Maßlösung $V_{(EDTA)}$ ergänzt werden. Da $c = n \cdot V^{-1}$ [$mol \cdot l^{-1}$] und $n = c \cdot V$ [mol] gilt, lässt sich folgende Gleichung formulieren:

$$c(Ca^{2+}) = \frac{c_0(Ca) \cdot V_0(Ca) - c(EDTA) \cdot V(EDTA)}{V_0(Ca) + V(EDTA)}$$

Für $\tau = 0{,}2$ gilt:

$$c(Ca^{2+}) = \frac{0{,}05\ mmol \cdot ml^{-1} \cdot 50{,}0\ ml - 0{,}1\ mmol \cdot ml^{-1} \cdot 5{,}0\ ml}{50{,}0\ ml + 5{,}0\ ml}$$

$$c(Ca^{2+}) = 3{,}64 \cdot 10^{-2} \text{ mol} \cdot l^{-1}$$

$$pCa = 1{,}44$$

Je nach Darstellung der Titrationskurve kann man die Berechnung auch auf den Titrationsgrad τ beziehen. Dementsprechend gilt:

$$c(Ca^{2+}) = c_0(Ca) \cdot (1 - \tau) \cdot \frac{V_0(Ca)}{V_0(Ca) + V(EDTA)}$$

Am Äquivalenzpunkt ($\tau = 1$)

Am Äquivalenzpunkt ergibt sich die Konzentration an freien Calciumionen $c_{ÄP}(Ca^{2+})$ aus der Komplexbildungskonstante für den Calcium-EDTA-Komplex. Da es sich bei der Bildung des Calcium-EDTA-Komplexes um eine Gleichgewichtsreaktion handelt und entsprechend auch die Dissoziation des Calcium-EDTA-Komplexes stattfindet, wird der Vorgang mit Hilfe des Massenwirkungsgesetzes ausgedrückt. Es gilt:

$$Ca^{2+} + [H_2EDTA]^{2-} \rightleftarrows [CaEDTA]^{2-} + 2\,H^+ \text{ (werden weggepuffert)}$$

$$K_B = \frac{c([CaEDTA]^{2-})}{c(Ca^{2+}) \cdot c([H_2EDTA]^{2-})}$$

$$= 5{,}01 \cdot 10^{10}\ mol^{-1} \cdot l \qquad \text{bzw.} \qquad \lg K_B = 10{,}7$$

Genauer gesagt ist die effektive Komplexbildungskonstante K_{eff} an dieser Stelle zu betrachten. Sie berücksichtigt im vorliegenden Fall die Einflussgröße des pH-Wertes auf die Komplexbildung. Die Komplexbildungskonstante K_B von $10^{10,7}$ für den Calcium-EDTA-Komplex bezieht sich auf das Tetraanion der EDTA. Da hier aber bei pH 10 titriert wird und die EDTA nicht mehr als Tetraanion vorliegt, korrigiert sich dieser Wert um $\alpha = 10^{0,5}$, so dass die effektive Komplexbildungskonstante K_{eff} bei $10^{10,2}$ liegt.

$$\begin{aligned} \lg K_{eff} &= \lg K_B - \lg \alpha \\ &= 10{,}7 - 0{,}5 \\ &= 10{,}2 \end{aligned}$$

folglich ist $\quad K_{eff} = 1{,}58 \cdot 10^{10}$

Entscheidend ist, dass am Äquivalenzpunkt aufgrund der Gleichgewichtsreaktion zwar ein äußerst hoher Teil an Calcium-EDTA-Komplex vorliegt, jedoch immer auch noch freie Calciumionen! Und diese gesuchte Konzentration an freien Calciumionen berechnet sich nach dem auf dem Massenwirkungsgesetz basierenden Ausdruck

$$K_{eff} = \frac{c([CaEDTA]^{2-})}{c(Ca^{2+}) \cdot c([H_2EDTA]^{2-})} \left[\frac{mol \cdot l^{-1}}{mol \cdot l^{-1} \cdot mol \cdot l^{-1}} \equiv \frac{1}{mol \cdot l^{-1}}\right]$$

Da am Äquivalenzpunkt $c(Ca^{2+}) = c([H_2EDTA]^{2-})$ ist, steht im Nenner $c^2(Ca^{2+})$.

Löst man nun nach $c(Ca^{2+})$ auf, ergibt sich

$$c(Ca^{2+}) = \sqrt{\frac{c([CaEDTA]^{2-})}{K_{eff}}}$$

Was als verbleibende Größe noch zu klären ist, ist die Konzentration des Calcium-EDTA-Komplexes am Äquivalenzpunkt $c_{ÄP}([Ca\text{-}EDTA])$.

Da am Äquivalenzpunkt eine der ursprünglichen Calcium-Stoffmenge äquivalente Stoffmenge an Calcium-EDTA-Komplex vorliegt, ergibt sich die gesuchte Konzentration des Calcium-EDTA-Komplexes am Äquivalenzpunkt $c_{ÄP}$([Ca-EDTA]) aus der Ausgangsstoffmenge $n_0(Ca^{2+})$ und dem vorliegenden Gesamtvolumen am Äquivalenzpunkt $V_{ÄP}$, da wie bereits weiter oben erläutert, $c = n \cdot V^{-1}$ [$mol \cdot l^{-1}$] gilt.

Die Ausgangsstoffmenge $n_0(Ca^{2+})$ ergibt sich wiederum nach $n = c \cdot V$ [mol] als $c_0(Ca^{2+}) \cdot V_0(Ca^{2+})$. Das vorliegende Gesamtvolumen am Äquivalenzpunkt $V_{ÄP}$ entspricht der Summe von Ausgangsvolumen der Calciumlösung $V_0(Ca^{2+})$ und dem zugesetzten Volumen an EDTA-Maßlösung V(EDTA).

Die so zu berechnende Konzentration des Calcium-EDTA-Komplexes am Äquivalenzpunkt $c_{ÄP}$([Ca-EDTA]) ergibt sich als:

$$c_{ÄP}(\text{Ca-EDTA}) = \frac{c_o(Ca) \cdot V_0(Ca)}{V_0(Ca) + V(EDTA)}$$

$$= \frac{0{,}05\ mmol \cdot ml^{-1} \cdot 50{,}0\ ml}{50{,}0\ ml + 25{,}0\ ml}$$

$$= 3{,}33 \cdot 10^{-2}\ \text{mol} \cdot \text{l}^{-1}$$

Setzt man diesen Wert zu guter Letzt in obige Formel für c (Ca^{2+}) ein, ergibt sich:

$$c(Ca^{2+}) = \sqrt{\frac{3{,}33 \cdot 10^{-2}\ mol \cdot l^{-1}}{1{,}58 \cdot 10^{10}\ mol^{-1} \cdot l}}$$

$$= 1{,}45 \cdot 10^{-6}\ \text{mol} \cdot \text{l}^{-1}$$

$$\text{pCa} = 5{,}84$$

Nach dem Äquivalenzpunkt ($\tau > 1$)

Nach dem Äquivalenzpunkt errechnet sich die Konzentration an freien Calciumionen aus der Dissoziation des Calcium-EDTA-Komplexes. Dementsprechend basiert die Berechnung erneut auf dem Massenwirkungsgesetz nach:

$$K_{eff} = \frac{c([CaEDTA]^{2-})}{c(Ca^{2+}) \cdot c([H_2EDTA]^{2-})}$$

Die unwesentlich veränderte Konzentration des Calcium-EDTA-Komplexes gründet sich auf die ganz geringe Volumenzunahme um 0,25 ml (im Falle von $\tau = 1{,}01$) verglichen mit dem Wert am Äquivalenzpunkt. Der Wert für c([CaEDTA]) beläuft sich auf $3{,}32 \cdot 10^{-2}$ mol · l^{-1}. In gleicher Weise lässt sich die Konzentration an freier EDTA ermitteln:

$$c([H_2EDTA]^{2-}) = \frac{c(EDTA) \cdot V_{Üb}(EDTA)}{V_0(Ca) + V_{ges}(EDTA)}$$

$$= \frac{0{,}1\ mmol \cdot ml^{-1} \cdot 0{,}25\ ml}{50{,}0\ ml + 25{,}25\ ml}$$

$$= 3{,}32 \cdot 10^{-4}\ \text{mol} \cdot \text{l}^{-1}$$

Löst man die Formel für K_{eff} nach $c(Ca^{2+})$ auf, lautet sie:

$$c(Ca^{2+}) = \frac{c([CaEDTA]^{2-})}{K_{eff} \cdot c(H_2EDTA^{2-})}$$

Setzt man nun noch die aktualisierten Werte ein

$$c(Ca^{2+}) = \frac{3{,}32 \cdot 10^{-2}\ mol \cdot l^{-1}}{1{,}58 \cdot 10^{10}\ mol^{-1} \cdot l \cdot 3{,}32 \cdot 10^{-4}\ mol \cdot l^{-1}}$$

beläuft sich $c(Ca^{2+})$ auf $6{,}33 \cdot 10^{-9}$ mol · l^{-1} und pCa = 8,20.

Bezieht man die Berechnung wieder auf den Titrationsgrad τ, so lautet sie:

$$c(Ca^{2+}) = \frac{1}{K_{eff}} \cdot \frac{1}{\tau - 1} \quad \text{bzw.} \quad pMe = \lg K_{eff} + \lg(\tau - 1)$$

5.2.7 Titrationsarten

Bei der Komplexometrie kann man folgende Titrationsarten unterscheiden:

5.2.7.1 Direkte Titration

Bei der direkten Titration werden die zu bestimmenden Metallionen direkt mit der EDTA-Maßlösung unter Verwendung eines Indikators titriert. Instrumentelle Verfahren sind unter Verwendung von ionenselektiven Elektroden mittels Potentiometrie möglich.

Me^{n+}
EDTA ⇒

Me^{n+} = Metallionen, die zu bestimmen sind (Probe)
EDTA = EDTA-Maßlösung

Komplexierungsreaktion:
$Me^{2+} + H_2Y^{2-} \rightarrow [MeY]^{2-} + 2\,H^+$

Indikatorreaktion:
$[MeInd] + H_2Y^{2-} \rightarrow [MeY]^{2-} + 2\,H^+ + [Ind_{frei}]^{2-}$
(Farbänderung)

5.2.7.2 Rücktitration

Bei einer Rücktitration versetzt man die Probe mit einem definierten Überschuss an EDTA-Maßlösung, der dann wieder mit einer Metallsalz-haltigen Maßlösung zurücktitriert wird. Der Verbrauch an EDTA-Maßlösung für die Probe ergibt sich dann als Differenz zwischen dem vorgelegten Volumen EDTA-Maßlösung und dem verbrauchten Volumen der Metallsalz-haltigen Maßlösung für die Titration des EDTA-Überschusses.

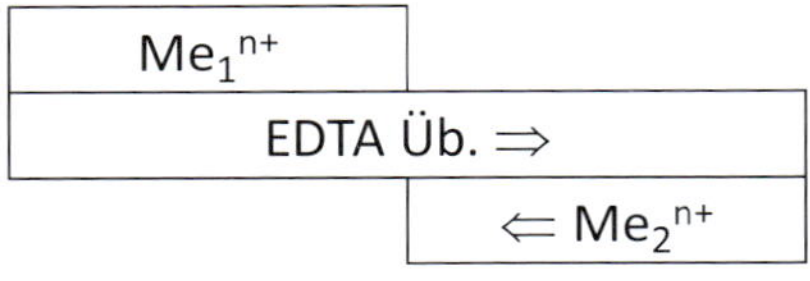

Me_1^{n+} = Metallion 1 Me_2^{n+} = Metallion 2
EDTA Üb. = EDTA im Überschuss

Komplexierungsreaktion:
$Me_1^{2+} + H_2Y^{2-} \rightarrow [Me_1Y]^{2-} + 2\,H^+$

Rücktitration des EDTA-Überschusses:
$Me_2^{2+} + H_2Y^{2-} \rightarrow [Me_2Y]^{2-} + 2\,H^+$

Indikatorreaktion:
$Me_2^{2+} + [Ind_{frei}]^{2-} \rightarrow [Me_2Ind]$
(Farbänderung)

Eine Rücktitration wird dann durchgeführt, wenn das zu bestimmende Metallion zwar einen stabilen EDTA-Komplex bildet, aber kein geeigneter Indikator zur Verfügung steht oder auch wenn andere chemische Komplikationen (z. B. schwerlösliches Metallhydroxid) auftreten.

Ferner findet das Prinzip Anwendung bei Metallionen, deren Bindung zum Indikator so stark ist, dass sie am Äquivalenzpunkt nicht mehr aus dem Metallion-Indikatorkomplex verdrängt werden können. Beispiele hierfür stellen die Metallion-Eriochromschwarz T-Komplexe folgender Kationen dar: Aluminium, Eisen(III), Quecksilber(II), Kupfer(II), Kobalt(II) und Nickel(II). Entweder sind besser geeignete Indikatoren zu verwenden oder die störenden Ionen müssen zuvor abgetrennt bzw. maskiert werden.

Bei der Rücktitration unterscheidet man zusätzlich noch zwischen der einfachen Titration und der doppelten Titration. Während der Verbrauch bei der einfachen Titration wie oben beschrieben ermittelt wird, schließt sich bei der doppelten Titration im selben Reaktionsgefäß direkt an die erste Rücktitration eine zweite Rücktitration an. Zwischen erster und zweiter Rücktitration erfolgt die Wiederfreisetzung des zu bestimmenden Metallions aus seinem EDTA-Komplex, das dann in der zweiten Rücktitration erneut titriert wird.

Der Vorteil dieser auf den ersten Blick umständlichen Vorgehensweise ergibt sich aus einer selektiven Wiederfreisetzung einer mit anderen Metallionen verunreinigten Metallionenspezies. Ein Beispiel hierfür liefert die auf S. 230 beschriebene selektive Rücktitration von Quecksilber(II)-Ionen.

5.2.7.3 Substitutionstitration

Eine Substitutionstitration bietet sich an, wenn kein geeigneter Indikator für die direkte Titration des zu bestimmenden Metallions Me^{n+} vorhanden ist, wenn gleichzeitig mehrere in der Probelösung enthaltene Metallionen bestimmt werden sollen oder das Metallion bei dem erforderlichen pH-Wert als Hydroxid ausfällt. Soll das Metallion Me^{n+} durch eine Substitutionstitration bestimmt werden, so wird eine Analyse, die Me^{n+}-Ionen enthält, mit einer Zink- oder Magnesium-EDTA-Lösung versetzt. Bildet Me^{n+} einen stabileren Komplex mit EDTA als Mg^{2+} oder Zn^{2+}, so wird eine äquivalente Menge Mg^{2+} oder Zn^{2+} aus dem EDTA Komplex freigesetzt und kann anschließend mit EDTA titriert werden.

Prinzip:

1. $Me^{n+} + [ZnY]^{2-} \rightarrow [MeY]^{n-4} + Zn^{2+}$
2. $Zn^{2+} + H_2Y^{2-} \rightarrow [ZnY]^{2-} + 2\ H^+$

Voraussetzung: $K_{eff}\ [Me - EDTA] > K_{eff}\ [Zn - EDTA]$

5.2.7.4 Indirekte Titration

Lässt sich eine Ionenart (z B. Anionen) mit den bisher aufgeführten Methoden nicht bestimmen, kann sich die indirekte Titration als Ausweg erweisen. Dabei wird das zu bestimmende Ion (z. B. Phosphat) mit einem Reagenz, das eine bestimmbare Metallionenart (z. B. Magnesium) enthält, quantitativ umgesetzt (z. B. zu schwerlöslichem Ammoniummagnesiumphosphat). Nach Auflösen des abgetrennten Niederschlags erhält man eine dem zu bestimmenden Ion äquivalente Menge an Metallion (hier Magnesium), welche dann komplexometrisch bestimmt wird.

5.2.8 Maßlösungen

5.2.8.1 Ethylendiamintetraessigsäure (EDTA)

Die in der Komplexometrie ganz überwiegend verwendete Maßlösung ist eine wässrige Lösung von EDTA. EDTA steht für Ethylendiamintetraessigsäure. Das »A« am Ende von EDTA begründet sich aus dem Englischen »acetic acid«. Aus Gründen der besseren Löslichkeit verwendet man das Dinatriumsalz der EDTA als Dihydrat. Die EDTA-Maßlösung soll in Polyethylenflaschen gelagert werden, weil sie mit Glas unter Austausch von Ionen reagieren kann.

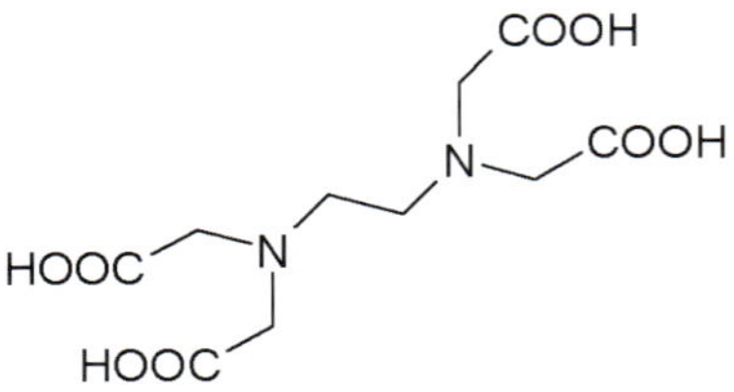

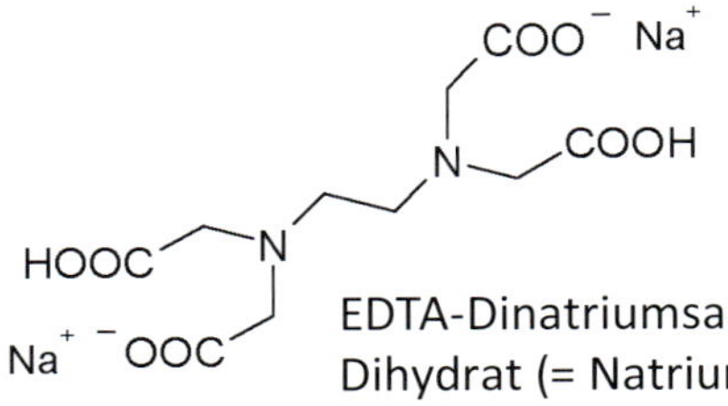

$\times 2\ H_2O$

EDTA-Dinatriumsalz Dihydrat (= Natriumedetat Ph. Eur. 11.0)

Das Molekül verfügt als Aminopolycarbonsäure über vier Carbonsäurefunktionen sowie zwei tertiäre Aminfunktionen. In Lösung liegt die Substanz in zwitterionischer Form vor. Die daraus resultierende Zähnigkeit des Liganden beträgt bis zu sechs. Da es keine für die Komplexometrie infrage kommenden Metallionen gibt, die mehr als sechs koordinative Bindungen ausbilden können, kommt es bei der Komplexbildung mit der EDTA stets zu Komplexen im Verhältnis 1:1. Folglich gibt es für jeden Metall-EDTA-Komplex auch nur eine Komplexbildungskonstante K_B. Gewöhnlich bezieht diese sich auf das Tetraanion. Aufgrund seiner Mehrzähnigkeit erfolgt die Koordination in einem Schritt, was wiederum zu einem deutlichen Sprung des pMe-Wertes am Äquivalenzpunkt führt. Dies ist bei einzähnigen Liganden mit mehreren Komplexbildungskonstanten wegen der sukzessiven Bindung an das Metallion nicht gegeben. In diesen Fällen ist ein flacherer Kurvenverlauf im Bereich des Äquivalenzpunkts zu beobachten.

Gleichzeitig ist EDTA auch ein mehrstufiger Protolyt. Die vier pK_s-Werte für die Carbonsäurefunktionen sind wie folgt:

H_4Y	$pK_{s1} = 2{,}07$	H_2Y^{2-}	$pK_{s3} = 6{,}24$
H_3Y^-	$pK_{s2} = 2{,}75$	HY^{3-}	$pK_{s4} = 10{,}34$

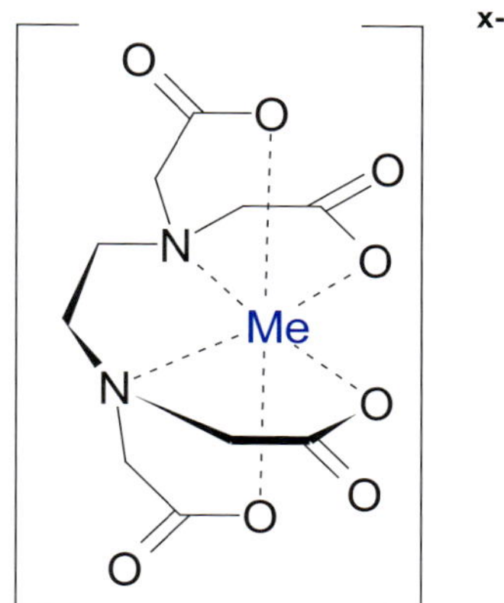

Zentralatom (Metall) = Me^{n+}
da »n« fast immer 2 oder 3 ist,
ist **X** entsprechend 2 oder 1

Abb. 30: Räumliche Darstellung eines oktaedrischen Metall-EDTA-Komplexes

Herstellung und Einstellung der EDTA-Maßlösung

Während die Herstellung der Maßlösung in den gängigen Arzneibüchern einheitlich durch Einwiegen der entsprechenden Menge des Dinatriumsalzes der Ethylendiamintetraessigsäure erfolgt, existieren Unterschiede bezüglich der Vorgehensweise zur Einstellung. Die zugesetzte Natronlauge überführt das Dinatriumsalz in das titerbeständigere Trinatrium-Salz der EDTA.

Die Ph. Eur. und das japanische Arzneibuch beschreiben die Einstellung unter Verwendung von elementarem Zink als Urtitersubstanz und Xylenolorange (Ph. Eur.) bzw. Eriochromschwarz T (JAP) als Indikator. Die USP hingegen verwendet Calciumcarbonat als Urtitersubstanz und Hydroxynaphtholblau als Indikator.

Darüber hinaus gibt es noch die Möglichkeit der Einstellung gegen Blei(II)-nitrat-Urtitersubstanz (Toxikologie!) und Xylenolorange als Indikator bzw. die Einstellung gegen eine eingestellte Zinksulfat-Maßlösung. Nachfolgend sind die beiden am meisten etablierten Methoden beschrieben.

Einstellung der EDTA-Maßlösung mit Zink (Methode der Ph. Eur. 11.0)

Eine exakt eingewogene Menge Zink (Urtiter) wird in Salzsäure (früher unter Zusatz von Bromwasser und anschließendem Erhitzen zur Vertreibung überschüssigen Broms) gelöst. Durch Zugabe von Natronlauge wird auf einen schwach sauren pH-Wert eingestellt. Der Ansatz wird mit HMT-Puffer (ca. pH = 5,5) versetzt und die Zinkionen gegen Xylenolorange mit der EDTA-Maßlösung von Violettrosa nach Gelb titriert.

Alternativ kann der Ansatz auch mit Ammoniak/Ammoniumchlorid-Puffer pH 10,7 versetzt werden und gegen Eriochromschwarz T von Rötlichviolett nach Blauviolett titriert werden.

Lösen des Zinks:	$Zn + 2\,H^+$	$\rightarrow$	$Zn^{2+} + H_2\uparrow$
Komplexierungsreaktion:	$Zn^{2+} + H_2Y^{2-}$	$\rightarrow$	$ZnY^{2-} + 2\,H^+$
Indikatorreaktion:	$[ZnInd] + H_2Y^{2-}$	$\rightarrow$	$[ZnY]^{2-} + [Ind_{frei}]^{2-} + 2\,H^+$

Bedingung: $Farbe_{[ZnInd]} \neq Farbe_{[Indfrei]}$
(für Ind = Erio T: rötlichviolett blauviolett)

Einstellung der EDTA-Maßlösung mit Calciumcarbonat

Eine exakt eingewogene Menge an Calciumcarbonat-Urtitersubstanz (kein Urtiter der Ph. Eur.), frisch im Trockenschrank getrocknet und im Exsikkator abgekühlt, wird mit etwas Wasser aufgeschlämmt und mit verdünnter Salzsäure bis zur Auflösung versetzt. Die Lösung wird mit viel Wasser verdünnt und unter Rühren mit einem definierten Unterschuss von EDTA-Maßlösung versehen. Durch Zugabe von Natronlauge wird alkalisiert, wobei die bereits komplexierten Calciumionen nicht mehr als Calciumhydroxid ausfallen können. Nachdem nun noch Hydroxynaphtholblau als Indikator zugegeben wird, erfolgt die Titration mit restlicher EDTA-Maßlösung bis zum Farbumschlag nach Blau.

Lösen des $CaCO_3$:	$CaCO_3 + 2\,H^+$	$\rightarrow$	$Ca^{2+} + H_2O + CO_2\uparrow$
Komplexierungsreaktion:	$Ca^{2+} + Y^{4-}$	$\rightarrow$	$[CaY]^{2-}$
Indikatorreaktion:	$[CaInd] + Y^{4-}$	$\rightarrow$	$[CaY]^{2-} + [Ind_{frei}]^{2-}$

Bedingung: $Farbe_{[CaInd]} \neq Farbe_{[Indfrei]}$
(für Ind = Hydroxynaphtholblau: violett blauviolett)

Herstellung der Zinksulfat-Maßlösung ($0{,}1\ mol \cdot l^{-1}$) nach der Ph. Eur. 11.0
29 g Zinksulfat R werden in Wasser R zu 1000,0 ml gelöst.

Einstellung der Maßlösung (Zinksulfat-Lösung ($0{,}1\ mol \cdot l^{-1}$))
20,0 ml der Zinksulfat-Lösung werden mit 5 ml verdünnter Essigsäure R versetzt. Die Lösung wird in einem 500-ml-Erlenmeyerkolben mit Wasser zu 200 ml verdünnt. Die Lösung wird nach Zusatz von etwa 50 mg Xylenolorange-Verreibung so lange mit Methenamin R versetzt, bis die Lösung violettrosa gefärbt ist. Nach Zusatz von weiteren 2 g Methenamin R wird die Lösung mit Natriumedetat-Lösung (0,1 mol /l) bis zum Farbumschlag von Violettrosa nach Gelb titriert.

1 ml Natriumedetat-Lösung ($0{,}1\ mol \cdot l^{-1}$) entspricht 6,538 mg Zn.

$F = F_{EDTA} \cdot \frac{a}{20}$ a[ml] = Verbrauch an Natriumedetat-Lösung ($0{,}1\ mol \cdot l^{-1}$)

Herstellung Natriumedetat-Lösung (0,1 mol · l^{-1}) nach der Ph. Eur. 11.0
37,5 g Natriumedetat (EDTA Dinatriumsalz, Dihydrat) werden in 500 ml Wasser gelöst; nach Zusatz von 100 ml Natriumhydroxid-Lösung (1 mol · l^{-1}) wird mit Wasser zu 1000,0 ml verdünnt.

Einstellung der Maßlösung (Natriumedetat-Lösung (0,1 mol · l^{-1}))
0,120 g Zink Urtiter werden in 4 ml 25%iger Salzsäure gelöst. Die Lösung wird bis zur schwach sauren Reaktion mit verdünnter Natriumhydroxid-Lösung (8,5 %) versetzt. Diese Lösung wird in einem 500 ml Erlenmeyerkolben mit Wasser zu 200 ml verdünnt. Die Lösung wird nach Zusatz von etwa 50 mg Xylenolorange-Verreibung (1 Teil Xylenolorange + 99 Teile Kaliumnitrat) so lange mit Hexamethylentetramin (HMT) versetzt, bis die Lösung violettrosa gefärbt ist. Nach Zusatz weiterer 2 g HMT wird die Lösung mit Natriumedetat-Lösung (0,1 mol · l^{-1}) von Violettrosa nach Gelb titriert.

1 ml Natriumedetat-Lösung (0,1 mol · l^{-1}) entspricht 6,538 mg Zink.

Der Faktor der Maßlösung ergibt sich wie folgt:

$F = 153{,}0 \cdot \frac{e}{a}$ e = Einwaage Zink [g] a = Verbrauch an EDTA [ml]

5.2.8.2 Alternative Maßlösungen

Außer der EDTA haben noch weitere Oligoamine und Aminopolycarbonsäuren Eingang in die analytische Praxis gefunden: z. B. Triethylentetramin (TET), die Nitrilotriessigsäure (NTE) und die Diethylentriaminpentaessigsäure (DTPA).

H_2N ... N(H) ... N(H) ... NH_2

Triethylentetramin (TET)

Nitrilotriessigsäure (NTE)

Diethylentriaminpentaessigsäure (DTPA)

Beide Aminopolycarbonsäuren und das Tetraamin TET erfüllen die an chelatometrische Titrationsmittel gestellten Anforderungen: gute Löslichkeit, genügend große Reaktionsgeschwindigkeit mit dem zu bestimmenden Kation, Bildung eines leicht löslichen stabilen Chelatkomplexes unter Bildung mehrerer Koordinationsbindungen (mehrzähniger Ligand). Da alle erwähnten Komplexierungsmittel über mindestens vier koordinative Bindungsmöglichkeiten verfügen, bilden sie mit Metallionen, die bis zu vier positive Ladungen ausbilden, Komplexe im Verhältnis 1:1 aus.

5.2.9 Bestimmungen

5.2.9.1 Komplexometrische Titrationen der Ph. Eur. 11.0

Folgende Methoden sind im Arzneibuchabschnitt 2.5.11 unter »Komplexometrische Titrationen« beschrieben.

Aluminium

Aluminium bildet mit EDTA einen Komplex mittlerer Stärke (lg K_B 16,1) aus. Aluminiumionen neigen zur Bildung polynuklearer Hydroxoverbindungen (s. u.), die nur sehr zögerlich mit der EDTA-Maßlösung reagieren. Deshalb ist ein schwach saurer pH-Bereich erforderlich, der mit einem Acetat- (pH ca. 4,5) bzw. HMT-Puffer (pH ca. 5,5) erreicht wird. Zur quantitativen Komplexierung mit EDTA wird die Maßlösung im definierten Überschuss zugesetzt und zwei Minuten mit dem Aluminiumsalz aufgekocht, um gebildete Hydroxoaluminium-Komplexe zu zerstören.

$$2\,[Al(OH)_4]^- \rightleftarrows [(OH)_3Al\text{-}O\text{-}Al(OH)_3]^{2-} + H_2O$$

Nach dem Abkühlen wird der sehr schlecht wasserlösliche Indikator Dithizon als ethanolische Lösung zugegeben. Dabei erhöht Ethanol gleichzeitig die Stabilität des Aluminium-EDTA-Komplexes im Vergleich zum Zink-EDTA-Komplex. Der nicht umgesetzte EDTA-Überschuss wird mit einer Zinksulfat-Maßlösung von Grünlichblau nach Rötlichviolett zurücktitriert. Bei der Bestimmung von Aluminium in Adsorbat-Impfstoffen (siehe Kap. 9.7) wird ähnlich verfahren, allerdings wird dort mit einer Kupfer(II)-sulfat-Maßlösung gegen Pyridylazonaphthol zurücktitriert.

Da es für Aluminiumionen keinen geeigneten Indikator gibt, wird diese Rücktitration mit Zinkionen durchgeführt.

Rücktitration:

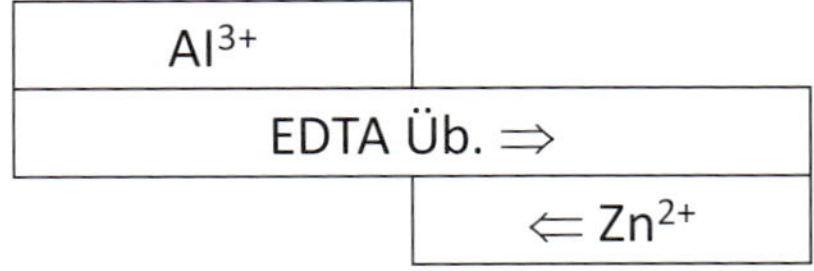

Komplexierungsreaktion:
$Al^{3+} + H_2Y^{2-} \rightarrow [AlY]^- + 2\,H^+$

Rücktitration des EDTA-Überschusses:
$Zn^{2+} + H_2Y^{2-} \rightarrow [ZnY]^{2-} + 2\,H^+$

Indikatorreaktion:
Zn^{2+} + Dithizon → [Zn-Dithizon]$^{2+}$

Rücktitration: Bestimmung von Aluminiumkaliumsulfat nach Ph. Eur. 11.0
0,900 g Substanz werden in 20,0 ml Wasser gelöst und in einen 500 ml Erlenmeyerkolben übergeführt. Es werden 25,0 ml Natriumedetat-Lösung (0,1 mol · l^{-1}) und 10 ml einer Mischung von gleichen Volumenteilen einer 15,5-prozentigen Lösung (m/V) von Ammoniumacetat und Essigsäure 12 % hinzugefügt und 2 Minuten lang aufgekocht. Nach dem Abkühlen werden 50 ml wasserfreies Ethanol und 3 ml einer frisch hergestellten 0,025-prozentigen Lösung (m/V) von Dithizon in wasserfreiem Ethanol zugefügt. Der Überschuss an Natriumedetat-Lösung (0,1 mol · l^{-1}) wird mit Zinksulfat-Lösung (0,1 mol · l^{-1}) bis zum Farbumschlag von Grünlichblau nach Rötlichviolett titriert.
Die Differenz zwischen der Vorlage an Natriumedetat-Lösung (0,1 mol · l^{-1}) und dem zugesetzten Volumen Zinksulfat-Lösung (0,1 mol · l^{-1}) dient der Berechnung.

1 ml Natriumedetat-Lösung (0,1 mol · l^{-1}) entspricht 2,698 mg Al^{3+} bzw. 47,44 mg $AlK(SO_4)_2$ 12 H_2O.

Bismut

Bismut bildet einen äußerst stabilen EDTA-Komplex (lg K_B 27,9) aus. Deshalb kann es sehr selektiv bei niedrigem pH-Wert bestimmt werden. Bei bereits schwach sauren oder gar basischen Bedingungen bilden sich schwerlösliche Bismutylverbindungen ($[BiO]^+$) und Polykationen, die die Bestimmung deutlich stören. Dennoch lassen die gängigen Arzneibücher – nicht ganz unumstritten – das konzentriert salpetersaure Milieu mit konzentriertem Ammoniak bis zur beginnenden Trübung abstumpfen, um anschließend erneut ein definiertes, kleines Volumen 65-prozentiger Salpetersäure zuzusetzen. Ferner sollen die beim Abstumpfen ausgefallenen schwerlöslichen Bismutylverbindungen durch Erwärmen auf 70 °C wieder in Lösung gebracht werden. Nach Zugabe von Xylenolorange-Verreibung als Indikator wird bis zum Farbumschlag von Rötlichviolett (Bismut-Xylenolorange-Komplex) nach Gelb (freier Indikator) titriert. Weitere Indikatoren wie Brenzcatechinviolett, 4-(2-Pyridylazo)resorcin oder Methylthymolblau finden ebenfalls Verwendung bei der komplexometrischen Bismutbestimmung, sind aber nicht so empfindlich und so scharf im Farbumschlag wie Xylenolorange.

Lediglich Quecksilber(II)- und Eisen(III)-Ionen können bei diesem niedrigen pH-Milieu auf Grund der sehr hohen Stabilitätskonstante ihrer EDTA-Komplexe stören. Man kann diese Ionen jedoch durch Zugabe von Ascorbinsäure zu nicht mehr störenden Quecksilber(I)- und Eisen(II)-Ionen reduzieren.

Direkte Titration:

Bi^{3+}
EDTA $\Rightarrow$

Komplexierungsreaktion:
$Bi^{3+} + H_4Y \rightarrow [BiY]^- + 4\ H^+$

Indikatorreaktion:
$[\text{Bi-Xylenolorange}] + H_4Y \rightarrow [BiY]^- + 4\ H^+ + [\text{Xylenolorange}_{frei}]^{3-}$

Blei

Blei bildet einen recht stabilen EDTA-Komplex (lg K_B 18,0) aus, der ein Arbeiten in schwach saurem Milieu ermöglicht. Einen deutlichen Farbwechsel von Rot nach Gelb erzielt man im Hexamethylentetramin (HMT)-Puffer mit Xylenolorange als Indikator. Alternativ zu Xylenolorange bietet sich für die Bleibestimmung im schwach sauren Milieu auch Methylthymolblau als Indikator an.

Die HMT/Xylenolorange-Bedingungen lassen sowohl eine direkte Titration als auch eine Rücktitration unter Verwendung einer Zinksulfat-Maßlösung zu.

Schließlich besteht noch die Möglichkeit, im Ammoniak/Ammoniumchlorid-Puffer gegen Eriochromschwarz T eine Substitutionstitration mit einer Zinksulfat-Maßlösung vorzunehmen. Hierbei ist das Zink für den Farbumschlag am Äquivalenzpunkt verantwortlich. Ein Zusatz von Kaliumnatriumtartrat verhindert das Ausfallen von Bleihydroxid. Störende Ionen wie Cu^{2+} oder Ni^{2+} können mit Kaliumcyanid maskiert werden.

Direkte Titration:

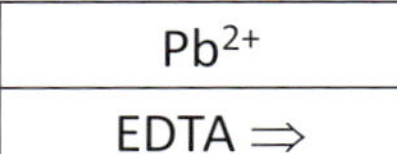

Komplexierungsreaktion:
$Pb^{2+} + H_2Y^{2-} \longrightarrow [PbY]^{2-} + 2\ H^+$

Indikatorreaktion:
$[PbInd]^* + H_2Y^{2-} \longrightarrow [PbY]^{2-} + 2\ H^+ + [Ind_{frei}]^{2-}$
* Ind: Xylenolorange, Methylthymolblau

Rücktitration:

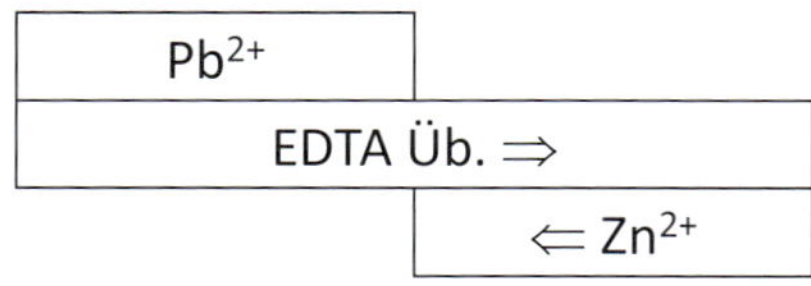

Komplexierungsreaktion:
$Pb^{2+} + H_2Y^{2-} \longrightarrow [PbY]^{2-} + 2\ H^+$

Rücktitration des EDTA-Überschusses:
$Zn^{2+} + H_2Y^{2-} \longrightarrow [ZnY]^{2-} + 2\ H^+$

Indikatorreaktion:
Xylenolorange + Zn^{2+}
$\longrightarrow$ [Zn – Xylenolorange]$^{2+}$

Substitutionstitration:

<table>
<tr><td>Pb^{2+}</td><td></td></tr>
<tr><td colspan="2">Zn-EDTA Üb. ⇒</td></tr>
<tr><td>Pb-EDTA</td><td>Zn-EDTA</td></tr>
<tr><td>Zn^{2+}</td><td></td></tr>
<tr><td>EDTA ⇒</td><td></td></tr>
</table>

Umkomplexierungsreaktion:
$Pb^{2+} + [ZnY]^{2-} \rightarrow Zn^{2+} + [PbY]^{2-}$

Komplexierungsreaktion:
$Zn^{2+} + H_2Y^{2-} \rightarrow [ZnY]^{2-} + 2\ H^+$

Indikatorreaktion:
$[\text{Zn-Erio T}] + H_2Y^{2-}$
$\rightarrow [ZnY]^{2-} + 2\ H^+ + [\text{Erio } T_{frei}]^{2-}$

Calcium

Zunächst einmal soll darauf hingewiesen werden, dass gerade für Calcium, aber auch für Magnesium, historisch bedingt sehr viele komplexometrische Bestimmungsmethoden mit vielen verschiedenen Indikatoren entwickelt wurden. Diesem Umstand kann in der Kürze dieses Arbeitsbuches nur bedingt Rechnung getragen werden. Auf S. 229 ist die historisch bedeutende Bestimmung der Wasserhärte (Calcium und Magnesium nebeneinander) aufgeführt.

Calcium bildet einen relativ schwachen Komplex mit EDTA (lg K_B 10,7) aus, weshalb ein Arbeiten bei hohen pH-Werten erforderlich ist. In alkalischer Lösung kann Calcium direkt mit EDTA gegen Murexid (von Rot nach Violett) oder eine Calconcarbonsäure-Verreibung (Calconcarbonsäure + Natriumchlorid 1 + 99) titriert werden. Der Umschlag erfolgt hierbei von Violett (Calcium-Indikator-Komplex) nach Tiefblau (freier Indikator).

Die USP beschreibt, ebenfalls in alkalischer Lösung, eine Direkttitration von Calcium mit EDTA gegen Hydroxynaphtholblau von Rötlichpink nach Tiefblau (vgl. »Einstellung von EDTA-Maßlösung mit Calciumcarbonat Urtitersubstanz«).

Allen Calciumbestimmungen im alkalischen Milieu ist gemeinsam, dass zügig titriert werden sollte, um die Kohlendioxid-bedingte Bildung von schwerlöslichem Calciumcarbonat zu vermeiden.

Ferner besteht die Möglichkeit, im Ammoniak/Ammoniumchlorid-Puffer gegen Eriochromschwarz T-Mischindikator (1,0 g Erio T + 0,4 g Methylorange + 100 g Natriumchlorid) eine Rücktitration mit einer Zinksulfat-Maßlösung vorzunehmen. Zink bildet unter diesen Bedingungen (Ammoniak als Hilfskomplexbildner) einen weniger stabilen EDTA-Komplex aus als Calcium. Der Endpunkt wird durch den Farbwechsel von Grün (freier Mischindikator) nach Violettrot (Zink-Indikator-Komplex) angezeigt. Der Verbrauch an EDTA für das Calcium errechnet sich aus der Differenz des eingesetzten Volumens an EDTA-Maßlösung abzüglich des verbrauchten Volumens an Zinksulfat-Maßlösung.

Analog dazu eignet sich auch eine Magnesium-EDTA-Maßlösung zur Substitutionstitration gegen Eriochromschwarz T entsprechend der Magnesiumbestimmung.

Die Magnesium-EDTA-Maßlösung wird durch Mischen äquivalenter Mengen Magnesiumsulfat-Lösung und EDTA-Maßlösung hergestellt. Mit Natronlauge wird unter Kontrolle mit Phenolphthalein ein pH-Wert von 8 bis 9 eingestellt.
Das angestrebte Stoffmengenverhältnis von 1:1 ($MgSO_4$ zu EDTA) ist gegeben, wenn nach Zugabe von etwas Pufferlösung aus Ammoniak/Ammoniumchlorid pH 10 und Eriochromschwarz T als Indikator die Lösung schmutzig violett ist und dieser Farbton nach Zusatz von einem Tropfen 0,01 molarer EDTA-Maßlösung nach Blau bzw. nach einem Tropfen 0,01 molarer Magnesiumsulfat-Maßlösung nach Rot umschlägt.

Direkte Titration:

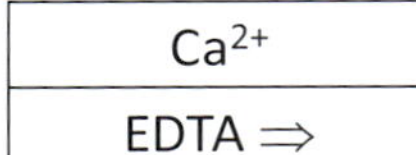

Komplexierungsreaktion:
$Ca^{2+} + Y^{4-} \rightarrow [CaY]^{2-}$

Indikatorreaktion:
$[CaInd]^{*} + Y^{4-} \rightarrow [CaY]^{2-} + [Ind_{frei}]^{2-}$
* Ind: Murexid, Calconcarbonsäure, Hydroxynaphtholblau

Rücktitration:

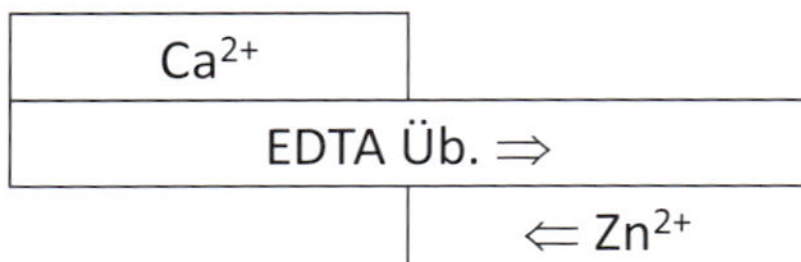

Komplexierungsreaktion:
$Ca^{2+} + Y^{4-} \rightarrow [CaY]^{2-}$

Rücktitration des EDTA-Überschusses:
$[Zn(NH_3)_4]^{2+} + Y^{4-} \rightarrow [ZnY]^{2-} + 4\,NH_3$

Indikatorreaktion:
$Zn^{2+} + \text{Erio } T_{frei} \rightarrow [\text{Zn-Erio T}] + 2H^{+}$

Substitutionstitration:

Ca^{2+}	
Mg-EDTA Üb. ⇒	
Ca-EDTA	Mg-EDTA
Mg^{2+}	
EDTA ⇒	

Umkomplexierungsreaktion:
$Ca^{2+} + [MgY]^{2-} \rightarrow [CaY]^{2-} + Mg^{2+}$

Bestimmungsreaktion:
$Mg^{2+} + HY^{3-} \rightarrow [MgY]^{2-} + H^{+}$

Indikatorreaktion: $[\text{Mg-Erio T}] + HY^{3-} \rightarrow [MgY]^{2-} + [\text{Erio } T_{frei}]^{-}$

Titrationswerte einer komplexometrischen Bestimmung von 50,0 ml Calcium-Lösung (0,05 mol · l^{-1}) mit einer Natriumedetat-Lösung (0,1 mol · l^{-1}) bei pH 10,0:

EDTA [ml]	Titrationsgrad τ	pCa
0,00	0	1,30
2,50	0,1	1,38
5,00	0,2	1,44
7,50	0,3	1,52
12,50	0,5	1,70
17,50	0,7	1,95
20,00	0,8	2,15
22,50	0,9	2,46
23,75	0,95	2,77
24,75	0,99	3,48
25,00	1,00	5,84
25,25	1,01	8,20
25,50	1,02	8,50
26,00	1,04	8,80
27,00	1,08	9,10
30,00	1,2	9,50
35,00	1,4	9,80
40,00	1,6	9,98
50,00	2	10,20

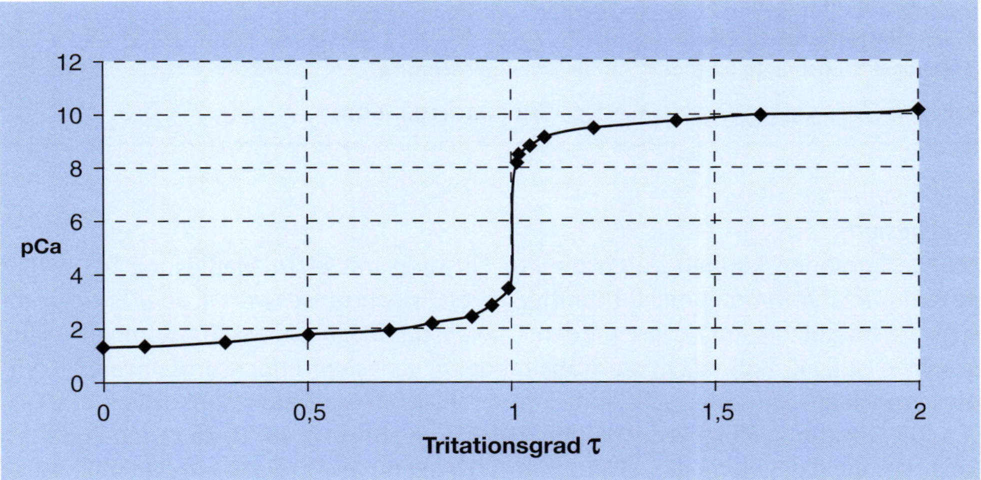

Abb. 31: Komplexometrische Titration von Ca^{2+} mit EDTA-Maßlösung

Calciumpantothenat wurde im DAB 7 komplexometrisch gegen Eriochromschwarz-T-Mischindikator bestimmt. Da der Indikator für eine Calcium-Bestimmung nicht geeignet ist, wird eine definierte Menge Zinksulfat-Maßlösung zugesetzt, die einen scharfen Farbumschlag des Indikators von Rot nach Grün ermöglicht.

Direkte Titration (DAB 7): Bestimmung von Calciumpantothenat
Etwa 0,600 g Substanz werden genau gewogen und in 150 ml Wasser gelöst. Nach Zusatz von 5,0 ml Zinksulfat-Lösung (0,1 mol · l^{-1}), 10,0 ml Pufferlösung pH 10,9 (6,75 g Ammoniumchlorid werden in Ammoniak-Lösung 17-prozentig zu 100,0 ml gelöst) und 70 mg Eriochromschwarz T-Mischindikator (1,0 g Eriochromschwarz T und 0,4 g Methylorange werden mit 100 g Natriumchlorid verrieben) wird mit Natriumedetat-Lösung (0,1 mol · l^{-1}) bis zum Umschlag nach Grün titriert.
Die Differenz zwischen dem Verbrauch an Natriumedetat-Lösung (0,1 mol · l^{-1}) und dem zugesetzten Volumen Zinksulfat-Lösung (0,1 mol · l^{-1}) dient der Berechnung.

1 ml Natriumedetat-Lösung (0,1 mol · l^{-1}) entspricht 4,008 mg Ca^{2+}.

Rücktitration (Ph. Eur. 11.0): Bestimmung von Calciumhydrogenphosphat-Dihydrat
0,4 g Substanz werden in 12 ml verdünnter Salzsäure, falls erforderlich unter Erhitzen im Wasserbad, gelöst. Die Lösung wird mit Wasser zu 200 ml verdünnt. 20,0 ml dieser Lösung werden mit 25,0 ml Natriumedetat-Lösung (0,02 mol · l^{-1}), 50 ml Wasser , 5 ml Ammoniumchlorid-Pufferlösung pH 10,7 und etwa 25 mg Eriochromschwarz-T-Verreibung versetzt. Der Überschuss an Natriumedetat-Lösung wird mit Zinksulfat-Lösung (0,02 mol · l^{-1}) titriert. Eine Blindtitration wird durchgeführt. Die Differenz zwischen dem Verbrauch an Natriumedetat-Lösung (0,02 mol · l^{-1}) und dem zugesetzten Volumen Zinksulfat-Lösung (0,02 mol · l^{-1}) dient der Berechnung.

1 ml Natriumedetat-Lösung (0,02 mol · l^{-1}) entspricht 3,44 mg $CaHPO_4 \cdot 2\,H_2O$.

Magnesium

Magnesiumionen können durch direkte Titration mit EDTA-Maßlösung bei pH 10 im Ammoniak/Ammoniumchloridpuffer gegen Eriochromschwarz T oder Eriochromschwarz-Mischindikator titriert werden. Obwohl der Magnesium-EDTA-Komplex relativ schwach ist (lg K_B 8,7), reicht die Stabilität des Magnesium-Eriochromschwarz T Komplexes noch aus, um einen scharfen Farbumschlag am Äquivalenzpunkt zu gewährleisten. Die Titration erfolgt jedoch unter Erwärmen auf rund 40 °C, da gegen Ende der Bestimmung die Bildung des Magnesium-EDTA-Komplexes relativ langsam abläuft.

Ein weiterer Grund für einen weniger deutlichen Farbwechsel kann in Spuren vorhandener Schwermetalle, vor allem Kupfer, liegen. Diese können durch Zugabe von Kaliumcyanid (Cave: sehr giftig!) maskiert werden. Einige Schwermetalle lassen sich auch durch Zugabe einer geringen Menge Thioglycolsäure maskieren. Ist eine derartige Maskierung nicht möglich, wie z. B. bei Blei, Bismut, Antimon und anderen, ist auch eine Ausfällung der störenden Kationen als Hydroxidverbindung denkbar. Andere Erdalkaliionen werden ebenfalls erfasst und müssen vor der Bestimmung mit Ammoniumcarbonat gefällt werden.

Direkte Titration:

Mg^{2+}
EDTA ⇒

Komplexierungsreaktion:
$Mg^{2+} + HY^{3-} \rightarrow [MgY]^{2-} + H^+$

Indikatorreaktion:
$[\text{Mg-Erio T}] + HY^{3-} \rightarrow [MgY]^{2-} + H^+ + [\text{Erio } T_{frei}]^{2-}$

Direkte Titration: Bestimmung von Magnesiumsulfat nach DAB 7
Etwa 0,300 g Magnesiumsulfat werden genau gewogen und in einem 200 ml-Erlenmeyerkolben in 5 bis 10 ml Wasser gelöst. Die Lösung wird mit 50 ml Wasser, 10 ml Ammoniumchlorid-Pufferlösung pH 10 (5,4 g Ammoniumchlorid werden in 20 ml Wasser gelöst und nach Zusatz von 35,0 ml Ammoniaklösung 17-prozentig mit Wasser zu 100,0 ml verdünnt) und etwa 50 mg Eriochromschwarz T-Mischindikator (1,0 g Eriochromschwarz T und 0,4 g Methylorange werden mit 100 g Natriumchlorid verrieben) versetzt und mit Natriumedetat-Lösung (0,1 mol · l^{-1}) bis zum Farbumschlag von Violett nach Grün titriert.

1 ml Natriumedetat-Lösung (0,1 mol · l^{-1}) entspricht 12,04 mg $MgSO_4$.

Zink

Zinkionen bilden mit EDTA einen mittelstarken Komplex (lg K_B 16,3) aus, ähnlich demjenigen von Aluminium. Entsprechend ähnlich schwach sauer kann der pH-Bereich für die Bestimmung gewählt werden.

In HMT-Puffer kann direkt gegen Xylenolorange von Violettrosa (Zink-Xylenolorange-Komplex) nach Gelb (freier Indikator) titriert werden. Statt Xylenolorange ist auch Methylthymolblau geeignet. Der Vorteil dieser Bestimmung liegt in der pH-bedingten Selektivität gegenüber anderen vorliegenden Metallionen im Ansatz. So stören beispielsweise unter diesen Bedingungen Erdalkaliionen nicht.

Liegen reine Zinkverbindungen vor, ist auch eine Direkttitration im Ammoniak/Ammoniumchlorid-Puffer gegen Eriochromschwarz T von Rot nach Blau durchführbar.

Direkte Titration:

Zn^{2+}
EDTA ⇒

Komplexierungsreaktion:
$Zn^{2+} + H_2Y^{2-} \rightarrow [ZnY]^{2-} + 2\ H^+$

Indikatorreaktion:
$[ZnInd]^* + H_2Y^{2-} \rightarrow [ZnY]^{2-} + 2\ H^+ + [Ind_{frei}]^{2-}$
*Ind: Xylenolorange, Methylthymolblau oder Eriochromschwarz T

Barium

Barium bildet einen relativ schwachen Komplex (lg K_B 7,8) aus, deshalb ist das Arbeiten bei hohen pH Werten erforderlich. In ammoniakalischer Lösung kann die Titration mit EDTA gegen Phthaleinpurpur erfolgen (Einstellung Bariumchlorid-Lösung (0,1 mol · l^{-1}) Ph. Eur. 11.0). In der Ph. Eur. 11.0 wird Bariumchlorid-Maßlösung zur indirekten Sulfat-Bestimmung verwendet.

5.2.9.2 Titration weiterer Kationen und Anionen

Eisen

Dreiwertiges Eisen bildet einen sehr stabilen EDTA-Komplex (lg K_B 25,1) aus, der ein Arbeiten im sauren Milieu zulässt. Der pH-Wert sollte mit Salzsäure auf etwa 2,5 eingestellt werden. Ein zu großer Überschuss an freier Salzsäure ist zu vermeiden, da mit der Bildung von Chloro-Komplexen (z. B. $[FeCl_4(H_2O)_2]^-$) eine Vertiefung der Gelbfärbung eintritt, die das Erkennen des Endpunktes deutlich erschwert. Die pH-Einstellung erfolgt durch Zusatz von festem 4-Chloranilin als Base, bis diese sich nicht mehr löst. Zum Abstumpfen des pH-Wertes kann auch Natrium- oder Ammoniumacetat verwendet werden. Bei zu großer Acetatkonzentration verläuft der Farbumschlag wegen gebildeter Eisenacetatokomplexe jedoch schleppender. Als Indikatoren für die Direkttitration sind 5-Sulfosalicylsäure (Farbumschlag von Violettrot nach Gelb) beziehungsweise Tiron (Brenzcatechin-3,5-disulfonsäure-Dinatriumsalz, Farbumschlag von Blaugrün nach reinem Gelb) geeignet. Im Falle letzterer Indikation ist bei 40 bis 50 °C zu arbeiten.

Eisen(II)-Ionen werden durch Zugabe von Ammoniumperoxodisulfat ($(NH_4)_2S_2O_8$) und kurzes Aufkochem zu dreiwertigem Eisen oxidiert und dann titriert.

$$2\,Fe^{2+} + (NH_4)_2S_2O_8 \rightarrow 2\,Fe^{3+} + 2\,SO_4^{2-} + 2\,NH_4^+$$

Quecksilber(II) und Bismut bilden ähnlich stabile EDTA-Komplexe und stören die Eisen-Bestimmung.

Fe^{3+}
EDTA ⇒

Komplexierungsreaktion:
$Fe^{3+} + H_4Y \rightarrow [FeY]^- + 4\,H^+$

Indikatorreaktion:
$[FeInd]^* + H_4Y \rightarrow [FeY]^- + 4\,H^+ + [Ind_{frei}]^{3-}$
* Ind: 5-Sulfosalicylsäure, Tiron

Nickel

Nickelionen werden in ungepufferter, mit konzentriertem Ammoniak eingestellter Lösung bei pH 10–12 direkt gegen Murexid von Gelb nach Blauviolett titriert. Die Bestimmung wird bei 40 °C durchgeführt, um die Reaktionsgeschwindigkeit und die

Komplexbildung ausreichend hoch zu halten. Ferner wird das Maskierungsmittel Triethanolamin zugegeben, um eventuelle Störungen durch Fe(III)- und Aluminium-Ionen zu beseitigen.

$$Ni^{2+} \xrightarrow{NH_3} Ni(OH)_2 \downarrow \xrightarrow{NH_3} [Ni(NH_3)_6]^{2+}$$

Triethanolamin (TEOA)

Ni^{3+}
EDTA ⇒

Komplexierungsreaktion:
$[Ni(NH_3)_6]^{2+} + H_2Y^{2-} \rightarrow [NiY]^{2-} + 2\ NH_4^+ + 4\ NH_3$

Indikatorreaktion:
$[NiInd]^* + H_2Y^{2-} \rightarrow [NiY]^{2-} + 2\ H^+ + [Ind_{frei}]^{2-}$
* Ind: Murexid, Pyridylazoresorcin

Alternativ können Nickel(II)-Ionen im HMT-gepufferten Milieu bei ca. pH 5 bis 6 gegen Pyridylazoresorcin (PAR) bei einer Temperatur von 90 °C bestimmt werden. Schließlich wird auch die Rücktitration mit Zink(II)- oder Blei(II)-Maßlösung gegen Xylenolorange beschrieben.

Kupfer

Die Bestimmung von Kupfer kann mit EDTA in schwach saurer, acetatgepufferter Lösung gegen Pyridylazonaphthol (PAN) als Indikator von Gelb nach Violett in der Siedehitze erfolgen. Der gebildete Kupfer-EDTA-Komplex ist recht stabil (lg K_B 18,8). Aus Gründen der Löslichkeit wird eine methanolische Indikatorlösung verwendet. Enthält die Untersuchungslösung einen ausreichend hohen Anteil (ca. 30 bis 50 %) Ethanol oder Aceton, kann bei Raumtemperatur titriert werden.

Alternativ kann Kupfer auch im neutralen bis höchstens schwach ammoniakalischen Milieu in einer Direkttitration gegen Murexid von Orange nach Violett bestimmt werden. Damit der Bildung von Tetramminkupfer(II)-Komplexen ($[Cu(NH_3)_4]^{2+}$) unter Zerstörung des Kupfer-Murexid-Komplexes entgegengewirkt wird, geht man von einer sauren Kupfer(II)-Lösung aus. Diese wird gerade bis zur Auflösung von gebildetem Kupferhydroxid mit Ammoniak versetzt und anschließend mit Ammoniumchlorid ergänzt.

Cu^{2+}
EDTA ⇒

Komplexierungsreaktion:
$Cu^{2+} + H_2Y^{2-} \rightarrow [CuY]^{2-} + 2\ H^+$

Indikatorreaktion:
$[CuInd]^* + H_2Y^{2-} \rightarrow [CuY]^{2-} + 2\ H^+ + [Ind_{frei}]^{2-}$
* Ind: Murexid, Pyridylazonaphthol

Silber

Die Bestimmung von Silber erfolgt nach Umsetzung der Silberverbindung mit Kalium-tetracyanonickelat(II)-Lösung ($K_2[Ni(CN)_4]$). Dabei wird die äquivalente Menge Nickelionen aus dem Cyanokomplex unter Bildung des stabileren Biscyanoargentat(I) ($[Ag(CN)_2]^-$, lg K_B 21) freigesetzt. Die Nickelionen werden dann wie oben bei der Einzelbestimmung beschrieben titriert.

$$2\ Ag^+ + K_2[Ni(CN)_4] \longrightarrow 2\ [Ag(CN)_2]^- + Ni^{2+} + 2\ K^+$$

Diese Titrationsmethode lässt auch die Bestimmung von schwerlöslichen Silberhalogeniden (AgCl, AgBr, AgI) zu.

Ag^+
$K_2[Ni(CN)_4]$ im Überschuss
Ni^{2+}
⇒ EDTA

Cyanid

Bei der Bestimmung von Cyanidionen handelt es sich um eine Substitutionstitration. In ammoniakalischer Lösung wird ein Überschuss einer Nickel(II)-sulfat-Lösung zugesetzt, deren Gehalt nicht genau bekannt sein muss. Es bildet sich der Tetracyanonickelat(II)-Komplex ($[Ni(CN)_4]^{2-}$). Nichtkomplexierte Nickelionen werden mit EDTA titriert. Der Verbrauch bei dieser Titration ist für die Bestimmung der Cyanid-Ionen ohne Bedeutung. Nun werden ausreichend Silberionen zugegeben, und es kommt zu einer Umkomplexierung zu Gunsten von Dicyanoargentat(I) ($[Ag(CN)_2]^-$). Die der Stoffmenge Cyanid äquivalente Stoffmenge Nickelionen ($n(CN^-) = 4\ n(Ni^{2+})$) wird freigesetzt und kann nun mit EDTA bestimmt werden.

$$4\ CN^- + NiSO_4 \rightarrow [Ni(CN)_4]^{2-} + SO_4^{2-}$$
$(Ni^{2+} + H_2Y^{2-} \rightarrow [NiY]^{2-} + 2\ H^+)$ .... unwichtig
$$[Ni(CN)_4]^{2-} + 2\ Ag^+ \rightarrow 2\ [Ag(CN)_2]^- + Ni^{2+}$$
$Ni^{2+} + H_2Y^{2-} \rightarrow [NiY]^{2-} + 2\ H^+$ .... relevant!

CN^-	
Ni^{2+}	
$[Ni(CN)_4]^{2-}$	Ni^{2+}
+ Ag^+	EDTA
$[Ag(CN)_2]^- + Ni^{2+}$	
EDTA	

Phosphat

Da Phosphat als Anion nicht unmittelbar mit EDTA komplexiert werden kann, wird es erst als Magnesiumammoniumphosphat gefällt (vgl. S. 246)

$$Mg^{2+} + NH_3 + HPO_4^{2-} \rightarrow Mg(NH_4)PO_4\downarrow ,$$

der Niederschlag abgetrennt, gewaschen und mit Salzsäure wieder in Lösung gebracht. Nach Zugabe eines Überschusses EDTA-Maßlösung und Einstellung der Titrationsbedingungen für eine Magnesiumbestimmung (Ammoniak/Ammoniumchloridpuffer, Eriochromschwarz T) erfolgt die Rücktitration der überschüssigen EDTA-Ionen mit einer Magnesiumchlorid-Maßlösung in einer klassischen Rücktitration.

Analog dazu lässt sich Phosphat auch als Calciumphosphat fällen. Der Niederschlag wird dann abgetrennt, in einem definierten Überschuss EDTA-Maßlösung gelöst, dann mit Ammoniak/Ammoniumchlorid auf pH 10 gepuffert und mit Zinksulfat-Maßlösung gegen Eriochromschwarz T zurücktitriert.

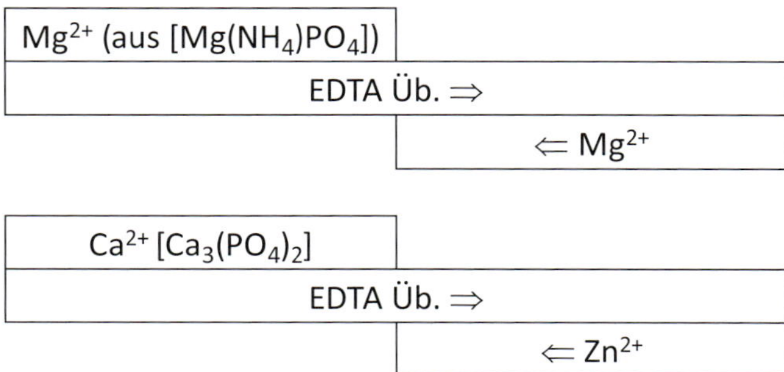

Mg^{2+} (aus $[Mg(NH_4)PO_4]$)	
EDTA Üb. ⇒	
	⇐ Mg^{2+}

Ca^{2+} $[Ca_3(PO_4)_2]$	
EDTA Üb. ⇒	
	⇐ Zn^{2+}

Indirekte Titration: Bestimmung von Trikaliumphosphat
20,0 ml der Probelösung, die höchstens 0,1 mol · l^{-1} Phosphat enthalten soll, werden in einem 250 ml Becherglas auf 50 ml verdünnt und 1 ml konz. Salzsäure sowie einige Tropfen Methylrot (0,1 % in Ethanol) zugefügt. Nach Zugabe von 3 ml Magnesiumsulfat-Lösung (1 mol · l^{-1}) wird zum Sieden erhitzt und unter heftigem Rühren so lange konz. Ammoniaklösung tropfenweise zugesetzt, bis der Indikator nach Gelb umschlägt, und dann noch weitere 2 ml ergänzt. Nach mehrstündigem Stehen (oder über Nacht) wird der Niederschlag durch einen Glasfiltertiegel G4 filtriert und mit ungefähr 100 ml Ammoniak-Lösung (1 mol · l^{-1}) gewaschen. Das Fällungsgefäß wird mit 25 ml Salzsäure (1 mol · l^{-1}) gespült und diese Flüssigkeit in Portionen in den Filtertiegel gebracht, wobei vor jeder Zugabe der Unterdruck in der Saugflasche beseitigt wird. Der Vorgang wird mit weiteren 10 ml der Salzsäure und dann mit 75 ml Wasser wiederholt. Die salzsaure Lösung wird in der Saugflasche mit 25 ml EDTA-Lösung (0,1 mol · l^{-1}) versetzt und mit Natronlauge (1 mol · l^{-1}) neutralisiert. Nach Zusatz von 5 ml Pufferlösung pH 10 (5,40 g Ammoniumchlorid werden in 20 ml Wasser gelöst, 35 ml Ammoniaklösung 17-prozentig hinzugefügt und mit Wasser auf 100,0 ml aufgefüllt) und Eriochromschwarz T (2 bis 4 Tropfen Lösung oder eine Spatelspitze Kochsalzverreibung [Eriochromschwarz T: NaCl 1: 100]) wird der Überschuss an EDTA mit $MgCl_2$-Lösung (0,1 mol · l^{-1}) (2,4305 g reine Magnesiumspäne werden in verd. Salzsäure gelöst. Die Lösung wird mit Natronlauge, 1 mol · l^{-1}, fast neutralisiert und mit entmineralisiertem Wasser auf 1000,0 ml aufgefüllt), bis zum Umschlag von Blau nach Weinrot titriert.
Der Verbrauch an EDTA-Lösung ist die Differenz zwischen dem zugesetzten Volumen und dem Verbrauch an $MgCl_2$-Lösung.

1 ml EDTA-Lösung (0,1 mol · l^{-1}) entspricht 9,4971 mg PO_4^{3-}.

Sulfat

Sulfat kann indirekt über die Bestimmung einer äquivalenten Menge Barium-Ionen ermittelt werden. Dazu werden die Sulfationen mit einem definierten Überschuss von Bariumchlorid-Maßlösung versetzt und als Bariumsulfat gefällt. Durch Zugabe von Ethanol wird die Löslichkeit des Bariumsulfats zusätzlich herabgesetzt. Die überschüssigen Bariumionen werden mit EDTA-Maßlösung gegen Phthaleinpurpur als Indikator bis zum Verschwinden der violettblauen Färbung in einer Rücktitration erfasst. In analoger Weise verfährt die Ph. Eur. 11.0 in den Monographien von Antibiotika wie Streptomicinsulfat und Gentamicinsulfat bei der Reinheitsprüfung auf Sulfat.

Die Stoffmenge an Sulfat ergibt sich als Differenz der Gesamtstoffmenge an Bariumionen und der rücktitrierten Menge an Bariumionen entsprechend dem EDTA-Verbrauch.

Diese Bestimmung ist ein Beispiel dafür, wie stark analytische Methoden miteinander verzahnt sein können. Denn gleichermaßen lassen sich die Sulfationen bei dieser Vorgehensweise gravimetrisch über den Niederschlag an Bariumsulfat bestimmen (vgl. S. 245).

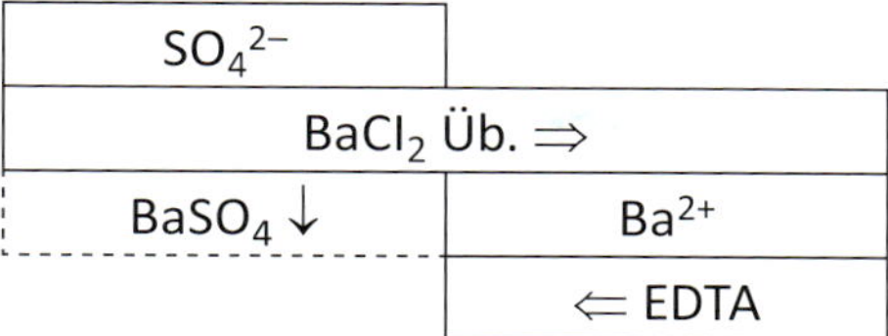

Fluorid

Da Fluorid nicht direkt chelatometrisch bestimmt werden kann, bedient man sich auch hierbei einer indirekten Bestimmung. Dazu werden Fluoridionen als Calciumfluorid gefällt, der Niederschlag abgetrennt und wieder aufgelöst. Nun erfolgt eine Bestimmung der Calciumionen gemäß der oben beschriebenen Methode.

Da das gebildete Calciumfluorid, wie viele der bei der indirekten Titration bereits erwähnten Verbindungen, ebenfalls eine bekannte Stöchiometrie aufweist, lässt sich auf die Stoffmenge an Fluorid in der Probe zurückschließen.

Ca^{2+} (CaF_2)
EDTA Üb. ⇒

Nach den hier erwähnten Prinzipien lassen sich viele andere Ionen, hauptsächlich Alkalimetallionen und Anionen, komplexometrisch bestimmen.

5.2.9.3 Mehrfachbestimmungen

Hier soll an Hand von ausgewählten Beispielen gezeigt werden, dass auch mehrere Kationen in einer Probe nebeneinander bestimmt werden können, sofern entsprechende Selektivitäten gegeben sind. Diese erreicht man zumeist durch Wahl eines geeigneten pH-Werts oder durch Maskieren störender Fremdionen.

Simultanbestimmung von Bismut und Zink

Das entscheidende Selektivitätskriterium liegt in der deutlich höheren Stabilität des Bismut-EDTA-Komplexes (lg K_B 27,9) im Vergleich zu der des Zink-EDTA-Komplexes (lg K_B 16,3). Daher ist für die Bestimmung des Bismuts ein Arbeiten im salpetersauren Milieu möglich. Unter diesen stark sauren Bedingungen werden die Zinkionen nicht durch die EDTA erfasst.
Zunächst wird die Analyse auf ein salpetersaures Milieu eingestellt und, wie in der Einzelbestimmung für Bismut aufgeführt, gegen Xylenolorange nach Gelb titriert. Das Erhitzen kann dabei entfallen, um sicherzugehen, dass keine anderen Metallionen (hier das gleichzeitig vorhandene Zink) partiell erfasst werden. Die austitrierte Lösung wird mit HMT (Festsubstanz) bis zur Violettrosa-Färbung (Zink-Xylenolorange-Komplex) versetzt. Anschließend wird wie bei der Einzelbestimmung für Zink vorgegangen und erneut bis zum Farbumschlag nach Gelb titriert.

Der Gehalt an Bismut ergibt sich aus dem EDTA-Verbrauch bis zum ersten Umschlag. Der Gehalt an Zink errechnet sich aus der Differenz von EDTA-Gesamtverbrauch und dem Volumen EDTA für das Bismut.

Es handelt sich hierbei um zwei nacheinander geschaltete Direkttitrationen.

Bi^{3+}	Zn^{2+}
EDTA ⇒	
	EDTA ⇒

1. pH ≈ 1 : Bismut-Bestimmung (zu sauer für Zink-Komplexierung)
2. pH ≈ 5,5 : Zink-Bestimmung (Bismut bereits komplexiert)

Simultanbestimmung von Kupfer, Zink und Magnesium

Nach dem gleichen Prinzip wie die Simultanbestimmung von Bismut und Zink lässt sich eine Dreifachbestimmung von Kupfer, Zink und Magnesium durchführen.

Zunächst werden in einer ersten Titration gemeinsam die Kupfer- und Zinkionen im HMT-Puffer gegen Xylenolorange erfasst. Unter diesen Bedingungen werden die Magnesiumionen wegen ihrer zu geringen Komplexbildungskonstante mit EDTA nicht erfasst.

Im Anschluss daran werden in einem zweiten Ansatz die Kupfer- und Zinkionen durch Zugabe von Cyanidionen maskiert ((cave: Cyanid und Dicyan ($(CN)_2$) sind sehr giftig!).

$$Cu^{2+} + 2\,CN^- \longrightarrow Cu(CN)_2\downarrow$$
$$2\,Cu(CN)_2 \longrightarrow 2\,CuCN + (CN)_2\uparrow$$
$$CuCN + 3\,CN^- \longrightarrow [Cu(CN)_4]^{3-} \qquad (\lg K_B \approx 27)$$

$$Zn^{2+} + 4\,CN^- \longrightarrow [Zn(CN)_4]^{2-}$$

$$Mg^{2+} + CN^- \not\longrightarrow$$

Es können somit selektiv die Magnesiumionen im Ammoniak/Ammoniumchlorid-Puffer gegen Eriochromschwarz T bestimmt werden.

In dieser austitrierten Lösung werden nun die Zinkionen selektiv durch Zusatz von Formaldehyd demaskiert (Bildung von Formaldehydcyanhydrin) und gegen Eriochromschwarz T bei pH 10 erfasst.

Cu^{2+}	Zn^{2+}	Mg^{2+}
EDTA (a) ⇒		

Cu^{+} / Zn^{2+} maskiert mit CN^{-}	Mg^{2+}
+ Formaldehyd	EDTA (b) ⇒
Zn^{2+}	
EDTA (c) ⇒	

$n\ (Mg^{2+}) = n$ (EDTA (b))
$n\ (Zn^{2+}) = n$ (EDTA (c))
$n\ (Cu^{2+}) = n$ (EDTA (a) – EDTA (c));

Demaskierungsreaktion:
$[Zn(CN)_4]^{2-} + 4\ HCHO + 4\ H_2O \rightarrow Zn^{2+} + 4\ HOH_2C{-}CN + 4\ OH^-$
$[Cu(CN)_4]^{3-}$ bleibt maskiert, da zu stabiler Cyanokomplex (lg $K_B \approx 27$).

Bestimmung der Wasserhärte

Als Wasserhärte bezeichnet man den Gehalt von Wasser an gelösten Calcium- und Magnesiumsalzen (Gesamthärte). Man unterscheidet zwischen der temporären Wasserhärte (Carbonathärte) und der permanenten Härte (Nichtcarbonathärte). Während erstere in Form schwerlöslicher Carbonate ($CaCO_3$ = Kesselstein) in Erscheinung tritt, handelt es sich bei letzterer um lösliche Calcium- und Magnesiumsalze (z. B. Chloride, Nitrate, Sulfate).

Der Gehalt an Calcium und Magnesium wird in deutschen Härtegraden [°dH] angegeben. 1 °dH entspricht dabei 1 mg CaO/100 ml bzw. 0,719 mg MgO/100 ml.

Die Bestimmung erfolgt in zwei Schritten. Im ersten Schritt werden Calciumionen und Magnesiumionen bei pH 10 (Ammoniak/Ammoniumchloridpuffer) gegen Eriochromschwarz T gemeinsam erfasst. Der Umschlag ist auf die anwesenden Magnesiumionen zurückzuführen, ähnlich der Substitutionstitration von Calcium. Sollte es sich um Magnesium-freies Wasser handeln, erfolgt die Calciumbestimmung durch Zugabe eines definierten Überschusses an Zinksulfat-Maßlösung in einer Rücktitration (siehe Calcium).

Im zweiten Schritt erfolgt eine Calciumbestimmung entsprechend der Direkttitration in alkalischer Lösung (NaOH) gegen Calconcarbonsäure-Verreibung von Rot nach Blau, die Magnesium-Ionen werden unter diesen Bedingungen als Magnesiumhydroxid ausgefällt und somit nicht erfasst. In der Nähe des Umschlagspunktes muss langsam titriert werden.

Zu Beginn beider Schritte werden ausgefallene Carbonate durch Zugabe von Salzsäure und anschließendes Erhitzen (Vertreiben von CO_2) in lösliche Calcium- und Magnesiumverbindungen übergeführt.
Die Menge an Magnesiumionen ergibt sich als Differenz der Ca-Mg-Gesamtbestimmung und der Ca-Einzelbestimmung.

Es ist üblich, eine EDTA-Maßlösung zu verwenden, bei der 1 ml genau 1 °dH entspricht (auch als Schnelltest im Handel).

Ca-Mg-Gesamtbestimmung:

Ca^{2+}	Mg^{2+}
EDTA ⇒	

Ca-Einzelbestimmung:

Ca^{2+}	$Mg(OH)_2\downarrow$
EDTA ⇒	

$$n\,(Mg^{2+}) = n\,(EDTA_{[Ca+Mg]}) - n\,(EDTA_{[Ca]})$$

Bestimmung von Quecksilber (Selektive Rücktitration)

Diese Methode ist sowohl für die Bestimmung von einwertigem als auch von zweiwertigem Quecksilber geeignet. Da jedoch Hg(I)-Ionen mit EDTA eine Disproportionierungsreaktion eingehen und den recht stabilen Hg(II)-EDTA-Komplex sowie metallisches Quecksilber bilden, sind sie vor Beginn der Titration mit konzentrierter Salpetersäure zum zweiwertigen Quecksilber zu oxidieren.

$$Hg_2^{2+} + 2\,HNO_3 + 2\,H^+ \rightarrow 2\,Hg^{2+} + 2\,NO_2\uparrow + 2\,H_2O$$

Die Hg(II)-Ionen werden nun mit einem definierten Überschuss an EDTA-Maßlösung versetzt und die Lösung anschließend auf pH 10 (Ammoniak/Ammoniumchloridpuffer) eingestellt. Diese Reihenfolge ist wichtig, da ansonsten schwerlösliches Quecksilber(II)-amidochlorid ($HgNH_2Cl$) ausfällt.

$$Hg^{2+} + HY^{3-} \rightarrow [HgY]^{2-} + H^+$$

Nun wird die überschüssige EDTA-Maßlösung mit einer Zinksulfat-Maßlösung gegen Eriochromschwarz T in einer ersten Rücktitration bestimmt.

$$Zn^{2+} + HY^{3-} \rightarrow [ZnY]^{2-} + H^+$$

Um zu gewährleisten, dass keine anderen Metallionen außer den noch komplexierten Quecksilber(II)-Ionen EDTA verbraucht haben, setzt man Kaliumiodid hinzu. Dieses dient als selektives Maskierungsmittel für die Hg(II)-Ionen unter Ausbildung des löslichen Tetraiodomercurat(II)-Komplexes ($[HgI_4]^{2-}$).

$$[HgY]^{2-} + 4\,KI \rightarrow [HgI_4]^{2-} + Y^{4-} + 4\,K^+$$

$$Zn^{2+} + Y^{4-} \rightarrow [ZnY]^{2-}$$

Folglich wird eine quecksilberäquivalente Menge EDTA freigesetzt, die nun in einer zweiten Rücktitration mit Zinksulfat-Maßlösung bestimmt wird. Andere störende Kationen, z. B. als mögliche Verunreinigungen des Quecksilbers, werden auf diese Weise nicht erfasst. Lediglich bei einer sehr hohen Iodidkonzentration können eventuell anwesende Cadmiumionen ebenfalls maskiert werden.

Die Voraussetzung für diese Vorgehensweise bildet die höhere Stabilitätskonstante des Tetraiodomercurat-Komplexes gegenüber der des Quecksilber-EDTA-Komplexes.

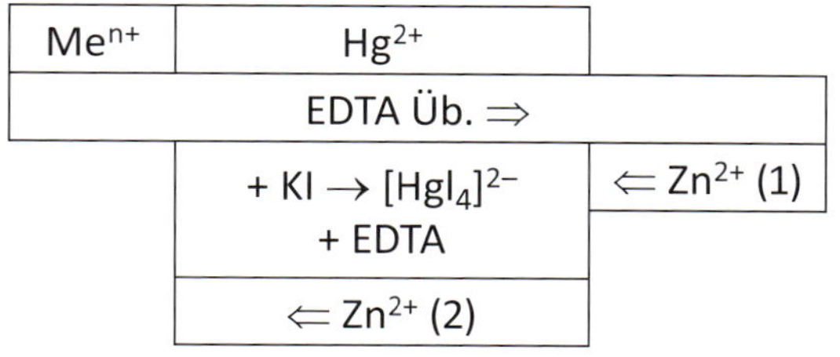

Me^{n+} = störende Kationen
Zn^{2+} = $ZnSO_4$ – Maßlösung
(1. bzw. 2. Verbrauch)

Tabellarische Übersicht

Komplexometrische Bestimmungsmöglichkeiten ausgewählter Metallionen geordnet nach ihrer Komplexbildungsstabilität

Ion	lg K_B	pH	»Puffer«	Titration	Indikator	Störungen
Bismut	27,94	1–2	HNO_3/ NH_3	Direkt	Xylenol.	Fe^{3+}, Hg^{2+}
Eisen	25,1	2,5	HCl/ 4-Chloranilin	Direkt	Sulfosalic.	Bi^{3+}, Hg^{2+}
Quecksilber	21,8	5–6 10	HMT NH_3/NH_4Cl	Direkt sel. Rückt.	Xylenol. Erio T	Cl^- (in größeren Mengen)
Kupfer	18,8	7–8	Säure + NH_3/NH_4Cl	Direkt	Murexid	Al^{3+}, Fe^{3+}
Nickel	18,6	10	NH_3	Direkt	Murexid	Cd^{2+}, Co^{2+}, Zn^{2+}
Blei	18,04	5–6 10 5–6	HMT NH_3/NH_4Cl HMT	Direkt Substitut. Rückt.	Xylenol. Erio T Xylenol.	andere Schwermetalle und Fe^{3+}
Zink	16,3	5–6 10	HMT NH_3/NH_4Cl	Direkt	Xylenol. Erio T	Cu^{2+}, Ni^{2+}, Co^{2+}
Aluminium	16,1	4–6	HOAc/ NaOAc; HMT	Rückt.	Dithizon	Zn^{2+}

Ion	lg K_B	pH	»Puffer«	Titration	Indikator	Störungen
Calcium	10,70	>12 10	NaOH NH_3/NH_4Cl	Direkt Rückt.	Calcon-carb. Erio T	Ba^{2+}, Sr^{2+}, Schwermetalle
Magnesium	8,69	10	NH_3/NH_4Cl	Direkt	Erio T	vgl. Ca^{2+}
Barium	7,8	10	NH_3	Direkt	Phthalein-purpur	vgl. Ca^{2+}

6 Gravimetrie und Fällungstitrationen

6.1 Allgemeines

Die Gravimetrie und die Fällungstitrationen beruhen auf der praktisch quantitativen Ausfällung eines gelösten Analyten mit Hilfe geeigneter Reagenzien bzw. Maßlösungen.

Bei der **Gravimetrie** wird mit Hilfe eines geeigneten Fällungsreagenzes aus dem zu analysierenden Ion eine schwer lösliche Verbindung (»Fällungsform«) erzeugt, die nach einer gewissen Zeit abgetrennt und durch Trocknen bis zur Massekonstanz oder Glühen in einen Feststoff definierter Zusammensetzung (Wägeform) überführt wird. Die Auswertung erfolgt durch Wägung des Produkts.

Bei der **Fällungstitration** ist ebenfalls eine quantitative Umsetzung des Analyten zu einem schwer löslichen Produkt erforderlich, allerdings muss diese Fällung praktisch augenblicklich bei Zugabe der Maßlösung erfolgen. Die Messgröße ist hier das Volumen der Maßlösung, das für eine vollständige Fällung gerade eben erforderlich ist.

Basis beider Verfahren ist also die Bildung schwer löslicher Verbindungen, meist Salze. Dabei befindet sich aber der feste Bodenkörper nach wie vor im Gleichgewicht mit den gelösten, dissoziierten Ionen. Die Lage dieses Gleichgewichts kann durch die Löslichkeit bzw. das Löslichkeitsprodukt beschrieben werden.

6.1.1 Löslichkeit und Löslichkeitsprodukt

6.1.1.1 Löslichkeit

Als Löslichkeit wird die maximale Menge eines Stoffes bezeichnet, die ein bestimmtes Lösungsmittel bei einer bestimmten Temperatur aufnehmen kann (Sättigungskonzentration).

Die Größe der Löslichkeit wird immer auf die gesättigte, im Gleichgewicht mit einem Bodenkörper stehende Lösung bezogen. Vollkommen unlösliche Stoffe gibt es nicht.

Die Angabe der Löslichkeit kann erfolgen als

- molare Löslichkeit (Stoffmengenkonzentration c in $mol \cdot l^{-1}$)
- Massenanteil (Gramm Substanz, die in 100 g Lösung enthalten sind).

Die Ph. Eur. umschreibt in Kapitel 1.4 Löslichkeitsangaben in Worten und gibt dabei die ungefähre Zahl der Volumenteile Lösungsmittel (in ml) an, in denen sich 1 g Substanz löst. Demnach löst sich z. B. eine »leicht lösliche« Substanz in 1 bis 10 Teilen, eine »wenig lösliche« in 30 bis 100 Teilen und eine »sehr schwer lösliche« in 1000 bis 10000 Teilen Lösungsmittel.

Die Angabe der Löslichkeit ist sinnvoll zur Charakterisierung von leicht löslichen Substanzen, da die Werte sehr anschaulich sind. Bei schwer löslichen Salzen ist es sinnvoller, das **Löslichkeitsprodukt** anzugeben. Aus diesem kann man, wie weiter unten gezeigt wird, problemlos die molare Löslichkeit berechnen. Wichtiger ist jedoch, dass nur über das Löslichkeitsprodukt die Einflüsse von gleichionigen und fremdionigen Zusätzen, die bei schwer löslichen Verbindungen eine bedeutende Rolle spielen, berechnet werden können.

6.1.1.2 Löslichkeitsprodukt

Auf das Gleichgewicht zwischen einem Bodensatz eines 1:1-Elektrolyten AB (z. B. AgCl) und den gelösten Ionen A^+ und B^- in der überstehenden gesättigten Lösung lässt sich das Massenwirkungsgesetz anwenden:

$$AB \rightleftarrows A^+ + B^-$$

$$K = \frac{a(A) \cdot a(B)}{a(AB)}$$

In Gegenwart eines ungelösten Bodenkörpers im heterogenen Gleichgewicht ist die Aktivität a(AB) konstant und kann deshalb in die Gleichgewichtskonstante K einbezogen werden. Die Menge des Bodenkörpers hat keinen Einfluss auf K.

Das Produkt aus den beiden Konstanten K und a(AB) ist wieder eine Konstante und wird als das ***thermodynamische*** Löslichkeitsprodukt K_L^a bezeichnet.

$$K \cdot a(AB) = K_L^a = a(A) \cdot a(B)$$

Da in sehr verdünnten Lösungen, wie sie bei schwer löslichen Elektrolyten vorliegen, die Aktivitätskoeffizienten $f \approx 1$ sind, kann man statt der Aktivitäten a auch die molaren Konzentrationen c der Ionen einsetzen und damit K_L^a näherungsweise durch das ***stöchiometrische*** Löslichkeitsprodukt K_L ersetzen.

$$K_L = c(A) \cdot c(B)$$

Die Dimension beträgt bei 1:1-Elektrolyten (binären Verbindungen; z. B. AgCl, $BaSO_4$) $mol^2 \cdot l^{-2}$.

Für schwer lösliche Elektrolyte der allgemeinen Formel A_xB_y gilt folglich:

$$A_xB_y \rightleftarrows x\,A^{y+} + y\,B^{x-}$$

$$K_L = (c(A))^x \cdot (c(B))^y$$

Leichter verständlich am konkreten Beispiel $PbCl_2$:
$PbCl_2 \rightleftarrows Pb^{2+} + 2\,Cl^-$
$K_L = c(Pb^{2+}) \cdot (c(Cl^-))^2\ [mol^3 \cdot l^{-3}]$

Da die Werte für K_L bei schwer löslichen Salzen sehr klein sind und sich über viele Zehnerpotenzen erstrecken, wird häufig (in Analogie zum pH-Wert) der pK_L-Wert angegeben:

$$pK_L = -\lg K_L$$

Beispiel: AgCl: $K_L = 10^{-10}\ mol^2 \cdot l^{-2}$; $pK_L = 10$

Also: Schwer lösliche Salze haben sehr kleine K_L-Werte, aber große pK_L-Werte (siehe Tabelle im Anhang S. 302).

Aus dem Löslichkeitsprodukt lassen sich folgende Aussagen ableiten:

- **Ist das Produkt der Ionenkonzentrationen (»Ionenprodukt«) kleiner als K_L, so bleibt das Salz vollständig in Lösung und die Lösung ist ungesättigt.**
- **Ist das Ionenprodukt $c(A) \cdot c(B) = K_L$, so ist die Lösung exakt gesättigt. Zu beachten ist, dass es nur auf das Produkt der Konzentrationen ankommt; c(A) kann gleich c(B) sein, muss es aber nicht!**
- **Wird eine gesättigte Lösung von AB mit Bodenkörper verdünnt, so geht vom Bodenkörper AB so viel A^+ und B^- in Lösung, bis diese wieder gesättigt ist.**
- **Ist das Ionenprodukt größer als K_L (z. B. durch Zugabe eines löslichen Salzes AX zu einer gesättigten Lösung von AB), so fällt so lange AB aus, bis das Ionenprodukt $c(A) \cdot c(B)$ wieder gleich K_L ist. Dieses Phänomen wird weiter unten als »gleichioniger Zusatz« noch ausführlicher diskutiert.**

6.1.1.3 Berechnung der molaren Löslichkeit (L)

Aus dem stöchiometrischen Löslichkeitsprodukt von Elektrolyten lassen sich relativ einfach die Konzentration des Salzes und der einzelnen Ionen in einer gesättigten Lösung berechnen.

Für einfache 1:1-Elektrolyte AB gilt:

$$K_L = c(A) \cdot c(B)$$

Die Dissoziation des Elektrolyten AB liefert gleich viele Ionen A^+ und B^-, so dass gilt:

$$c(AB) = c(A) = c(B)$$

Eingesetzt in die Gleichung des Löslichkeitsprodukts ergibt sich dann:

$$K_L = c(A) \cdot c(B) = c(AB) \cdot c(AB) = (c(AB))^2$$

$$L = c(AB) = \sqrt{K_L}$$

Die Sättigungskonzentration L (molare Löslichkeit) eines 1:1-Elektrolyten entspricht also der Quadratwurzel des Löslichkeitsprodukts. Sie ist identisch mit den molaren Einzelkonzentrationen der beiden Ionen.

Ähnlich lässt sich die Beziehung zwischen molarer Löslichkeit und Löslichkeitsprodukt bei komplexer aufgebauten Elektrolyten A_xB_y ableiten (auf die Ladungen wird auch hier aus Gründen der Übersichtlichkeit verzichtet):

$$A_xB_y \rightleftarrows x \cdot A + y \cdot B$$

$$K_L = (c(A))^x \cdot (c(B))^y$$

Bei einem vollständig dissoziierten Elektrolyten A_xB_y gilt:

$$c(A) = x \cdot c(A_xB_y) \text{ und } c(B) = y \cdot c(A_xB_y)$$

Eingesetzt in das Löslichkeitsprodukt ergibt sich:

$K_L = [x \cdot c(A_xB_y)]^x \cdot [y \cdot c(A_xB_y)]^y$ und daraus nach einigen Umformungen:

$$L = c(A_xB_y) = \sqrt[x+y]{\frac{K_L}{x^x \cdot y^y}}$$

Dieser direkte Zusammenhang gilt aber nur bei vollständig dissoziierten Elektrolyten. Bei Salzen, die auch nichtdissoziiert in Lösung gehen können, führt diese Rechnung zu falschen Ergebnissen. Dort setzt sich die molare Löslichkeit aus einem nicht dissoziierten gelösten und einem dissoziierten gelösten Anteil zusammen. Nur letzterer wird mit der oben beschriebenen Formel erfasst.

Beispiel: Quecksilber(II)chlorid $K_L(HgCl_2) = 2 \cdot 10^{-14}\ mol^3 \cdot l^{-3}$

Nach obiger Gleichung würde sich eine Sättigungskonzentration von $1{,}7 \cdot 10^{-5}\ mol \cdot l^{-1}$ errechnen. Tatsächlich liegt die molare Löslichkeit aber um ca. 4 Zehnerpotenzen höher bei etwa $0{,}25\ mol \cdot l^{-1}$.

6.1.1.4 Löslichkeitsbeeinflussende Faktoren

Temperatur

Zum Auflösen eines Kristalls ist Energiezufuhr, die so genannte Gitterenergie erforderlich. Umgeben sich dann die aus dem Kristall herausgebrochenen Teilchen mit einer Hülle von Lösungsmittelmolekülen, so wird Solvatationsenergie frei. Überwiegt die Gitterenergie die Solvatationsenergie, so tritt bei Temperaturerhöhung eine Erhöhung der Löslichkeit ein. Eine in der Hitze gesättigte Lösung wird demzufolge beim Abkühlen übersättigt.

Halten sich Gitter- und Solvatationsenergie die Waage, wie z. B. bei NaCl, dann haben Temperaturänderungen kaum Einfluss auf die Löslichkeit. In seltenen Fällen (z. B. bei Calciumcitrat) sind Salze in der Hitze schlechter löslich als in der Kälte.

Gleichionige Zusätze

Gleichionige Zusätze, also Salze, die ebenfalls ***eines*** der Ionen eines schwerlöslichen Elektrolyten enthalten, verringern in der Regel die Löslichkeit eines Salzes in Wasser. Dies soll am Beispiel der Fällung von Silberionen als AgCl erläutert werden:

In einer gesättigten Lösung von AgCl ($K_L = 10^{-10}$ mol² · l⁻²) gilt:

$c(Ag^+) = c(Cl^-) = c(AgCl) = \sqrt{K_L} = 10^{-5}\ mol \cdot l^{-1}$

Erhöht man einseitig die Chloridionen-Konzentration, z. B. durch Zugabe von konzentrierter Kochsalzlösung, auf 10^{-3} mol · l^{-1}, so wird das Ionenprodukt aus $c(Ag^+)$ und $c(Cl^-)$ größer als der Wert von K_L. Es fällt dann so lange AgCl aus, bis das Ionenprodukt wieder exakt gleich K_L ist.
Die Konzentration der Silber-Ionen nach der Gleichgewichtseinstellung berechnet sich folgendermaßen:

$K_L = c(Ag^+) \cdot c(Cl^-)$ **also:** $10^{-10}\ mol^2 \cdot l^{-2} = c(Ag^+) \cdot 10^{-3}\ mol \cdot l^{-1}$

$c(Ag^+) = 10^{-7}\ mol \cdot l^{-1}$

Der Natriumchloridzusatz hat also die Konzentration der Silber-Ionen auf 1/100 des Ausgangswertes gesenkt; die AgCl-Fällung ist vollständiger geworden.

Hieraus lassen sich schon zwei praktische Anwendungen der gleichionigen Zusätze in der Gravimetrie ableiten:

- Durch einen Überschuss an Fällungsreagenz kann man den Fällungsgrad erhöhen.
- Beim Waschen von abgetrennten Niederschlägen kann man mit Waschflüssigkeiten, die gleichionige Zusätze enthalten, eine unerwünschte Wiederauflösung des Niederschlags zurückdrängen.

Allerdings können zu große Mengen an gleichionigen Zusätzen auch den gegenteiligen Effekt bewirken. So geht gefälltes AgCl in Gegenwart hoher Chloridkonzentrationen unter Komplexbildung teilweise wieder in Lösung.

$$AgCl\downarrow + Cl^- \rightleftarrows [AgCl_2]^-$$

Fremdionige Zusätze

Fremdionige Zusätze enthalten keines der Ionen des zu fällenden Salzes. Sie können die Löslichkeit von Elektrolyten nach zwei verschiedenen Prinzipien sogar erhöhen:

- Viele Metallionen neigen zur Bildung löslicher Komplexe mit Halogenidionen, Cyanid, Hydroxidionen etc.. Dies kann das Ausfallen einer ansonsten schwer löslichen Verbindung verhindern. So fällt z. B. aus einer cyanidhaltigen Lösung von Kupfer- und Cadmiumionen mit Sulfid nur das Cadmiumsulfid (CdS) aus, während das Kupfer als Tetracyanocuprat(I) in Lösung bleibt.

  $$2\ Cu^{2+} + 10\ CN^- \rightarrow 2\ [Cu(CN)_4]^{3-} + (CN)_2$$

  bzw. $2\ Cu^{2+} + 9\ CN^- + 2OH^- \rightarrow 2[Cu(CN)_4]^{3-} + OCN^- + H_2O$

- Zusätzliche Fremdionen erhöhen die Ionenstärke einer Lösung und senken so nach Debye-Hückel die Aktivitätskoeffizienten f aller in der Lösung befindlichen Ionen, also auch derer des schwerlöslichen Salzes AB (vgl. Kap. 1.2.3).

  $$K_L^a = a(A) \cdot a(B) = c(A) \cdot f(A) \cdot c(B) \cdot f(B)$$

  Da bei einem Salz AB gilt: $c(AB) = c(A) = c(B)$
  ergibt sich durch Einsetzen: $K_L^a = (c(AB))^2 \cdot f(A) \cdot f(B)$ $\quad c(AB) = L = \sqrt{\frac{K_L^a}{f(A) \cdot f(B)}}$

Da K_L^a eine Konstante ist, die Aktivitätskoeffizienten f(A) und f(B) durch den fremdionigen Zusatz aber kleiner werden, ergibt sich aus dieser Gleichung, dass der Wert für c(AB), also die stöchiometrische Sättigungskonzentration, ansteigt.

pH-Wert

Zahlreiche schwer lösliche Metallsalze von schwachen Säuren (Carbonate, Oxalate, Sulfide) lösen sich in Mineralsäuren wieder auf. Durch Protonenübertragung werden die schwachen Säuren aus ihren Salzen freigesetzt. Dadurch sinkt die Konzentration des Anions der schwachen Säure so weit, dass das Löslichkeitsprodukt des Metallsalzes nicht mehr überschritten wird.

6.2 Gravimetrie

6.2.1 Allgemeines

Bei der Gravimetrie wird der Analyt zur quantitativen Bestimmung mit einem Fällungsreagenz in eine schwer lösliche Form übergeführt. Diese Fällung sollte spezifisch und quantitativ sein. Anders als bei Fällungstitrationen ist es bei der Gravimetrie nicht erforderlich, dass die Fällung augenblicklich erfolgt, da man den Ansatz bis zur Abtrennung des Niederschlags auch eine geeignete Zeit »reifen« lassen kann.

Im Idealfall hat die »Fällungsform« nach Waschen und Trocknen schon eine definierte stöchiometrische Zusammensetzung, so dass man nach exakter Wägung direkt auf den Analyten zurückrechnen kann. Ist die Fällungsform nicht absolut einheitlich zusammengesetzt, so kann man sie z. B. durch Glühen in eine geeignete »Wägeform« überführen. Beispielsweise lassen sich wasserhaltige Hydroxidfällungen dreiwertiger Metallionen (Fe^{3+}, Al^{3+}, Cr^{3+}), Erdalkalicarbonate und Metallsulfide zu den entsprechenden Metalloxiden verglühen. Ammoniumphosphate diverser zweiwertiger Kationen (Zn^{2+}, Mg^{2+}) verglüht man zu Pyrophosphaten.

Analyt	Fällungsform	Wägeform
Al^{3+}	$Al(OH)_3 \times H_2O$	Al_2O_3
Ca^{2+}	$CaCO_3$	CaO
Cu^{2+}	CuS	CuO
Mg^{2+}	$MgNH_4PO_4 \times H_2O$	$Mg_2P_2O_7$

Vorteile der Gravimetrie sind die hohe Genauigkeit (Fehlergrenze unter ± 0,1 %) und der geringe apparative Aufwand.

Nachteile der Gravimetrie sind der hohe Zeitaufwand, v. a. durch die erforderliche Behandlung der Fällungsform und die wiederholten Wägungen. Gravimetrische Analysen sind nicht automatisierbar.

Die große Zahl an Arbeitsgängen birgt natürlich auch jede Menge Fehlerquellen.

6.2.2 Auswertung gravimetrischer Analysen

Aus der Messgröße, der Masse der Wägeform, lässt sich mit Hilfe des »gravimetrischen Faktors f« auf den Analyten zurückrechnen. Der gravimetrische Faktor ist der Quotient aus der relativen molaren Masse des gesuchten Stoffes A und der relativen molaren Masse der Wägeform A_xB_y. Kommt die gesuchte Komponente A mehr als einmal in der Formel der Wägeform vor (z. B. zweimal Fe in Fe_2O_3), so geht dies in die Berechnung von f mit ein.

$$f(A) = \frac{M(A) \cdot x}{M(A_xB_y)}$$

Setzt man in obige Formel für eine gravimetrische Bestimmung von Sulfat als Bariumsulfat $M(SO_4^{2-})$: 96,056 g mol · l^{-1}, $M(BaSO_4)$: 233,39 g mol · l^{-1} ein, so ergibt sich $f(SO_4^{2-})$ = 0,4116. Die Angabe erfolgt i. d. R. in folgender Form:

1,000 g $BaSO_4$	entspricht	0,4116 g	Sulfat
↑		↑	↑
Wägeform		grav. Faktor	Analyt

In manchen Fällen, so z. B. bei der gravimetrischen Bestimmung von Blei als $PbCrO_4$, verwendet man »empirische Faktoren«. Der stöchiometrische Faktor f(Pb)= 0,6411 liefert zu hohe Analysenwerte, da reproduzierbar kleine Mengen zusätzliches Chromat mitgefällt werden. Diesen Fehler korrigiert man durch Verwendung des empirischen Faktors f(Pb) = 0,6401.

Der gravimetrische Faktor einer Bestimmungsmethode sollte möglichst klein sein, weil dadurch eine hohe Empfindlichkeit und ein geringer relativer Fehler erreicht werden. Kleine gravimetrische Faktoren erhält man durch Verwendung hochmolekularer Fällungsreagenzien, vor allem organischer Verbindungen wie Oxin oder Tetraphenylborat (vgl. Kap. 6.2.4.2).

6.2.3 Der Fällungsvorgang

Ziel der Fällung ist es, den Analyten quantitativ in eine schwer lösliche Form zu überführen. Für ein möglichst verlustfreies Abfiltrieren der Fällungsform spielt auch die Beschaffenheit des Niederschlags eine große Rolle. Wünschenswert sind kristalline Fällungen mit möglichst großen und homogenen Partikeln.

Der Fällungsvorgang lässt sich in verschiedene Stadien unterteilen:

- Am Beginn der Fällung steht die ***Keimbildung***. In der übersättigten Lösung aggregieren Ionen zu Ionenpaaren, weiter zu Subkeimen und nach Überschreiten einer kritischen Größe schließlich zu Keimen, aus denen Kristalle heranwachsen (homogene Keimbildung). Sind nur wenige Keime in der Lösung vorhanden, so erhält man grobkristalline, gut filtrierbare Niederschläge. Je größer der Grad der Übersättigung ist, desto mehr Keime entstehen.
  Man kann die Kristallisation auch durch Zugabe eines Kristalls der zu fällenden Verbindung (»Impfen«) oder durch Kratzen mit einem Glasstab an der Gefäßwand (heterogene Keimbildung) auslösen.
- Das ***Keimwachstum*** erfolgt dadurch, dass der kritische Keim immer weiter einzelne Ionen anlagert, nicht durch Aggregation größerer Teilchen. Ein langsames Wachs-

tum in einer nicht zu stark übersättigten Lösung führt zu homogenen Kristallen. Zu rasche Fällungen sind oft begleitet von Kristallbaufehlern und Einschlüssen von Fremdbestandteilen (Mutterlauge).

- Teils schon während der Fällung, vor allem aber beim Stehenlassen der Kristalle in der Mutterlauge, erfolgt eine ***Reifung*** des Niederschlags. Da große Kristalle wegen ihrer kleineren Oberflächenenergie energetisch günstiger sind als kleine, gehen kleine Kristalle wieder in Lösung, dafür wachsen die großen noch weiter. Die durchschnittliche Partikelgröße nimmt also zu.
- An die Reifung schließt sich bei längerem Stehen noch die ***Alterung*** an. Bleiben Kristalle noch längere Zeit mit der Mutterlauge in Kontakt, so können sie durch Rekristallisation (Abgabe von Ionen aus schlecht geordneten Kristallbezirken und Wiederanlagerung an gut geordnete) Kristallbaufehler ausbessern oder sogar in eine stabilere Modifikation übergehen. Die energieärmste Modifikation hat in der Regel auch die geringste Löslichkeit.
  Zahl und Größe der Kristalle bleiben bei der Alterung meist unverändert.

Diese vier Phasen des Fällungsvorgangs kann man in Grenzen durch die Arbeitsbedingungen günstig beeinflussen.

Eine geringe Zahl an Keimen und damit einen grobkörnigen Niederschlag erhält man, indem man durch folgende Techniken eine zu große Übersättigung der Lösung vermeidet:

- Das Fällungsreagenz wird langsam und unter gutem Umrühren (zur Vermeidung lokaler Übersättigungen) zugegeben.
- Ein zu großer Überschuss an Fällungsreagenz wird vermieden.
- Durch Fällen in der Hitze (vgl. Arbeitsvorschrift zur Bestimmung von Barium als $BaSO_4$) wird die Löslichkeit der Fällungsform erhöht und damit die Übersättigung der Lösung verringert. Zur Vervollständigung der Fällung muss der Ansatz natürlich vor dem Filtrieren wieder gut abgekühlt sein.
- Anschließendes Erhitzen des Ansatzes und Stehenlassen (z. B. über Nacht) ermöglichen Reifung und Alterung der Fällung und führt zu gut filtrierbaren Produkten.

6.2.3.1 Homogene Fällung

Wie oben geschildert, begünstigt eine möglichst geringe Übersättigung der Lösung die Bildung eines gut abfiltrierbaren Niederschlags. Eine sehr elegante Methode, dieses Ziel zu erreichen, ist die »homogene Fällung«, bei der erst im Verlauf der Fällungsreaktion das eigentliche Fällungsreagenz im Ansatz langsam aus einer geeigneten Vorstufe erzeugt wird. Vorteile sind, dass durch die homogene Verteilung der Vorstufe in der Lösung keine lokalen Übersättigungen auftreten und dass das eigentliche Fällungsreagenz immer nur in geringer Konzentration vorliegt.

Beispiele hierfür sind:
a) Thioacetamid als Vorstufe von H_2S
Thioacetamid setzt in saurer Lösung durch Hydrolyse kontinuierlich H_2S frei, wodurch Schwermetallionen als Sulfide gefällt werden.

$$H_3C-C(=S)-NH_2 + 2\,H_2O \longrightarrow H_2S + H_3C-C(=O)-O^- + NH_4^+$$

$$H_2S + Cu^{2+} + 2\,H_2O \longrightarrow CuS\downarrow + 2\,H_3O^+$$

b) Amidosulfonsäure als Vorstufe von Sulfat
Hydrolyse von Amidosulfonsäure (Amidoschwefelsäure) liefert Sulfat, das zur Bariumbestimmung verwendet werden kann.

$$H_2N\text{-}SO_3H + 2\,H_2O \rightarrow SO_4^{2-} + NH_4^+ + H_3O^+$$
$$SO_4^{2-} + Ba^{2+} \rightarrow BaSO_4\downarrow$$

c) Fällung von Hydroxiden mit Urotropin (Hydrolysenfällung)
Urotropin (= Hexamethylentetramin, Methenamin, HMT) wird langsam zu Formaldehyd und Ammoniak hydrolysiert, was zu einer kontinuierlichen Alkalisierung der Lösung führt. Dadurch können drei- und vierwertige Metallionen (Fe^{3+}, Al^{3+}, Sn^{4+}) als Hydroxide gefällt werden.

$$(CH_2)_6N_4 + 6\,H_2O \rightarrow 4\,NH_3 + 6\,HCHO$$

$$Fe^{3+} + 3\,NH_3 + 3\,H_2O \rightarrow Fe(OH)_3\downarrow + 3\,NH_4^+$$

6.2.3.2 *Komplikationen bei Fällungsreaktionen*

Die Komplikationen in der Gravimetrie lassen sich grob in zwei Gruppen einteilen: Durch Mitfällung von Eigen- oder Fremdionen entsteht zu viel Niederschlag, oder aber es entsteht durch Komplex- oder Kolloidbildung zu wenig oder überhaupt kein Niederschlag.

Mitfällung

Die Mitfällung ist eine der häufigsten Fehlerquellen in der Gravimetrie. Man unterscheidet drei Typen:

Bei der ***Inklusion*** (Mischkristallbildung) werden verwandte Fremdionen in das Kristallgitter eingebaut (z. B. Ca^{2+} in $MgCO_3$, Bromid in AgCl). Wenn es nicht möglich ist, diese Fremdionen vor der Fällung quantitativ abzutrennen oder sie zu maskieren, kann die gravimetrische Bestimmung nicht eingesetzt werden.

Bei der ***Okklusion*** werden Fremdteilchen (z. B. Mutterlauge) in Hohlräume der Kristalle eingelagert. Diese Störung kann durch »Umfällen« beseitigt werden. Dazu wird der Niederschlag abgetrennt, erneut gelöst und wieder ausgefällt.

Adsorption bedeutet Anlagerung von Ionen an die Oberfläche des Niederschlags. Es werden bevorzugt Ionen adsorbiert, die mit einem der Ionen des Niederschlags eine schwer lösliche Verbindung bilden, also häufig Eigenionen (CrO_4^{2-} an $PbCrO_4$, Ag^+ an AgCl). Adsorptiv gebundene Ionen lassen sich durch Waschen nicht immer quantitativ entfernen (vgl. Kap. 6.2.2, empirischer gravimetrischer Faktor bei Bleichromat). Effektiver ist das Abtrennen des Niederschlags und anschließend eine Umfällung. Bei der erneuten Fällung ist die Konzentration der Adsorptivionen in der Lösung so gering, dass diese Verunreinigung meist vernachlässigbar wird.

Komplex- und Kolloidbildung

Niederschläge können durch Komplexbildung mit Eigenionen, Fremdionen oder Neutralteilchen (NH_3, H_2O) ganz oder teilweise wieder in Lösung gehen.

Beispiele:

$$AgCl\downarrow + Cl^- \rightarrow [AgCl_2]^-$$
$$AgCl\downarrow + 2\,NH_3 \rightarrow [Ag(NH_3)_2]^+ + Cl^-$$

In solchen Fällen ist die Anwesenheit komplexierender Verbindungen zu vermeiden bzw. bei Eigenion-Komplexierung ein zu großer Überschuss an Fällungsreagenz zu vermeiden.

Metallsulfide und Silberhalogenide neigen zur Bildung von Kolloiden. Dies sind Teilchen mit einer Größe von ca. 10^{-5} bis 10^{-7} cm, die nicht sedimentieren, sondern eine trübe opaleszierende Lösung ergeben (erkennbar am »Tyndall-Effekt«). Grund dafür ist die Anlagerung von Ionen an die Oberfläche der Partikel. Die gegenseitige Abstoßung der gleich geladenen Teilchen verhindert die Ausbildung größerer, sedimentierender Aggregate.

So laden sich As_2S_3-Teilchen durch Adsorption von Sulfid- oder Hydrogensulfidionen an der Oberfläche negativ auf. Silberchlorid kann je nach überschüssigem Ion sowohl Chlorid unter Bildung negativ geladener Partikel als auch Silberionen unter Bildung positiv geladener kolloidaler Partikel anlagern. Dies wird später bei der Besprechung der Fällungstitrationen (Titration nach Fajans, vgl. S. 263) noch von Bedeutung sein.

Eine Koagulation (Ausfällung) kolloidaler Systeme kann durch Zusatz leicht löslicher Salze (»Aussalzen« z. B. mit NH_4NO_3) oder durch Erhitzen bewirkt werden.

Bei sulfidhaltigen Kolloiden erreicht man die Koagulation durch Durchleiten von Kohlendioxid-Gas. Dieses überführt die adsorbierten Sulfidionen in nichtionisches, flüchtiges H_2S und zerstört so die Oberflächenladung der kolloidalen Teilchen.

6.2.3.3 Filtrieren, Waschen und Trocknen der Fällung

Das Abfiltrieren der Niederschläge erfolgt meist mit exakt tarierten Filtertiegeln aus Glas oder Porzellan im Wasserstrahlvakuum. Die zu verwendende Porenweite des Filtertiegels hängt ab von der zu erwartenden Partikelgröße der Fällungsform. Eine Übersicht über die verschiedenen Glassintertiegel findet sich in der Ph. Eur. 11.0 (Methode 2.1.2).

Um letzte Reste der Mutterlauge und gegebenenfalls adsorbierte Teilchen vom Niederschlag zu entfernen, wird dieser auf der Fritte gewaschen (z.B. mit Ammoniumnitrat-Waschwasser). Dabei ist mehrmaliges Waschen mit kleinen Volumina Waschflüssigkeit effektiver als einmaliges Waschen mit einem großen Volumen.

Allerdings besteht bei zu intensivem Waschen auch immer das Risiko, dass ein Teil des Niederschlags wieder aufgelöst wird. Dieses Risiko lässt sich durch Zusatz gleichioniger Salze zum Waschwasser vermindern (vgl. Kap. 6.1.1.4). Gleichionige Zusätze dürfen allerdings beim Waschen nicht verwendet werden, wenn diese den Niederschlag durch Komplexbildung wieder lösen könnten (z. B. kein chloridhaltiges Waschwasser bei AgCl wegen der $[AgCl_2]^-$-Bildung).

Anschließend muss der Niederschlag bis zur Massekonstanz (± 0,5 mg) getrocknet werden. Dies kann, je nach Wägeform, im Exsikkator über geeigneten Trockenmitteln (Phosphorpentoxid, Magnesiumoxid, Silicagel), im Trockenschrank oder durch Glühen erfolgen.

In speziellen Fällen, in denen die Fällungsform keine stöchiometrische Zusammensetzung aufweist, kann diese im Porzellantiegel durch Glühen mit einem Bunsenbrenner oder im Muffelofen (ca. 800 °C) in die Wägeform übergeführt werden (vgl. S. 239).

6.2.4 Gravimetrische Bestimmungen

6.2.4.1 Fällungen mit anorganischen Reagenzien

Fällung von Silberchlorid

Chloridionen können aus verdünnter salpetersaurer Lösung mit Silbernitrat als schwer lösliches Silberchlorid gefällt werden. Der Niederschlag ist lichtempfindlich (Dunkelfärbung durch Abscheidung von elementarem Silber) und sollte rasch abfiltriert und bei 120 °C getrocknet werden. Fällungsform und Wägeform sind identisch.

$$Ag^+ + Cl^- \rightarrow AgCl\downarrow$$
$$2\,AgCl \xrightarrow{\text{Licht}} 2\,Ag + Cl_2 \text{ (Nebenreaktion)}$$

Störungen:

Bromid, Iodid, Cyanid, Sulfid und Thiocyanat werden von Silbernitrat ebenfalls ausgefällt. Reduzierende Verbindungen (Fe^{2+}, Sn^{2+} etc.) reduzieren Silbernitrat zu elementarem Silber, das sich als schwarze Fällung oder als »Silberspiegel« an der Glaswand niederschlägt.

Für die Bestimmung von Bromid und Iodid ist die Gravimetrie über die schwerlöslichen Silberhalogenide ungeeignet, da sich AgBr und AgI noch leichter unter Lichteinfluss zersetzen.

Silberionen können in analoger Weise nach Überführung mit Natriumchlorid in AgCl gravimetrisch bestimmt werden. Hier stören z. B. Hg_2^{2+}-Ionen, Pb^{2+}-Ionen, etc.

Fällung schwer löslicher Chromate

Pb^{2+}, Ba^{2+} und Ag^{+} bilden mit Ammoniumchromat schwer lösliche Schwermetallchromate. Von praktischer Bedeutung ist v. a. die Bestimmung von Blei als $PbCrO_4$. Wegen der signifikanten Adsorption von Chromationen an den Niederschlag muss ein empirischer gravimetrischer Faktor verwendet werden (siehe Kap. 6.2.2), ferner ist auf den richtigen pH-Wert zu achten, um eine ausreichende Menge Chromat zu haben (vgl. auch S. 259).

Störungen: Die drei genannten Kationen stören natürlich gegenseitig die jeweilige Bestimmung. Auch Ca^{2+} und Sr^{2+}-Ionen können stören. Bei dem Verfahren ist ferner auf den richtigen pH-Wert zu achten, so dass ausreichend Chromat für eine Fällung zur Verfügung steht. Aufgrund der Toxizität von Chrom(VI)-Salzen sollte das Verfahren nicht mehr verwendet werden.

Fällung schwer löslicher Sulfate

Mit verdünnter Schwefelsäure lassen sich Ba^{2+}, Pb^{2+}, Ca^{2+} und Sr^{2+}-Ionen als schwer lösliche Sulfate ausfällen.

Von besonderer Bedeutung ist die Barium-Bestimmung. Dazu wird zu einer siedenden salzsauren Lösung des Bariumsalzes tropfenweise unter gutem Rühren verdünnte Schwefelsäure gegeben. Da die primär gebildeten $BaSO_4$-Kristalle sehr klein und dadurch schwer ohne Verluste abfiltrierbar sind, lässt man den Ansatz zur Reifung (Erhöhung der mittleren Kristallgröße) über Nacht stehen, filtriert dann ab und trocknet bis zur Massekonstanz. Die Fällungsform ist hier identisch mit der Wägeform.

Die Fällung darf nicht im zu sauren Milieu erfolgen, weil sonst der Niederschlag teilweise in Form von Bariumhydrogensulfat wieder in Lösung geht. Optimal ist ein pH-Wert von 2,0 bis 2,5.

$$Ba^{2+} + SO_4^{2-} \rightarrow BaSO_4\downarrow$$
$$BaSO_4\downarrow + H^+ \rightarrow Ba^{2+} + HSO_4^-$$

Störungen: Zahlreiche andere mehrwertige Kationen (z. B. Pb^{2+}, Ca^{2+}, Sr^{2+}) geben ebenfalls schwer lösliche Sulfate. Viele der zwei- und dreiwertigen Kationen können aber mit EDTA maskiert werden (vgl. Komplexometrie).

In analoger Weise kann Sulfat unter den beschriebenen Reaktionsbedingungen mit dem Fällungsreagenz Bariumchlorid als Bariumsulfat gefällt und somit quantitativ bestimmt werden. Dieses Verfahren nutzt die Ph. Eur. 11.0 als Reinheitsprüfung zur Quantifizierung von Natriumsulfat als Verunreinigung in Natriumdodecylsulfat (Ph. Eur. 11.0).

Bestimmung von Barium als Bariumsulfat
25,0 ml Analysenlösung (etwa 0,5 % Ba^{2+}) werden auf etwa 150 ml verdünnt und mit 5 ml 3-prozentiger Salzsäure versetzt. Man erhitzt zum Sieden und fügt in der Siedehitze tropfenweise 20 ml 0,5-prozentige Schwefelsäure unter Umrühren hinzu. Nachdem man die Wärmezufuhr unterbrochen und der Niederschlag sich abgesetzt hat, überprüft man auf Vollständigkeit der Fällung durch Zugabe von 2 Tropfen Schwefelsäure (Eintropfstelle genau beobachten). Anschließend lässt man den Ansatz über Nacht stehen.
Die über dem Niederschlag stehende klare Lösung wird durch einen Porzellanfiltertiegel A 1 abgegossen und der Niederschlag dann mit ca. 50 ml heißem Wasser, dem 10 Tropfen 0,5-prozentige Schwefelsäure beigemischt sind, aufgerührt. Nachdem sich der Niederschlag abgesetzt hat, wird erneut dekantiert. Der Niederschlag wird dann mit Hilfe von möglichst wenig kaltem Wasser in den Tiegel überführt und portionsweise mit kaltem Wasser nachgewaschen, bis im Filtrat mit Silbernitrat-Lösung kein Chlorid mehr nachzuweisen ist.
Der Niederschlag wird nach dem Vortrocknen im Trockenschrank (30 Minuten bei 120 °C) in Intervallen von je 30 Minuten bei 600 °C bis zur Massekonstanz geglüht.

1 mg $BaSO_4$ entspricht 0,5884 mg Ba^{2+}.

Fällung schwer löslicher Phosphate

In schwach alkalischem Milieu (pH 8 bis 10) lassen sich zweiwertige Kationen wie Mg^{2+}, Zn^{2+}, Mn^{2+}, Co^{2+} und Cd^{2+} mit Ammoniumhydrogenphosphat als schwer lösliche Ammoniumphosphate fällen. Die Fällungsform wird anschließend durch Glühen in die Wägeform, das entsprechende Pyrophosphat (= Diphosphat) überführt (vgl. Kap. 5.2.9.2).

$$Mg^{2+} + NH_4^+ + PO_4^{3-} + 6\,H_2O \rightarrow MgNH_4PO_4 \cdot 6\,H_2O\downarrow$$
$$2\,MgNH_4PO_4 \cdot 6\,H_2O \rightarrow Mg_2P_2O_7 + 2\,NH_3\uparrow + 7\,H_2O$$

Störung: Mit Ausnahme der Alkalimetallionen bilden fast alle Metallionen schwer lösliche Phosphate (z. B. auch Eisen-Ionen).

Diese Bestimmung eignet sich auch zur gravimetrischen Bestimmung von Phosphat als Magnesiumpyrophosphat. Fällungsreagenzien hierfür sind Magnesiumchlorid und Ammoniumchlorid. Eine zeitgemäße Alternative zur Gravimetrie sind Säure-Base-Titrationen. Die Ph. Eur. 11.0 lässt Natriumdihydrogenphosphat-Dihydrat und Natriummonohydrogenphosphat-Dihydrat mit Natronlauge als Säuren titrieren, das

Dihydrogenphosphat in Chloroquinphosphat mit Perchlorsäure als schwache Base (vgl. S. 130).

Bestimmung von Magnesium als Magnesiumpyrophosphat
Die schwach salzsaure Lösung, die nicht mehr als 75 mg Magnesium enthalten soll, wird auf etwa 150 ml verdünnt und mit 3 g Ammoniumchlorid und 2 g Diammoniumhydrogenphosphat ($(NH_4)_2HPO_4$) und einem Tropfen Phenolphthalein-Lösung versetzt. Man erhitzt zum Sieden und tropft unter ständigem Umschwenken der Lösung 2,5-prozentige Ammoniak-Lösung zu, bis eben eine Trübung auftritt. Nun wird die Ammoniakzugabe unterbrochen und gerührt, bis die Abscheidung kristallin geworden ist (ca. 1 Minute). Dann wird sehr langsam unter Umschwenken weiter Ammoniaklösung zugetropft, bis der Indikator nach rot umschlägt. Nach dem Absetzen des Niederschlags prüft man auf Vollständigkeit der Fällung durch Zugabe eines Tropfens Ammoniumphosphat-Lösung. Nach einigen Stunden Stehen bei Raumtemperatur wird der Niederschlag mit einem Porzellanfiltertiegel gesammelt und mehrmals mit 2,5-prozentiger Ammoniaklösung gewaschen. Nach dem Trocknen im Trockenschrank wird zunächst sehr vorsichtig, dann nach Auflegen eines Deckels bei 900 °C bis zur Massekonstanz geglüht.

1 mg $Mg_2P_2O_7$ entspricht 0,2185 mg Mg^{2+}.

Fällung schwer löslicher Hydroxide

Zahlreiche Metallionen (Al^{3+}, Cr^{3+}, Fe^{3+}, Ni^{2+} etc.) lassen sich in alkalischem Milieu als Hydroxide ausfällen. Amphotere Hydroxide wie z. B. $Al(OH)_3$ lösen sich allerdings in stark alkalischer Lösung unter Komplexbildung, hier als $[Al(OH)_4]^-$, wieder auf. Deshalb sind die Fällungsbedingungen für jedes einzelne Metallhydroxid genauestens einzuhalten.

So fällt man Fe^{3+} am besten nach der in Kap. 6.2.3.1 beschriebenen Methode der »homogenen Fällung« mit Urotropin bei pH 4,5 bis 5,5. Zur Fällung von $Al(OH)_3$ verwendet man am besten einen Ammoniak/Ammoniumchlorid-Puffer mit pH 7,5 bis 8,0. Sowohl bei höheren als auch bei niedrigeren pH-Werten besteht die Gefahr, dass der Niederschlag wieder in Lösung geht.

Die Metallhydroxide haben allerdings den Nachteil, dass sie zur Kolloidbildung neigen und deshalb schlecht filtrierbar sind. Zudem weisen die Fällungsformen auf Grund unterschiedlichen Wassergehalts meist keine eindeutige stöchiometrische Zusammensetzung auf und sind deshalb, auch nach Trocknung, nicht als Wägeform geeignet. Deshalb verglüht man die Hydroxide zu den entsprechenden Metalloxiden als Wägeform.

$$Fe^{3+} + 3\,NH_3 + (3+n)\,H_2O \rightarrow Fe(OH)_3 \cdot n\,H_2O\downarrow + 3\,NH_4^+$$
$$2\,Fe(OH)_3 \cdot n\,H_2O \rightarrow Fe_2O_3 + (3+n)\,H_2O\uparrow$$

Gravimetrische Bestimmung von Calcium

Calciumionen lassen sich mit Ammoniumoxalat als schwer lösliches Calciumoxalat-Monohydrat ausfällen. Das Produkt kann bei 105°C bis zur Massekonstanz getrocknet werden, muss dann allerdings nach dem Abkühlen im Exsikkator rasch gewogen werden, da es hygroskopisch ist. Alternativ kann das Calciumoxalat bei ca. 500 °C unter Kohlenmonoxid-Abspaltung in die Wägeform $CaCO_3$ oder durch starkes Glühen in die Wägeform Calciumoxid übergeführt werden.

$$Ca^{2+} + {}^{-}OOC\text{-}COO^{-} + H_2O \rightarrow Ca(C_2O_4) \cdot H_2O\downarrow \qquad pK_L = 8{,}8$$
$$Ca(C_2O_4) \cdot H_2O \rightarrow CaCO_3 + H_2O\uparrow + CO\uparrow$$
$$CaCO_3 \rightarrow CaO + CO_2\uparrow$$

Störung: Viele andere mehrwertige Metallionen (Mg^{2+}, Ba^{2+}, Sr^{2+}, Zn^{2+}, Ce^{3+}, Hg^{2+}, Cd^{2+}) bilden ebenfalls schwer lösliche Oxalate.

Man kann auch das ausgefällte Calciumoxalat wieder in Säure lösen und dann über eine permanganometrische Titration der freigesetzten Oxalsäure das Calcium indirekt bestimmen (vgl. Kap. 4.2.1.4, Manganometrie/Permanganometrie).

Fällung schwer löslicher Sulfide

Zahlreiche Schwermetallionen können als schwer lösliche Sulfide gefällt werden. Wegen der unterschiedlichen Löslichkeitsprodukte der Metallsulfide und der pH-Abhängigkeit der Sulfidkonzentration kann in vielen Fällen auch ein bestimmtes Metallion selektiv neben anderen als Sulfid ausgefällt werden.

Als Fällungsreagenzien kann man H_2S-Gas oder Ammoniumsulfid (z. B. für Zn^{2+}, Mn^{2+}, Ni^{2+}, Co^{2+}) verwenden. Gut filtrierbare Niederschläge erhält man durch »homogene Fällung« mit dem aus Thioacetamid in schwach saurer Lösung (pH ca. 3,5) kontinuierlich freigesetzten Schwefelwasserstoff (vgl. Kap. 6.2.3.1).

In vielen Fällen (CuS, NiS, Sb_2S_3, ZnS) kann das gefällte Sulfid direkt als Wägeform eingesetzt werden. Allerdings besteht bei manchen Metallsulfiden die Gefahr, dass sie schon unter Einwirkung von Luftsauerstoff zu Metalloxiden, -sulfiten oder -sulfaten oxidiert werden. Dann ist es günstiger, die Metallsulfide unter Luftzutritt zu den entsprechenden Metalloxiden als Wägeform zu verglühen.

Beim Verglühen von CuS entsteht ein Gemisch aus Kupfer(II)-oxid und Kupfer(I)-sulfid. Dieses Gemisch kann trotzdem problemlos als Wägeform verwendet werden, weil die gravimetrischen Faktoren für Kupfer in CuO (f(Cu) = 0,7988) und in Cu_2S (f(Cu) = 0,7985) zufälligerweise fast identisch sind.

$$2\ CuS + 3\ O_2 \rightarrow 2\ CuO + 2\ SO_2\uparrow$$
$$2\ CuS + O_2 \rightarrow Cu_2S + SO_2\uparrow$$

Bestimmung von Kupfer mit Thioacetamid (homogene Fällung)
20 ml Analysenlösung (ca. 0,5 % Cu^{2+}) werden mit 10 ml konz. Salzsäure, 60 ml Wasser und 5 ml Thioacetamid-Lösung (4 % m/V) versetzt. Man erhitzt zum Sieden und kocht die Mischung über kleiner Flamme so lange, bis sich der zunächst farblose Niederschlag schwarz gefärbt und zusammengeballt hat. Dann lässt man die Fällung mindestens 30 Minuten abkühlen und sammelt den Niederschlag mit einem Al-Tiegel. Man wäscht ihn viermal mit je 15 ml kaltem Wasser, trocknet ihn im Trockenschrank und glüht ihn bis zur Massekonstanz bei 900 °C.

1 mg CuO entspricht 0,7988 mg Cu^{2+}.

6.2.4.2 *Fällungen mit organischen Reagenzien*

Organische Fällungsreagenzien haben meist eine relativ hohe molare Masse. Daraus resultiert durch den hohen Massenzuwachs bei der Bildung der Wägeform ein niedriger gravimetrischer Faktor und somit eine hohe Empfindlichkeit der gravimetrischen Bestimmung.

Die meisten organischen Fällungsreagenzien sind mehrzähnige Liganden, welche (mehr oder weniger spezifisch) über ihre Sauerstoff- und/oder Stickstoffatome (auch schwefelhaltige Chelatbildner sind bekannt) mit Metallionen schwer lösliche fünf- oder sechsgliedrige Chelatkomplexe bilden können. Diese Komplexbildungsreaktionen sind häufig pH-abhängig, was eine grundsätzliche Möglichkeit zur selektiven Ausfällung bestimmter Metallionen eröffnet. Durch Protonenabgabe aus dem Liganden (Fällungsreagenz) entsteht dabei meist ein nach außen hin neutraler Komplex.

Oxin als Fällungsreagenz

Oxin (8-Hydroxychinolin) ist ein zweizähniger Ligand, der mit zahlreichen zwei- und dreiwertigen Metallionen (Mg^{2+}, Zn^{2+}, Cu^{2+}, Cd^{2+}, Al^{3+}, Fe^{3+}, Sb^{3+} u. a.) schwer lösliche Chelatkomplexe (»Oxinate«) bildet. Die meisten dieser Oxinate enthalten Kristallwasser.

$$2\ \text{(8-Hydroxychinolin; N, OH)} + Mg^{2+} \rightleftharpoons \text{(Oxinat: O—Mg—O, N}\rightarrow\text{Mg)} + 2\ H^{+}$$

Wie aus der Reaktionsgleichung zu ersehen ist, ist die Oxinat-Bildung pH-abhängig. Sehr stabile Metalloxinate entstehen schon in saurem Medium, während die weniger stabilen nur in alkalischer, meist gepufferter Lösung (zum Abfangen der gebildeten Protonen zur Gleichgewichtsverschiebung) quantitativ ausfallen.

So fällt das Magnesium-Oxinat nur im ammoniakalischen Milieu (pH 9 – 10) quantitativ aus, während Al^{3+} auch schon in acetatgepufferter Lösung (pH 4 – 5) glatt zum Oxinat reagiert. Zink kann aus schwach alkalischer oder auch aus essigsaurer Lösung gefällt werden.

Aus den ausgefällten, meist kristallwasserhaltigen Oxinaten können durch Trocknen bei geeigneten Temperaturen (100 bis 150 °C) die wasserfreien Metalloxinate oder Metalloxinate mit definiertem Wassergehalt als Wägeform erhalten werden.

Ist dies nicht möglich, so kann man die Oxinate bei sehr hohen Temperaturen unter oxidativer Zerstörung des organischen Liganden auch zu den entsprechenden Metalloxiden als Wägeform verglühen.
Eine weitere, allerdings umständliche Variante ist, das Metalloxinat in Säure wieder aufzulösen und den Oxin-Anteil bromatometrisch nach Koppeschaar zu titrieren (vgl. Redoxtitration, Kap. 4.2.6.4).

Bestimmung von Zink-Ionen mit Oxin
Eine Lösung, die Zink-Ionen enthält, wird mit 1 g Natriumacetat versetzt und dann mit Essigsäure auf einen pH-Wert von 4 bis 6 gebracht. Nach Erwärmen auf 60 °C wird eine 3-prozentige ethanolische Lösung von Oxin (8-Hydroxychinolin) zugegeben. (Das Oxin sollte möglichst im nicht zu großen Überschuss zugegeben werden; den Oxin-Überschuss erkennt man an einer Gelbfärbung der Lösung.) Die Mischung wird kurz aufgekocht und nach Abkühlen auf Raumtemperatur über einen Glasfiltertiegel G3 filtriert. Der Niederschlag wird mit heißem Wasser gewaschen, bis das Filtrat farblos ist und anschließend bei 140 °C bis zur Massekonstanz getrocknet.

1 mg $Zn(C_9H_6NO)_2$ entspricht 0,1849 mg Zn^{2+}.

Nickel-Bestimmung mit Diacetyldioxim

Nickelionen geben mit Diacetyldioxim (= Dimethylglyoxim) aus schwach essigsaurer oder ammoniakalischer Lösung einen schwer löslichen, voluminösen roten Komplex, der auch als Wägeform geeignet ist.

$$Ni^{2+} + 2\ H_3C{-}C(=N{-}OH){-}C(=N{-}OH){-}CH_3 \longrightarrow Ni(C_4H_7N_2O_2)_2 + 2\ H^+$$

Die Reaktion ist sehr spezifisch für Nickel. Lediglich Pd^{2+} und Pt^{2+} geben ebenfalls schwer lösliche Komplexe mit Diacetyldioxim. Zahlreiche andere Metalle bilden lösliche farbige Komplexe (Fe^{3+}, Co^{2+} etc.).

Das Fällungsreagenz wird wegen seiner schlechten Wasserlöslichkeit als alkoholische Lösung eingesetzt, um eine unerwünschte Ausfällung von Reagenz zu vermeiden (Ethanolanteil < 7 %).

Bestimmung von Nickel mit Dimethylglyoxim
Ca. 250 mg Substanz, genau gewogen, werden in 250 ml Wasser gelöst, mit verdünnter Essigsäure schwach angesäuert und zum Sieden erhitzt. Dann werden ca. 20 ml 1-prozentige (m/V) ethanolische Dimethylglyoxim-Lösung zugegeben und mit gesättigter Natriumacetat-Lösung versetzt, bis sich die rote Fällung nicht mehr sichtbar vermehrt. Die Fällung wird 1 Stunde stehen gelassen, dann unter Verwendung eines Porzellanfiltertiegels abfiltriert.
Der Rückstand wird mit heißem Wasser gewaschen und anschließend 45 Minuten im Trockenschrank bei ca. 120 °C getrocknet.

1 mg Nickel-Diacetyldioxim-Komplex entspricht 0,2032 mg Ni^{2+}.

Kalium-Bestimmung mit Kalignost®

Natriumtetraphenylborat (Kalignost®) bildet bei pH 4 bis 5 mit Kaliumionen einen schwer löslichen Niederschlag. Die Fällungsform ist gleichzeitig Wägeform.

Störungen: Ag^+, NH_4^+, Rb^+ und Cs^+ bilden ebenfalls Niederschläge mit Kalignost.

$$K^+ + Na^+\,[B(C_6H_5)_4]^- \longrightarrow Na^+ + K^+\,[B(C_6H_5)_4]^- \downarrow$$

6.3 Fällungstitrationen

6.3.1 Allgemeines

Die Fällungstitrationen beruhen, wie schon ausgeführt, auf der Bildung schwer löslicher Produkte aus der zu titrierenden Verbindung. Im Unterschied zur Gravimetrie muss allerdings bei der Fällungstitration als direkte Titration die Ausfällung extrem rasch erfolgen. Nur so ist sichergestellt, dass bei der Titration nach Zugabe der äquivalenten Menge Maßlösung ein scharfer Indikatorumschlag zu erkennen ist. Zweite

Besonderheit ist, dass es eine Möglichkeit geben muss, den Äquivalenzpunkt eindeutig zu erkennen, z. B. visuell mit einem Farbindikator oder mit elektrochemischen Methoden anhand der Titrationskurve. Gerade der Mangel an geeigneten Methoden zur Endpunktbestimmung ist Grund dafür, dass es trotz zahlreicher glatt verlaufender Fällungsreaktionen nur wenige Methoden zur volumetrischen Bestimmung auf Basis von Fällungen gibt.

Von den in der Literatur beschriebenen Fällungstitrationen haben heute eigentlich nur noch die argentometrischen Verfahren, die auf der Ausfällung schwer löslicher Silberhalogenide bzw. -pseudohalogenide beruhen, praktische Bedeutung. Deshalb werden in zahlreichen Lehrbüchern auch die Begriffe Fällungstitration und Argentometrie gleichgesetzt.

Begrenzte Bedeutung haben noch Fällungstitrationen zur Bestimmung von Sulfaten als Verunreinigung in Arzneistoffen (siehe Kap. 6.3.6)

6.3.2 Berechnung der Titrationskurven

Nachfolgend sollen die Titrationskurven für die Bestimmung von verschiedenen Halogenidionen mit Silbernitrat-Maßlösung ($1\ mol \cdot l^{-1}$) dargestellt werden. Zur Vereinfachung wird bei allen Berechnungen darauf verzichtet, die Volumenzunahme durch die Maßlösung mit einzuberechnen.

Da sich im Verlauf der Titration die molare Konzentration des zu titrierenden Halogenidions um viele Zehnerpotenzen ändert, wird die Halogenidkonzentration logarithmisch als pHal aufgetragen.

$$pHal = -\lg c(Hal)$$

Beispiel 1:
Titration von 100 ml NaCl-Lösung ($0{,}1\ mol \cdot l^{-1}$) mit $AgNO_3$-Maßlösung ($1\ mol \cdot l^{-1}$)

Zu Beginn der Titration beträgt die Chloridkonzentration $0{,}1\ mol \cdot l^{-1}$, pCl folglich 1.
Vor dem Äquivalenzpunkt wird der Verlauf der Titrationskurve durch die Konzentration des noch nicht ausgefällten Chlorids bestimmt. Die zusätzlichen, sehr geringen Mengen Chlorid aus dem AgCl-Niederschlag können vernachlässigt werden.
Sind 90 % des Chlorids titriert ($\tau = 0{,}9$), so liegt nur noch 10 % der ursprünglichen Chloridkonzentration vor ($c(Cl^-) = 0{,}01\ mol \cdot l^{-1}$, $pCl = 2$). Bei $\tau = 0{,}99$ entsprechend $c(Cl^-) = 0{,}001\ mol \cdot l^{-1}$ ergibt sich folglich $pCl = 3$.
Am Äquivalenzpunkt ist die den Chloridionen äquivalente Menge Silbernitrat zugesetzt, also das Chlorid quantitativ in schwer lösliches AgCl ($K_L = 10^{-10}\ mol^2 \cdot l^{-2}$) übergeführt. Hier berechnet sich die Chloridkonzentration aus dem Löslichkeitsprodukt von AgCl (vgl. Kap. 6.1.1.3).

$K_L = c(Ag^+) \cdot c(Cl^-)$
$c(Cl^-) = \sqrt{K_L} = 10^{-5}\ mol \cdot l^{-1}$, also pCl = 5

Nach dem Äquivalenzpunkt ist formal alles Chlorid als AgCl gefällt und die Lösung enthält zusätzlich die Menge an Silberionen, die nach dem Äquivalenzpunkt mit der Maßlösung zugegeben wurden und unverändert in Lösung bleiben. Die Chloridkonzentration beim jeweiligen Titrationsgrad wird aus dem Löslichkeitsprodukt von AgCl berechnet, wobei die überschüssige Silberionenmenge als »gleichioniger Zusatz« (vgl. Kap. 6.1.1.4) fungiert. Bei τ = 1,2 sind 12,0 ml Maßlösung zugegeben, von denen 10,0 ml für die Ausfällung des Chlorids verbraucht wurden. Der Überschuss an $AgNO_3$-Maßlösung beträgt also 2,0 ml, entsprechend $2 \cdot 10^{-3}$ mol Ag^+ in 100 ml (Verdünnung unberücksichtigt). Daraus errechnet sich eine Silberionenkonzentration von $2 \cdot 10^{-2}\ mol \cdot l^{-1}$.
Eingesetzt in das Löslichkeitsprodukt kann man dann pCl berechnen.

$$K_L = c(Ag^+) \cdot c(Cl^-)$$

$$c(Cl^-) = \frac{K_L}{c(Ag^+)}$$

$$c(Cl^-) = \frac{10^{-10}\ mol^2 \cdot l^{-2}}{2 \cdot 10^{-3}\ mol \cdot l^{-1}} = 5 \cdot 10^{-9}\ mol \cdot l^{-1}$$

$$pCl = 8{,}3$$

Bei τ = 2,0 beträgt der Überschuss Maßlösung 10,0 ml. Nach der oben gezeigten Berechnungsmethode resultiert daraus eine Chloridkonzentration von $10^{-9}\ mol \cdot l^{-1}$ und ein pCl-Wert von 9.

Führt man die gleiche Titration mit 0,1 molarer Natriumbromid- bzw. Natriumiodid-Lösung als Analyten durch, so errechnen sich aufgrund der niedrigeren Löslichkeitsprodukte von AgBr ($K_L = 10^{-12}\ mol^2 \cdot l^{-2}$) und AgI ($K_L = 10^{-16}\ mol^2 \cdot l^{-2}$) die in der Tabelle gezeigten Werte.

τ	c(Cl) ($mol \cdot l^{-1}$)	pCl	c(Br) ($mol \cdot l^{-1}$)	pBr	c(I) ($mol \cdot l^{-1}$)	pI
0	10^{-1}	1	10^{-1}	1	10^{-1}	1
0,9	10^{-2}	2	10^{-2}	2	10^{-2}	2
0,99	10^{-3}	3	10^{-3}	3	10^{-3}	3
1,0	10^{-5}	5	10^{-6}	6	10^{-8}	8
1,2	$5 \cdot 10^{-9}$	8,3	$5 \cdot 10^{-11}$	10,3	$5 \cdot 10^{-15}$	14,3
2,0	10^{-9}	9	10^{-11}	11	10^{-15}	15

Aus den Werten sieht man, dass die drei Kurven bis zum Äquivalenzpunkt praktisch identisch verlaufen. Je schwerer löslich aber das Produkt (hier das Silberhalogenid) ist, desto deutlicher fällt der Konzentrationssprung im Bereich des Äquivalenzpunkts aus.

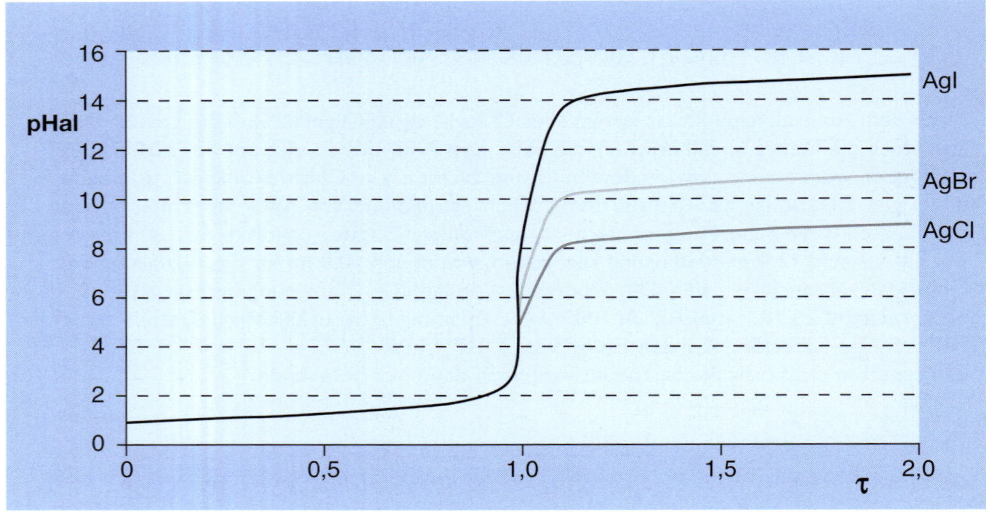

Abb. 32: Titrationskurven von Fällungstitrationen in Abhängigkeit der Löslichkeit des Produktes

Beispiel 2:
Titration von Chloridlösungen unterschiedlicher Konzentrationen mit Silbernitrat-Maßlösungen

Schließlich soll gezeigt werden, wie sich die Verdünnungen von Proben- und Maßlösungen auf den Verlauf der Titrationskurven auswirken. Nachfolgende Tabelle enthält einen Vergleich der pCl-Werte von drei verschiedenen Titrationen (Volumenänderung nicht berücksichtigt):
Titration A: 0,1 mol · l^{-1} Natriumchlorid mit 0,1 mol · l^{-1}-Silbernitrat-Maßlösung
Titration B: 0,01 mol · l^{-1} Natriumchlorid mit 0,01 mol · l^{-1}-Silbernitrat-Maßlösung
Titration C: 0,001 mol · l^{-1} Natriumchlorid mit 0,001 mol · l^{-1}-Silbernitrat-Maßlösung

	Titration A	Titration B	Titration C
τ	pCl	pCl	pCl
0	1	2	3
0,9	2	3	4
1,0	5	5	5
1,2	8,3	7,3	6,3
2,0	9	8	7

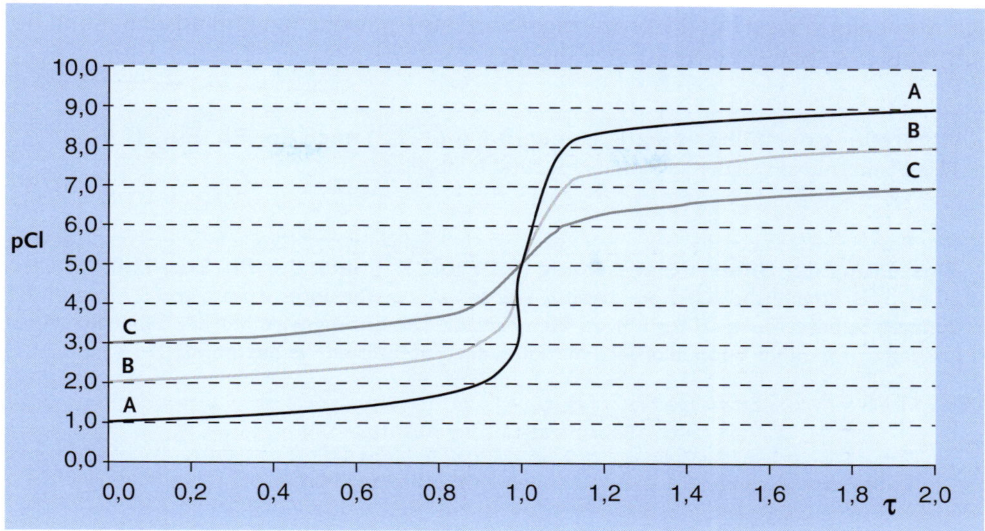

Abb. 33: Titrationskurven von Fällungstitrationen in Abhängigkeit von der Konzentration der Maßlösung und der Probenlösung

Daraus folgt ganz allgemein für Fällungstitrationen:
Die sprunghafte Änderung des Ionenexponenten des zu titrierenden Ions ist umso deutlicher, je schwerer löslich der gebildete Niederschlag ist und je konzentrierter die zu titrierende Lösung und die Maßlösung sind.
Eine Maßlösung soll also nicht zu verdünnt sein, damit der Endpunkt scharf zu erkennen ist. Andererseits ist bei zu konzentrierten Maßlösungen der Verbrauch bis zum Äquivalenzpunkt so gering, dass Ablesefehler an der Bürette zunehmend ins Gewicht fallen.

6.3.3 Maßlösungen

Silbernitrat-Maßlösung

Silbernitrat-Maßlösung wird durch Auflösen von reinstem Silbernitrat in Wasser hergestellt. Die Maßlösung wird zum Schutz vor Sonnenlicht in Braunglasflaschen gelagert. Die Einstellung erfolgt nach der Ph. Eur. mit der Urtitersubstanz Natriumchlorid bei potentiometrischer Endpunktanzeige.

Sinnvoller ist es aber, die Endpunktanzeige mit der Methode (Mohr, Fajans etc.) vorzunehmen, die auch bei der späteren Titration mit der Maßlösung verwendet wird. Dadurch wird der durch die Indikationsmethode bedingte systematische Fehler ausgeschaltet.

Reinstes Natriumchlorid als Urtitersubstanz gewinnt man durch Versetzen einer gesättigten wässrigen Natriumchlorid-Lösung mit konz. Salzsäure. Das ausgefallene

Natriumchlorid wird mit 25-prozentiger Salzsäure gewaschen und anschließend bei 500 °C bis zur Massekonstanz getrocknet.

Herstellung der Silbernitrat-Lösung (0,1 mol · l^{-1}) nach der Ph. Eur. 11.0
17,0 g Silbernitrat werden in Wasser zu 1000,0 ml gelöst.

Einstellung der Silbernitrat-Lösung (0,1 mol · l^{-1}) nach der Ph. Eur. 11.0
50 mg Natriumchlorid (Urtitersubstanz) werden in Wasser unter Zusatz von 5 ml verdünnter Salpetersäure (200 g l^{-1}) zu 50 ml gelöst. Die Lösung wird mit der Silbernitrat-Lösung titriert. Der Endpunkt wird mit Hilfe der Potentiometrie bestimmt.

$F = 171{,}1 \cdot \frac{e}{a}$ e: Einwaage NaCl [g]
a: Verbrauch Silbernitrat-Lösung (0,1 mol · l^{-1}).

1 ml Silbernitrat-Lösung (0,1 mol · l^{-1}) entspricht 5,844 mg NaCl.

Natriumchlorid-Maßlösung

Natriumchlorid ist eine Urtitersubstanz, so dass die Maßlösung einfach durch Auflösen einer exakt gewogenen Menge des Salzes in Wasser hergestellt werden kann. Die Maßlösung kann gegen Silbernitrat-Maßlösung eingestellt werden.

Ammoniumthiocyanat-Maßlösung

Die berechnete Menge Ammoniumthiocyanat wird in Wasser gelöst. Ammoniumthiocyanat ist hygroskopisch und zersetzt sich bei Trocknung bei höheren Temperaturen. Die Substanz ist vor Feuchtigkeit geschützt zu lagern.

Die Einstellung erfolgt mit Silbernitrat-Maßlösung in salpetersaurer Lösung mit Ammoniumeisen(III)-sulfat als Indikator (Titration nach Volhard).

Herstellung der Ammoniumthiocyanat-Lösung (0,1 mol · l^{-1}) nach der Ph. Eur. 11.0
7,612 g Ammoniumthiocyanat werden in Wasser zu 1000,0 ml gelöst.

Einstellung der Ammoniumthiocyanat-Lösung (0,1 mol · l^{-1}) nach der Ph. Eur. 11.0
20,0 ml Silbernitrat-Lösung (0,1 mol · l^{-1}) werden mit 25 ml Wasser und 2 ml verdünnter Salpetersäure (200 g l^{-1}) versetzt und nach Zusatz von 2 ml Ammoniumeisen(III)-sulfat-Lösung (10 % m/V) mit der Ammoniumthiocyanat-Lösung bis zur rötlich gelben Färbung titriert.

$F = F_{AgNO_3} \cdot \frac{20}{a}$ a: Verbrauch an Ammoniumthiocyanat-Lösung (0,1 mol · l^{-1})

Herstellung von Hydrogensulfatpuffer pH 2
Schwefelsäure (1 mol · l^{-1}) wird mit Natronlauge (1 mol · l^{-1}) auf pH 2 eingestellt (potentiometrisch bestimmt).

Potentiometrische Simultanbestimmung von Kaliumchlorid und Kaliumiodid
Ca. 1 g eines Gemisches aus Kaliumchlorid und Kaliumiodid, exakt gewogen, wird mit Wasser zu 100,0 ml gelöst. 25,0 ml dieser Lösung werden mit 3 ml Hydrogensulfatpuffer pH 2 versetzt und an einer Apparatur für die potentiometrische Bestimmung von Titrationskurven (Messelektrode: Silberelektrode; Referenzelektrode: Glaselektrode) mit Silbernitrat-Lösung (0,1 mol · l^{-1}) titriert, bis zwei deutliche Potentialsprünge registriert sind.
Aus dem Verbrauch bis zum 1. Wendepunkt errechnet sich die Menge an Kaliumiodid, aus dem Verbrauch zwischen dem 1. und dem 2. Wendepunkt der Verbrauch für Kaliumchlorid.

6.3.4 Möglichkeiten der Endpunktanzeige

Für die Erkennung des Endpunkts einer Fällungstitration bieten sich folgende Methoden an:

6.3.4.1 Verfahren ohne Indikator

Da die Ausfällung eines schwer löslichen Stoffs bzw. die Beendigung der Ausfällung ein visuell erfassbarer Prozess ist, kann dies auch für die Endpunktanzeige verwendet werden (Klarpunkttitration nach Gay-Lussac, Titration von Cyanid nach Liebig, Titration nach Budde).

6.3.4.2 Indikation durch Farbumschläge

Der erste Überschuss an Maßlösung bildet mit einem geeigneten Indikator einen farbigen Niederschlag (Titration nach Mohr), eine lösliche farbige Verbindung (Titration nach Volhard) oder ein farbiges Adsorbat mit dem kolloidalen Niederschlag (Titration nach Fajans).

6.3.4.3 Elektrochemische Endpunktbestimmung

Als dritte und heutzutage ganz überwiegend eingesetzte Methode ist die elektrochemische (v. a. potentiometrische) Endpunktermittlung zu nennen. Vorteil dieser Methoden ist, dass sie auch in farbigen oder trüben Lösungen angewendet werden können, wo die visuellen Methoden der Endpunkterkennung an ihre Grenzen stoßen, z. B. bei Titrationen von Salzen in pharmazeutischen Zubereitungen.

So kann der Endpunkt einer Titration von Halogenidionen mit Silbernitrat-Maßlösung in schwach schwefelsaurer Lösung potentiometrisch ermittelt werden. Man verwendet hierzu eine Silberelektrode als Messelektrode und eine Glaselektrode als Referenzelektrode (auch andere Referenzlektroden wie die SSE sind möglich). In der Titrationskurve, die anschließend graphisch ausgewertet wird, ist die gemessene Spannung als Funktion des zugegebenen Volumens an Maßlösung aufgetragen.

Aus dem potentialbildenden Vorgang $Ag^+ + e^- \rightleftarrows Ag$ lässt sich mit Hilfe der Nernst-Gleichung das Potential der Lösung berechnen:

$$E = E^0 + 0{,}059 \lg c(Ag^+)$$

Die Silberionenkonzentration zu jedem Zeitpunkt der Titration lässt sich aus dem Löslichkeitsprodukt von AgHal berechnen.

$$c(Ag^+) = K_L/c(Hal^-)$$

Eingesetzt in die Nernst-Gleichung ergibt sich:

$$E = E^0 + 0{,}059 \lg K_L - 0{,}059 \lg c(Hal^-)$$

Da E^0 und K_L Konstanten sind, ist das Potential der Lösung also direkt von der Konzentration des zu titrierenden Halogenids $c(Hal^-)$ abhängig, die sich im Bereich des Äquivalenzpunktes wie in Kap. 6.3.2 gezeigt, sprunghaft ändert. Man beobachtet also am Äquivalenzpunkt, einen starken, gut auswertbaren Potentialsprung. In gleicher Weise können natürlich auch Silberionen mit Natriumchlorid-Maßlösung titriert werden.

6.3.5 Titrationsmethoden

Klarpunkttitration: Silberbestimmung nach Gay-Lussac[11]

Silber, z. B. in Münzmetallen, kann nach Auflösung mit Natriumchlorid-Maßlösung in einer Klarpunkttitration nach Gay-Lussac titriert werden. Dabei bildet das entstehende Silberchlorid durch Adsorption von noch in der Lösung vorhandenen Silberionen eine trübe, kolloidale Suspension. Erst am Äquivalenzpunkt, wenn alles überschüssige Silber verbraucht ist, flockt das gesamte Silberchlorid aus, und es entsteht eine klare Lösung mit einem abgesetzten Niederschlag. Man titriert also unter Verbrauch von einem Äquivalent NaCl bis zum »Klarpunkt«. Die Methode ist allerdings sehr zeitraubend.

---

[11] Joseph Louis Gay-Lussac, * 6. Dezember 1778 in Saint-Léonard-de-Noblat; † 9. Mai 1850 in Paris, französischer Chemiker und Physiker

Cyanid-Bestimmung nach Liebig[12]

Gibt man zu einer schwach alkalischen Cyanidlösung unter ständigem gutem Umschütteln Silbernitrat-Maßlösung, so bildet sich an der Eintropfstelle jeweils kurz eine weiße Trübung durch AgCN, die aber beim Schütteln unter Bildung des klar löslichen Dicyanoargentat-Komplexes ($[Ag(CN)_2]^-$) wieder verschwindet. Sind alle Cyanidionen auf diese Weise komplex gebunden, kommt es mit Zugabe des nächsten Tropfens Maßlösung zur bleibenden Fällung von Silbercyanid. Man titriert also bis zur ersten bleibenden Trübung. Pro Mol Cyanid verbraucht man 0,5 Mol Silberionen.

$$Ag^+ + 2\,CN^- \rightarrow [Ag(CN)_2]^-$$
$$[Ag(CN)_2]^- + Ag^+ \rightarrow 2\,AgCN\downarrow \qquad pK_L = 11{,}4$$

Ammoniak stört diese Bestimmung, weil Ammoniak (auch im alkalischen Milieu aus Ammoniumsalzen freigesetzt) durch Komplexbildung die Ausfällung von Silbercyanid verhindert:

$$AgCN + 2\,NH_3 \rightarrow [Ag(NH_3)_2]^+ + CN^-$$

Vorteilhaft ist, dass Chlorid, Bromid, Iodid und Thiocyanat die Titration nicht stören. In ihrer Gegenwart ist die erste permanente Fällung gegebenenfalls auf das schwerer als AgCN ($K_L = 4 \cdot 10^{-12}\ mol^2 \cdot l^{-1}$) lösliche Silbersalz, z. B. Silberiodid, zurückzuführen. Dies hat allerdings keinen Einfluss auf das Ergebnis der Analyse.

Titration nach Mohr[13]

Bei der Titration nach Mohr wird Chlorid mit Silbernitrat-Maßlösung in Gegenwart des Indikators Kaliumchromat titriert. Sobald die Chloridionen quantitativ als weißes AgCl ausgefällt sind, führt der erste Überschuss der Maßlösung zur Ausfällung von rotbraunem Silberchromat. Grundlage dieses Indikationsverfahrens ist, dass vor dem Äquivalenzpunkt die Konzentration an gelösten Silberionen (aus dem AgCl-Niederschlag) nicht ausreicht, um zusammen mit den Chromationen das Löslichkeitsprodukt von Ag_2CrO_4 zu überschreiten. Der Ansatz ist bis zum Äquivalenzpunkt durch den gelösten Indikator homogen gelb gefärbt.

In der gesättigten Silberchloridlösung am Äquivalenzpunkt beträgt die Ag^+-Konzentration $c(Ag) = \sqrt{K_L} = 10^{-5}\ mol \cdot l^{-1}$.

Damit Äquivalenzpunkt und Indikatorreaktion zusammenfallen, muss also die Chromatkonzentration so gewählt werden, dass exakt bei einer Ag^+-Konzentration von $10^{-5}\ mol \cdot l^{-1}$ das Löslichkeitsprodukt von Silberchromat ($K_L = 2 \cdot 10^{-12}\ mol^3 \cdot l^{-3}$) überschritten wird.

---

12 Justus Liebig, * 12. Mai 1803 in Darmstadt; † 18. April 1873 in München, deutscher Chemiker

13 Karl Friedrich Mohr, * 4. November 1806 in Koblenz; † 28. September 1879 in Bonn, Pharmazeut und Chemiker

$$K_L = (c(Ag^+))^2 \cdot c(CrO_4^{2-})$$

$$c(CrO_4^{2-}) = \frac{K_L}{(c(Ag^+))^2} = 2 \cdot 10^{-2}\ mol \cdot l^{-1}$$

Eine Kaliumchromatkonzentration von $2 \cdot 10^{-2}$ mol · l^{-1} (= 0,39 %) würde demnach den Äquivalenzpunkt exakt anzeigen. In der Praxis wird sogar eine etwas niedrigere Indikatorkonzentration (ca. $5 \cdot 10^{-3}$ mol · l^{-1}) (entspricht etwa 0,1 %) eingesetzt.

Die Titration nach Mohr eignet sich v. a. für die Bestimmung von Chlorid und Bromid. Bei der Titration von Iodid erhält man ungenaue Werte: Aus dem Löslichkeitsprodukt von AgI ($K_L = 10^{-16}$ mol² · l^{-2}) resultiert eine Ag^+-Konzentration am Äquivalenzpunkt von 10^{-8} mol · l^{-1}.

Bei der üblichen Indikatorkonzentration von $5 \cdot 10^{-3}$ mol · l^{-1} müsste aber am Äquivalenzpunkt für die Überschreitung des Löslichkeitsprodukts von Silberchromat eine Ag^+-Konzentration von $2 \cdot 10^{-5}$ mol · l^{-1} vorliegen (Berechnung wie oben). Die erforderliche Konzentration liegt also um den Faktor 2000 höher als die tatsächlich vorliegende. Bis zum Eintreten der Indikatorreaktion hat man also bei der Titration von Iodid nach Mohr schon leicht übertitriert.

Die Titration nach Mohr kann nur in einem Bereich von pH 6,5 bis 10,5 durchgeführt werden. Im sauren Milieu würde Chromat zu Dichromat reagieren, welches kein schwer lösliches Silbersalz ($pK_L = 3,69$) gibt. Die Indikatorreaktion würde also ausbleiben. Im stärker alkalischen Milieu fallen Silberionen als Oxid oder Hydroxid (K_L = 1,5 10 mol² l^{-2}) noch vor dem Silberchromat aus.

Chromat / Dichromat

$$2\ CrO_4^{2-} + 2\ H_3O^+ \rightleftarrows Cr_2O_7^{2-} + 3\ H_2O$$

$$2\ Ag^+ + 2\ OH^- \rightarrow 2\ AgOH\downarrow \rightarrow Ag_2O\downarrow + H_2O$$

Bestimmung von Natriumchlorid nach Mohr

Etwa 100 mg der Substanz, genau gewogen, werden in 30 ml Wasser gelöst. Die Lösung wird mit 3 ml Kaliumchromat-Lösung (5 % m/V) versetzt und dann mit Silbernitrat-Lösung (0,1 mol · l^{-1}) unter ständigem Schütteln titriert, bis die an der Eintropfstelle zu beobachtende Rotfärbung nicht mehr verschwindet.

1 ml Silbernitrat-Lösung (0,1 mol · l^{-1}) entspricht 5,844 mg NaCl.

Wegen der Verwendung des toxischen Chromats als Indikator hat die Titration nach Mohr keinen Platz mehr in der modernen Analytik.

Titration nach Volhard[14]

Silberionen bilden in salpetersaurer Lösung mit Ammoniumthiocyanat schwerlösliches, weißes Silberthiocyanat. Als Indikator verwendet man Ammoniumeisen(III)-sulfat. Die Fe^{3+}-Ionen bilden nach kompletter Ausfällung der Silber-Ionen als AgSCN mit dem ersten Überschuss an Thiocyanat-Maßlösung lösliche, rote Eisen-Thiocyanat-Komplexe.

$$Ag^+ + SCN^- \rightarrow AgSCN\downarrow$$

$$[Fe(H_2O)_6]^{3+} + SCN^- \rightarrow [Fe(SCN)(H_2O)_5]^{2+} \rightarrow [Fe(SCN)_2(H_2O)_4]^+ \rightarrow [Fe(SCN)_3(H_2O)_3]$$

Die Methode nach Volhard lässt sich auch in einer Rücktitration zur Bestimmung von Halogeniden und Cyanid einsetzen. Dazu wird die salpetersaure Halogenidlösung mit einer definierten, überschüssigen Menge Silbernitrat-Maßlösung versetzt und der Überschuss an Ag^+-Ionen wie oben beschrieben mit Ammoniumthiocyanat-Maßlösung zurücktitriert. Der Gehalt an Halogenid berechnet sich aus der Differenz der Volumina von eingesetzter Silbernitrat-Maßlösung und von bis zum Indikatorumschlag verbrauchter Ammoniumthiocyanat-Maßlösung.

$$Cl^- + Ag^+ \rightleftarrows AgCl\downarrow \qquad K_L = 10^{-10}\ mol^2 \cdot l^{-2}$$

$$Ag^+ + SCN^- \rightleftarrows AgSCN\downarrow \qquad K_L = 10^{-12}\ mol^2 \cdot l^{-2}$$

Wie schon aus den Löslichkeitsprodukten von AgCl und AgSCN zu ersehen ist, tritt bei der Titration von Chlorid nach Volhard ein Problem auf: Silberthiocyanat ist schwerer löslich als Silberchlorid. Bei der Rücktitration kann also der AgCl-Niederschlag nach dem Äquivalenzpunkt mit der Thiocyanat-Maßlösung reagieren.

$$AgCl\downarrow + SCN^- \rightarrow AgSCN\downarrow + Cl^-$$

Dies führt dazu, dass der Indikatorumschlag nicht scharf ist, sondern die rote Farbe des Eisen-Thiocyanat-Komplexes immer wieder verblasst.
Vermeiden lässt sich dies durch zwei Techniken:

- Der Silberchlorid-Niederschlag wird vor der Rücktitration mit der Thiocyanat-Maßlösung abfiltriert und dann der gelöste Silberüberschuss im klaren Filtrat titriert.
- Der Silberchlorid-Niederschlag wird mit einem geeigneten organischen Lösungsmittel (Toluol, Dibutylphthalat) umhüllt und durch das gebildete Zweiphasensystem der Reaktion mit den Thiocyanationen weitestgehend entzogen.

Bei der Bestimmung von Bromid und Iodid nach Volhard tritt dieses Problem nicht auf, da AgBr ähnlich und AgI deutlich weniger löslich ist als Silberthiocyanat.

---

14 Jacob Volhard, * 4. Juni 1834 in Darmstadt; † 14. Januar 1910 in Halle (Saale), deutscher Chemiker

Bei der Iodid-Titration muss allerdings darauf geachtet werden, dass der Indikator erst zugegeben wird, nachdem alles Iodid als AgI gefällt ist. Andernfalls würde freies Iodid in einer Redoxreaktion den Indikator zerstören.

$$2\ Fe^{3+} + 2\ I^- \rightarrow 2\ Fe^{2+} + I_2$$

Bestimmung von Kaliumchlorid nach Volhard nach der Ph. Eur. 4.0
1,300 g Substanz, genau gewogen, werden in Wasser zu 100,0 ml gelöst. 10,0 ml dieser Lösung werden mit 50 ml Wasser, 5 ml verdünnter Salpetersäure (ca. 12,5 % m/V), 25,0 ml Silbernitrat-Lösung (0,1 mol · l^{-1}) und 2 ml Dibutylphthalat versetzt und geschüttelt. Mit Ammoniumthiocyanat-Lösung (0,1 mol · l^{-1}) wird unter Zusatz von 2 ml Ammoniumeisen(III)-sulfat-Lösung (10 % m/V) titriert. In der Nähe des Umschlagpunkts ist kräftig zu schütteln.

1 ml Silbernitrat-Lösung (0,1 mol · l^{-1}) entspricht 7,46 mg KCl. Die Ph. Eur. 11.0 titriert Kaliumchlorid direkt argentometrisch bei potentiometrischer Indikation.

Nachteil der Titration von (Pseudo-)Halogeniden nach Volhard ist, dass man zwei Maßlösungen und einen Farbindikator benötigt und somit eine Reihe von Fehlerquellen vorliegen. Ein Vorteil in der pharmazeutischen Analytik ist, dass diese Titration sich besonders gut für die Quantifizierung von Hydrochloriden und Hydrobromiden von basischen Arzneistoffen (Aminen) eignet. Durch das salpetersaure Mileu der Titrationsansätze lösen sich die Salze der Amine problemlos auf, so dass man in eine klare, homogene Lösung hineintitrieren kann. Bei alternativen Titrationsmethoden für Halogenide, die im neutralen bis alkalischen Milieu durchzuführen sind (siehe Titration nach Mohr) würden die aus den Salzen freigesetzten Aminbasen zur Bildung von Suspensionen oder Emulsionen führen, welche die visuelle Endpunkterkennung behindern. Die Rücktitration nach Volhard wurde in den Arzneibüchern weitgehend durch die direkte Titration von Hydrochloriden und Hydrobromiden von basischen Arzneistoffen mit Silbernitrat-Maßlösung in salpetersaurer Lösung mit potentiometrischer Endpunktanzeige abgelöst. Da hierbei allerdings mit den Halogenid-Ionen nur der pharmakologisch inaktive Teil der Salze quantifiziert wird, geht der Trend der Arzneibücher dahin, derartige Salze als Kationsäuren zu titrieren, um die aktive Komponente, das Ammoniumsalz zu quantifizieren.

Bestimmung von Fenoterolhydrobromidnach Ph. Eur. 11.0
0,600 g Substanz werden in 50 ml Wasser gelöst. Die Lösung wird mit 5 ml verdünnter Salpetersäure (13 %ig), 25,0 ml Silbernitrat-Lösung (0,1 mol · l^{-1}) und 2 ml Ammoniumeisen(III)-sulfat-Lösung (100 g · l^{-1}) versetzt, geschüttelt und mit Ammoniumthiocyanat-Lösung (0,1 mol · l^{-1}) bis zur Orangefärbung titriert. Eine Blindtitration wird durchgeführt.

1 ml Silbernitrat-Lösung (0,1 mol · l^{-1}) entspricht 38,43 mg $C_{17}H_{22}BrNO_4$.

Titration von Halogeniden mit Adsorptionsindikatoren nach Fajans[15]

Die Adsorption von Ionen an frisch gebildete kolloidale Teilchen ist bei vielen Fällungsreaktionen ein störender Effekt (vgl. Kap. 6.2.3.2). Bei der Titration nach Fajans wird aber eben dieser Effekt für die Endpunktanzeige eingesetzt.

Titriert man Chlorid mit Silbernitrat-Maßlösung, so liegen im Verlauf der Titration folgende Verhältnisse vor:

Vor dem Äquivalenzpunkt enthält der Titrationsansatz frisch gebildetes Silberchlorid, welches durch Adsorption von noch nicht umgesetzten Chloridionen an die Oberfläche negativ geladene kolloidale Teilchen ergibt.

Am Äquivalenzpunkt ist die äquivalente Menge Silbernitrat zugegeben und es steht kein Chlorid mehr für die Adsorption zur Verfügung.

Sofort nach dem Äquivalenzpunkt liegen freie Silberionen aus der überschüssigen Maßlösung vor. Diese werden spontan an die Oberfläche des Silberchlorids adsorbiert und laden die kolloidalen Teilchen nun positiv auf. Im Äquivalenzpunkt erfolgt also eine Umkehr der Aufladung der kolloidalen Teilchen von negativ nach positiv. Diese nach dem ÄP positiv geladenen Teilchen können nun negativ geladene Indikatormoleküle elektrostatisch anziehen und binden. Dadurch wird die Elektronenhülle der Indikatormoleküle deformiert und es kommt zu einem Farbumschlag.

Bestimmung von Kaliumbromid nach Fajans

Etwa 200 mg der Substanz, genau gewogen, werden in Wasser gelöst und die Lösung mit Essigsäure auf ca. pH 3 eingestellt. Man gibt eine 1-prozentige Lösung von Eosin-Natrium zu und titriert mit Silbernitrat-Lösung (0,1 mol · l^{-1}) bis zum Farbumschlag nach Rot.

1 ml Silbernitrat-Lösung (0,1 mol · l^{-1}) entspricht 11,90 mg KBr.

Vor dem ÄP:	$AgCl\downarrow \cdots Cl^-$
Am ÄP:	$AgCl\downarrow$
Nach dem ÄP:	$AgCl\downarrow \cdots Ag^+ \cdots Ind^{2-}$

Die wichtigsten Indikatoren sind die Phthaleinfarbstoffe Fluorescein (Umschlag von grün nach rot) und Eosin (Umschlag von rosa nach purpurrot).

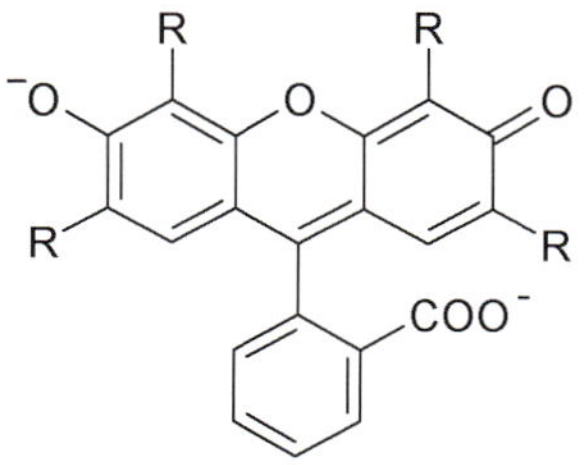

R = H Fluorescein
R = Br Eosin

---

15 Kasimir Fajans, geb. 27. Mai 1887 in Warschau, gest. 18. Mai 1975 in Ann Arbor, Michigan, polnisch-deutsch-amerikanischer Physikochemiker.

Diese Methode der Endpunktanzeige funktioniert nur unter folgenden vier Voraussetzungen:

a) Der Indikator muss nach dem Äquivalenzpunkt rasch und stark genug an das nun positiv geladene Kolloid gebunden werden, damit ein scharfer Farbumschlag zu erkennen ist.

b) Der anionische Indikator darf nicht zu stark an die Fällung adsorbiert werden, da er sonst gegebenenfalls schon vor dem Äquivalenzpunkt das gebundene Halogenid verdrängen würde. Dies würde zu einem verfrühten Farbumschlag führen.

Die Adsorptionsfähigkeit von Anionen an Silberhalogenidfällungen nimmt in folgender Reihenfolge ab:

$$I^-, CN^- > SCN^- > Br^- > \text{Eosin}^{2-} > Cl^- > \text{Fluorescein}^{2-} > NO_3^-$$

Deshalb ist Eosin nicht als Indikator für die Titration von Chlorid nach Fajans geeignet. Es bindet stärker an Silberchlorid als Chlorid und würde deshalb schon zu Beginn der Titration an das Kolloid binden und die Farbe wechseln. Das Nitrat aus der Silbernitrat-Maßlösung stört nicht.

Als Regel gilt: Der Indikator muss in der obigen Liste rechts vom zu titrierenden Anion stehen. Für die Titration von Chlorid muss also Fluorescein als Indikator verwendet werden.

c) Die Lösung muss noch kolloidale Silberhalogenidteilchen enthalten. Zu große Elektrolytmengen können zu einer kontraproduktiven kompletten Ausflockung (»Aussalzen«) der kolloidalen Teilchen führen. Dies kann vielfach durch Schutzkolloide (z. B. Dextrin-Lösung) verhindert werden.

d) Die Indikatoren müssen für die Bindung an die positiv geladenen Kolloide negativ geladen sein. Bei zu niedrigen pH-Werten werden die Indikatoren zu den ungeladenen freien Carbonsäuren protoniert. Titrationen mit Fluorescein werden deshalb in neutraler Lösung durchgeführt. Eosin ist deutlich acider als Fluorescein und liegt deshalb auch in schwach saurem Milieu noch überwiegend deprotoniert vor. Man titriert gegen Eosin in der Regel in essigsaurer Lösung.

Tüpfelmethode

Für Titrationen, bei denen wegen farbiger oder trüber Probenlösung oder wegen der Bildung farbiger Niederschläge ein Indikatorumschlag in der Lösung visuell nicht zu erkennen ist, hat man die »Tüpfelmethode« entwickelt. Hierbei wird in Abständen dem Titrationsansatz je ein Tropfen entnommen und auf einer Tüpfelplatte mit der Indikatorlösung zusammengebracht.

So wird z. B. bei der Zink-Bestimmung nach Schaffner mit Natriumsulfid-Maßlösung titriert und so das Zink als weißes Zinksulfid gefällt. Als Tüpfelindikator dient eine Cobaltsalz-Lösung, die nach dem Äquivalenzpunkt mit dem ersten überschüssigen Sulfid zu schwarzem CoS reagiert. Allerdings darf der entnommene Tropfen kein

Zinksulfid enthalten, da sonst dieses mit den Cobaltionen zu CoS reagiert und den Äquivalenzpunkt verfrüht anzeigt. Man muss also in der Titrationslösung vor jeder Entnahme den Niederschlag gut absetzen lassen.

Tüpfelmethoden sind umständlich, zeitraubend und ungenau. Deshalb sind sie von anderen, v. a. elektrochemischen Indikationsmethoden praktisch komplett verdrängt worden.

Simultanbestimmungen

Ein besonderer Vorteil der potentiometrischen Endpunktanzeige ist, dass man auch verschiedene Halogenide nebeneinander bestimmen kann.

Titriert man ein Gemisch von Kaliumiodid und Kaliumchlorid mit Silbernitrat-Maßlösung, so wird zuerst das schwerer lösliche Silberiodid ausgefällt. Der Potentialverlauf im ersten Teil der Titrationskurve wird also durch die Silberionenkonzentration aus der AgI-Fällung in Gegenwart abnehmender Mengen noch nicht titrierten Iodids bestimmt. Ist alles Iodid titriert, so steigt bei Zugabe weiterer Maßlösung die Ag^+-Konzentration sprunghaft an (erster Wendepunkt). Ist sie hoch genug, um zusammen mit den Chloridionen das Löslichkeitsprodukt von Silberchlorid zu überschreiten, beginnt die Ausfällung von AgCl. Die Silberionenkonzentration wird im Folgenden, flachen Teil der Titrationskurve jetzt von den Silberionen aus der AgCl-Fällung bestimmt. Ist auch sämtliches Chlorid gefällt, steigt durch weitere Maßlösung, die nicht mehr abreagieren kann, die Ag^+-Konzentration erneut sprunghaft an (zweiter Wendepunkt).

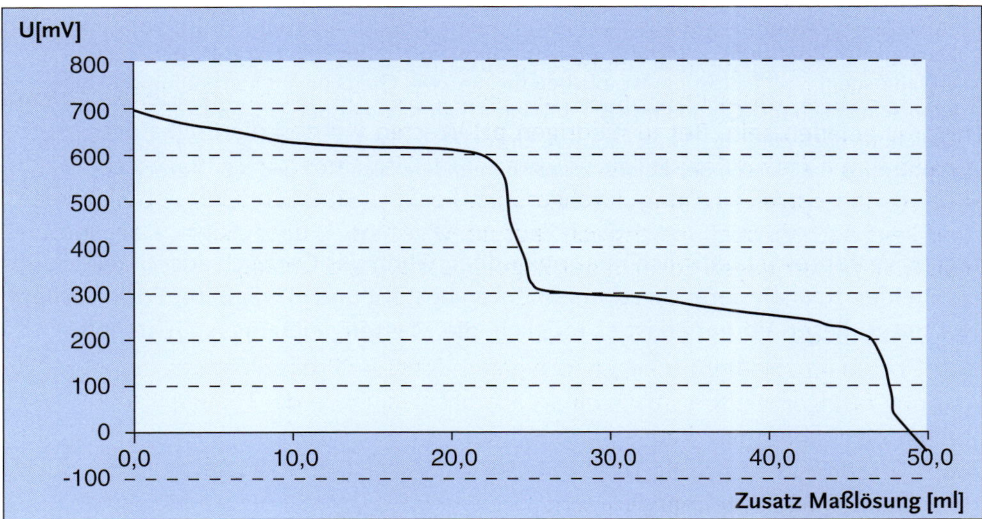

Abb. 34: Titrationskurve einer argentometrischen Titration von Kaliumiodid und Kaliumchlorid mit potentiometrischer Endpunktanzeige

Der Verbrauch an Maßlösung für Kaliumiodid entspricht dem Verbrauch bis zum ersten Wendepunkt. Ein genauerer, geringfügig höherer Wert wird erhalten, wenn man die Kurve graphisch mit dem Tangentenverfahren (unter Verwendung der Tangente an den fast senkrechten Teil im Bereich des ersten Wendepunkts und der an den folgenden fast horizontalen Teil) auswertet. Aus dem Verbrauch zwischen dem ersten und zweiten Wendepunkt lässt sich die Menge an Kaliumchlorid berechnen.

Eine weitere Möglichkeit zur Simultanbestimmung von zwei Verbindungen ist die »Indirekte Analyse«. Hierbei werden zwei Ionen, die in gleicher Weise mit einer Maßlösung reagieren, durch eine einzige Titration quantitativ bestimmt.

Titriert man z. B. ein Gemisch aus Kaliumbromid und Kaliumchlorid argentometrisch, so werden beide Halogenide zusammen erfasst. Der Verbrauch an Silbernitrat-Maßlösung setzt sich zusammen aus dem Verbrauch für Kaliumbromid und dem für Kaliumchlorid. Da aber die beiden Salze unterschiedliche molare Massen haben, ist der Verbrauch an $AgNO_3$ für die Titration einer definierten Masse dieses Gemisches abhängig von dessen mengenmäßiger Zusammensetzung.

Beispiel: Für 400 mg reines Kaliumbromid (M = 119,006 g/mol) würde man 33,61 ml Silbernitrat-Lösung (0,1 mol · l^{-1}) verbrauchen, für 400 mg reines Kaliumchlorid (M = 74,555 g/mol) hingegen 53,65 ml. Titriert man 400 mg eines Gemisches aus beiden Salzen, so liegt der Verbrauch an Maßlösung irgendwo zwischen diesen beiden Volumina. Die Auswertung erfolgt rechnerisch nach dem Prinzip der »zwei Gleichungen mit zwei Unbekannten«.

1. Gleichung (Massengleichung): m(KCl) + m(KBr) = m(Einwaage)
2. Gleichung (Stoffmengengleichung): n(KCl) + n(KBr) = n($AgNO_3$)

Da aber n(KCl) = m(KCl)/M(KCl), n(KBr) = m(KBr)/M(KBr) und n($AgNO_3$) = c(Maßlösung) · V(Maßlösung) ist, bleiben für die zwei Gleichungen nur noch zwei Unbekannte, nämlich m(KCl) und m(KBr). Mit einfachen Rechenoperationen (Auflösen einer Gleichung nach einer der Unbekannten, Einsetzen in die 2. Gleichung usw.) kann man so problemlos die Massen der beiden zu bestimmenden Salze KCl und KBr berechnen.

Dieses Verfahren ist natürlich nur anwendbar, wenn das Gemisch ausschließlich aus den beiden zu analysierenden Komponenten besteht und in wägbarer Form vorliegt. Nur unter diesen Vorgaben ist es möglich, die Massengleichung aufzustellen.

Fällungstitrationen zur Bestimmung von Sulfat

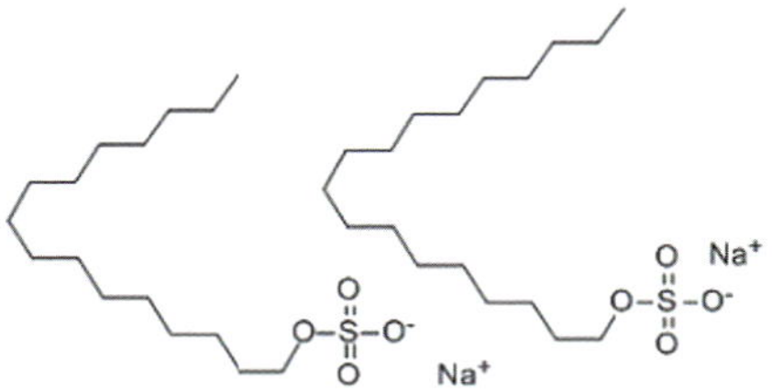

Docusat-Natrium

Natriumcetylstearylsulfat (Gemisch)

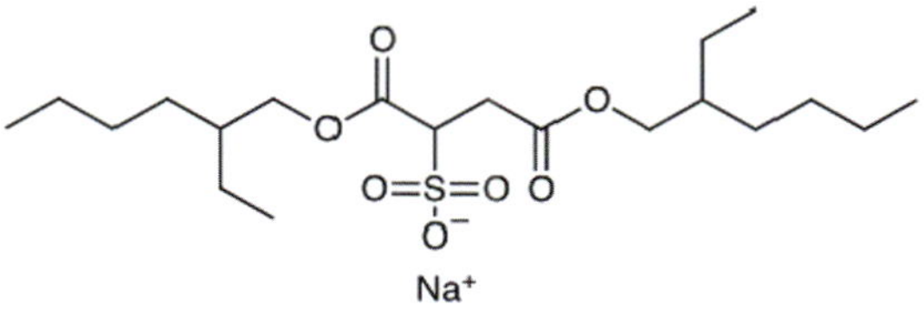

Während anorganische Sulfate wie Natrium- und Kaliumsulfat gravimetrisch (Kap. 6.2.4.1), nach Ionenaustausch mit einem stark sauren Kationenaustauscher alkalimetrisch oder nach Fällung mit Bariumchlorid indirekt komplexometrisch (Kap. 5.2.9.2) bestimmt werden können, werden Sulfate in Salzen organischer Basen typischerweise als sehr schwache Basen wasserfrei mit Perchlorsäure-Maßlösung titriert (Kap. 3.6.2.2).

In einigen wenigen Fällen lässt die Ph. Eur. 11.0 bei Reinheitsprüfungen organischer Arzneistoffe das Sulfat auch direkt mittels Fällungstitration bestimmen. Bei der Prüfung von Docusat-Natrium (Ph. Eur.) auf freies Natriumsulfat wird in saurer Lösung (pH 2–4) mit Bariumperchlorat-Maßlösung gegen einen Mischindikator aus Naphtharson (= Thoron) und Methylenblau bis zum Farbumschlag von Gelblich-grün nach Gelblich-rosa titriert. Bis zum Äquivalenzpunkt wird Bariumsulfat ausgefällt, der erste Überschuss an Barium-Ionen bildet mit dem Indikator einen roten Chelatkomplex. Leider enthält Naphtharson eine arsenhaltige funktionelle Gruppe und ist sehr toxisch. Die Bariumperchlorat-Maßlösung wird gegen 0,1 molare Schwefelsäure eingestellt (Indikator: Alizarin S).

Die Reinheitsprüfung von Natriumcetylstearylsulfat (Ph. Eur. 11.0) auf Natriumsulfat erfolgt auf vergleichbare Weise, jedoch wird eine Blei(II)-nitrat-Maßlösung verwendet und als Indikator Dithizon, welches mit dem ersten Überschuss an Blei-Ionen unter Chelatbildung von Blaugrün nach Orangerot umschlägt. Diese Methode ist allerdings sehr störungsanfällig. Die Blei(II)-nitrat-Maßlösung wird gegen 0,1 molare Natriumedetat-Maßlösung eingestellt (Indikator: Xylenolorange).

Beiden Methoden ist gemeinsam, dass sie die Titration von Sulfat neben schwefelhaltigen funktionellen Gruppen in organischen Molekülen (Sulfonsäure in Docusat-Natrium, Schwefelsäure-monoalkylester in Natriumcetylstearylsulfat) ermöglichen. Dagegen wird in Natriumdodecylsulfat Ph. Eur. 11.0 freies Natriumsulfat gravimetrisch als $BaSO_4$ bestimmt.

Sulfate organischer Basen (z.B. Atropinsulfat) lassen sich in Arzneistoffgemischen sehr selektiv mittels Fällungstitration in wässrig gepufferter Lösung (pH 3,7) mit Bariumperchlorat-Maßlösung titrieren. Als Indikator wird der Adsorptionsindikator Alizarin S verwendet.

7 Quantitative anorganische Analyse nach Mineralisierung organischer Verbindungen

7.1 Allgemeines

Organische Verbindungen, die kovalent gebundene Heteroatome enthalten, kann man durch geeignete »Mineralisierungsreaktionen« in anorganische Salze überführen, die sich dann nach den beschriebenen Methoden in klassischer Weise titrieren lassen. Für die quantitative Bestimmung der zu Grunde liegenden organischen Verbindung eignet sich ein solches Verfahren natürlich nur, wenn der Aufschluss zum anorganischen Produkt quantitativ erfolgt und die organischen Nebenprodukte die anschließende Titration nicht stören.

Die Spaltung der Kohlenstoff-Heteroatom-Bindungen kann nach verschiedenen Methoden erfolgen (oxidative Zerstörung des organischen Moleküls, reduktive Abspaltung, Hydrolyse). Die Verfahren sind mitunter sehr drastisch und zeitaufwändig, haben aber den Vorteil, dass man anschließend ohne großen apparativen Aufwand eine exakte titrimetrische Bestimmung durchführen kann. Deshalb haben diese Verfahren nach wie vor ihren Platz in den Arzneibüchern. Ein nützlicher Begleiteffekt ist die Zerstörung organischer Begleitkomponenten einer Analyse, die eine Titration stören könnten.

Die wichtigsten Anwendungen sind die Überführung halogenhaltiger organischer Verbindungen in Halogenide mit anschließender argentometrischer Titration, sowie die Überführung stickstoffhaltiger Verbindungen in Ammoniak mit anschließender alkalimetrischer Titration.

Nachfolgend werden repräsentative Beispiele aus der Ph. Eur., gegliedert nach den Aufschlussmethoden, aufgeführt.

7.2 Mineralisierung durch oxidative Zerstörung der organischen Verbindung

Schöniger[16]-Methode

Bei der Schöniger-Methode (Ph. Eur., Methode 2.5.10) werden organische Substanzen in einem geschlossenen Gefäß in einer Sauerstoffatmosphäre vollständig verbrannt. Die gasförmigen anorganischen Verbrennungsprodukte werden in einer geeigneten Absorptionslösung (siehe Tabelle) gebunden und anschließend titriert.

---

16 Wolfgang Schöniger 04.08.1920 Karlsbad – 24.02.1971 tschechisch/österreichischer Analytiker

Die Methode eignet sich v. a. zur Bestimmung von organisch gebundenem Halogen und Schwefel.

Schöniger-Methode zur Bestimmung von organisch gebundenen Heteroatomen

Heteroatom	Verbrennungsprodukt	Absorptionslösung	Produkt/Titrationsmethode
F	H_2F_2	verd. Natronlauge	F^-/Titration mit Th^{4+}
Cl	HCl	verd. Natronlauge	Cl^-/Argentometrie
Br	Br_2	H_2O_2-Lösung	Br^-/Argentometrie
I	I_2	verd. Natronlauge	I^- und IO^-/Redoxtitration
S	SO_2 und SO_3	H_2O_2-Lösung	SO_4^{2-}/Titr. mit $Ba(ClO_4)_2$

Das aus organischen Chlorverbindungen erhaltene Chlorid kann problemlos nach Volhard titriert werden. Aus Bromverbindungen entsteht bei der Verbrennung elementares Brom, das vom Wasserstoffperoxid der Absorptionslösung, die schon vor der Verbrennung in das Gefäß gegeben wird, zu Bromid reduziert wird. Auch hier schließt sich eine Titration nach Volhard an. Organofluorverbindungen liefern Fluorid, welches mit Thorium(IV)nitrat-Maßlösung (Umsetzung zu ThF_4) titriert wird. Der erste Überschuss von Th^{4+} reagiert dann mit dem Indikator Alizarinsulfonsäure zu einem roten Thorium-Indikator-Komplex.

Die Bestimmung von organisch gebundenem Iod ist umständlich und schwer reproduzierbar. Das bei der Verbrennung gebildete Iod disproportioniert in der alkalischen Absorptionslösung zu Iodid und Hypoiodit. Anschließende Oxidation beider Iodspezies mit Natriumhypobromit liefert Iodat, das dann nach Zerstörung des überschüssigen Hypobromits und Synproportionierung mit überschüssigem Kaliumiodid zu Iod mit Natriumthiosulfat-Maßlösung titriert werden kann.

Aus Schwefelverbindungen entsteht ein Gemisch aus SO_2 und SO_3. Diese beiden Produkte werden durch das Wasserstoffperoxid in der Absorptionslösung in Sulfat übergeführt. In einer Fällungstitration mit Bariumperchlorat-Maßlösung wird das Sulfat als Bariumsulfat gefällt. Der erste Überschuss an Bariumionen gibt mit dem Indikator Alizarinsulfonsäure (= Alizarin S) einen roten Komplex.

Die Methode nach Schöniger erfordert Spezialglaswaren und reichlich Erfahrung. Da sie auch nicht ganz ungefährlich ist, bleibt sie eher Spezialfällen vorbehalten. Die Ph. Eur. 11.0 verwendet die Schöniger-Methode nur noch für wenige Gehaltsbestimmungen. In der Monographie "Schwefel" wird die in der Absorptionslösung gebildete Schwefelsäure mit Natriumhydroxid-Maßlösung titriert, bei PVC-basierten Kunststoffadditiven (Ph. Eur.-Methoden 3.1.10, 3.1.11, 3.1.14, 3.3.2) wird das gebildete Chlorid argentometrisch bestimmt. Ferner werden in einigen

Identitätsprüfungen markante Heteroatome nach Schöniger-Aufschluss in organischen Arzneistoffen nachgewiesen (Schwefel in Thiomersal und Pentamidindiisetionat, Chlor in Beclomethasondipropionat).

Kjeldahl-Methode

Mit der Methode nach Kjeldahl (Ph. Eur., Methode 2.5.9) kann organisch gebundener Stickstoff durch längeres Erhitzen in konz. Schwefelsäure mit verschiedenen Zusätzen (Neutralsalze wie Kaliumsulfat zur Siedepunkterhöhung, Oxidationskatalysatoren wie Kupfersulfat und Selen) quantitativ in Ammoniumsulfat überführt werden. Nach Alkalisieren des Ansatzes mit konzentrierter Natronlauge (Vorsicht: extrem exotherme Reaktion!) wird das freigesetzte Ammoniak durch eine Wasserdampfdestillation in eine Vorlage mit Salzsäure-Maßlösung übergetrieben und anschließend der Säureüberschuss mit Natronlauge gegen Methylrot-Mischindikator zurücktitriert. Siehe dazu auch Ende von Kapitel 3.6.1.4. Die Ph. Eur. 11.0 verwendet das Verfahren z. B. zur Bestimmung von Gesamtprotein in Impfstoffen, Sera, Immunglobulinen, Heparin, Gerinnungsfaktoren und Weizenstärke.

Oxidative Schmelzen

Durch Schmelzen mit wasserfreiem Natriumcarbonat lassen sich zahlreiche organische Verbindungen zerstören. Mitunter setzt man auch noch Kaliumnitrat zu. Dieses wirkt zum einen als Oxidationsmittel und erniedrigt zum anderen den Schmelzpunkt des Salzgemisches. Dieses wurde z. B. noch in der Ph. Eur. 9.0 zur Identitätsprüfung von Chloramphenicol verwendet. Das abgespaltene Chlorid wurde mit Silbernitrat qualitativ nachgewiesen.

Eine Anwendung in der quantitativen Analytik ist die Bestimmung des organisch gebundenen Schwefels (Sulfide, Sulfonatgruppen, Thiophene) in Ammoniumbituminosulfonat (Ph. Eur. 11.0). Eine Schmelze mit Natriumcarbonat/Kupfer(II)-nitrat überführt unter oxidativer Zerstörung der organischen Substanzen den gesamten organisch gebundenen Schwefel in Sulfat, welches anschließend gravimetrisch als $BaSO_4$ bestimmt wird. Das amerikanische Arzneibuch (USP) führt die oxidative Zerstörung mit Kaliumchlorat und konz. Salpetersäure durch und lässt das gebildete Sulfat ebenfalls gravimetrisch bestimmen.

Bestimmung von Quecksilber, Platin und Bismut

Bei dem obsoleten Thiomersal (Ph. Eur. 11.0) wird die oxidative Zerstörung in einem Kjeldahlkolben mit Schwefelsäure und Wasserstoffperoxid unter sehr drastischen Bedingungen durchgeführt. Die gebildeten Quecksilberionen werden ähnlich der Titration von Halogeniden nach Volhard (siehe Kap. 6.3.5) mit Ammoniumthiocyanat-Maßlösung und Ammoniumeisen(III)sulfat als Indikator titriert, hier aber unter Verbrauch von zwei Äquivalenten Thiocyanat.

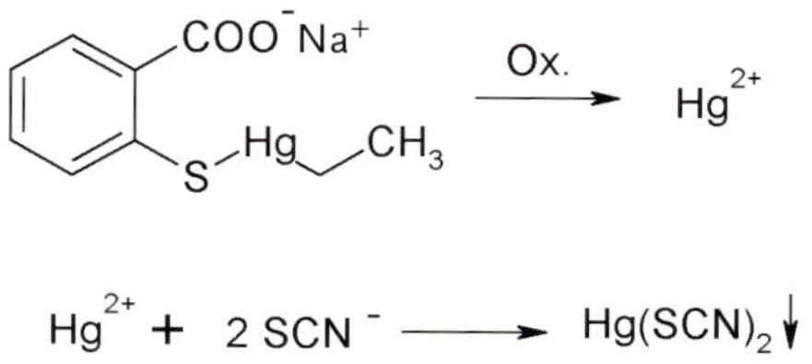

$$\text{Thiomersal} \xrightarrow{\text{Ox.}} Hg^{2+}$$

$$Hg^{2+} + 2\,SCN^{-} \longrightarrow Hg(SCN)_2\downarrow$$

Der Platinkomplex Carboplatin (Ph. Eur. 11.0) wird zur Gehaltsbestimmung bei 800 °C bis zur Massekonstanz geglüht und das zurück bleibende elementare Platin ausgewogen.

Bei Basischem Bismutgallat (Ph. Eur. 11.0) wird die Gallussäure (3,4,5-Trihydroxybenzoesäure) durch Kochen mit Kaliumchlorat und Salpetersäure oxidativ zerstört und anschließend das Bismut komplexometrisch titriert. Alternativ kann man die Substanz im Porzellantiegel bei 500 °C zu Bi_2O_3 veraschen und den Rückstand auswiegen (USP) oder wieder auflösen und komplexometrisch bestimmen (Japanisches Arzneibuch).

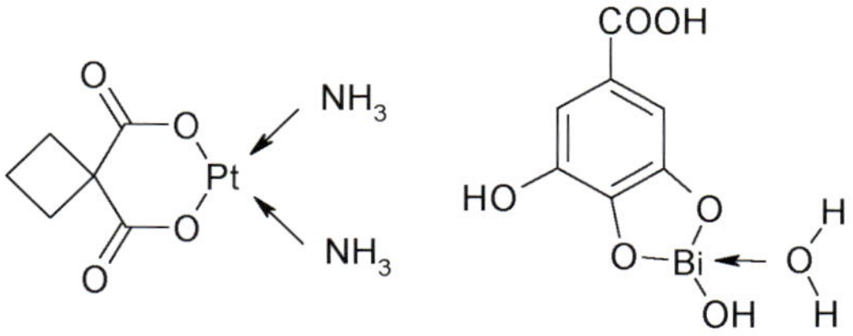

Carboplatin

Basisches Bismutgallat

Bestimmung von basischem Bismutgallat nach Ph. Eur. 11.0

0,300 g Substanz werden mit 10 ml einer Mischung gleicher Volumenteile 65 %iger Salpetersäure und Wasser versetzt. Die Mischung wird zum Sieden erhitzt und 2 min lang im Sieden gehalten. Nach Zusatz von 0,1 g Kaliumchlorat wird die Mischung zum Sieden erhitzt und 1 min lang im Sieden gehalten. Nach Zusatz von 10 ml Wasser wird die Lösung erhitzt, bis sie farblos ist. Die noch heiße Lösung wird mit 200 ml Wasser und 50 mg Xylenolorange-Verreibung versetzt und mit Natriumedetat-Lösung ($0{,}1\ mol \cdot l^{-1}$) bis zum Umschlag nach Gelb titriert.

1 ml Natriumedetat-Lösung ($0{,}1\ mol \cdot l^{-1}$) entspricht 20,90 mg Bi.

7.3 Reduktive Abspaltung von Halogensubstituenten

Kovalent gebundenes Halogen kann in der Regel nicht direkt argentometrisch bestimmt werden; es muss vor der Titration durch geeignete Verfahren quantitativ als Halogenid vom organischen Molekül abgespalten werden. Wesentlich einfacher durchzuführen als oxidative Aufschlüsse (Schöniger, Oxidationsschmelzen, siehe vorheriges Kapitel) sind reduktive Methoden.

Bei den iodhaltigen Röntgenkontrastmitteln, z. B. Iotalaminsäure (früher Ph. Eur.) und Iopansäure (Ph. Eur. 11.0) werden durch Behandeln mit Zinkstaub in Natronlauge unter Rückfluss alle Iodatome reduktiv als Iodid abgespalten. Dieses wird anschließend in schwefelsaurer Lösung argentometrisch mit potentiometrischer Endpunktanzeige titriert.

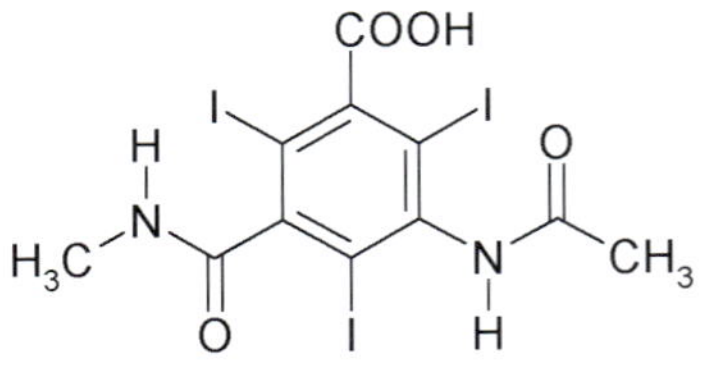

Iotalaminsäure

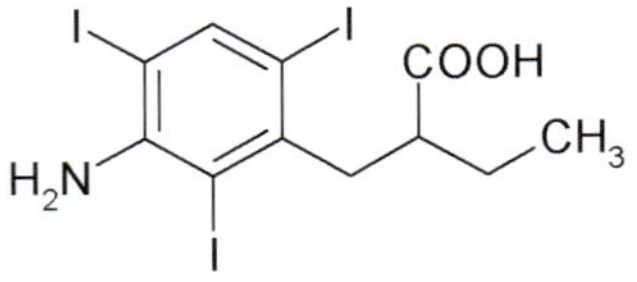

Iopansäure

7.4 Hydrolytische Abspaltung von Halogenid

Aus bestimmten *aliphatischen* Halogenverbindungen kann mit Lauge unter nukleophiler Substitution durch die Hydroxidionen Halogenid abgespalten werden. So liefert **Thiamphenicol** (Ph. Eur. 11.0) beim längeren Erhitzen mit ethanolisch-wässriger Kalilauge zwei Äquivalente Chlorid, die nach Ansäuern mit Salpetersäure argentometrisch titriert werden können (potentiometrische Endpunktanzeige).

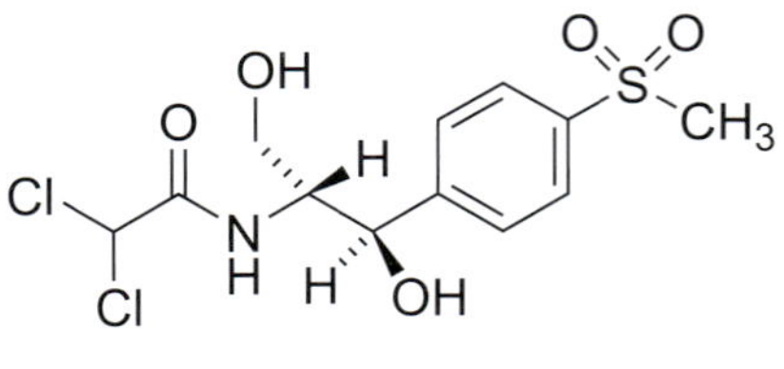

Thiamphenicol

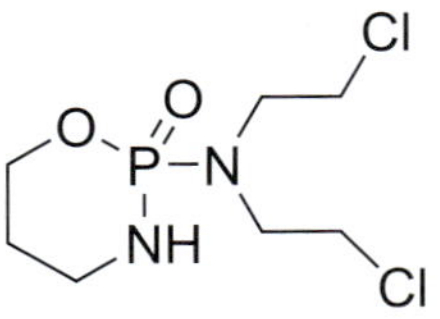

Cyclophosphamid

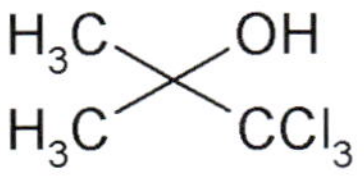

Chlorobutanol

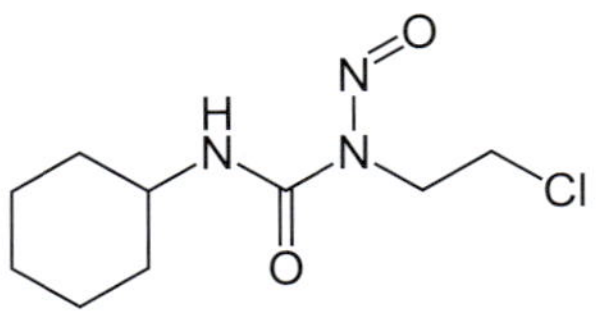

Lomustin

In ähnlicher Weise werden auch die alkylierenden Zytostatika **Cyclophosphamid** (Ph. Eur. 11.0) und **Lomustin** (Ph. Eur. 11.0) bestimmt. Die aus Cyclophosphamid freigesetzten zwei Äquivalente Chlorid werden nach Ansäuern mit Salpetersäure in einer Rücktitration nach Volhard bestimmt, das aus Lomustin freigesetzte Chlorid wird direkt in salpetersaurer Lösung mit Silbernitrat-Maßlösung bei potentiometrischer Indikation bestimmt.

Aus **Chlorobutanol** (Ph. Eur. 11.0) werden durch Alkalibehandlung bei 100 °C drei Äquivalente Chlorid freigesetzt. Die Ph. Eur. 9.0 nutzte zu deren Bestimmung nach Ansäuern mit Salpetersäure die klassische Rücktitration nach Volhard (inklusive Einhüllen des gebildeten AgCl-Niederschlags mit Dibutylphthalat), nach Ph. Eur. 11.0 wird das Chlorid nach Ansäuern direkt mit Silbernitrat-Maßlösung bei potentiometrischer Indikation bestimmt.

Lindan (Hexachlorcyclohexan, früher Ph. Eur.) hingegen liefert mit heißer ethanolischer Kalilauge unter Elimination von drei Äquivalenten Chlorwasserstoff nur drei Äquivalente Chlorid unter Bildung eines Gemisches stellungsisomerer Trichlorbenzole.

Lindan → 1,3,5-Trichlorbenzol + 3 Cl^-

Lindan

Diese stabilen chlorierten Aromaten zeigen keinerlei Tendenz, unter Substitution oder Elimination weiteres Chlorid abzuspalten. Bei der anschließenden Titration nach Volhard werden deshalb nur drei Äquivalente Silbernitrat verbraucht.

Reduktive Dehalogenierung von Lindan mit Zinkstaub in Ethanol oder Eisessig liefert Benzol und sechs Äquivalente Chlorid. Dieses Verfahren wurde aber nur zur qualitativen Analyse verwendet.

Lindan → Benzol + 6 Cl^-

Lindan

Bestimmung von Thiamphenicol nach Ph. Eur. 11.0
0,300 g Substanz werden in 30 ml Ethanol 96 % gelöst. Die Lösung wird mit 20 ml einer Lösung von Kaliumhydroxid (500 g · l^{-1}) versetzt, gemischt und 4 h lang zum Rückfluss erhitzt. Nach dem Abkühlen wird die Lösung mit 100 ml Wasser versetzt, mit verdünnter Salpetersäure neutralisiert, mit 5 ml überschüssiger Säure versetzt und mit Silbernitrat-Lösung (0,1 mol · l^{-1}) titriert. Der Endpunkt wird mit Hilfe der Potentiometrie bestimmt. Eine Blindtitration wird durchgeführt.

1 ml Silbernitrat-Lösung (0,1 mol · l^{-1}) entspricht 17,81 mg $C_{12}H_{15}Cl_2NO_5S$.

Bestimmung von Lindan nach Ph. Eur. 4.0
0,200 g Substanz werden mit 10 ml Ethanol 96 % versetzt. Nach Erwärmen auf dem Wasserbad bis zur vollständigen Lösung abgekühlt, mit 20 ml ethanolischer Kaliumhydroxid-Lösung (0,5 mol · l^{-1}) versetzt und 10 min lang unter häufigem Schütteln stehengelassen. Nach Zusatz von 50 ml Wasser, 20 ml verdünnter Salpetersäure (125 g · l^{-1}), 25,0 ml Silbernitrat-Lösung (0,1 mol · l^{-1}) und 5 ml Ammoniumeisen(III)-sulfat-Lösung (100 g · l^{-1}) wird mit Ammoniumthiocyanat-Lösung (0,1 mol · l^{-1}) bis zum Farbumschlag nach Rötlichgelb titriert. Ein Blindversuch wird durchgeführt.

1 ml Silbernitrat-Lösung (0,1 mol · l^{-1}) entspricht 9,694 mg $C_6H_6Cl_6$.

8 Titration ionischer Tenside

8.1 Theoretische Grundlagen

Tenside enthalten einen hydrophoben (»wasserabweisenden«) organischen Rest (Kohlenwasserstoffkette) und eine hydrophile (»wasserliebende«) Gruppe. Dadurch haben sie amphiphile (»beides liebende«) Eigenschaften. Sie reichern sich an der Wasseroberfläche an und setzen die Oberflächenspannung herab. Sie wirken ferner als Emulgatoren, d. h. sie ermöglichen die Herstellung stabiler Mischungen von Ölen mit Wasser.
Aufgrund ihrer Struktur unterscheidet man folgende Tenside:

Tensid	hydrophile Gruppe(n)
nichtionisches Tensid	Polyhydroxyverbindungen (Alkohole, Ether)
anionisches Tensid	COO^-, SO_3^-, OSO_3^-
kationisches Tensid	R_4N^+
amphoteres (zwitterionisches Tensid)	COO^- und R_4N^+

nichtionisches Tensid

Fettalkoholpolyglycolether

anionisches Tensid

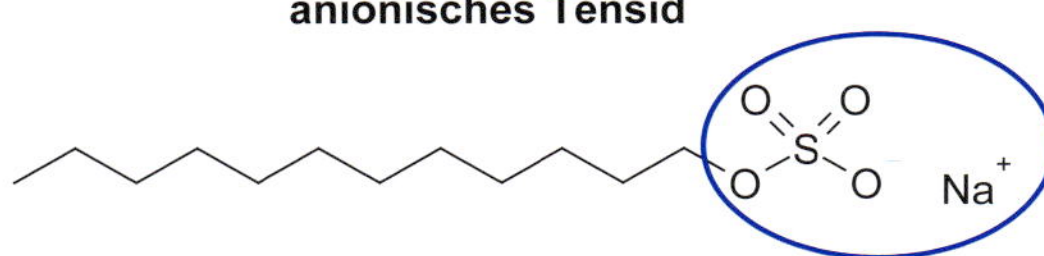

Natriumdodecylsulfat, Ph. Eur.

kationisches Tensid

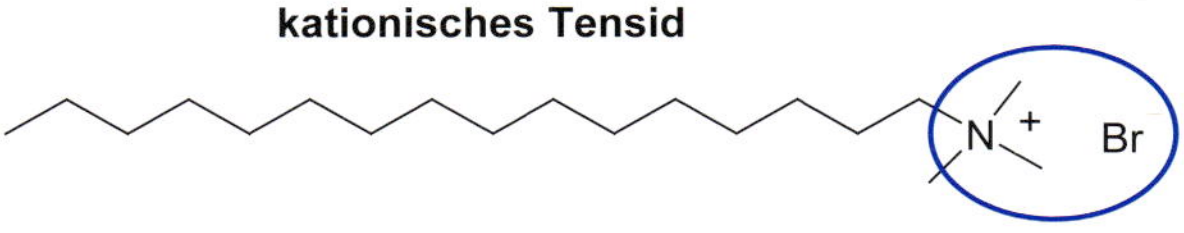

Cetyltrimethylammoniumbromid (Cetrimid, Ph. Eur.)

amphoteres Tensid

Betaine

Grundlage der Titration von ionischen Tensiden ist die Bildung von Ionenpaaren. Tensid-Ionen bilden mit großen, entgegengesetzt geladenen Ionen (oft auch Tensid-Ionen) in wässriger Lösung Salze, die sich als Ionenpaare aus der Wasserphase mit organischen Lösungsmitteln wie Dichlormethan oder Chloroform extrahieren lassen.

Zur Indikation werden anionische bzw. kationische Farbstoffe verwendet, die ebenfalls Ionenpaare mit dem zu bestimmenden Tensid-Ion bilden und so einen Farbwechsel der organischen Phase bewirken. Tensid-Titrationen sind also Zweiphasen-Titrationen, nachteilig ist die Verwendung der ökologisch und toxikologisch bedenklichen halogenierten Kohlenwasserstoffe. Die Titration wird auch als Epton-Titration bezeichnet (1947 von S.R. Epton, Thornton Research Centre entwickelt).

8.2 Methoden

8.2.1 Titration anionischer Tenside

Die Titration erfolgt mit der Lösung eines kationischen Tensids, das mit dem anionischen Tensid ein in Chloroform oder Dichlormethan lösliches Ionenpaar bildet. Zur Indizierung wird eine Mischung aus dem kationischen, rot gefärbten Farbstoff Dimidiumbromid und dem anionischen Farbstoff Sulfanblau verwendet.

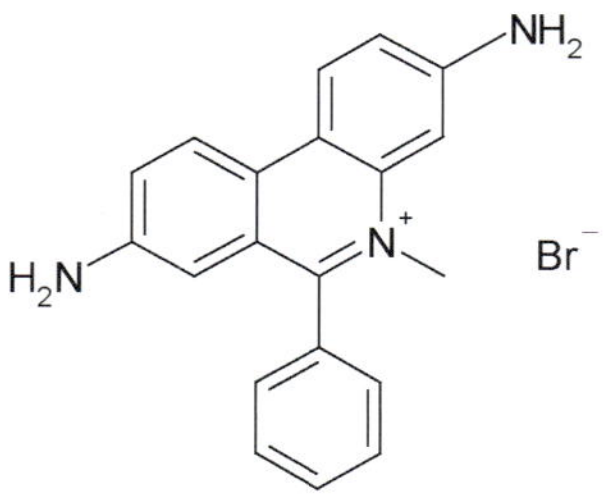

Dimidiumbromid 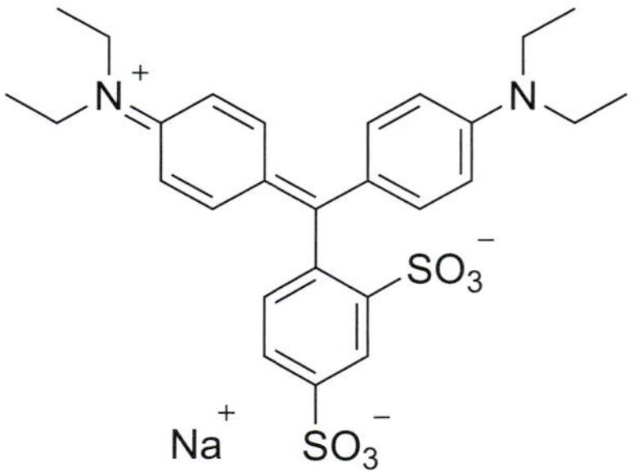 Sulfanblau

Der kationische Farbstoff des Mischindikators Ind^+ (Dimidium) bildet mit einem kleinen Teil der Tensid-Anionen T^- ein Ionenpaar, das sich in der organischen Phase mit rosa Farbe löst. Während der Titration entsteht das Ionenpaar aus dem Tensid-Anion T^- und dem kationischen Tensid ML^+ (Benzethoniumchlorid) aus der Maßlösung. Die Farbe der organischen Phase ändert sich dadurch nicht, da dieses Ionenpaar farblos ist. Gegen Ende der Titration verdrängt das kationische Tensid das Dimidium-Kation Ind^+ aus dem Ionenpaar, so dass die Rosafärbung der organischen Phase verschwindet. Sobald ein leichter Überschuss an Maßlösung ML^+ vorliegt, bildet das kationische Tensid mit dem anionischen Farbstoff Sulfanblau des Mischindikators Ind^- ein neues Ionenpaar. Die graublaue Färbung der organischen Phase zeigt somit den Endpunkt an.

Vor ÄP:	$T^- + Ind^+ \rightarrow \{T^- \cdot Ind^+\}$ $T^- + ML^+ \rightarrow \{T^- \cdot ML^+\}$	organische Phase: rosa
Am ÄP:	$ML^+ + \{T^- \cdot Ind^+\} \rightarrow \{T^- \cdot ML^+\} + Ind^+$	organische Phase: farblos / grau
Nach ÄP:	$ML^+ + Ind^- \rightarrow \{Ind^- \cdot ML^+\}$	organische Phase: blau

Voraussetzung für die Durchführbarkeit des Verfahrens ist, dass das Ionenpaar aus den beiden Tensid-Ionen eine größere Stabilität aufweist als das aus den Tensid- und den Indikator-Ionen.

In der Ph. Eur. 11.0 wird als Maßlösung Benzethoniumchlorid-Lösung verwendet.

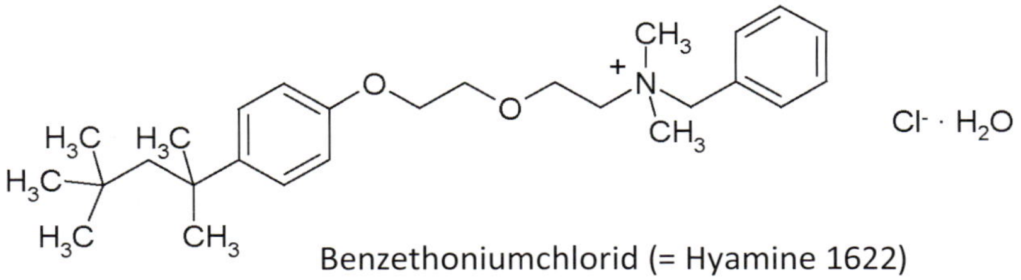

$Cl^- \cdot H_2O$

Benzethoniumchlorid (= Hyamine 1622)

Die Einstellung erfolgt nach Vorschrift der Ph. Eur. 11.0 mit Perchlorsäure gegen Kristallviolett in einem Gemisch aus wasserfreier Essigsäure und Acetanhydrid (Bestimmung des Chlorids).

In der Ph. Eur. erfolgt die Bestimmung von Natriumdodecylsulfat (Natriumlaurylsulfat) nach dem oben beschriebenen Verfahren (vgl. Arbeitsvorschriften).

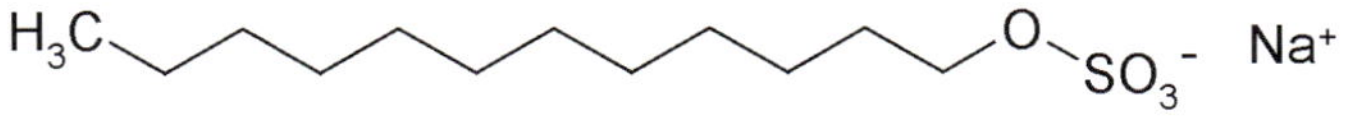

H_3C–(CH₂)–O–SO_3^- Na^+

Natriumdodecylsulfat

Herstellung der Benzethoniumchlorid-Maßlösung nach Ph. Eur. 11.0
1,792 g Benzethoniumchlorid, zuvor bei 100 bis 105°C bis zur Massekonstanz getrocknet, werden in Wasser zu 1000,0 ml gelöst.

Einstellung der Benzethoniumchlorid-Maßlösung nach Ph. Eur. 11.0
0,350 g der getrockneten Substanz werden in 35 ml einer Mischung von 30 Volumenteilen wasserfreier Essigsäure und 70 Volumenteilen Acetanhydrid gelöst. Die Titration wird mit Perchlorsäure (0,1 mol · l^{-1}) unter Verwendung von 0,05 ml Kristallviolett-Lösung (0,5 % in Eisessig) als Indikator durchgeführt. Eine Blindtitration wird durchgeführt.

1 ml Perchlorsäure (0,1 mol · l^{-1}) entspricht 44,81 mg $C_{27}H_{42}ClNO_2$.

Herstellung des Dimidiumbromid-Sulfanblau-Reagenz nach Ph. Eur. 11.0
Getrennt werden 0,5 g Dimidiumbromid und 0,25 g Sulfanblau in je 30 ml einer heißen Mischung von 1 Volumenteil wasserfreiem Ethanol und 9 Volumenteilen Wasser gelöst. Nach Umrühren werden die beiden Lösungen gemischt und mit der gleichen Lösungsmittelmischung zu 250 ml verdünnt. 20 ml dieser Lösung werden zu einer Verdünnung von 20 ml einer 14 prozentigen Lösung (V/V) von Schwefelsäure mit etwa 250 ml Wasser gegeben. Diese Lösung wird mit Wasser zu 500 ml verdünnt.

Lagerung: vor Licht geschützt

Bestimmung von Natriumdodecylsulfat nach Ph. Eur. 11.0
1,15 g Substanz werden in Wasser zu 1000,0 ml, falls erforderlich unter Erwärmen, gelöst. 20,0 ml dieser Lösung werden mit 15 ml Dichlormethan und 10 ml Dimidiumbromid-Sulfanblau-Reagenz versetzt. Unter kräftigem Schütteln wird mit Benzethoniumchlorid-Lösung (0,004 mol · l^{-1}) titriert, wobei vor jeder neuerlichen Zugabe die Phasentrennung abgewartet wird. Der Endpunkt ist erreicht, wenn die Rosafärbung der Dichlormethan-Phase vollständig verschwunden und die Dichlormethan-Phase graublau gefärbt ist.

1 ml Benzethoniumchlorid-Lösung (0,004 mol · l^{-1}) entspricht 1,154 mg Natriumdodecylsulfat.

8.2.2 Titration kationischer Tenside

Zur Titration kationischer Tenside können Lösungen anionischer Tenside verwendet werden, die nach dem unter 8.2.1. beschriebenen Prinzip Ionenpaare bilden. Die Indikation kann ebenfalls mit dem Farbstoffgemisch aus Dimidiumbromid und Sulfanblau erfolgen, wobei sich der Farbwechsel umdreht (vor ÄP Ionenpaar aus Sulfanblau/kationischem Tensid, nach dem ÄP: Ionenpaar aus Maßlösung/Dimidium).

In der Ph. Eur. 11.0 erfolgt die Bestimmung kationischer Tenside wie Benzalkoniumchlorid (Gemisch von Alkylbenzyldimethylammoniumchloriden), Benzethoniumchlorid, Cetrimid und Cetylpyridiniumchlorid mit Hilfe des Iodmonochlorid-Verfahrens (vgl. S. 171).

Cetrimid
n = 1, 3 (Hauptkomponente), 5

Cetylpyridiniumchlorid

Dazu wird die Lösung des Tensids mit einem definierten Volumen einer Kaliumiodid-Lösung versetzt. Das Tensid-Kation bildet mit dem Iodid-Ion ein Ionenpaar, das mit Chloroform aus der Lösung ausgeschüttelt wird, die organische Phase wird verworfen. In der Wasserphase werden die überschüssigen Iodid-Ionen bestimmt. Eine Blindtitration ist erforderlich, da die verwendete Kaliumiodid-Lösung keine Maßlösung ist.

Mittels Tensid-Titration können auch einige organische Arzneistoffe bzw. deren Salze titrimetrisch bestimmt werden. Die aufgeführten basischen Arzneistoffe können mit Natriumdodecylsulfat-Maßlösung bestimmt werden.

Amitryptilin	Chloroquin	Neostigminbromid	Thiamin
Antazolin	Chlorpromazin	Papaverin	Trihexylphenidyl
Atropin	Codein	Perazin	
Bamipin	Dihydrocodein	Physostigmin	
Biperidin	Diphenhydramin	Procain	
Butylscopolaminbromid	Ethylmorphin	Promazin	
Chinidin	Homatropin	Promethazin	
Chinin	Imipramin	Pyridoxin	
Emetin	Lidocain	Strychnin	
Ethaverin	Morphin	Tetracain	

Mittels Tensid-Titration bestimmbare organische Arzneistoffe.

9 Quantitative Bestimmung von Anorganika in pharmazeutischen Zubereitungen

9.1 Allgemeines

Die Ph. Eur. beschreibt weiterhin überwiegend reine Wirk- und Hilfsstoffe, während andere Arzneibücher (DAC, USP, Ph. Helv.) auch eine größere Zahl von pharmazeutischen Zubereitungen (Lösungen, Suspensionen, Tabletten, Kapseln, Salben etc.) aufführen. Darunter sind auch zahlreiche Zubereitungen, die anorganische Komponenten enthalten.

Für die Bestimmung der anorganischen Verbindungen in den diversen Arzneiformen gibt es keine allgemein gültigen Regeln. Grund dafür ist, dass die unterschiedlichen pharmazeutischen Hilfsstoffe incl. Farbstoffen (und ggf. weitere Wirkstoffe) in den Zubereitungen die quantitativen Bestimmungen stören können.

Folgende wichtige Störungen kommen in Frage, sofern die störenden Komponenten nicht vollständig abgetrennt oder maskiert werden können:

- Der Hilfsstoff (bzw. farbige Produkte, die aus ihm bei der Probenvorbereitung entstehen) macht durch seine Eigenfarbe das Erkennen eines Indikatorumschlags unmöglich.
- Der Hilfsstoff geht eine Reaktion mit der Maßlösung oder dem Indikator ein (z. B. Reduktion von Silbernitrat durch reduzierende Zucker oder Antioxidanzien, Komplexbildung, Ausfällung).
- Tenside erschweren die saubere Phasentrennung bei der Abtrennung organischer Hilfsstoffe in wässrig-organischen Zweiphasensystemen.

Die gängigen Methoden zur quantitativen Bestimmung von Anorganika in pharmazeutischen Zubereitungen lassen sich grob in folgende Grundprinzipien untergliedern:

- Eine Zubereitung, die nur hydrophile Bestandteile enthält, wird, wenn nötig unterstützt durch Ultraschall oder Säure, in Wasser gelöst, ggf. auf einen geeigneten pH-Wert eingestellt und die interessierende Komponente in der homogenen Lösung direkt titriert.
- Eine Zubereitung, die auch lipophile Bestandteile enthält, wird mit einem organischen Lösungsmittel und Wasser versetzt, ggf. wird der pH-Wert eingestellt. Anschließend wird dieses Zweiphasensystem unter kräftigem Umschütteln titriert. Alternativ kann auch die wässrige Phase abgetrennt und titriert werden.

- Eine Zubereitung, die auch lipophile Bestandteile enthält, wird mit einem organischen Lösungsmittel erschöpfend extrahiert. Der anorganische Rückstand wird anschließend gelöst und titriert.
- Die Zubereitung wird bei sehr hoher Temperatur verascht und der anorganische Rückstand anschließend direkt ausgewogen (Gravimetrie) oder in einem geeignetem Medium aufgelöst und titriert.

Nachfolgend werden, gegliedert nach Arzneiformen, beispielhafte Methoden kurz beschrieben. Details hierzu finden sich in den entsprechenden Arzneibuchmonographien.

9.2 Lösungen, Injektionslösungen, Augentropfen

Diese homogenen wässrigen Lösungen bereiten, sofern keine störenden Hilfsstoffe enthalten sind, keine Probleme bei der quantitativen Bestimmung ihrer anorganischen Komponenten. Nach Einstellung eines geeigneten pH-Werts ist in der Regel eine direkte Titration möglich.

Beispiele:
Potassium Iodide Oral Solution (USP): argentometrische Bestimmung von Iodid.
Aluminum Acetate Topical Solution (USP): komplexometrische Bestimmung von Aluminium.
Calcium Gluconate Injection (USP): komplexometrische Bestimmung von Calcium.
Zinc Sulfate Ophthalmic Solution (JAP): komplexometrische Bestimmung von Zink.
Silver Nitrate Ophthalmic Solution (JAP): Titration von Silber-Ionen nach Volhard.

Hydrophile organische Lösungsmittel, z. B. Ethanol, stören in den meisten Fällen nicht. (Beispiel: Iod-Bestimmung in Ethanolhaltiger Iod-Lösung; DAB 2022).

9.3 Suspensionen

Bei Suspensionen gibt es zwei grundsätzliche Möglichkeiten, die unlösliche anorganische Komponente quantitativ zu bestimmen:

1. Methode: Auflösen und titrieren
Bei Calcium Carbonate Oral Suspension (USP) und Zinkleim (DAB 1999) werden die suspendierten anorganischen Komponenten durch Zugabe von Salzsäure in Lösung gebracht und anschließend komplexometrisch titriert.

2. Methode: Abtrennen, auflösen und titrieren
Bei Zinkoxid-Schüttelmixtur (DAC) wird das unlösliche Zinkoxid (zusammen mit dem Talkum) durch Filtration abgetrennt, anschließend das Zinkoxid mit Salzsäure gelöst und durch Filtration vom unlöslichen Talkum abgetrennt. Im Filtrat wird das Zink dann komplexometrisch mit EDTA bestimmt.

9.4 Tabletten

Tabletten sind vor einer quantitativen Bestimmung fein zu verreiben. Das erhaltene Pulver kann nach zwei Methoden weiter verarbeitet werden:

1. Methode: Veraschung des Pulvers unter oxidativer Zerstörung aller organischen Komponenten. Der anorganische Rückstand wird wieder aufgelöst und nach Einstellung eines geeigneten pH-Werts titriert.

Beispiele:
Magnesium Gluconate Tablets (USP), Calcium Carbonate Tablets (USP), Calcium Gluconate Tablets (USP), Magnesium Oxide Tablets (USP); bei allen Zubereitungen komplexometrische Bestimmung von Calcium bzw. Magnesium.

2. Methode: Das feine Pulver wird in Wasser suspendiert/gelöst, um die anorganischen Komponenten aufzulösen. Wenn nötig werden durch Filtration wasserunlösliche Begleitstoffe abgetrennt. In der Lösung/dem Filtrat wird, gegebenenfalls nach pH-Einstellung, die anorganische Komponente titriert.

Beispiele:
Kaliumiodid-Tabletten (Ph. Helv./USP) und Potassium Iodide Tablets (USP); argentometrische Titation von Iodid.

Bestimmung Kaliumiodid-Tabletten (USP)
Eine ausreichende Zahl von Tabletten (mindestens 20) wird in einem Mörser fein verrieben. Eine genau gewogene Menge des Pulvers, die etwa 1,2 g Kaliumiodid entspricht, wird in einen 250 ml-Messkolben gegeben, mit 100 ml Wasser versetzt und 20 Minuten geschüttelt. Anschließend wird bis zur Marke aufgefüllt und durch ein Papierfilter filtriert, wobei die ersten 20 ml des Filtrats verworfen werden.
100,0 ml des Filtrats, 25 ml Ethanol und 1,0 ml 1-molare Salpetersäure werden in ein 200 ml-Becherglas gegeben und mit Silbernitrat-Lösung (0,1 mol · l^{-1}) bei potentiometrischer Indikation (Silber-Elektrode/geeignete Referenzelektrode) titriert. Eine Blindtitration wird durchgeführt.

1 ml Silbernitrat-Lösung (0,1 mol · l^{-1}) entspricht 16,60 mg KI.

9.5 Hartgelatinekapseln

Beispiel: Magnesium Oxide Capsules (USP)
Die Kapseln werden geöffnet, der Inhalt entleert und in Salzsäure gelöst. Nach Filtration und pH-Einstellung wird das Magnesium komplexometrisch titriert.

9.6 Halbfeste Arzneiformen

Von den halbfesten Zubereitungen sind für die anorganische Analyse v. a. Zinkoxid-haltige Salben, Cremes und Pasten von Bedeutung. Um den Zinkgehalt komplexometrisch bestimmen zu können, muss zum einen das Zinkoxid gelöst, zum anderen die lipophile Salbengrundlage abgetrennt werden.
Die meistverwendete Methode hierfür ist die komplexometrische Titration in einem Zweiphasensystem aus einem organischen Lösungsmittel (das die lipophilen Salbengrundlagen aufnimmt) und einer sauren wässrigen Phase, in der die zu titrierenden Zink-Ionen gelöst sind.

Das DAB lässt dazu bei Zinksalbe (Hilfsstoff: Wollwachsalkoholsalbe), Weicher Zinkpaste (Hilfsstoffe: Paraffin, Vaselin, gebleichtes Wachs) und Zinkpaste (Hilfsstoffe: Vaselin und Weizenstärke) mit Salzsäure behandeln, bis das Zinkoxid gelöst ist und die Salbengrundlage klar auf der Lösung schwimmt. Nach Zugabe von Toluol (zum Lösen der Salbengrundlagen) wird ein geeigneter pH-Wert eingestellt und das Zink komplexometrisch titriert.

Zinkpaste (DAB 2008)
0,500 g Substanz werden in einem Weithalserlenmeyerkolben unter häufigem Umschwenken mit 25 ml verdünnter Salzsäure (7,3 %) so lange erwärmt, bis sich das Zinkoxid und die Weizenstärke vollständig gelöst haben und die Salbengrundlage klar auf der Lösung schwimmt. Nach Zusatz von 25 ml Toluol wird mit Wasser zu etwa 150 ml verdünnt und nach Zusatz von 0,1 ml Methylorange-Lösung (0,1 % 20 % Ethanol) mit verdünnter Natriumhydroxid-Lösung (8,5 %) neutralisiert. Nach Zusatz von 10 ml Pufferlösung pH 10,9 (6,75 g Ammoniumchlorid werden in Ammoniak-Lösung (ca. 18 %) zu 100,0 ml gelöst) und 0,10 g Eriochromschwarz-T-Mischindikator (1,0 g Eriochromschwarz T und 0,4 g Methylorange werden mit 100 g Natriumchlorid verrieben) wird mit Natriumedetat-Lösung (0,1 mol · l^{-1}) bis zum Farbumschlag nach Grün titriert.

1 ml Natriumedetat-Lösung (0,1 mol · l^{-1}) entspricht 8,14 mg ZnO.

Die Ph. Helv. lässt Zinkpaste, Weiche Zinkpaste und Zinkoxidsalbe mit Chloroform und verdünnter Essigsäure behandeln, bis sich das Zinkoxid gelöst hat, dann mit Wasser verdünnen und nach pH-Einstellung ebenfalls komplexometrisch im Zweiphasensystem titrieren. In dem Chloroform-Essigsäure-Zweiphasensystem soll die Auflösung des Zinkoxids rascher ablaufen als nach der DAB-Methode mit Salzsäure ohne Zusatz eines organischen Lösungsmittels.

Bei der Salbe Zinc Oxide Compounded Ointment (USP) und bei Zinc Oxide Compounded Paste (USP) wird die Zubereitung verascht, der Rückstand von Zinkoxid in Schwefelsäure gelöst und nach Pufferung komplexometrisch titriert.

Harter Zinkleim (Ph. Helv.) wird verascht und bis zur Gewichtskonstanz geglüht. Das Produkt Zinkoxid wird ausgewogen.

Zinkleim (DAB) enthält neben Zinkoxid noch Glycerol, Gelatine und Wasser, also ausschließlich hydrophile Komponenten. Nach Lösen in Salzsäure und Abpuffern kann das Zink komplexometrisch bestimmt werden.

Zinkoxid in Zinkleim nach DAB 1999
1,000 g Substanz wird in einem Weithalserlenmeyerkolben auf dem Wasserbad unter häufigem Umschwenken mit 20 ml verdünnter Salzsäure so lange erwärmt, bis sich das Zinkoxid vollständig gelöst hat. Nach dem Abkühlen wird mit Wasser zu etwa 150 ml verdünnt, nach Zusatz von 0,1 ml Methylorange-Lösung mit verdünnter Natriumhydroxid-Lösung neutralisiert, mit 10 ml Pufferlösung pH 10,9 und 0,10 g Eriochromschwarz-T-Mischindikator versetzt und mit Natriumedetat-Lösung (0,1 mol · l^{-1}) bis zum Farbumschlag nach Grün titriert.

1 ml Natriumedetat-Lösung (0,1 mol · l^{-1}) entspricht 8,14 mg ZnO.

Das Glycerol in Zinkleim wird nach Malaprade-Spaltung (vgl. S. 172) alkalimetrisch titriert. Bei der Malaprade-Spaltung wird 1 Äquivalent Glycerol in zwei Äquivalente Formaldehyd und ein Äquivalent Ameisensäure gespalten. Nach Zerstörung des Überschusses Periodat mit Ethylenglycol wird die Ameisensäure mit Natronlauge titriert.

Glycerol in Zinkleim nach DAB 1999
1,000 g Substanz wird in 50,0 ml Salzsäure (0,1 mol · l^{-1}) unter Erwärmen gelöst. Die Lösung wird nach Zusatz von 0,2 ml Bromcresolpurpur-Lösung mit Natriumhydroxid-Lösung (0,1 mol · l^{-1}) bis zur Violettfärbung und anschließend mit 50 ml einer Lösung von Natriumperiodat (50 g · l^{-1}) versetzt. Nach 30 min werden 10 ml einer 50prozentigen Lösung (V/V) von Ethylenglycol zugegeben, und nach 20 min wird mit Natriumhydroxid-Lösung (0,1 mol · l^{-1}) titriert. Unter gleichen Bedingungen wird ein Blindversuch angesetzt. Aus der Differenz zwischen dem Verbrauch im Haupt- und Blindversuch wird der Gehalt berechnet.

1 ml Natriumhydroxid-Lösung (0,1 mol · l^{-1}) entspricht 9,21 mg $C_3H_8O_3$.

9.7 Impfstoffe

Aluminium in Adsorbat-Impfstoffen (Ph. Eur.-Methode 2.5.13) wird bestimmt, indem zuerst durch Erhitzen einer Probe mit konz. Schwefelsäure und konz. Salpetersäure in einem Kjeldahlkolben sämtliche organischen Komponenten oxidativ zerstört werden. Nach Pufferung auf pH 4,4 wird das Aluminium durch eine komplexometrische Rücktitration bestimmt. Der Überschuss Natriumedetat-Maßlösung wird mit einer Kupfer(II)-sulfat-Maßlösung gegen Pyridylazonaphthol zurücktitriert.

10 Instrumentelle Indikationsverfahren

In den letzten Jahrzehnten haben immer stärker instrumentelle Indikationsverfahren in die moderne Titration Einzug gehalten. Insbesondere die Verwendung von Titrierautomaten erfordert im Regelfall ein instrumentelles Indikationsverfahren. Vor allem elektrochemische Indikationsverfahren sind hierbei von Bedeutung. Auch in den Arzneibüchern wie Ph. Eur. und USP sind für die Indikation zahlreicher Titrationen instrumentelle Verfahren zu finden.

Die Indikationsverfahren beruhen meist auf folgenden Verfahren:

- Potentiometrie (Säure/Base-Titrationen; Redoxtitrationen, Fällungstitrationen, Komplexometrie)
- Biamperometrie und Bivoltametrie (Redoxtitrationen)
- sowie teilweise Konduktometrie (Säure/Base-Titrationen, Fällungstitrationen).

Daneben finden sich optische Indikationsverfahren und thermometrische Indikationsverfahren.

10.1 Potentiometrische Indikationsverfahren

Die Grundlage der Potentiometrie ist die stromlose Messung des Potentials zwischen zwei Elektroden. Hierbei muss die eine Elektrode ein konstantes Potential aufweisen (sogenannte Bezugselektrode) und die andere Elektrode muss ihr Potential während der Titration in Abhängigkeit vom Titrationsverlauf ändern (sogenannte Arbeitselektrode oder Indikatorelektrode). Beide Elektroden werden auch als Messkette bezeichnet. Es wird dann das Potential (elektromotorische Kraft, EMK) zwischen der Arbeitselektrode und der Bezugselektrode gemessen. Dieses ergibt sich aus der Differenz zwischen Potential der Kathode (E_K) und Potential der Anode (E_A) und stellt immer einen positiven Wert dar.

$$\mathbf{EMK = E_K - E_A}$$

Die potentiometrische Titrationskurve zeigt im Äquivalenzpunkt eine deutliche Spannungsänderung (vgl. Kapitel „Redoxtitrationen", Abbildung 25). Bei kleineren Potentialänderungen können auch die 1. Ableitung (Maximum) oder die zweite Ableitung (Nulldurchgang) für die Ermittlung des Äquivalenzpunktes herangezogen werden. Moderne Titratoren ermöglichen die Darstellung aller Titrationskurven.

10.1.1 Bezugselektroden

Bezugselektroden weisen ein konstantes Potential auf. Die bekannteste Bezugselektrode ist die Normalwasserstoff-Elektrode, die allerdings für Titrationen wegen ihres apparativen Aufwandes nicht geeignet ist.

Die gängigen Bezugselektroden sind Elektroden 2. Art:
Sie bestehen aus einem Metallstab, z. B. aus Silber, der in eine Lösung eines Salzes taucht, mit dem die Metallionen einen schwerlöslichen Niederschlag bilden (z. B. Kaliumchlorid-Lösung).

Die am meisten verwendete Bezugselektrode ist die Silber/Silberchlorid-Elektrode (SSE). Hierbei handelt es sich um einen Silberstab, der in eine Lösung von Chlorid-Ionen (meist 3-molare KCl-Lösung) eintaucht.

Gemäß der Nernst-Gleichung ergibt sich für eine Silber- Elektrode (Silberstab taucht in eine Lösung eines Silbersalzes, Elektrode 1. Art) folgendes Potential, wobei die Konzentration von elementarem Silber mit 1 eingesetzt werden kann:

$$Ag \rightleftarrows Ag^+ + e^-$$

$$E = E^0 + \frac{0{,}0591\,V}{1} \cdot \lg \frac{c(Ox)}{c(Red)}$$

c(Red) = 1 (metallisches Silber)
c(Ox) = $c(Ag^+)$
E^0 = 0,8 V

$$E = E^0 + \frac{0{,}0591\,V}{1} \lg \frac{c(Ag^+)}{c(Ag)}$$

Liegt dagegen eine Elektrode 2. Art vor (taucht der Silberstab in eine Kaliumchlorid-Lösung), so wird die Konzentration an Silber durch das Löslichkeitsprodukt K_L von Silberchlorid bestimmt.

$$Ag^+ + Cl^- \rightarrow AgCl\downarrow$$

$$Ag + Cl^- \rightleftarrows AgCl\downarrow + e^-$$

Die Konzentration der Silber-Ionen ergibt sich zu:

$$K_L = c(Cl^-) \cdot c(Ag^+)$$

$$K_L = 10^{-10}\ mol^2/l^2$$

$$c(Ag^+) = \frac{K_L}{c(Cl^-)}$$

Setzt man diese Silberionenkonzentration in die obige Nernst-Gleichung ein, so erhält man ein Potential, das nur noch von der Chlorid-Ionenkonzentration abhängig ist. Bei Verwendung einer 3-molaren Kaliumchlorid – Konzentration und des Normalpotentials von Silber ergibt sich ein konstantes Potential für diese Elektrode von

$$E = E^0 + \frac{0{,}0591}{1} \lg \frac{K_L}{c(Cl^-)} \qquad E = 0{,}8 + \frac{0{,}0591}{1} \lg \frac{10^{-10}}{3} = 0{,}234\ V$$

Bei genauerer Betrachtung müsste anstelle der Konzentration c die jeweilige Aktivität a eingesetzt werden. Das Potential ist also nur von den Konstanten K_L, E^0 und der Chloridionen-Konzentration abhängig. Diese Konzentration wird so groß gewählt, dass sie praktisch keine Änderung erfährt.

Alternativ stehen auch die Mercurosulfat (Quecksilber/Quecksilber(I)-sulfat) oder die Kalomelelektrode (Quecksilber/Quecksilber(I)chlorid) als Bezugselektroden zur Verfügung, die auf schwer löslichen Quecksilber(I)salzen beruhen.

Bezugselektrode	**Abkürzung**	**Potential**
Silber-Silberchlorid-Elektrode (1-molar)	SSE	0,209 V
Silber-Silberchlorid-Elektrode (3-molar)	SSE	0,234 V
Gesättigte Kalomel-Elektrode	GKE	0,241 V
Mercurosulfat-Elektrode	MSE	0,658 V

Anstelle einer klassischen Bezugselektrode kann in gepufferten Lösungen auch eine Glaselektrode als Bezugselektrode verwendet werden (vgl. Kapitel Säure-Base-Titrationen). Da bei Verwendung eines Puffers die H^+-Ionen-Konzentration und damit auch der pH-Wert annähernd konstant ist, ist das Potential der Glaselektrode konstant und kann als Bezugsgröße verwendet werden.

10.1.2 Arbeitselektroden (Indikatorelektroden)

Die Arbeitselektrode ist die zweite Elektrode, die für potentiometrische Messungen erforderlich ist. Sie muss ihr Potential in Abhängigkeit vom Titrationsverlauf ändern, so dass der Äquivalenzpunkt erkannt werden kann.

10.1.2.1 Platinelektroden

Zur Indikation von Redoxtitrationen finden vor allem Platinelektroden Verwendung. Hierbei taucht neben der Bezugselektrode ein Platindraht in die zu titrierende Lösung und nimmt als inerte Elektrode das Potential der Lösung auf (sogenannte Ableitelektrode). Während der Titration wird dann die sich ändernde Potentialdifferenz zwischen Ableitelektrode und Bezugselektrode gemessen (sogenannte elektromotorische Kraft).

Häufig sind beide Elektroden in einem gemeinsamen Glaskörper untergebracht und werden als sogenannte Redoxelektroden verkauft (Einstabmesskette).

Alternativ sind auch Gold-Ring Elektroden als inerte Ableitelektroden im Handel.

10.1.2.2 Silberelektrode

Für argentometrische Titrationen wird eine Messkette aus einer Silberstabelektrode und einer Bezugselektrode (z. B. SSE oder Glaselektrode) verwendet. Das Potential dieser Elektrode wird vor dem Äquivalenzpunkt von der Anionen-Konzentration bestimmt, mit dem Silber ein schwerlösliches Salz bildet (Elektrode 2. Art). Am Äquivalenzpunkt ergibt sich das Potential aus dem Löslichkeitsprodukt des schwerlöslichen Silbersalzes (Elektrode 2. Art) und nach Überschreiten des Äquivalenzpunktes aus der Silberionen-Konzentration (Elektrode 1. Art, vgl. Kap. 6.3.4.3, S. 257).

Mittels Silber-Elektrode können argentometrische Titrationen z. B. von Chlorid, Iodid, Bromid (auch simultan), Sulfiden (Schwefelwasserstoff), Mercaptanen oder Cyaniden indiziert werden (siehe Kapitel 6.3.5, S. 265, Simultanbestimmung).

Beispiel: Bestimmung von Levomethadon-HCl nach Ph. Eur. 11.0

0,300 g Substanz werden in einer Mischung von 40 ml Wasser und 5 ml 30%iger Essigsäure gelöst und mit Silbernitrat-Lösung (0,1 mol $\cdot l^{-1}$) titriert. Der Endpunkt wird mit Hilfe der Potentiometrie unter Verwendung einer Silber-Elektrode bestimmt.

1 ml Silbernitrat-Lösung (0,1 mol $\cdot l^{-1}$) entspricht 34,59 mg $C_{21}H_{28}ClNO$.

10.1.2.3 Glaselektrode

Für Säure/Base-Titrationen im wässrigen und auch im wasserfreien Medium wird die Glaselektrode verwendet. Die Glaselektrode ist im Prinzip eine protonenselektive Elektrode (ISE, ionenselektive Elektrode). Auch das Potential der Glaselektrode wird meist gegen eine SSE gemessen. Die Glaselektrode besteht aus einem Glaskörper, der an seiner Spitze eine Kugelglasmembran trägt, die innen mit einer Elektrolytlösung gefüllt ist, in die eine Ableitelektrode (meist Silberdraht) eintaucht. An der Glasmembran bildet sich ein Potential aus, das durch den pH-Wert des äußeren Mediums und den des Innenelektrolyten bestimmt wird (Austauschvorgänge in der Glasmembran, Deprotonierung von Silanolgruppen, Austausch von Natriumionen/ Lithiumionen gegen Protonen). Da der innere Elektrolyt konstant bleibt, kann der sich ändernde pH-Wert während einer Säure-Base-Titration an Potentialänderungen verfolgt werden. Sollen exakte pH-Werte bestimmt werden, muss die Glaselektrode erst mit Pufferlösungen kalibriert werden. Im stark Alkalischen und im stark Sauren gibt es keinen linearen Zusammenhang mehr zwischen pH-Wert und Potential, sogenannter Alkalifehler bzw. Säurefehler.

Beispiel: Bestimmung von Lidocain nach Ph. Eur. 11.0

0,200 g Substanz werden mit 50 ml wasserfreier Essigsäure versetzt, bis zum vollständigen Lösen gerührt und mit Perchlorsäure (0,1 mol $\cdot l^{-1}$) titriert. Der Endpunkt wird mit Hilfe der Potentiometrie bestimmt.

1 ml Perchlorsäure (0,1 mol $\cdot l^{-1}$) entspricht 23,43 mg $C_{14}H_{22}N_2O$.

10.1.2.4 Ionenselektive Elektroden (ISE)

Ionenselektive Elektroden werden zum einen in der Direktpotentiometrie eingesetzt (vgl. Literatur zur instrumentellen Analytik). Zur Indikation von komplexometrischen Titrationen kann die Potentiometrie mit einer ionenselektiven Elektrode verwendet werden, wenn eine entsprechende ionenselektive Elektrode für das zu titrierende Metall-Ion zur Verfügung steht, z. B. Kupfer-selektive Elektroden. Mit dieser Elektrode können indirekt auch komplexometrische Titrationen von Al^{3+}, Ba^{2+}, Bi^{3+}, Ca^{2+}, Co^{2+}, Fe^{3+}, Mg^{2+}, Ni^{2+}, Pb^{2+}, Sr^{2+} oder Zn^{2+} indiziert werden.

10.2 Biamperometrische und bivoltametrische Indikationsverfahren

10.2.1 Biamperometrie

Bei der Biamperometrie wird die Änderung des Stromflusses zwischen zwei polarisierbaren Elektroden während der Titration bei kleiner Polarisationsspannung (meist ~ 20 mV) gemessen. Solange beide Elektroden polarisiert sind, fließt kein Strom, erst wenn an beiden Elektroden eine Depolarisation (elektrochemische Umsetzung) erfolgt, tritt ein Stromfluss auf. In vielen Fällen ist dies erst nach einem Überschreiten des Äquivalenzpunktes der Fall (Kick-Off-Kurve; siehe auch Kap. Redoxtitration, Abb. 27).

Beispiele wären die nitritometrische Titration von primären aromatischen Aminen oder viele iodometrische Titrationen (z. B. Karl-Fischer-Titration).

Sind allerdings sowohl Analyt als auch Maßlösung reversible Redoxsysteme, so tritt sowohl vor als auch nach dem Äquivalenzpunkt ein Stromfluss auf und nur am Äquivalenzpunkt wird kein Stromfluss registriert (vgl. Abb. 28, Seite 150).

Stellt nur der Analyt ein reversibles Redoxsystem dar, so ist vor dem Äquivalenzpunkt ein Stromfluss messbar und ab dem Äquivalenzpunkt nicht mehr.

Durch Wahl einer größeren Polarisationsspannung, können aber auch Titrationen wie Fällungstitrationen biamperometrisch indiziert werden. Die Ph. Eur. 11.0, Methode 2.2.19 nutzt nur die Biamperometrie (dort als Amperometrie/ Amperometrische Titration) bezeichnet.

10.2.2 Bivoltametrie

Bei der Bivoltametrie wird die Spannung zwischen zwei polarisierbaren Elektroden bei kleinem Polarisationsstrom (~20 µA) während der Titration gemessen. Je nach elektrochemischer Aktivität von Analyt und Maßlösung sind unterschiedliche Kurvenverläufe möglich (vgl. Kap. Redoxtitration, Bivoltametrie).

Bivoltametrie und Bamperometrie haben die früher üblichen Verfahren der amperometrischen bzw. voltametrischen Indikation bei Titrationen ersetzt, die jeweils mit einer polarisierbaren Elektrode und einer Bezugselektrode gearbeitet haben.

Die Bivoltametrie findet zurzeit keine Anwendung in der Ph. Eur.

Polarisierbare Elektrode: Die häufigste Elektrode ist für beide Verfahren die Doppelplatinelektrode.

Beispiel: Bestimmung von Sulfaguanidin nach Ph. Eur. 11.0

0,175 g Substanz werden in 50 ml verdünnter Salzsäure (73 g l^{-1}) gelöst. Die Lösung wird in einer Eis-Wasser-Mischung abgekühlt. Die Bestimmung erfolgt nach „Stickstoff in primären aromatischen Aminen“, wobei der Endpunkt elektrometrisch bestimmt wird.

1 ml Natriumnitrit-Lösung (0,1 mol $\cdot l^{-1}$) entspricht 21,42 mg $C_7H_{10}N_4O_2S$.

10.2.3 Diagramme und Titrationskurven

Das Aussehen einer biamperometrischen bzw. bivoltametrischen Titrationskure lässt sich am einfachsten aus einem Strom-Spannungsdiagramm ableiten, in das man alle beteiligten Redoxsysteme in Form einer polarographischen Stufe einträgt. In Näherung kann man dazu die Werte der Normalpotentiale heranziehen. Hierbei ist wichtig, Kenntnisse über die Reversibilität der Redoxsysteme zu besitzen.

Als Beispiel ist hier die Titration von Eisen(II)-Ionen mit einer Cer(IV)-Maßlösung aufgeführt.

Die beiden reversiblen Redoxsysteme Ce^{3+}/Ce^{4+} und Fe^{2+}/Fe^{3+}, sowie die Reduktion und Oxidation von Wasser sind hierbei zu berücksichtigen. Bei der Biamperometrie wird eine Polarisationsspannung E_{Pol} angelegt. Diese sei hier mit 20 mV angenommen. Nur wenn es gelingt, eine anodische und eine kathodische Stufe mit diesen 20 mV zu überbrücken, kann man einen Stromfluss messen, d. h. graphisch muss die Strecke E_{Pol} die beiden Stufen überbrücken können:

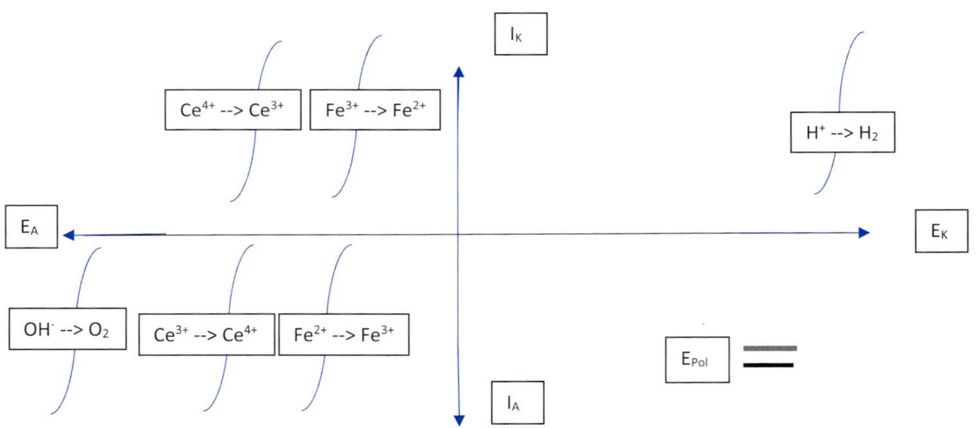

Abb. 35: Strom-Spannungsdiagramm

I_K: Stromfluss Kathode
I_A: Stromfluss Anode
E_{Pol}: Polarisationsspannung (schwarz Biamperometrie, grau: Bivoltametrie)
E_A: Potential Anode
E_K: Potential Kathode

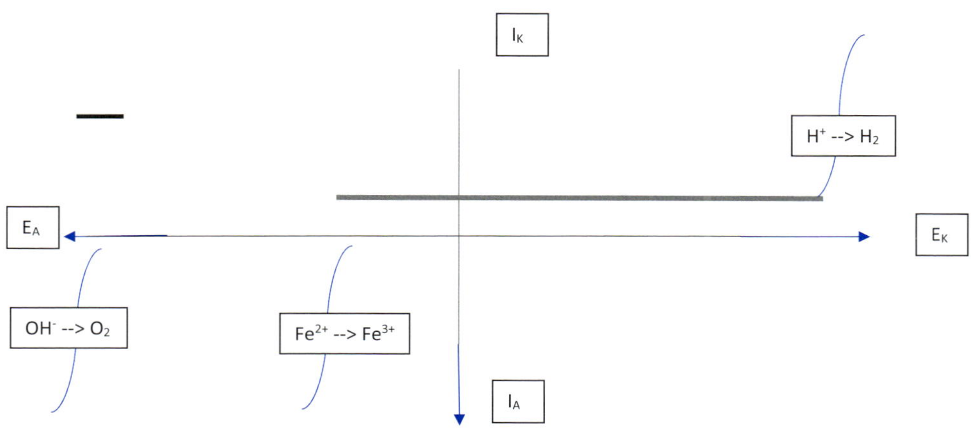

Abb. 36: Strom-Spannungsdiagramm vor der Titration ($\tau = 0$)

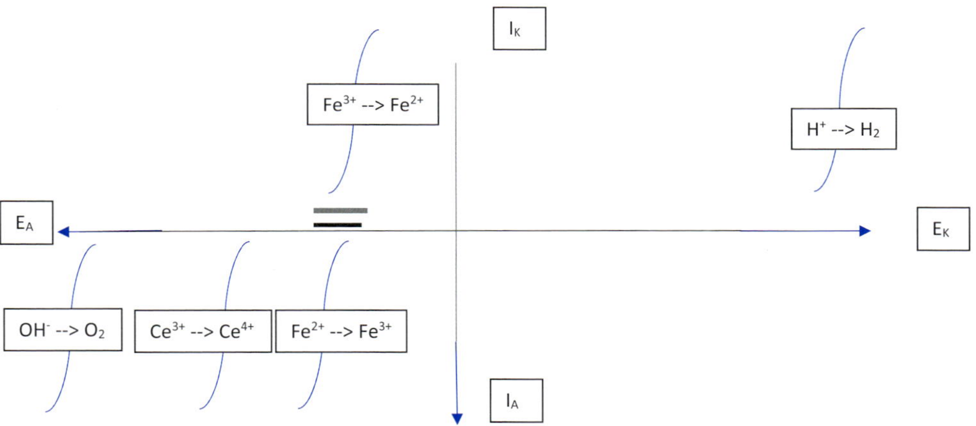

Abb. 37: Strom-Spannungsdiagramm am Halbäquivalenzpunkt ($\tau = 0{,}5$)

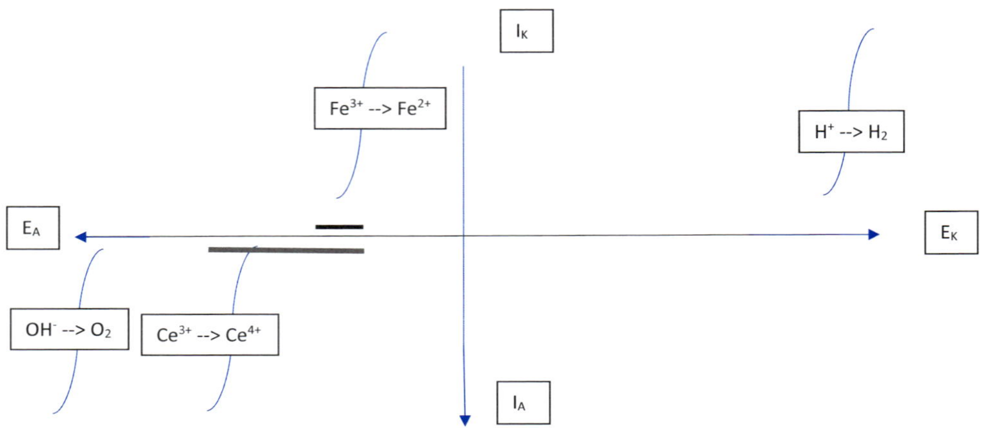

Abb. 38: Strom-Spannungsdiagramm am Äquivalenzpunkt (τ = 1)

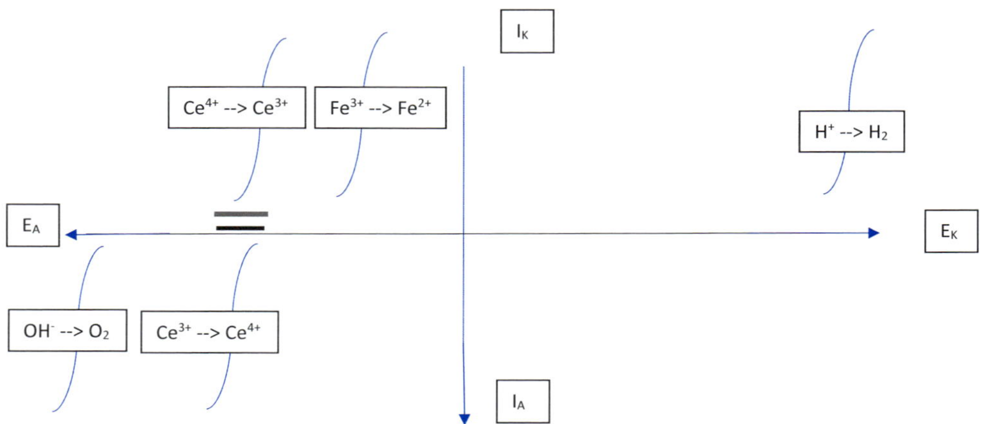

Abb. 39: Strom-Spannungsdiagramm nach Überschreiten des Äquivalenzpunktes (τ > 1)

Daraus folgt, dass die biamperometrische Kurve mit I = 0 beginnt, bis zum Halbäquivalenzpunkt einen Anstieg zeigt, danach wieder bis zum Äquivalenzpunkt auf I = 0 fällt und nach Überschreiten des Äquivalenzpunktes erneut ansteigt.

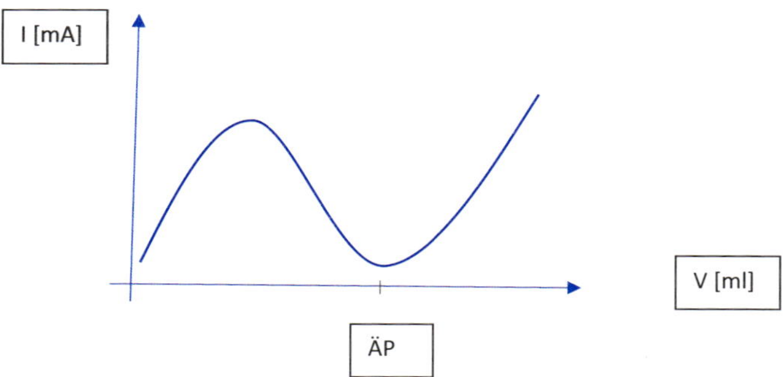

Abb. 40: Biamperometrische Titrationskurve

Bei der bivoltametrischen Indikation wird ein Polarisationsstrom von etwa 20 µA angelegt und dann die Spannung zwischen den Elektroden gemessen. Dabei stellt sich immer die geringst mögliche Spannungsdifferenz ein. Liegt also ein reversibles System vor, erreicht die Spannung fast den Wert Null.

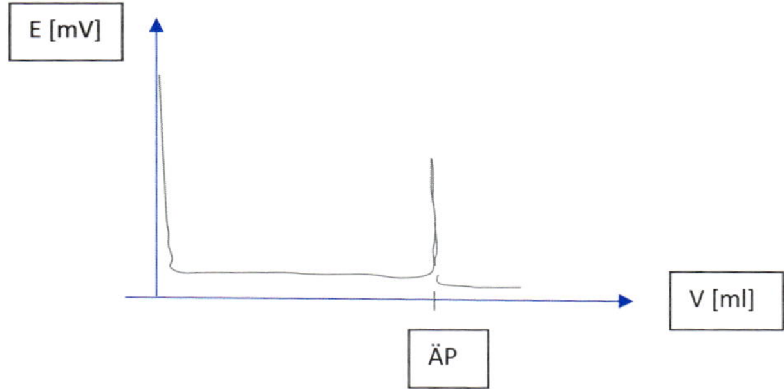

Abb. 41: Bivoltametrische Titrationskurve

10.3 Konduktometrische Indikationsverfahren

Die konduktometrische Titration spielt im pharmazeutischen Bereich heute keine große Rolle mehr. Bei der Konduktometrie wird die Änderung der Leitfähigkeit der Lösung während der Titration gemessen. Geeignet sind daher nur Titrationen, bei denen es im Bereich des Äquivalenzpunktes zu einer markanten Änderung der Leitfähigkeit kommt. Besonders geeignet sind Säure/Base-Titrationen (ideal starke Säuren mit starken Basen), da H^+ und OH^- Ionen im Vergleich zu anderen Ionen eine sehr hohe Leitfähigkeit aufweisen (siehe auch Seite 80, Abb. 18).

Als Elektrode wird eine Leitfähigkeitsmesszelle verwendet. Diese besteht aus zwei platinierten Platinblechen. An diese beiden Elektroden wird eine Wechselspannung angelegt und die Änderung des Leitwertes G (bzw. des Widerstandes R_C) über den Titrationsverlauf registriert. Der Kehrwert des Widerstandes R_C ist der Leitwert G. Bei Wahl einer hochfrequenten Wechselspannung f können die Elektroden auch außerhalb des Titrationsgefäßes angebracht werden, was bei sehr aggressiven Säuren eine Bedeutung hat (Oszillometrie).

Die Leitfähigkeitsmesszelle stellt einen Kondensator C mit einem kapazitativen Widerstand R_C dar. Dieser ist abhängig von der Fläche der Elektroden A, dem Abstand der Elektroden d, der Frequenz der Wechselspannung f sowie dem Medium zwischen den beiden Elektroden (Lösung, die titriert wird). Für die Indikation von Titrationen ist allerdings nur die Änderung des Leitwertes G von Bedeutung und daher muss keine Kalibrierung erfolgen.

$$G = \frac{1}{R_c}$$

$$\omega = 2 \cdot \pi \cdot f$$

$$C = \varepsilon_r \cdot \varepsilon_0 \cdot \frac{A}{d}$$

$$\varepsilon = \varepsilon_0 \cdot \varepsilon_r$$

$$R_c = \frac{1}{\omega \cdot c} = \frac{1}{2 \cdot \pi \cdot f \cdot C}$$

$$R_c = \frac{d}{2 \cdot \pi \cdot f \cdot \varepsilon_r \cdot \varepsilon_0 \cdot A}$$

$$G = \frac{2 \cdot \pi \cdot f \cdot \varepsilon_0 \cdot \varepsilon_r \cdot A}{d}$$

G = Leitwert
R_C = kapazitiver Widerstand
ω = Kreisfrequenz
f = Frequenz der Wechselspannung
C = Kapazität eines Kondensators
ε = Dielektrizitätskonstante, Permittivität
ε_r = stoffabhängige Permittivitätszahl
ε_0 = Dielektrizitätskonstante: 8,854 x 10^{-12} C/Vm
A = Fläche der Elektroden
d = Abstand der Elektroden

Um eine zu starke Abnahme des Leitwertes G durch Verdünnung der Lösung zu vermeiden, werden im Regelfall höher konzentrierte Maßlösungen verwendet. Die Verwendung einer Wechselspannung verhindert Polarisation oder Elektrolysevorgänge an den Elektroden.

10.4 Thermometrische Indikationsverfahren

In den letzten Jahren sind auch thermometrische Indikationsverfahren wieder in den Fokus gerückt. Bei diesem seit über 100 Jahren bekannten Indikationsverfahren werden Temperaturänderungen der Lösung während der Titration gemessen (Messgröße: Reaktionsenthalpie). Im Prinzip sind alle exothermen und endothermen Reaktionen für diese Indikation geeignet, in der Praxis muss jedoch eine messbare Temperaturänderung am Äquivalenzpunkt vorliegen.

Die Indikation erfolgt mit sogenannten Thermistoren. Hierbei handelt es sich um sehr empfindliche temperaturabhängige Widerstände (also eigentlich um eine Leitfähigkeitsmessung). Die Lösungen dürfen nicht zu niedrig konzentriert sein. Abbildung 42 zeigt den schematischen Verlauf einer Titration einer exothermen Reaktion. Bis zum Äquivalenzpunkt steigt die Temperatur an, nach Überschreiten des Äquivalenzpunktes bleibt die Temperatur konstant bzw. durch Verdünnung der Lösung sinkt sie leicht ab.

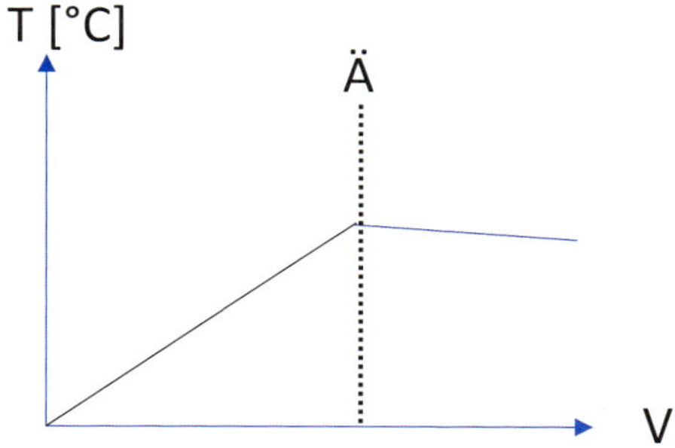

Abb. 42: Thermometrische Titrationskurve

Auch bei Umsetzungen, die keine starke Temperaturänderung am Äquivalenzpunkt zeigen, können teilweise durch Kopplung mit einer exothermen Indikator-Reaktion ausreichende Temperaturänderungen erzielt werden (z. B. bei Titrationen mit Natronlauge Hydrolyse von Paraformaldehyd).

10.5 Optische Indikationsverfahren (photometrische Titration)

Optische Elektroden (Optrode, optischer Sensor) haben in den letzten Jahren Einzug in die Titration von mit Indikator indizierten Titrationen gefunden, die nicht mit der Potentiometrie indiziert werden können. Hierbei können Änderungen der Farbe des Indikators oder der Titrationslösung am Äquivalenzpunkt unabhängig vom Auge über eine photometrische Messung dokumentiert werden. Als Lichtquelle dienen verschiedene Dioden, die einen Wellenlängenbereich zwischen 400 und 700 nm abdecken können. Durch den einfachen Aufbau können die Elektroden in organischen oder aggressiven Lösungsmitteln eingesetzt werden.

Dieses Indikationsverfahren wird in der Ph. Eur. 11.0 bei der Gehaltsbestimmung von Chondroitinsulfat-Natrium angewendet.

11 Anhang

11.1 pK_s-Werte und pK_b-Werte

pK-Werte korrespondierender mineralischer Säure/Basen-Paare

pK_s	Säure	Base	pK_b
– 10	$HClO_4$	ClO_4^-	24
– 9	HI	I^-	24
– 9	HBr	Br^-	23
– 6	HCl	Cl^-	21
– 3	H_2SO_4	HSO_4^-	17
– 1,74	H_3O^+	H_2O	15,74
– 1,3	HNO_3	NO_3^-	15,3
1,92	$SO_2 + H_2O$	HSO_3^-	12,08
1,92	HSO_4^-	SO_4^{2-}	12,08
1,96	H_3PO_4	$H_2PO_4^-$	12,04
3,14	HF	F^-	10,86
3,32	HNO_2	NO_2^-	10,68
6,52	$CO_2 + H_2O$	HCO_3^-	7,48
6,95	H_2S	HS^-	7,05
7,2	HSO_3^-	SO_3^{2-}	6,8
7,21	$H_2PO_4–$	HPO_4^{2-}	6,79
9,14	$H_3BO_3 + H_2O$	$H_4BO_4^-$	4,86
9,25	NH_4^+	NH_3	4,75
9,4	HCN	CN^-	4,6
10,25	HCO_3^-	CO_3^{2-}	3,75
12,32	HPO_4^{2-}	PO_4^{3-}	1,68
12,9	HS^-	S^{2-}	1,1
15,74	H_2O	OH^-	–1,74
24	OH^-	O^{2-}	– 10

pK-Werte korrespondierender organischer Säure/Basen-Paare

pK_S	Säure	Base	pK_b
-1	Methansulfonsäure	Mesilat	15
0,7	p-Toluolsulfonsäure	Tosylat	13,3
0,7	Benzolsulfonsäure	Besilat	13,3
1,42	Oxalsäure	Hydrogenoxalat	12,58
1,9	Maleinsäure	Hydrogenmaleat	12,1
2,79	Malonsäure	Hydrogenmalonat	11,21
2,95	Phthalsäure	Hydrogenphthalat	11.05
2,98	Salicylsäure	Salicylat	11,02
2,98	Weinsäure	Hydrogentartrat	11,02
3,0	Fumarsäure	Hydrogenfumarat	11,0
3,13	Citronensäure	Dihydrogencitrat	10,87
3,46	Apfelsäure	Hydrogenmalat	10,54
3,77	Ameisensäure	Formiat	10,23
3,86	Milchsäure	Lactat	10,14
4,16	Bernsteinsäure	Hydrogensuccinat	9,8
4,2	Benzoesäure	Benzoat	9,8
4,31	Hydrogenoxalat	Oxalat	9,69
4,34	Hydrogentartrat	Tartrat	9,66
4,5	Hydrogenfumarat	Fumarat	9,5
4,75	Essigsäure	Acetat	9,25
4,76	Dihydrogencitrat	Hydrogencitrat	9,24
5,10	Hydrogenmalat	Malat	8,9
5,41	Hydrogenphthalat	Phthalat	8,59
5,61	Hydrogensuccinat	Succinat	8,39
5,68	Hydrogenmalonat	Malonat	8,32
6,4	Hydrogencitrat	Citrat	7,6
6,5	Hydrogenmaleat	Maleat	7,5

pK_s-Werte und pK_b-Werte wichtiger organischer funktioneller Gruppen und Verbindungen

Bei den Basen ist jeweils der pK_S-Wert der korrespondierenden Säure (protonierte Form) angegeben.

pK_S	Säure	Base	pK_b	Stoffklasse
0,18	protonierter Harnstoff	Harnstoff	13,82	Kohlensäureamid
12,4	Acetamidinium	Acetamidin	1,6	Amidin
10,8	Acetessigester	Acetessigester-Anion	3,2	CH-acide Verbindung
20	Aceton	Aceton-Anion	-6	Keton
16	Acetylen	Acetylid	-2	Alkin
4,58	Anilinium	Anilin	9,42	Primäres aromatisches Amin
4,01	Barbitursäure	Monoanion d. Barbitursäure	9,99	Heterocyclus
4,2	Benzoesäure	Benzoat	9,8	Carbonsäure
11,68	Benzolsulfimid	Salz	2,32	Imid
9,36	Benzylammonium	Benzylamin	4,64	Primäres Amin
10,71	Dimethylammonium	Dimethylamin	3,29	Sekundäres aliphatisches Amin
13,7	Guanidinium	Guanidin	0,3	Guanidin
9,12	Hydantoin	Anion des Hydantoins	4,88	Heterocyclus
6,8	Imidazolium	Imidazol	7,2	Heterocyclus
40	Methan	Methan-Anion	26	Alkan
10,64	Methylammonium	Methylamin	3,36	Primäres aliphatisches Amin
10,4	Methylmercaptan	Methanthiolat	3,6	Mercaptan/ Thiol
8,33	Morpholinium	Morpholin	5,67	Heterocyclus
9,91	Phenol	Phenolat	4,09	Phenol

pK_S	Säure	Base	pK_b	Stoffklasse
2,89 5,51	Phthalsäure	Hydrogenphthalat Phthalat	11,11 8,49	Dicarbonsäure
9,83	Piperazinium	Piperazin	4,17 8,44	Sekundäres aliphatisches Amin
11,12	Piperidinium	Piperidin	2,88	Heterocyclus
15	Prim. Alkohole	Alkoholat	-1	Alkohol
5,23	Pyridinium	Pyridin	8,77	Heterocyclus
6,62	Thiophenol	Thiophenolat	7,38	Mercaptan/ Thiol
9,74	Trimethylammonium	Trimethylamin	4,26	Tertiäres aliphatisches Amin

11.2 Löslichkeitsprodukte

Löslichkeitsprodukte schwer löslicher Salze

(Anm.: Die Angaben zu einzelnen Werten in den verschiedenen Quellen differieren gelegentlich. Deshalb wurde auf die Angabe zu genauer Werte verzichtet.)

$AgCl$ 10^{-10} $mol^2 \cdot l^{-2}$
$AgBr$ 10^{-12} $mol^2 \cdot l^{-2}$
AgI 10^{-16} $mol^2 \cdot l^{-2}$
$AgSCN$ 10^{-12} $mol^2 \cdot l^{-2}$
$AgCN$ 10^{-12} $mol^2 \cdot l^{-2}$
Ag_2CrO_4 10^{-12} $mol^3 \cdot l^{-3}$
$Ag_2Cr_2O_7$ 10^{-6} $mol^3 \cdot l^{-3}$

$BaSO_4$ 10^{-10} $mol^2 \cdot l^{-2}$
$PbSO_4$ 10^{-8} $mol^2 \cdot l^{-2}$
$CaSO_4$ 10^{-4} $mol^2 \cdot l^{-2}$

$BaCO_3$ 10^{-8} $mol^2 \cdot l^{-2}$
$CaCO_3$ 10^{-8} $mol^2 \cdot l^{-2}$
CaC_2O_4 10^{-9} $mol^2 \cdot l^{-2}$

$MgNH_4PO_4$ 10^{-13} $mol^3 \cdot l^{-3}$

$BaCrO_4$	10^{-10}	$mol^2 \cdot l^{-2}$
$PbCrO_4$	10^{-14}	$mol^2 \cdot l^{-2}$
HgS	10^{-52}	$mol^2 \cdot l^{-2}$
CuS	10^{-37}	$mol^2 \cdot l^{-2}$
PbS	10^{-28}	$mol^2 \cdot l^{-2}$
ZnS	10^{-23}	$mol^2 \cdot l^{-2}$
CoS	10^{-22}	$mol^2 \cdot l^{-2}$
NiS	10^{-21}	$mol^2 \cdot l^{-2}$
FeS	10^{-18}	$mol^2 \cdot l^{-2}$
Ag_2S	10^{-49}	$mol^3 \cdot l^{-3}$
CdS	10^{-28}	$mol^2 \cdot l^{-2}$
$Fe(OH)_3$	10^{-37}	$mol^4 \cdot l^{-4}$
$Al(OH)_3$	10^{-32}	$mol^4 \cdot l^{-4}$
$Mg(OH)_2$	10^{-11}	$mol^3 \cdot l^{-3}$

11.3 Normalpotentiale

Redoxvorgang:		Normalpotential E^0 [V]
Li	→ $Li^+ + e^-$	– 3,05
K	→ $K^+ + e^-$	– 2,92
Ba	→ $Ba^{2+} + 2\ e^-$	– 2,90
Ca	→ $Ca^{2+} + 2\ e^-$	– 2,87
Mg	→ $Mg^{2+} + 2\ e^-$	– 2,37
Al	→ $Al^{3+} + 3\ e^-$	– 1,66
Mn	→ $Mn^{2+} + 2\ e^-$	– 1,18
Zn	→ $Zn^{2+} + 2\ e^-$	– 0,76
Fe	→ $Fe^{2+} + 2\ e^-$	– 0,44
Cd	→ $Cd^{2+} + 2e^-$	– 0,402
Co	→ $Co^{2+} + 2\ e^-$	– 0,28
Ni	→ $Ni^{2+} + 2\ e^-$	–0,250
$H_2C_2O_4$	→ $2\ CO_2 + 2\ e^- + 2\ H^+$	– 0,2
HCOOH	→ $CO_2 + 2\ H^+ + 2e^-$	– 0,2
Pb	→ $Pb^{2+} + 2\ e^-$	– 0,13
$Ti^{3+} + H_2O$	→ $TiO_2 + 2\ H^+ + e^-$	– 0,04
H_2	→ $2\ H^+ + 2\ e^-$	0
$HCHO + H_2O$	→ $HCOOH + 2\ H^+ + 2e^-$	0
Sn^{2+}	→ $Sn^{4+} + 2e^-$	0,15
Cu	→ $Cu^+ + e^-$	0,167
Cu	→ $Cu^{2+} + 2\ e^-$	0,34
$[Fe(CN)_6]^{4-}$	→ $[Fe(CN)_6]^{3-} + e^-$	0,36
$2\ I^-$	→ $I_2 + 2\ e^-$	0,54
Fe^{2+}	→ $Fe^{3+} + e^-$	0,77
Hg	→ $Hg^{2+} + 2\ e^-$	0,8
Ag	→ $Ag^+ + e^-$	0,80
$NO_2^- + H_2O$	→ $NO_3^- + 2\ H^+ + 2\ e^-$	0,94
$I^- + 2\ OH^-$	→ $IO^- + 2e^- + H_2O$	0,99
$2\ Br^-$	→ $Br_2 + 2\ e^-$	1,07
$I^- + 3\ H_2O$	→ $IO_3^- + 6\ H^+ + 6\ e^-$	1,09
$2\ H_2O$	→ $4\ H^+ + O_2 + 4\ e^-$	1,229
$2\ Cl^-$	→ $Cl_2 + 2\ e^-$	1,36
$Cr^{3+} + 8\ OH^-$	→ $CrO_4^{2-} + 3\ e^- + 4\ H_2O$	1,36
$Br^- + 3\ H_2O$	→ $BrO_3^- + 6\ H^+ + 6\ e^-$	1,44
$Cl^- + 3\ H_2O$	→ $ClO_3^- + 6\ H^+ + 6e^-$	1,45
$Mn^{2+} + 4\ H_2O$	→ $MnO_4^- + 5\ e^- + 8\ H^+$	1,51
Ce^{3+}	→ $Ce^{4+} + e^-$	1,61
Au	→ $Au^{3+} + 3\ e^-$	1,68
$MnO_2 + 4\ OH^-$	→ $MnO_4^- + 3\ e^- + 2\ H_2O$	1,68
$2\ H_2O$	→ $H_2O_2 + 2\ H + 2e-$	1,78
Co^{2+}	→ $Co^{3+} + e^-$	1,84
$2\ F^-$	→ $F_2 + 2\ e^-$	2,85

11.4 Titrimetrische Bestimmungsmöglichkeiten ausgewählter Arznei- und Hilfsstoffe

Maßlösung Arzneistoff	NaOH	HCl	$HClO_4$	TBAH	I_2	Ce^{4+}	$AgNO_3$	$NaNO_2$	EDTA	$KBrO_3$
Acetazolamid				✓						
Acetylcystein	✓				✓					
Acetylsalicylsäure	✓			✓						✓
Aciclovir			✓	✓						
Alanin	✓		✓	✓						
Amantadin-HCl	✓		✓	✓			✓			
Ambroxol-HCl	✓		✓	✓			✓	✓		
Amitryptilin-HCl	✓		✓	✓			✓			
Ascorbinsäure	✓			✓	✓					✓
Atenolol		✓	✓							
Atropinsulfat	✓		✓	✓						
Benzocain			✓					✓		✓
Benzoesäure	✓			✓						
Bisacodyl			✓							
Bismutgallat									✓	
Bromhexin-HCl	✓		✓	✓			✓	✓		
Calciumgluconat			✓						✓	
Chinin-HCl	✓		✓	✓			✓			
Chloroquinphos-phat	✓		✓	✓						
Ciprofloxacin-HCl	✓		✓	✓			✓			
Clotrimazol			✓							
Coffein			✓							
Cystin			✓							✓
Diazepam			✓							
Diclofenac-Natrium			✓							
Diphenhydramin HCl			✓	✓			✓			

Maßlösung Arzneistoff	NaOH	HCl	$HClO_4$	TBAH	I_2	Ce^{4+}	$AgNO_3$	$NaNO_2$	EDTA	$KBrO_3$
Etacrynsäure	✓			✓						✓
Ethyl-4-hydroxy-benzoat	✓			✓						✓
Furosemid	✓			✓				✓		
Hydrochlorothia-zid				✓				✓		
Ibuprofen	✓			✓						
Imipramin-HCl	✓		✓	✓			✓			
Indometacin	✓			✓						
Isoniazid			✓		✓			✓		✓
Levodopa	✓		✓	✓						
Lidocain-HCl	✓		✓	✓			✓			
Magnesium-gluconat			✓						✓	
Menadion						✓				
Metamizol-Nat-rium			✓		✓					
Methadon-HCl	✓		✓	✓		✓	✓			
Methenamin			✓							
Methionin	✓		✓	✓	✓		✓			
Metoclopramid-HCl	✓		✓	✓			✓			
Metoprolol-Hydrogentartrat	✓		✓	✓						
Metronidazol			✓							
Morphinsulfat	✓		✓	✓						✓
Nalidixinsäure			✓	✓						
Niclosamid				✓						
Nifedipin						✓				
Nitrazepam			✓	✓						
Oxazepam			✓	✓						
Paracetamol				✓		✓		✓		✓
Phenazon			✓		✓					

Maßlösung Arzneistoff	NaOH	HCl	$HClO_4$	TBAH	I_2	Ce^{4+}	$AgNO_3$	$NaNO_2$	EDTA	$KBrO_3$
Phenobarbital	✓			✓			✓			
Phenol				✓						✓
Phenprocoumon	✓			✓						
Phenylbutazon	✓			✓						
Phenytoin	✓			✓			✓			
Pilocarpin		✓	✓							
Piroxicam	✓		✓	✓						
Procain-HCl	✓		✓	✓			✓	✓		✓
Promethazin-HCl	✓		✓	✓		✓	✓			✓
Propranolol-HCl	✓		✓	✓			✓			
Propylthiouracil	✓			✓	✓					✓
Propyphenazon			✓							
Pyridoxin-HCl	✓		✓	✓			✓			
Resorcin				✓						✓
Saccharin	✓			✓						
Sacharin-Natrium			✓							
Salbutamolsulfat	✓		✓	✓						
Salicylsäure	✓			✓						✓
Sulfamethoxazol	✓		✓	✓				✓		✓
Tetracain-HCl	✓		✓	✓			✓	✓		✓
Theophyllin	✓		✓	✓			✓			
Trimethoprim			✓							
Vanillin	✓			✓						✓
Weinsäure	✓			✓						

Die Tabelle führt einige Arzneistoffe auf und gibt an, mit welchen Verfahren diese quantifiziert werden können. Hierbei sind keine Aufschlüsse oder Derivatisierungen berücksichtigt. Bei den Säure-Base-Titrationen sind auch spezielle Verfahren wie Argentoacidimetrie, Verseifungstitration, Verdrängungstitration oder Zweiphasentitration berücksichtigt.

11.5 Übersicht zu den Titrationsverfahren

Übersicht zu den Titrationsverfahren					
Titration	**Maßlösung**	**Lösungs-mittel**	**Indikator Messkette**	**Zusätze**	**Bestimmbare Strukturelemente**
Bromatometrie Koppeschaar (Rücktitration)	$KBrO_3$, $Na_2S_2O_3$	Wasser, HCl, HOAc	Stärke, Potentiometrie (Pt//SSE)	KBr, KI	– Aniline, Phenole, Hydrazide, Disulfide, Analyten mit $E^0 < 1,0$
Bromatometrie Koppeschar (direkt)	$KBrO_3$	Wasser, H^+	Ethoxycrysoidin Potentiometrie (Pt//SSE)	KBr	Aniline, Phenole, Hydrazide, Analyten mit $E^0 < 1,0$
Cerimetrie	$Ce(NH_4)_4(SO_4)_4$, $Ce(SO_4)_2$, $Ce(NH_4)_2(NO_3)_6$	Wasser, H_2SO_4	Potentiometrie (Pt//SSE) Ferroin	–	Analyte mit $E^0 < 1,6$
Iodometrie direkt	I_2	Wasser, H_2SO_4	Stärke, Potentiometrie (Pt//SSE)		Analyte mit $E^0 < 0,5$
Iodometrie (Rücktitration)	I_2, $Na_2S_2O_3$	Wasser, H_2SO_4	Stärke, Potentiometrie (Pt//SSE)		Analyte mit $E^0 < 0,5$
Malaprade Meth. 1	$NaIO_4$ H_3AsO_3 I_2	H_2O	Stärke	$KHCO_3$, KI	Vicinale Alkohole Vicinale Aminoalkohole 1,2-Diketone 2-Hydroxyketone

Übersicht zu den Titrationsverfahren

Titration	Maßlösung	Lösungsmittel	Indikator Messkette	Zusätze	Bestimmbare Strukturelemente
Malaprade Meth. 2	NaOH	H_2O	Phenolphthalein	$NaIO_4$, Glycol	Vicinale Alkohole Vicinale Aminoalkohole 1,2-Diketone 2-Hydroxyketone
Säure-Base	HCl	Wasser, Ethanol	Methylrot, Potentiometrie (Glaselektrode/SSE)		Basen mit $pK_b < 6$
Säure-Base	NaOH	Wasser, Ethanol	Phenolphthalein Potentiometrie (Glaselektrode/SSE)		Säuren mit $pK_S < 6$
Säure-Base Zwei Phasen Titration	NaOH	Wasser, Ethanol, Chloroform	Phenolphthalein		Säuren bis $pK_S < 10$
Wasserfrei Säuren	TBAH o. ethanol. KOH	DMF, Aceton	Potentiometrie (Glaselektrode/SSE) Thymolphthalein	-	Säuren bis $pK_S < 12$
Wasserfrei Basen	Perchlorsäure	Essigsäure, Ameisensäure	Kristallviolett Potentiometrie (Glaselektrode/SSE)	ggf. Acetanhydrid, Ethylmethylketon	Basen bis pK_b = 12–14

Übersicht zu den Titrationsverfahren

Titration	Maßlösung	Lösungsmittel	Indikator Messkette	Zusätze	Bestimmbare Strukturelemente
Argentoacidimetrie	NaOH	Wasser, Pyridin	Potentiometrie (Silberelektrode/SSE) Thymolphthalein	$AgNO_3$	NH-acide Verbindungen terminale Alkine
Formoltitration	NaOH	Wasser	Phenolphthalein	CH_2O	Prim. Aminosäuren Ammoniumsalze
Oximtitration	NaOH (eth)	Wasser, Ethanol	Bromthymolblau	$NH_2OH \cdot HCl$	Ketone Aldehyde
Kjeldahl	HCl NaOH	H_2O	Methylrot-Mischindikator	H_2SO_4, K_2SO_4, $CuSO_4$, Se NaOH, Waserdampf	N-haltige Verbindungen
Sulfattitration	$Ba(ClO_4)_2$	Wasser, Puffer pH 3.5	Alizarin S		Sulfate
Argentometrie (Mohr)	$AgNO_3$	Wasser (neutral)	K_2CrO_4		Chloride, Bromide, Iodide
Argentometrie	$AgNO_3$	Wasser, HNO_3	Potentiometrie (Ag/SSE)		Chloride, Bromide, Iodide
Argentometrie (Volhard)	$AgNO_3$ NH_4SCN	H_2O, HNO_3	Fe^{3+}-Ionen	Dibutylphthalat oder Toluol	Chloride, Bromide, Iodide

Übersicht zu den Titrationsverfahren

Titration	Maßlösung	Lösungsmittel	Indikator Messkette	Zusätze	Bestimmbare Strukturelemente
Argentometrie (Fajans)	$AgNO_3$	H_2O, HOAc	Eosin, Fluorescein		Chloride, Bromide, Iodide
Argentometrie (Budde)	$AgNO_3$	H_2O	visuell	Natriumcarbonat	Imide wie Barbiturate, Hydantoine
Komplexometrie	Natriumedetat	H_2O, Puffer	Xylenolorange Calconcarbonsäure Eriochromschwarz	HMT, etc.	Me^{2+}/Me^{3+} – Ionen
Nitritometrie	$NaNO_2$	Wasser, HCl	BA (Doppelplatinelektrode)	KBr, Eis	Prim. Aromatische Amine
Nitritometrie	$NaNO_2$	Wasser, HCl	Ferrocyphen, Metanilgelb	KBr, Eis	Prim. Aromatische Amine
Tensidtitration »Anionentenside«	Benzethoniumchlorid	Wasser, Dichlormethan	Dimidiumbromid/ Sulfanblau		Anionentenside, Anionen, die lipophile Ionenpaare bilden
»Kationentenside«	Natriumdodecylsulfat	Wasser, Dichlormethan	Dimidiumbromid/ Sulfanblau		Kationentenside, Anionen, die lipophile Ionenpaare bilden

11.6 Literaturverzeichnis

- Europäisches Arzneibuch 11. Ausgabe, DAV, Stuttgart, 2023
- F. Bracher, P. Heisig, P. Langguth, E. Mutschler, G. Rücker, G. Scriba, E. Stahl-Biskup, R. Troschütz: Arzneibuch – Kommentar, WVG, Stuttgart, 71. Akt.-Lief. 2023
- G. Rücker, M. Neugebauer, G. G. Willems: Instrumentelle pharmazeutische Analytik, WVG, Stuttgart
- G. Jander, K. F. Jahr: Maßanalyse, de Gruyter Verlag, Berlin
- D.C. Harris: Lehrbuch der Quantitativen Analyse, Springer Spectrum Verlag
- E. Glaser, P. Surmann: Praktische Mathematik in der Pharmazie, Thieme Verlag, Stuttgart
- P. Surmann: Quantitative Analyse von Arzneistoffen und Arzneizubereitungen, WVG
- U. R. Kunze, G. Schwedt: Grundlagen der qualitativen und quantitativen Analyse, Thieme Verlag
- H. J. Roth, G. Blaschke: Pharmazeutische Analytik, DAV
- Ehlers, Analytik II – Kurzlehrbuch »Quantitative und instrumentelle pharmazeutische Analytik«, WVG
- S. Ebel: Würzburger Skripte zur Analytik
- W. Poethke: Praktikum der Gewichtsanalyse, Verlag Theodor Steinkopff, Dresden
- W. Poethke: Praktikum der Maßanalyse. Verlag Harri Deutsch, Frankfurt
- H. Biltz, W. Biltz: Ausführung quantitative Analysen, S. Hirzel Verlag, Stuttgart
- C. Beyer: Quantitative anorganische Analyse, Vieweg Verlag
- S. Ebel: Handbuch der Arzneimittel-Analytik, Verlag Chemie, Weinheim, New York

11.7 Stichwortverzeichnis

D

E

F

G

H

N

O

P